工程 BIM 招投标与合同管理

雷　华　冯　伟　林俊杰　主　编

中国建筑工业出版社

图书在版编目（CIP）数据

工程 BIM 招投标与合同管理 / 雷华，冯伟，林俊杰主编．—北京：中国建筑工业出版社，2022.8（2023.8 重印）
ISBN 978-7-112-27497-0

Ⅰ．①工…　Ⅱ．①雷…②冯…③林…　Ⅲ．①建筑工程—招标—应用软件—高等职业教育—教材②建筑工程—投标—应用软件—高等职业教育—教材③建筑工程—经济合同—管理—应用软件—高等职业教育—教材Ⅳ．①TU723-39

中国版本图书馆 CIP 数据核字（2022）第 097416 号

本书以模块化方式，从工程招标投标的基本理论出发，系统介绍了招标策划、资格审查、工程招标、工程投标、开标评标、定标以及合同管理与索赔等工作环节，并结合实际案例作了详细阐述。本书对招标投标相关法律法规、行业发展作了及时更新补充，同时在实践部分突出了 BIM 技术、电子化招标投标在工程招标投标各环节的应用，以工程招标投标流程、功能构件的相关信息数据为基础，建立工程招标投标行为管理模型，并通过一系列实训辅件，高度仿真模拟工程招标投标全过程，使实训内容真实可信。

本书既可作为工程招标投标与合同管理工作的指南，也可作为工程造价、工程管理等相关专业高校师生学习工程招标投标与合同管理的教材或相关从业人员的培训教材。

本书教师课件获取邮箱：350441803@qq.com。

责任编辑：徐仲莉　范业庶
责任校对：张　颖

工程 BIM 招投标与合同管理
雷　华　冯　伟　林俊杰　主　编
*
中国建筑工业出版社出版、发行（北京海淀三里河路9号）
各地新华书店、建筑书店经销
北京建筑工业印刷厂制版
北京市密东印刷有限公司印刷
*
开本：787毫米×1092毫米　1/16　印张：22　字数：519千字
2022年7月第一版　2023年8月第二次印刷
定价：**68.00**元（赠教师课件）
ISBN 978-7-112-27497-0
（39618）

《工程BIM招投标与合同管理》编委会

主　　编：雷　华　广州城市职业学院
冯　伟　北京经济管理职业学院
林俊杰　海口经济学院

副 主 编：李　霄　河南建筑职业技术学院
胡振博　广联达科技股份有限公司
齐嘉文　广联达科技股份有限公司

参编人员（排名不分先后，按姓氏笔画排序）：
王　莎　襄阳职业技术学院
王洪玉　德州职业技术学院
王晓青　武汉城市职业学院
王赛赛　宁波工程学院
叶小建　广州城市职业学院
叶国仁　兰州交通大学
田　琦　黄河交通学院
兰　丽　北京财贸职业学院
任　力　聊城大学东昌学院
庄云娇　青岛城市学院
刘　艳　嘉兴市建筑工业学校
刘冬学　辽宁建筑职业学院
刘秀丽　河南科技大学
安丽洁　青岛黄海学院
许　玲　广州城市职业学院
李　冬　甘肃建筑职业技术学院
李昌绪　山东商务职业学院
李洪英　重庆应用技术职业技术学院
李殿佐　北京经济管理职业学院
肖乐明　广州城市职业学院
吴渝玲　重庆水利电力职业技术学院

余　方　湖南城市学院
张　玮　安徽财经大学
张　岩　石家庄铁道大学四方学院
张士彩　石家庄铁道大学四方学院
张忠扩　盐城工学院
陈　芳　宜春学院
陈　慧　烟台大学
陈阳蕾　福建水利电力职业技术学院
周永娜　青岛滨海学院
赵小娥　湖南城建职业技术学院
柳书田　北京财贸职业学院
侯文婷　内蒙古建筑职业技术学院
侯夏娜　广州城市职业学院
姜　珉　湖南城市学院
晋书元　重庆城市科技学院
徐文芝　湖南建筑高级技工学校
殷灿彬　湖南城市学院
高卫亮　黄河交通学院
席作红　北京博睿丰工程咨询有限公司
黄婉意　广西建设职业技术学院
曹筱琼　海南职业技术学院
梁　磊　河北地质大学华信学院
韩永光　重庆城市职业学院
楚英元　八冶建设集团有限公司第一建设公司
熊　威　武汉城市职业学院
黎永坚　广州城市职业学院
潘洪涛　烟台南山学院
魏　晴　山东协和学院

目　录

模块一　工程招标投标概述

知识目标

1. 了解我国建筑市场的基本情况；
2. 熟悉我国建筑市场主体和客体；
3. 了解我国建筑市场资质管理方式；
4. 熟悉我国建设工程项目工程承发包模式；
5. 了解建设工程招标投标制度的概念、特点及发展历史；
6. 掌握建设工程招标投标主要形式和分类以及招标投标代理制度；
7. 了解我国电子招标投标、BIM 招标投标、“四库一平台”建设等工程招标投标发展趋势。

能力目标

1. 能够在建筑市场中完成各种建设手续申报工作；
2. 能够结合具体项目界定招标人、投标人及建设工程招标代理机构的权利和义务。

素养目标

1. 良好的沟通能力，善于发现问题、解决问题；
2. 较强的信息收集和处理能力；
3. 计算和数据分析能力；
4. 较强的数字应用能力；
5. 高效的团队合作能力。

驱动问题

1. 什么是广义的建筑市场？
2. 项目业主的产生方式主要有哪几种？
3. 承包商从事建设生产一般需要具备哪些方面的条件？
4. 承包商的实力主要包括哪些方面？

5. 建设工程交易中心的性质和作用分别是什么？
6. 常见的建设工程承发包模式及特点有哪些？
7. 什么是建设工程招标和投标？
8. 我国建设工程招标投标活动应当遵循的基本原则主要有哪些？
9. 建设工程招标人的权利和义务有哪些？
10. 建设工程投标人的权利和义务有哪些？

建议学时：4～6学时。

导入案例

某房地产开发商甲与承包方乙签订了《工程总承包合同》，约定由承包方乙承包开发商甲开发的某高层住宅小区的施工工程。工程范围包括桩基、基础围护等土建工程和室内电话排管、排线等安装工程。合同中双方还约定，开发商甲可以指定分包大部分安装工程和一部分土建工程。对于不属于承包方乙承包范围但需要承包方乙进行配合的项目，承包方乙可以收取2%的配合费；工程工期为455d，质量必须全部达到优良，反之，开发商甲则按未达优良工程建筑面积每平方米10元处罚承包方乙；分包单位的任何违约或疏忽，均视为承包方乙的违约或疏忽。

承包方乙如约进场施工，开发商甲也先后将包括塑钢门窗、铸铁栏杆、防水卷材在内的24项工程分包出去。然而在施工过程中，由于双方对合同中关于某些工程“可以指定分包”的理解发生争执，开发商甲拖延支付进度款，承包方乙也相应停止施工。数次协商未果，承包方乙将开发商甲起诉至上海市某区人民法院，要求开发商甲给付工程款并赔偿损失，同时要求解除工程承包合同。

法庭调查发现，开发商甲分包出去的23项工程分别为：塑钢门窗，铸铁栏杆，防水卷材，保温工程，防火防盗门，分户门，消防室内立管，干挂大理石，伸缩缝不锈钢板，屋顶水箱，锻钢栏杆，污水处理池，底层公用部位地砖，下水道，绿化，商场大理石及楼梯踏步、扶手，喷毛，小区道路，商场地下室配电箱、柜安装，地下室水泵房控制柜出线安装，用户站各单元配电箱出线安装、母线槽到各楼层控制箱电线及金属软管安装，各单元住宅和灯箱安装，地下室水泵房涂锌钢管安装。

法院认为，除绿化项目外，其他项目都在或应在总承包项目中，所以开发商甲在未经承包方乙同意的情况下就擅自剥离直接发包，并非真正意义上的指定分包，而是支解发包的行为。因此，双方在合同中约定的一部分工程可以由甲方指定分包的条款由于违反法律法规有关“建设单位不得指定分包”的规定而被法院确认无效。由于甲方的支解发包行为，使得乙方在没有与其他施工单位签订任何分包合同的情况下，无任何依据约束相关单位的行为，因此，承包方乙只需在自己的施工范围内承担责任，无须就开发商甲支解发包的项目承担责任。最终开发商甲败诉，除归还拖欠的工程款外，还要支付拖欠工程款利息和赔偿承包方乙因此造成的损失。

分析答案见后面的【导入案例解析】。

1.1　建筑市场

1.1.1　建筑市场概述和管理体制

1.1.1.1　建筑市场的概念

建筑市场是指以建筑工程承发包交易活动为主要内容的市场，也称作建设市场或建筑工程市场。建筑市场可分为狭义建筑市场和广义建筑市场。狭义建筑市场一般指有形建筑市场，有固定的交易场所。广义建筑市场是工程建设生产和交易关系的总和，包括有形建筑市场和无形建筑市场，由以下几方面内容组成：

（1）与工程建设有关技术、租赁、劳务等各种要素市场；

（2）为工程建设专业服务的有关组织体系和通过各种方式成交的各种交易活动；

（3）建筑商品生产过程及流通过程的经济联系和经济关系等。

建设工程产品具有生产周期长、价值量大、生产过程不同阶段对承包商要求不同的特点，决定了建设市场交易贯穿于建设工程产品生产的整个过程。从工程建设的咨询、设计、施工任务的发包，到工程竣工、保修期结束，发包方和承包方、分包方进行的各种交易以及建筑施工、混凝土供应、配件生产供应、建筑机械租赁等活动都是在建筑市场中进行的。这种生产活动和交易活动交织在一起的特点，使得建筑市场在许多方面不同于其他产品市场。主要表现在：

（1）交易方式为买方向卖方直接订货，一般以招标投标为主要方式；

（2）交易价格以工程造价为基础，企业竞争是企业信誉、技术力量和施工质量等方面的竞争；

（3）交易行为受严格的法律、规章、制度的约束和监督，一般以公开化的方式交易。

目前，我国已基本形成以发包方、承包方和中介服务方为市场主体，以建筑产品和建筑生产过程为市场客体，以招标投标为主要交易形式的市场竞争机制，以资质管理为主要内容的市场监督管理手段，具有中国特色的社会主义建设市场体系。

1.1.1.2　建筑市场的管理体制

目前全国大部分地级以上城市已普遍建立了有形建筑市场（建设工程交易中心），大多数有形建筑市场与政府管理部门实现了机构分设、职能分离、监督与服务分开，服务功能进一步健全，管理运作进一步规范。在此基础上又将信息管理技术应用于有形建筑市场。同时已建立了“中国工程建设信息网”，并与全国半数以上的省、自治区、直辖市和地级城市实现了联网。信息网络的建成，逐步实现了网上信息公开和网上报名投标，提高了工程交易透明度，强化了建筑市场监管力度，这对防止腐败、保证工程质量、促进建筑业的健康有序发展发挥了积极作用。

1.1.2 建筑市场的主体和客体

1.1.2.1 建筑市场的主体

参与建筑生产交易过程的各方称为建筑市场的主体。包括业主、承包商、分包商、材料供应商、设计单位、设备供应单位、咨询机构、商品混凝土供应单位、构配件生产商、机械租赁商等。

（1）业主（建设单位）

业主是指既有某项工程建设要求，又有该项工程建设相应的建设资金和各种准建手续，在建筑市场中发包该工程建设的勘察、设计、施工任务，并最终得到建筑产品的政府部门、企业单位或个人。

业主在我国也称为建设单位。业主作为建筑市场的主体具有不确定性，只有发包工程或组织工程建设时方成为市场主体。在我国对于业主的管理不实行资质管理，而实行项目法人责任制管理（业主责任制），指由项目法人对项目建设全过程负责管理，主要包括进度控制、质量控制、投资控制、合同管理和组织协调等内容。

（2）承包商

承包商是指拥有一定数量的建筑设备、流动资金、工程技术经济管理人员，取得建设资质证书和营业执照的，能按业主要求提供不同形态的建筑产品，并最终得到相应工程价款的施工企业。

相对于业主而言，承包商作为建筑市场主体是长期和持续存在的，因此，在我国对承包商实行从业资格管理。承包商可按其所从事的专业分为建筑、机电、市政、公路、铁路、水利、港口、园林等专业公司。在市场经济条件下，承包商需要通过市场竞争取得施工项目，需要依靠自身实力赢得市场。

（3）工程咨询服务机构

工程咨询服务机构是指具有一定注册资金和工程技术人员、经济管理人员，取得建设咨询证书和营业执照，能对工程建设提供估算测量、管理咨询、建设监理等智力型服务并获取相应费用的企业。

工程咨询服务包括勘察设计、工程造价（测量）、工程管理、招标代理、工程监理等多种业务。在我国，目前数量最多并有明确资质标准的是工程设计院、工程监理公司和工程造价（工程测量）事务所。咨询单位受聘于业主，承担项目的重要责任，同时承担来自业主、承包商及职业的风险。

1.1.2.2 建筑市场的客体

建筑市场的客体，一般称作建筑产品，是建筑市场的交易对象，既包括有形建筑产品，也包括无形产品，即各类智力型服务。

在不同的生产交易阶段，建筑产品表现为不同的形态，可以是咨询公司提供的咨询报告、咨询意见或其他服务；可以是勘察设计单位提供的设计方案、施工图纸、勘察报告；

可以是生产厂家提供的混凝土构件；也可以是承包商建造的房屋和各类构筑物。

建筑产品的质量标准是以国家标准等形式颁布实施的，从事建筑产品生产必须遵守这些标准的规定，违反这些标准将受到国家法律的制裁。

工程建设标准涉及面很广，包括房屋建筑、交通运输、水利、电力、通信、采矿冶炼、石油化工、市政公用设施等诸多方面。在具体形式上，工程建设标准包括标准、规程等。工程建设标准是指对工程勘察、设计、施工、验收、质量检验等各个环节的技术要求。

1.1.3 建筑市场的资质管理

建筑业作为我国经济的重要支柱产业，关系到国民经济的健康发展及人民的生产生活。我国通过资质管理对建筑市场起到规范和督促作用。建筑市场的资质管理是以维护行业秩序为目标，以对行业管理提出强制性要求为手段。

根据《中华人民共和国建筑法》（以下简称《建筑法》）第十二条规定，从事建筑活动的建筑施工企业、勘察单位、设计单位和工程监理单位，应当具备下列条件：

（1）有符合国家规定的注册资本；

（2）有与其从事的建筑活动相适应的具有法定执业资格的专业技术人员；

（3）有从事相关建筑活动所应有的技术装备；

（4）法律、行政法规规定的其他条件。

《建筑法》第十三条规定，从事建筑活动的建筑施工企业、勘察单位、设计单位和工程监理单位，按照其拥有的注册资本、专业技术人员、技术装备和已完成的建筑工程业绩等资质条件，划分为不同的资质等级，经资质审查合格，取得相应等级的资质证书后，方可在其资质等级许可的范围内从事建筑活动。

《建筑法》第十四条规定，从事建筑活动的专业技术人员，应当依法取得相应的执业资格证书，并在执业资格证书许可的范围内从事建筑活动。

建筑市场中的资质管理包括两类：一类是对从业企业的资质管理；另一类是对从业人员的资格管理。

1.1.3.1 从业企业的资质管理

我国《建筑法》规定，对从事建筑活动的勘察单位、设计单位、施工单位和工程咨询机构（含工程监理单位等）实行资质管理。

住房和城乡建设部发布的《关于印发建设工程企业资质管理制度改革方案的通知》（建市〔2020〕94号）规定，对部分专业划分过细、业务范围相近、市场需求较小的企业资质类别予以合并，对层级过多的资质等级进行归并。改革后，工程勘察资质分为综合资质和专业资质，工程设计资质分为综合资质、行业资质、专业和事务所资质，施工资质分为综合资质、施工总承包资质、专业承包资质和专业作业资质，工程监理资质分为综合资质和专业资质。资质等级原则上压减为甲、乙两级（部分资质只设甲级或不分等级），资质等级压减后，中小企业承揽业务范围将进一步放宽，有利于促进中小企业发展。

1. 工程勘察设计企业资质管理

我国工程勘察设计资质分为工程勘察资质、工程设计资质。

（1）工程勘察资质管理

根据住房和城乡建设部最新文件精神，工程勘察资质包括综合资质和专业资质2个序列。综合资质是指包括全部工程勘察专业资质的工程勘察资质；专业资质按照工程勘察专业技术服务进行分类，分别为岩土工程、工程测量、勘探测试3类专业资质。综合资质只设甲级，专业资质等级压减为甲、乙两级。改革后，工程勘察资质类别和等级由26个压减为7个。

（2）工程设计资质管理

根据住房和城乡建设部最新文件精神，工程设计资质包括综合资质、行业资质、专业（含通用专业）和事务所资质3个序列。综合资质是指涵盖14个行业的所有行业、专业（含通用专业）和事务所的设计资质。行业资质是指涵盖某个行业资质标准中的全部设计类型的设计资质；专业资质是指某个行业资质标准中的某一个专业的设计资质，工程设计通用专业资质是指与14个行业的建设项目紧密联系，可独立进行技术设计的专项设计资质；事务所资质即建筑工程设计事务所资质，是指由具备注册职业资格的专业设计人员依法成立的，从事建筑工程某一专业设计业务的设计资质。工程设计综合资质不分等级，工程设计行业资质、专业资质（含通用专业资质）设甲、乙两个级别（部分资质只设甲级），建筑工程设计事务所资质不分等级。新政策将21类行业资质整合为15类行业资质；将155类专业资质整合为13类专业资质；将8类专项资质改为6类通用专业资质，并取消环境工程专项资质的5个专项类别，整合为环境工程专业资质；保留3类事务所资质。综合资质、事务所资质只设甲级，行业资质，专业资质等级压减为甲、乙两级。改革后，工程设计资质类别和等级由395个压减为72个。

建设工程勘察、设计企业应当按照其拥有的注册资本、专业技术人员、技术装备和业绩等条件申请资质，经审查合格，取得建设工程勘察、设计资质证书后，方可在资质等级许可范围内从事建设工程勘察、设计活动。

2. 建筑企业资质管理

中华人民共和国住房和城乡建设部发布的《建筑企业资质管理规定》（住房和城乡建设部令第22号），自2015年3月1日起施行，2018年根据《住房城乡建设部关于修改〈建筑业企业资质管理规定〉等部门规章的决定》进行修改。规定所称建筑业企业，是指从事土木工程、建筑工程、线路管道设备安装工程的新建、扩建、改建等施工活动的企业。

建筑业企业资质分为综合资质、施工总承包资质、专业承包资质和专业作业资质4个序列。新政策将10类施工总承包企业特级资质改为施工综合资质，可承担各行业、各等级施工业务；保留13类施工总承包资质；将36类专业承包资质整合为18类；将劳务企业资质改为专业作业资质，分为11种作业类型，由审批制改为备案制。综合资质只设甲级，施工总承包资质、专业承包资质等级原则上压减为甲、乙两级（部分专业承包资质不分等级），其中，施工总承包甲级资质在本行业内承揽业务规模不受限制。改革后，施工企业资质类别和等级由138个压减为40个。

施工总承包工程应由取得相应施工总承包资质的企业承担。取得施工总承包资质的企业可以对所承接的施工总承包工程内各专业工程全部自行施工，也可以将专业工程依法进行分包。对设有资质的专业工程进行分包时，应分包给具有相应专业承包资质的企业。

设有专业承包资质的专业工程单独发包时，应由取得相应专业承包资质的企业承担。取得专业承包资质的企业可以承接具有施工总承包资质的企业依法分包的专业工程或建设单位依法发包的专业工程。取得专业承包资质的企业应对所承接的专业工程全部自行组织施工，劳务作业可以分包，但应分包给具有施工劳务资质的企业。取得施工总承包资质的企业，可以从事资质证书许可范围内的相应工程总承包、工程项目管理等业务。具有公司法人《营业执照》且拟从事专业作业的企业可在完成企业信息备案后，即可取得专业作业资质。

3. 工程咨询单位资质管理

我国对工程咨询单位也实行资质管理。已有明确资质等级评定条件的有工程监理、工程造价等咨询机构。其中对工程监理企业资质管理情况介绍如下：

工程监理企业资质分为综合资质、专业资质 2 个序列。保留综合资质，可承担各类工程监理业务，规模不受限制；取消专业资质中的水利水电工程、公路工程、港口与航道工程、农林工程资质，保留其余 10 类专业资质，取消事务所资质。综合资质只设甲级。专业资质等级压减为甲、乙两级。改革后，工程监理资质类别和等级由 34 个压减为 21 个。

综合资质可以承担所有专业工程类别建设工程项目的工程监理业务。专业甲级资质可承担相应专业工程类别建设工程项目的工程监理业务；专业乙级资质可承担相应专业工程类别二级以下（含二级）建设工程项目的工程监理业务。

工程监理企业可以开展相应类别建设工程的项目管理、技术咨询等业务。

1.1.3.2 从业人员的资格管理

由于各国情况不同，专业人员的资格有的由学会或协会负责（以欧洲一些国家为代表）授予和管理，有的由政府负责确认和管理。我国专业人员制度是近几年才从发达国家引入的。目前，已经确定和将要确定的专业人员有多种，比如注册建造师、注册建筑师、注册结构工程师、注册监理工程师和注册造价工程师等。资格和注册条件为：大专以上的专业学历；参加全国统一考试，成绩合格；相关专业的实践经验。值得注意的是，近几年随着国家深化简政放权、放管结合、优化服务，取消了一些职业资格许可和认定事项，这是降低制度性交易成本、推进供给侧结构改革的重要举措，也是为大中专毕业生就业创业和去产能中人员转岗安置创造便利条件。

1.1.4 有形建筑市场

有形建筑市场是指经政府授权的建设行政主管部门或行政监察部门批准建立，以为建设工程承发包交易活动提供服务为主，具备相应的场所、设施、人员、技术、信息等条件，依法成立的服务性法人实体。根据《中华人民共和国招标投标法实施条例》（以下简称《招标投标法实施条例》）第五条规定，设区的市级以上地方人民政府可以根据实际需要，建立统一规范的招标投标交易场所，为招标投标活动提供服务。招标投标交易场所不得与行政监督部门存在隶属关系，不得以营利为目的。

根据《关于健全和规范有形建筑市场若干意见的通知》(国办发〔2002〕21号)，要求加强管理，规范运行，促进有形建筑市场健康发展，创造公开、公平、公正的建筑市场竞争环境。根据这一规定，各地先后建立了有形建筑市场、建设工程交易中心、公共资源交易中心等各类有形市场，交通、水利、铁道等部门也建立了本行业的有形市场。这些招标投标交易场所的建设和发展，对提高招标投标透明度，加强招标投标行政监督，规范招标投标活动起到一定作用，但也存在管办不分、乱收费用、重复设置等问题。针对上述问题，中央《关于开展工程建设领域突出问题专项治理工作的意见》(中办发〔2009〕27号，以下简称27号文件)要求“建立统一规范的工程建设有形市场”。为落实27号文件精神，按照立足当前、着眼长远的原则，在规范当前各类招标投标交易场所的同时，为其未来发展预留空间。在名称上，使用“招标投标交易场所”而非“有形建筑市场”。在当前我国建筑市场的运行环境下，建设工程交易中心在促进市场体系的发展和完善方面起着不可替代的作用。

有形建筑市场的详细介绍见二维码1-1。

二维码1-1

1.1.4.1 交易中心的设立

1. 交易中心的性质

建设工程交易中心是为了建设工程招标投标提供服务的自收自支的事业单位，是服务性机构，而非政府机构，也不是政府授权的监督机构，本身并不具备监督管理职能。但建设工程交易中心又不是一般意义上的服务机构，其设立须得到政府或政府授权主管部门的批准，并非任何单位和个人可以随意成立；它不以营利为目的，旨在为建立公开、公正、平等竞争的招标投标制度服务，只可经批准收取一定的服务费。

2. 交易中心的设立条件

按照我国有关规定，所有建设项目都要在建设工程交易中心内报建、发布招标信息、授予合同、申领施工许可证。工程交易行为不能在场外发生，招标投标活动都需在场内进行，并接受政府有关管理部门的监督。地级以上（包括地、州、盟）设立建设工程交易中心应经住房和城乡建设部、国家发展和改革委员会、国家监察委员会协调小组批准。建设工程交易中心必须具备下列条件：

① 有固定的建设工程交易场所和满足建设工程交易中心基本功能要求的服务设施。

② 有政府管理部门设立的评标专家名册。

③ 有健全的建设工程交易中心工作规则、办事程序和内部管理制度。

④ 工作人员须奉公守法并熟悉国家有关法律法规，具有工程招标投标等方面的基本知识；其负责人须具有5年以上从事建设市场管理的工作经历，熟悉国家有关法律法规，具有较丰富的工程招标投标等业务知识。

⑤ 建设工程交易中心不能重复设立，每个地级以上城市（包括地、州、盟）只设一个，不按照行政管理部门分别设立。

3. 公共资源交易平台

《招标投标法实施条例》明确了设区的市级以上地方人民政府可以根据实际需要，建立统一规范的招标投标交易场所。《国务院办公厅关于实施〈国务院机构改革和职能转变方案〉任务分工的通知》(国办发〔2013〕22号)，提出了统一整合规范公共资源交易平台的要求。

根据国务院要求，各地在建立公共资源交易平台时，应当整合工程建设项目招标投标、土地使用权和矿业权出让、国有产权交易、政府采购等交易平台。政府推动建立统一规范的公共资源交易平台，坚持市场公共服务的职能定位，充分利用电子招标投标系统等公共资源交易信息互联共享平台及其大数据分析，推进公共资源交易服务和监督体制机制创新，利用电子信息方式规范履行行政监督行为并向事中和事后监督方式转变；加大交易信息集中公开力度，通过为市场主体、社会公众、行政监督部门等提供动态、公开的市场交易信息服务，有效禁止违法干预市场主体交易行为，有效预防和惩治违法垄断、保护和腐败交易行为，实现公共资源交易秩序统一开放、透明和规范。

1.1.4.2　交易中心的基本功能

我国的建设工程交易中心是按照三大功能进行构建的。

1. 信息服务功能

包括收集、存储和发布各类工程信息、法律法规、造价信息、建材价格、承包商信息、咨询单位和专业人士信息等。在设施上配备大型电子墙、计算机网络工作站，为承发包交易提供广泛的信息服务。工程建设交易中心一般要定期公布工程造价指数和建筑材料价格、人工费、机械租赁费、工程咨询费以及各类工程指导价等，指导业主、承包商、咨询单位进行投资控制和投标报价。但在市场经济条件下，工程建设交易中心公布的价格指数仅是一种参考，投标最终报价还需要依靠承包商根据本企业的经验或“企业定额”、企业机械装备和生产效率、管理能力和市场竞争需要决定。

2. 场所服务功能

我国明确规定，对于政府部门、国有企业、事业单位的投资项目，一般情况下都必须进行公开招标，只有特殊情况下才允许采用邀请招标。所有建设项目进行招标投标必须在有形建筑市场内进行，必须由有关管理部门进行监督。按照这个要求，工程建设交易中心必须为工程承发包交易双方，包括建设工程的招标、评标、定标、合同谈判等，提供设施和场所服务。根据相关规定，建设工程交易中心应具备信息发布大厅、洽谈室、开标室、会议室及相关设施，以满足业主和承包商、分包商、设备材料供应商之间的交易需要。同时，要为政府有关管理部门进驻集中办公、办理有关手续和依法监督招标投标活动提供场所服务。

3. 集中办公功能

由于众多建设项目要进入有形建筑市场，进行报建、招标投标交易和办理有关批准手续，这就要求政府有关建设管理部门各职能机构进驻工程交易中心，集中办理有关审批手续和进行管理。受理申报的内容一般包括工程报建、招标登记、承包商资质审查、合同登记、质量报监、施工许可证发放等。进驻建设工程交易中心的相关管理部门集中办公，要公布各自的办事制度和程序，既能按照各自的职责依法对建设工程交易活动实施有力监督，也方便当事人办事，有利于提高办公效率。一般要求实行“窗口化”服务。这种集中办公方式决定了建设工程交易中心只能集中设立，而不可能像其他商品市场那样随意设立。按照我国有关法规，每个城市原则上只能设立一个建设工程交易中心，特大城市可增设若干个分中心，但分中心的三项基本功能必须健全，如图 1-1 所示。

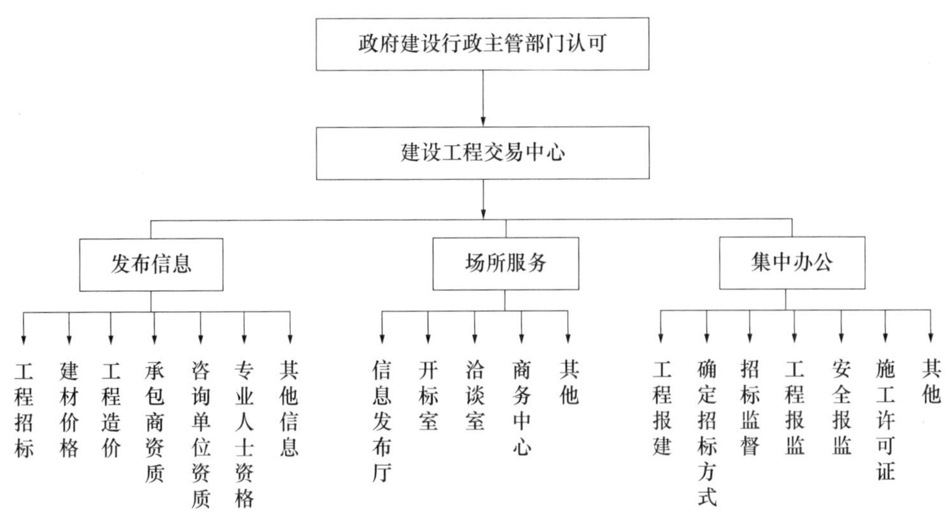

图 1-1　建设工程交易中心基本功能

1.1.4.3　交易中心的运行原则

为了保证建设工程交易中心能够有良好的运行秩序，充分发挥其市场功能，必须坚持市场运行的一些基本原则，主要有以下几项。

1. 信息公开原则

有形建筑市场必须充分掌握政策法规、工程发包、承包商和咨询单位的资质、造价指数、招标规则、评标标准、专家评委库等各项信息，并保证市场各方主体都能及时获得所需要的信息资料。

2. 依法管理原则

建设工程交易中心应严格按照法律、法规开展工作，尊重建设单位依照法律规定选择投标单位和选定中标单位的权利。尊重符合资质条件的建筑业企业提出的投标要求和接受邀请参加投标的权利。任何单位和个人，不得非法干预交易活动的正常进行。监察机关应当进驻建设工程交易中心实施监督。

3. 公平竞争原则

建立公平竞争的市场秩序是建设工程交易中心的一项重要原则。进驻的有关行政监督管理部门应严格监督招标、投标单位的行为，防止行业、部门垄断和不正当竞争，不得侵犯交易活动各方的合法权益。

4. 属地进入原则

按照我国有形建筑市场的管理规定，建设工程交易实行属地进入。每个城市原则上只能设立一个建设工程交易中心，特大城市可以根据需要，设立区域性分中心，在业务上受中心领导。对于跨省、自治区、直辖市的铁路、公路、水利等工程，可在政府有关部门的监督下，通过公告由项目法人组织招标、投标。

5. 办事公正原则

建设工程交易中心是政府建设行政主管部门批准建立的服务性机构。须配合进场各行政管理部门做好相应的工程交易活动管理和服务工作。要建立监督制约机制，公开办事规则和程序，制订完善的规章制度和工作人员守则，发现建设工程交易活动中的违法违规行为，应当向政府有关管理部门报告，并协助进行处理。

1.1.4.4 交易中心的运行与管理

交易中心的运行涉及：提供进行招标投标活动的场所，提供规范的招标投标服务，发布有关信息，保管建设项目的有关资料，对招标投标活动进行监督，公开地履行职责，收取相应的服务费用，接受管理委员会的监督和指导等内容。具体交易中心的运行与管理见二维码 1-2。

二维码 1-2

1.1.5 工程承发包模式

1.1.5.1 工程发包的概念

工程发包是指建设单位采用一定的方式，在政府管理部门的监督下，遵循公开、公平、平等竞争的原则，择优选定设计、勘察、施工等单位的活动。

建筑工程依法实行招标发包，对不适于招标发包的可以直接发包。

1.1.5.2 工程承包的概念

工程承包是指承包单位通过一定的方式取得工程项目建设合同的活动。

分包是指从事工程总承包的单位将所承包的建设工程的一部分依法发包给具有相应资质的承包单位的行为，该总承包人并不退出承包关系，其与第三人就第三人完成的工作成果向发包人承担连带责任。

工程承包方有程勘察设计单位、施工单位、工程设备供应或制造商等。

1.1.5.3 工程承发包模式

工程承发包亦称工程招标承包制，通过招标、投标的一定程序建立工程买方与卖方、发包与承包的关系。目前我国工程承发包模式主要有工程总承包（EPC）模式、项目管理承包（PMC）模式、设计 - 建造（DB）模式、平行发包（DBB）模式、施工管理承包（CM）模式、建造 - 运营 - 移交（BOT）模式、公共部门与私人企业合作（PPP）模式。

二维码 1-3

工程承发包模式介绍见二维码 1-3。

1.1.5.4 《建筑法》关于工程承发包的规定

1. 关于建设工程承发包合同形式的规定

根据《建筑法》《中华人民共和国民法典》（以下简称《民法典》）及其他有关法规规

定，建设工程承发包合同必须采用书面形式。

2. 关于总承包与分包的规定

《建筑法》中提倡对建筑工程实行总承包，规定建筑工程的发包单位可以将建筑工程的勘察、设计、施工、设备采购一并发包给一个工程总承包单位，也可以将建筑工程勘察、设计、施工、设备采购的一项或者多项发包给一个工程总承包单位。

经发包人同意，可以将承包工程中的部分工程发包给具有相应资质条件的分包单位。

建筑工程主体结构的施工必须由总承包单位自行完成，禁止将应当由一个承包单位完成的建筑工程支解成若干部分发包给几个承包单位，禁止总承包单位将工程分包给不具备相应资质条件的单位，禁止分包单位将其承包的工程再分包。

3. 关于不得指定材料设备供应商的规定

按照合同约定，建筑材料、建筑构配件和设备由工程承包单位采购的，发包单位不得指定。

4. 关于禁止越级承包的规定

禁止建筑施工企业超越本企业资质等级许可的业务范围或者以任何形式用其他建筑施工企业的名义承揽工程。禁止建筑施工企业以任何形式允许其他单位或者个人使用本企业的资质证书、营业执照，以本企业的名义承揽工程。

5. 关于联合承包的规定

《建筑法》中规定大型建筑工程或者结构复杂的建筑工程，可以由两个以上的承包单位联合共同承包。共同承包的各方对承包合同的履行承担连带责任。

6. 关于转包的规定

《建筑法》禁止非法转包、违法分包和支解发包。

非法转包是指建设工程的承包人不行使承包者的管理职能，将其承包的建设工程倒手转让给第三人，使该第三人实际上成为该建设工程新的承包人的行为。

违法分包是指发包人将工程分包后，未在施工现场设立项目管理机构和派驻相应人员，并未对该工程的施工活动进行组织管理。

支解发包是指建设工程发包人将应当由一个承包人完成的建设工程支解成若干部分分别发包给几个承包人或建设工程承包人将其承包的全部建设工程以分包名义分别转包给第三人的行为。

《建筑法》第二十八条规定，禁止承包单位将其承包的全部建筑工程转包给他人，禁止承包单位将其承包的全部建筑工程支解以后以分包的名义分别转包给他人。

《民法典》第七百九十一条规定，发包人可以与总承包人订立建设工程合同，也可以分别与勘察人、设计人、施工人订立勘察、设计、施工承包合同。发包人不得将应当由一个承包人完成的建设工程支解成若干部分发包给数个承包人。总承包人或者勘察、设计、施工承包人经发包人同意，可以将自己承包的部分工作交由第三人完成。第三人就其完成的工作成果与总承包人或者勘察、设计、施工承包人向发包人承担连带责任。承包人不得将其承包的全部建设工程转包给第三人或者将其承包的全部建设工程支解以后以分包的名义分别转包给第三人。禁止承包人将工程分包给不具备相应资质条件的单位。禁止分包单位将其承包的工程再分包。建筑工程主体结构的施工必须由承包人自行完成。

《建筑法》有关发包的规定见二维码1-4。

二维码 1-4

导入案例解析

我国在法律规定中明确禁止建设单位支解发包。《建筑法》第二十四条规定，提倡对建筑工程实行总承包，禁止将建筑工程支解发包。建筑工程的发包单位可以将建筑工程的勘察、设计、施工、设备采购一并发包给一个工程总承包单位，也可以将建筑工程勘察、设计、施工、设备采购的一项或者多项发包给一个工程总承包单位；但是，不得将应当由一个承包单位完成的建筑工程支解成若干部分发包给几个承包单位。这是法律对禁止支解发包的原则性规定。

《建筑工程质量管理条例》中第七十八条对支解发包做了定义性的规定，支解发包是指建设单位将应当由一个承包单位完成的建设工程分解成若干部分发包给不同的承包单位的行为。

法律法规本身虽然给支解发包作了定义，但对于什么是应当由一个承包单位完成的建设工程，并未作出进一步的界定，这在支解发包的认定上给了法官一定的自由裁量权。在现实中，对于高层建筑物来讲，所涉及的专业很多，专业化程度也非常高，施工内容常包含桩基工程、基础工程、主体工程、装饰装修工程、电梯及设备安装工程，有时还有玻璃幕墙、网架等专业工程。而当总承包方不能独自完成所有工作时，建设单位将这些工程的某些部分平行发包给其他有资质的施工企业进行施工就是合法的发包行为。但是，如果将诸如桩基工程这种本来应该由一个施工企业完成的工程分包给几个施工企业进行施工，则很大程度上会导致由于施工企业之间配合产生的问题而出现工程质量和工期等诸多隐患，所以此种情况下认定为支解发包就是合理的。

在本案中，法院在认定支解发包的问题上主要依据建设单位与总承包方签订的《工程承包合同》中对于施工范围的约定。即如果施工范围已将基础工程、主体工程、装饰装修工程等包含其中，而建设单位又自行将结构加固、铝合金门窗安装等项目发包出去，所以认定为支解发包。如果建设单位将不属于《工程承包合同》中约定施工范围的工程发包给其他施工企业，将不被视作支解发包。法院在本案中认定开发商甲的行为属于支解发包是正确的，但主要依赖《工程总承包合同》进行认定未免不尽合理。因为即使建设单位发包的某些工程不在总承包方的施工范围内，但依然有可能构成支解发包，关键是看所发包的工程能否分包给不同的施工企业，分包之后是否会导致建筑工程的质量责任不明确、安全隐患及工期延误等问题。

1.2 工程招标投标

1.2.1 工程招标投标在我国的推行

中共十一届三中全会以前，我国实行高度集中的计划经济体制，招标投标作为一种竞争性市场交易方式，缺乏存在和发展所必需的经济体制条件。1980 年 10 月，《国务院关于开展和保护社会主义竞争的暂行规定》中，提出对一些合适的工程建设项目可以试行招标、投标。随后，吉林省和广东省深圳市于 1981 年开始工程招标投标试点。1982 年，鲁布革水电站引水系统工程是我国第一个利用世界银行贷款并按世界银行规定进行项目管理的工程，极大地推动了我国工程建设项目管理方式的改革和发展。1983 年，城乡建设环境保护部出台《建筑安装工程招标投标试行办法》。20 世纪 80 年代中期以后，根据党中央有关体制改革精神，国务院及国务院有关部门陆续进行了一系列改革，企业的市场主体地位逐步明确，推行招标投标制度的体制性障碍有所缓解。

1992 年 10 月，中国共产党第十四次全国代表大会提出了建立社会主义市场经济体制的改革目标，进一步解除了束缚招标投标制度发展的体制障碍。1994 年 6 月，国家计划委员会牵头启动列入中国共产党第八次全国代表大会立法计划的《中华人民共和国招标投标法》起草工作。1997 年 11 月 1 日，全国人大常委会审议通过了《中华人民共和国建筑法》，在法律层面上对建筑工程实行招标发包进行了规范。

我国引进招标投标制度以后，自 1984 年国家计划委员会、城乡建设环境保护部联合下发《建设工程招标投标暂行规定》，经过 39 年的发展，一方面积累了丰富的经验，为国家层面的统一立法奠定了实践基础。另一方面，招标投标活动中暴露的问题也越来越多，如招标程序不规范、做法不统一，虚假招标、泄露标底、串通投标、行贿受贿等问题较为突出，特别是政企不分问题仍然没有得到有效解决。《中华人民共和国招标投标法》(以下简称《招标投标法》)自 2000 年开始实施，有效地规范和优化营商环境，促进经济高质量发展。随着行业发展，为更好地适应社会市场需求，第十二届全国人民代表大会常务委员会第三十一次会议于 2017 年 12 月 27 日对《招标投标法》做了三个方面的修改。主要针对招标代理机构的权责罚作了更明确的规定，进一步推进简政放权、放管结合、优化服务改革。更进一步地，深化招标投标领域“放管服”改革，针对一些在招标投标领域长期存在、行业广泛关注的问题，国家发展和改革委员会网站在 2019 年 12 月发布《中华人民共和国招标投标法(修订草案公开征求意见稿)》，针对“中标候选人”“最低价中标”等切实的社会问题提出修改意见。

值得注意的是，作为招标投标法律的配套行政法规《招标投标法实施条例》，自 2011 年 11 月 30 日国务院第 183 次常务会议通过以来，分别在 2017 年 3 月 1 日、2018 年 3 月 19 日和 2019 年 3 月 2 日做了三次修改，与时俱进地对招标投标制度做了补充和细化，进一步健全和完善了我国招标投标制度。

2005 年 9 月 10 日中国招标投标协会成立。中国招标投标协会（英文名称：China Tendering &Bidding Association，英文缩写：CTBA）（http: //www.ctba.org.cn/）由从事招标投标及其相关的公共资源交易、基础设施和公用事业特许经营等活动的企事业单位、社会组织及相关专家学者、从业人员自愿组成的全国性、行业性、非营利性的社会组织；是对外代表中华人民共和国招标投标行业的协会，现有会员 1880 多家。协会业务主管部门是国家发展和改革委员会，业务工作接受国家发展和改革委员会的指导和民政部的监督管理。为促进招标采购转型升级、公共资源交易整合规范和基础设施公用事业特许经营发展，协会先后成立了招标代理机构专业委员会、公共资源交易分会和特许经营专业委员会。

中国招标投标协会介绍见二维码 1-5。

二维码 1-5

1. 2. 2　工程招标投标的概念

招标投标是由交易活动的发起方在一定范围内公布标的特征和部分交易条件，按照依法确定的规则和程序，对多个响应方提交的报价及方案进行评审，择优选择交易主体并确定全部交易条件的一种交易方式，是引入竞争机制订立合同（契约）的一种法律形式。它是指招标人发出招标公告（邀请）和招标文件，公布招标采购或出售标的内容范围、技术标准、投标资格、合同条件；满足条件的潜在投标人按招标文件要求进行公平竞争，编制投标文件，密封投标；招标人依法组建的评标委员会按招标文件规定的评标标准和方法，公正评价，推荐中标候选人；招标人依法确定中标人，公布中标结果，并与中标人签订合同。

工程招标是指招标人在发包建设项目之前，公开招标或邀请投标人，根据招标人的意图和要求提出报价，择日当场开标，以便从中择优选定中标人的一种经济活动。

工程投标是工程招标的对称概念，指具有合法资格和能力的投标人根据招标条件，经过初步研究和估算，在指定期限内填写标书，提出报价，并等候开标，决定能否中标的经济活动。

从法律意义上讲，工程招标一般是建设单位（或业主）就拟建的工程发布通告，用法定方式吸引建设项目的承包单位参加竞争，进而通过法定程序从中选择条件优越者来完成工程建设任务的法律行为。工程投标一般是经过特定审查而获得投标资格的建设项目承包单位，按照招标文件的要求，在规定的时间内向招标单位填报投标书，并争取中标的法律行为。

招标人按照法律规定程序在一定范围内公开发布项目需求的内容范围、技术标准、交易主体资格条件、交易规则、合同条件等要约邀请的招标文件；投标人是满足交易资格条件且有意向参与投标竞争的市场主体，按照规定的交易规则响应要约邀请，一次性编制和密封提交招标项目需求解决方案及报价的投标要约文件；招标人组织专家按照招标文件规定的评标标准和方法，科学评价投标文件；招标人按照评标委员会推荐的中标候选人，选择中标人，发出中标承诺通知，确立交易标的及其价格、质量、工期等合同要素并签订交易合同。招标投标活动具有以下基本特性：

（1）公平竞争。招标人公布项目需求，通过投标人公平竞争，择优选择交易对象和客体的过程。

（2）规范交易。招标投标双方通过规范要约和承诺，确立双方权利、义务和责任，规范订立合同的交易方式。

（3）一次机会。招标投标方不得在招标投标过程中协商谈判和随意修改招标项目需求、交易规则以及合同价格、质量标准、进度等实质内容。招标要约邀请、投标要约和中标承诺只有一次机会，这是保证招标投标双方公平和投标人之间公平竞争的基本要求。

（4）定制方案。招标项目大多数具有不同程度的单一复杂的需求目标，其项目需求目标、投标资格能力、需求解决方案与报价、投标文件评价、合同权利义务配置等方案均具有单一性和复杂性的特点，因此，必须采用书面定制描述，并通过对投标人竞争能力、技术、报价、财务方案等进行书面综合评价比较，才能科学判断和正确选择有能力满足项目需求的中标人。仅通过简单价格比较无法判断交易主体及客体是否能够符合项目需求。这也是大多数招标项目无法采用拍卖、竞价方式选择交易对象的主要限制条件。

（5）复合职业。招标投标是按照法律程序，经过技术、管理、经济等要素的竞争和评价实现项目需求目标的交易活动，因此招标采购职业是一个包含法律、政策、技术、经济和管理专业知识能力的复合性职业。

1.2.3 工程招标投标的分类

工程招标投标多种多样，按照不同的标准可以进行不同的分类。

1.2.3.1 按工程建设程序分类

按照工程建设程序，可以将工程招标投标分为建设项目前期咨询招标投标、建设工程勘察设计招标投标、材料设备采购招标、工程施工招标投标和施工监理招标。

1. 建设项目前期咨询招标投标

建设项目前期咨询招标投标，是指对建设项目的可行性研究任务进行的招标投标，委托专门的咨询机构或设计机构对拟建项目的可行性进行研究和论证。通过招标方式选择具有专业管理经验的工程咨询单位，为其制订科学、合理的投资开发建设方案，并组织控制方案的实施。所以投标方一般为集项目咨询与管理于一体的工程咨询企业。中标的承包方要根据招标文件的要求，向发包方提供完整的可行性研究报告，并对其结论的准确性负责。中标单位提供的可行性研究报告，应获得发包方的认可，认可的方式通常为专家组评估鉴定。

2. 建设工程勘察设计招标投标

建设工程勘察设计招标投标，是指在建设工程项目勘察设计阶段，根据批准的可行性研究报告，委托专门的勘察设计单位承担工程测量、水文地质勘察、工程地质勘察和设计工作所进行的招标投标。勘察和设计是两种不同性质的工作，可由勘察单位和设计单位分别完成。勘察单位最终提出施工现场的地理位置、地形、地貌、地质、水文等在内的勘察报告。设计单位最终提供设计图纸和成本预算结果。设计招标还可进一步分为建筑方案设计招标、施工图设计招标。勘察和设计中标单位要根据发包方的要求，向发包方提供勘察及设计成果，并对其负责。

3. 材料设备采购招标

材料设备采购招标，是指在工程项目初步设计完成后，对建设项目所需的建筑材料和设备（如电梯、供配电系统、空调系统等）采购任务进行的招标。投标方通常为材料供应商、成套设备供应商。建设工程设备、材料采购招标，一般是由业主按招标程序直接进行招标，其招标程序与土建工程大致相同。

4. 工程施工招标投标

工程施工招标，在工程项目的初步设计或施工图设计完成后，对建设工程项目施工阶段的施工任务进行的招标投标，以招标的方式择优选择施工单位。施工单位最终向业主交付按招标设计文件规定的建筑产品。国内外招标投标现行做法中经常采用将工程建设程序中各个阶段合为一体进行全过程招标，通常又称其为总承包。

5. 施工监理招标

为了更好地保证施工质量、工期及控制工程造价，建设方往往会在施工过程中通过监理单位对施工过程进行督管和把控。施工监理招标是指在施工过程中，业主制订一份招标文件（包括监理合同条款、服务范围、施工图纸、监理规范等内容），监理单位在此基础上提出监理规划和监理费报价，业主通过评比，从中选择一家监理方案优秀、监理费用适中的单位承担项目的监理工作。建设工程监理招标是项目业主为了加强工程项目的管理，将对承包方的监督、协调、管理、控制等任务委托给最佳的监理单位进行。

1. 2. 3. 2　按工程项目承包的范围分类

按工程项目承包的范围可将工程招标划分为项目总承包招标、工程分包招标及专项工程承包招标。

1. 项目总承包招标

项目总承包招标，即选择项目全过程总承包人招标，又可分为两种类型，一是指工程项目实施阶段的全过程招标；二是指工程项目建设全过程的招标。前者是在设计任务书完成后，从项目勘察、设计到施工交付使用进行一次性招标；后者则是从项目的可行性研究到交付使用进行一次性招标，业主只需提供项目投资和使用要求及竣工、交付使用期限，其可行性研究、勘察设计、材料和设备采购、土建施工设备安装及调试、生产准备和试运行、交付使用，均由一个总承包商负责承包，即所谓“交钥匙工程”。承揽“交钥匙工程”的承包商被称为总承包商，绝大多数情况下，总承包商要将工程部分阶段的实施任务分包出去。

2. 工程分包招标

工程分包招标是指中标的工程总承包人作为其中标范围内的工程任务的招标人，将其中标范围内的工程任务，通过招标投标的方式，分包给具有相应资质的分承包人，中标的分承包人只对招标的总承包人负责。

3. 专项工程承包招标

专项工程承包招标是指在工程承包招标中，对其中某项比较复杂或专业性强、施工和制作要求特殊的单项工程进行单独招标。

1.2.3.3 按照工程建设项目的构成分类

按照工程建设项目的构成，可以将建设工程招标投标分为建设项目招标投标、单项工程招标投标、单位工程招标投标。

（1）建设项目招标投标，是指对一个工程建设项目（如一所学校）的全部工程进行的招标投标。

（2）单项工程招标投标，是指对一个工程建设项目中所包含的若干单项工程（如教学楼、图书馆、办公楼等）进行的招标投标。

（3）单位工程招标投标，是指对一个单项工程所包含的若干单位工程（如土建工程、工艺设备工程、给水排水工程等）进行的招标投标。

在我国，为了防止出现支解发包的情况，一般不允许进行分部分项工程的招标投标，但允许进行特殊专业工程的招标投标，如深基础施工、大型土石方工程施工等，也是前文所称的专项工程承包招标。

1.2.3.4 按行业类别分类

按与工程建设相关的业务性质及专业类别划分，可将工程招标分为土木工程招标、勘察设计招标、材料设备采购招标、安装工程招标、建筑装饰装修招标、生产工艺技术转让招标、咨询服务（工程咨询）及建设监理招标等。

（1）土木工程招标，是指对建设工程中土木工程施工任务进行的招标。

（2）勘察设计招标，是指对建设项目的勘察设计任务进行的招标投标。

（3）材料设备采购招标，是指对建设项目所需的建筑材料和设备采购任务进行的招标。

（4）安装工程招标，是指对建设项目的设备安装任务进行的招标。

（5）建筑装饰装修招标，是指对建设项目的建筑装饰装修的施工任务进行的招标。

（6）生产工艺技术转让招标，是指对建设工程生产工艺技术转让进行的招标。

（7）咨询服务及建设监理招标，是指对工程咨询和建设监理任务进行的招标。

1.2.3.5 按工程承发包模式分类

随着建筑市场运作模式与国际接轨进程的深入，我国承发包模式也逐渐呈现多样化。根据不同的承发包模式，可将工程招标划分为工程咨询招标、交钥匙工程招标、设计施工招标、设计管理招标、BOT 工程招标。

此外，按照工程是否具有涉外因素，可以将建设工程招标投标分为国际工程招标投标和国内工程招标投标。无论是国际工程招标投标还是国内工程招标投标，其基本原则是一致的，但在具体做法上有所差异。随着我国建筑市场逐步与国际惯例接轨，国内工程招标投标和国际工程招标投标的差异将会逐步缩小。

1.2.4 工程招标投标的意义

招标投标工作是我国建筑市场或设备供应走向规范化、完善化的重要举措，是计划经济向市场经济转变的重要步骤，对控制项目成本、促进廉政廉洁有着重要意义。

1. 使工程价格更加趋于合理，提高经济效益

推行招标投标制最明显的表现是若干投标人之间出现激烈竞争（相互竞标），这种市场竞争最直接、最集中的表现就是在价格上的竞争。市场主体在平等条件下充分发挥市场竞争机制作用，优胜劣汰，通过竞争确定工程价格，使其趋于合理或下降，从而实现资源的优化配置，有利于节约投资、提高投资效益。

2. 有效控制工程价格，从而提升企业竞争力

在建筑市场中，不同投标者的个别劳动消耗水平是有差异的。通过推行招标投标，使个别劳动消耗水平最低或接近最低的投标者获胜，从而实现了生产力资源较优配置，也对不同投标者实行了优胜劣汰。面对激烈竞争的压力，为了自身的生存与发展，每个投标者都必须切实在降低自己个别劳动消耗水平上下功夫，促进企业转变经营机制，积极引进先进技术和管理，提高企业的创新活力，这样将逐步而全面地降低社会平均劳动消耗水平，最终提高企业生产、服务的质量和效率，提升企业市场信誉和竞争力。

3. 使工程价格更加符合价值基础，进而更好地控制工程造价

由于供求双方各自出发点不同，存在利益矛盾，因而单纯采用“一对一”的选择方式，成功的可能性较小。采用招标投标方式就为供求双方在较大范围内进行相互选择创造了条件，为需求者（如建筑单位、业主）与供给者（如勘察设计单位、施工企业）在最佳点上结合提供了可能。需求者对供给者选择（即建设单位、业主对勘察设计单位和施工单位的选择）的基本出发点是“择优选择”，即选择那些报价较低、工期较短、具有良好业绩和管理水平的供给者，为合理控制工程造价奠定了基础。

4. 有利于规范价格行为，使公开、公平、公正的原则得以贯彻

我国招标投标活动有特定的机构进行管理，有严格的程序必须遵循，有高素质的专家支持系统、工程技术人员的群体评估与决策，能够避免盲目过度的竞争和营私舞弊现象的发生，对建筑领域中的腐败现象也是强有力的遏制，使价格形成过程变得透明而较为规范。

5. 推动投融资管理体制的改革，构建防腐监督体系

通过招标采购，让众多投标人进行公平竞争，以最低或较低的价格获得最优的货物、工程或服务，从而提高国有资金使用效率、推动投融资管理体制和各行业管理体制的改革，有利于保障合理、有效使用国有资金和其他公共资金，构建从源头预防腐败交易的社会监督制约体系。

6. 健全市场经济体系

招标投标是市场竞争的一种重要方式，最大优点是能够充分体现“公开、公平、公正”的市场竞争原则。维护和规范市场竞争秩序，保护当事人的合法权益，提高市场交易的公平、满意和可信度，促进社会和企业的法治、信用建设，促进政府转变职能，提高行政效率，建立健全现代市场经济体系。

1.2.5　工程招标投标活动的基本原则

《招标投标法》第五条规定，招标投标活动应当遵循公开、公平、公正和诚实信用的原则。可见，工程招标投标活动应遵循以下基本原则。

1.2.5.1 公开原则

公开原则就是招标活动要具有较高的透明度，采用公开招标方式，通过国家指定的报刊、信息网络或者其他公共媒介发布招标公告。无论是招标公告、资格预审公告，还是投标邀请书，都应当能大体满足潜在投标人决定是否参加投标竞争所需要的信息。另外，开标的程序、评标的标准和程序、中标的结果等都应当按相关规定公开。值得一提的是，“三公”原则中，公开是基础，只有完全公开才能做到公平和公正。例如：《招标投标法》规定开标时招标人应当邀请所有投标人参加，招标人在招标文件要求提交截止时间前收到的所有投标文件，开标时都应当当众予以拆封、宣读。中标人确定后，招标人应当在向中标人发出中标通知书的同时，将中标结果通知所有未中标的投标人。

公开原则在招标投标活动中的具体要求见二维码 1-6。

二维码 1-6

1.2.5.2 公平原则

公平原则就是招标投标过程中所有的潜在投标人和正式投标人均享有同等的权利、履行同等的义务，并采用统一的资审条件、评标办法和评标标准进行评审。公平原则既适用于招标人与投标人之间的合同关系，也适用于投标人与投标人之间的平等竞争关系。要严格按照公开的招标条件和程序办事，同等地对待每一个投标竞争者，不得厚此薄彼。把公平原则细化为若干具有强制性、引导性的具体行为规则有助于公平的实现。《招标投标法》第六条明确规定，依法必须进行招标的项目，其招标投标活动不受地区或者部门的限制。任何单位和个人不得违法限制或者排斥本地区、本系统以外的法人或者其他组织参加投标，不得以任何方式非法干涉招标投标活动。

（1）招标信息应相同。招标人向所有的潜在投标人提供的招标信息，如公告、招标文件、澄清或补充文件、图纸等资料应相同，不得向任何投标人泄露标底或其他可能妨碍公平竞争的信息。

（2）资格审查和评审程序应一致。对所有潜在投标人的资格审查和投标文件的评审应适用相同的标准和程序，不得厚此薄彼。

（3）招标文件不得存在歧视性条款。招标文件的技术、质量要求应尽可能采用通用的标准，不得以标明特定的商标、专利等形式倾向某一特定的投标人，排斥其他投标人。

（4）有关人员需按规定实行回避。与投标人有利害关系的人员不得作为评标委员会成员，以免影响公平性。

（5）合同条款应公平。根据《民法典》第六条规定，民事主体从事民事活动，应当遵循公平原则，合理确定各方的权利和义务。对招标人与投标人来说，双方在招标活动中地位平等，合同条款应公平，任何一方不得向另一方提出不合理的要求，不得将自己的意志强加给对方。

1.2.5.3 公正原则

在招标过程中，招标人的行为应当公正，对所有的投标竞争者都应平等对待，不能有特殊倾向。评标标准应当明确、严格，对所有在投标截止日期以后送到的投标书都应拒收，与投标人有利害关系的人员都不得作为评标委员会的成员。招标人和投标人双方在招标投标活动中的地位平等，任何一方不得向另一方提出不合理的要求，不得将自己的意志强加给对方。《招标投标法》规定评标委员会应当按照招标文件确定的评标标准和方法，对投标文件进行评审和比较。评标委员会成员应当客观、公正地履行职务，遵守职业道德。

（1）不得因地域等因素歧视投标人。为确保招标活动的公正性，不得因投标人的所有制、注册地、隶属关系等因素的不同而实施歧视待遇。

（2）资格审查和评标的标准不重复使用。招标过程中按资格审查方式可分为资格预审和资格后审，无论是资格预审还是资格后审，在资格审查中已使用的标准在评标阶段不得重复使用。资格审查标准在评标阶段如再使用，就会让经验丰富或财力雄厚或人员优势的企业易于中标；评标标准用在资格审查阶段，会将具备投标资格条件的企业拒于门外。

（3）公正评审。评审是招标工作的关键环节之一。评审不仅要做好保密工作，更要公正。在评审时各评审专家尤其是招标人代表，一定要做到对各投标人公正、实事求是、一视同仁。招标人代表切不可借机搞个人主观臆断，将个人意见采取各种方式传递给其他评审专家，招标人代表要体现组织评审工作的真正意义，带头发挥公正作用。同时，杜绝其他评审专家在评审过程中用不正确的或片面的个人意见影响其他评审专家。

（4）评标标准尽可能量化。招标文件的评标标准应尽可能采用量化标准，并严格按既定的评标程序对所有的投标文件进行评定，所有评审专家的个人意见要完全体现在各自的评分表上，按既定的中标标准确定中标者。

公正原则有别于公平原则之处在于，公平原则调整双方当事人之间的权利义务关系，公正原则调整一方当事人与其余多方当事人之间的权利义务关系，强调的是一方当事人与其余多方当事人之间保持等边距离。实际工作中需注意避免以公平取代公正。公平这一概念侧重于用“同一尺度”，本身并不带有明显的价值取向，而是强调客观性，带有明显的工具性色彩。在市场经济条件下，如果没有将公正作为基本的价值取向，而是以公平行使公正的职能，那么，这时的公平极易从属于以完全的市场经济为导向的做法，从而放大或是扩大了市场经济的固有缺陷，对于经验丰富或财力雄厚或人员优势的企业有利，而对于相反者来说则是十分不利的。

1.2.5.4　诚实信用原则

遵循诚实信用原则，就是要求招标投标当事人在招标投标活动中应当以诚实守信的态度行使权利、履行义务，不得通过弄虚作假、欺骗他人来争取不正当利益，不得损害对方、第三者或者社会公共利益。诚实信用为市场经济活动中的道德准则。《民法典》第七条规定，民事主体从事民事活动，应当遵循诚信原则，秉持诚实，恪守承诺。《民法典》第五百零九条规定，当事人应当按照约定全面履行自己的义务。当事人应当遵循诚信原则，根据合同的性质、目的和交易习惯履行通知、协助、保密等义务。《中华人民共和国消费者权益保护法》第四条规定，经营者与消费者进行交易，应当遵循自愿、平等、公平、诚实信用的原则。在招标过程中，招标人不得发布虚假的招标信息，不得擅自终止招标。在投标过程中，投标人不得以他人名义投标，不得与招标人或其他投标人串通投标。中标通知书发出后，招标人不得擅自改变中标结果，中标人不得擅自放弃中标项目。

1.2.6 工程招标投标的主体

建设工程招标投标的主体包括建设工程招标人、建设工程投标人、建设工程招标代理机构和建设工程招标投标行政监管部门。

1.2.6.1 建设工程招标人

根据《招标投标法》第八条规定，招标人是依照《招标投标法》规定提出招标项目、进行招标的法人或其他组织。根据本条规定，招标人应当是法人或者其他组织，自然人不能成为《招标投标法》意义上的招标人。法人是指具有民事权利能力和民事行为能力，并依法享有民事权利和承担民事义务的组织，包括企业法人、机关法人、事业单位法人和社会团体法人等。其他组织是指除法人以外的不具备法人条件的其他实体，包括合伙企业、个人独资企业和外国企业以及企业的分支机构等。这些企业和机构也可以作为招标人参加招标投标活动。鉴于招标采购的项目通常标的大、耗资多、影响范围广，招标人责任较大，为了切实保障招标投标各方的权益，《招标投标法》未赋予自然人成为招标人的权利，自然人是基于自然规律出生、生存的人，具有一国国籍的自然人称为该国的公民。但这并不意味着个人投资的项目不能采用招标的方式进行采购。个人投资的项目，可以成立项目公司作为招标人。

法人和非法人的区别主要在于是否能独立承担法律责任。而法人和自然人的区别在于，法人是社会组织在法律上的人格化，是一些自然人的集合体。而自然人是实实在在的生命体，以个体本身作为民事主体。

建筑工程实践中，建设单位既可以自己作为招标人，也可以委托依法成立的招标代理机构进行招标。而建设方自己具有编制招标文件和组织评标能力的，可以自行办理招标事宜。

1.2.6.2 建设工程投标人

根据《招标投标法》第二十五条规定，投标人是响应招标、参加投标竞争的法人或者其他组织。依法招标的科研项目允许个人参加投标的，投标的个人适用《招标投标法》有关投标人的规定。

投标人和招标人相似，分为三类：一是法人；二是非法人组织；三是自然人。

1.2.6.3 建设工程招标代理机构

建设工程招标代理，是指建设工程招标人，将建设工程招标事务委托给相应中介服务机构，由该中介服务机构在招标人委托授权的范围内，以委托的招标人的名义，同他人独立进行建设工程招标投标活动，由此产生的法律效果直接归属于委托的招标人的一种制度。

根据《招标投标法》第十三条规定，招标代理机构是依法设立、从事招标代理业务并提供相关服务的社会中介组织。招标代理机构应当具备策划招标方案、编制招标文件、组织资格审查、组织开标、组织评标和处理异议的相应专业能力。招标代理机构和行政机关、其他国家机关以及政府设立或者指定的招标投标交易服务机构不得存在隶属关系或者其他利益关系。

1.2.6.4 建设工程招标投标行政监管部门

根据《招标投标法》第七条规定，招标投标活动及其当事人应当接受依法实施的监督。有关行政监督部门依法对招标投标活动实施监督，依法查处招标投标活动中的违法行为。对招标投标活动的行政监督及有关部门的具体职权划分，由国务院规定。

1. 国家发展和改革委员会（指导协调部门）

根据《招标投标法实施条例》第四条第一款规定，国务院发展改革部门指导和协调全国招标投标工作，对国家重大建设项目的工程招标投标活动实施监督检查。县级以上地方人民政府发展改革部门指导和协调本行政区域的招标投标工作。

国家发展和改革委员会指导和协调全国招标投标工作，具体职责包括：会同有关行政主管部门拟定《招标投标法》配套法规、综合性政策和必须进行招标的项目的具体范围、规模标准以及不适宜进行招标的项目，报国务院批准；指定发布招标公告的报刊、信息网络或其他媒介；国家发展和改革委员会作为项目审批部门，负责依法核准应报国家发展和改革委员会审批和由其核报国务院审批项目的招标方案（包括招标范围、招标组织形式、招标方式）；组织国家重大建设项目稽查特派员，对国家重大建设项目建设过程中的工程招标投标进行监督检查。

2. 有关行业或产业行政主管部门（行业监督部门）

根据《招标投标法实施条例》第四条规定，国务院发展改革部门指导和协调全国招标投标工作，对国家重大建设项目的工程招标投标活动实施监督检查。国务院工业和信息化、住房城乡建设、交通运输、铁道、水利、商务等部门，按照规定的职责分工对有关招标投标活动实施监督。县级以上地方人民政府发展改革部门指导和协调本行政区域的招标投标工作。县级以上地方人民政府有关部门按照规定的职责分工，对招标投标活动实施监督，依法查处招标投标活动中的违法行为。县级以上地方人民政府对其所属部门有关招标投标活动的监督职责分工另有规定的，从其规定。财政部门依法对实行招标投标的政府采购工程建设项目的政府采购政策执行情况实施监督。监察机关依法对与招标投标活动有关的监察对象实施监察。

1.2.7 禁止干预招标投标

根据《招标投标法》第六条规定，任何单位和个人不得违法限制或者排斥本地区、本系统以外的法人或者其他组织参加投标，不得以任何方式非法干涉招标投标活动；第十二条规定，任何单位和个人不得以任何方式为招标人指定招标代理机构。任何单位和个人不得强制招标人委托招标代理机构办理招标事宜。第三十八条第二款规定，任何单位和个人不得非法干预、影响评标的过程和结果。

此外，《招标投标法实施条例》第六条规定，禁止国家工作人员以任何方式非法干涉招标投标活动。第十三条规定，招标代理机构在招标人委托的范围内开展招标代理业务，任何单位和个人不得非法干涉。第三十三条规定，投标人参加依法必须进行招标的项目的投标，不受地区或者部门的限制，任何单位和个人不得非法干涉。非法干涉招标投标活动的行为，可以分为两类：一是直接违反了法律、法规、规章有关不得非法干涉招标投标活动的规定；二是非法干涉了依法应当由市场主体和评标委员会成员自主决策的事项。

非法干涉招标投标活动的行为具体表现见二维码 1-7。

二维码 1-7

1.3 我国工程招标投标发展趋势

1.3.1 电子化招标投标

招标投标制度目前已经是我国工程建设行业中的重要内容，经过 30 多年的发展和完善，已经有了较好的成果。随着我国经济的深化改革，各行各业的改革是非常有必要的。根据《招标投标法实施条例》第五条规定，国家鼓励利用信息网络进行电子招标投标。

电子化招标投标就是传统招标投标制度的改革及发展趋势，也是促进招标投标制度可持续发展的基础。电子化招标投标是指利用现代信息技术，以数据电文形式进行的无纸化招标投标活动。通俗地说，就是部分或者全部抛弃纸质文件，借助计算机和网络完成招标投标活动。

招标投标主体按照国家有关法律法规的规定，以数据电文为主要载体，运用电子化手段完成的全部或者部分招标投标活动，提供完成上述内容的网络服务需要以网络平台作为载体。每一个采购方或者招标投标代理公司均可在其上进行招标信息发布、评标、开标、中标管理等作业，供应商也可以通过平台进行投标作业，完成远程网络化招标投标行为。

电子招标投标系统根据功能分为三大平台：交易平台、公共服务平台和行政监督平台。

电子招标投标交易平台主要实现网络发布招标公告、下载招标文件、上传投标文件、网络开标、网络评标、电子签名、电子公示中标结果。

电子招标投标公共服务平台主要是为电子招标投标交易平台、招标投标活动当事人、社会公众、行政机关提供信息服务。

电子招标投标行政监督平台是监督部门和监察机关对电子招标投标交易平台和公共服务平台进行监督、监察的平台，也是接受投标人利害关系人投诉的平台。

目前我国的电子化招标投标还处于迅猛发展的阶段，其优点是有目共睹的，但也存在一系列问题。

1.3.1.1 工程建设电子化招标投标在我国的发展现状

党的十八大以来，国家对电子化招标投标给予了高度重视，频繁出台相应的规范和办法，从政策上给予引导和支持。

2013 年 2 月，以国家发展和改革委员会牵头的八部委联合发布《电子招标投标办法》（国家发改委令第 20 号），《电子招标投标办法》是我国推行电子化招标投标的纲领性文件，是我国招标投标行业发展的一个重要里程碑。

2014 年 8 月，国家发展和改革委员会等六部委发出《关于进一步规范电子招标投标系统建设运营的通知》（发改法规〔2014〕1925 号），进一步规范了电子招标投标系统建设运营，确保电子化招标投标健康有序发展。

2015 年 7 月，国家发展和改革委员会等六部委发出《关于扎实开展国家电子招标投标试点工作的通知》（发改法规〔2015〕1544 号），在招标投标领域探索实行“互联网+监管”模式，深入贯彻实施《电子招标投标办法》，不断提高电子化招标投标的广度和深度，促进招标投标市场健康可持续发展。

2015 年 8 月，国家认监委等七部委发布《关于发布〈电子招标投标系统检测认证管理办法（试行）〉的通知》（国认证联〔2015〕53 号），规范电子招标投标系统检测认证活动，根据《中华人民共和国产品质量法》《招标投标法》及其实施条例、《中华人民共和国认证认可条例》《电子招标投标办法》等法律法规规章，开展电子招标投标系统检测认证工作。唯有检测认证通过的平台，才可以推广运营。

《电子招标投标办法》见二维码 1-8。

二维码 1-8

2015 年 8 月，国务院办公厅印发《整合建立统一的公共资源交易平台工作方案》（国办发〔2015〕63 号），工作方案落实《国务院机构改革和职能转变方案》部署。整合工程建设项目招标投标、土地使用权和矿业权出让、国有产权交易、政府采购等交易市场，建立统一的公共资源交易平台，有利于防止公共资源交易碎片化，加快形成统一开放、竞争有序的现代市场体系；有利于推动政府职能转变，提高行政监管和公共服务水平；有利于促进公共资源交易阳光操作，强化对行政权力的监督制约，推进预防和惩治腐败体系建设。

2017 年，《国务院办公厅关于促进建筑业持续健康发展的意见》（国办发〔2017〕19 号）中，针对呼声很高的招标投标变革，做了明确阐明：一是加快修订《工程建设项目招标范围和规模标准规定》，缩小并严格界定必须进行招标的工程建设项目范围，放宽有关规模标准，防止工程建设项目实行招标“一刀切”；二是将依法必须招标的工程建设项目纳入统一的公共资源交易平台，遵循公平、公正、公开和诚信的原则，规范招标投标行为；三是进一步简化招标投标程序，尽快实现招标投标交易全过程电子化，推行网上异地评标。

2017 年 2 月，《“互联网+”招标采购行动方案（2017—2019 年）》（发改法规〔2017〕357 号）提出，2019 年，覆盖全国、分类清晰、透明规范、互联互通的电子招标采购系统有序运行，以协同共享、动态监督和大数据监管为基础的公共服务体系和综合监督体系全面发挥作用，实现招标投标行业向信息化、智能化转型。

2020年，受新冠肺炎疫情影响，所有招标投标项目，要么暂停，要么进行网上招标投标。电子化招标投标已成为主流形式。

1.3.1.2 工程建设电子化招标投标的优势

1. 有利于解决当前突出问题

通过匿名下载招标文件，使招标人和投标人在投标截止前难以知晓潜在投标人的名称和数量，有助于防止围标串标；通过网络终端直接登录电子招标投标系统，免除了传统招标情况下存在的投标报名环节，极大地方便了投标人，既有利于防止通过投标报名排斥本地区本行业以外的潜在投标人，也通过增加投标人数量增强了竞争性。同时，由于电子化招标投标具有整合和共享信息、提高透明度、如实记载交易过程等优势，有利于建立健全信用奖惩机制，遏制弄虚作假，防止“暗箱操作”，有效查处违法行为。

2. 有利于提高招标投标效率

与传统招标投标方式相比，电子化招标投标实现了招标投标文件的电子化，其制作、修改、递交等都通过计算机和网络进行，省去了差旅、印刷、邮寄等所需的时间，便于有关资料的备案和存档。评标活动有了计算机辅助评标系统的帮助，可以提高效率。

3. 有利于公平竞争和预防腐败

招标投标程序电子化后，招标公告、招标文件、投标人信用、中标结果、签约履约情况等信息的公开公示将变得更加方便和深入，有利于提高透明度，更好地发挥招标投标当事人相互监督和社会监督的作用。同时，电子化招标投标可以通过技术手段减少当前招标投标活动中存在的“暗箱操作”等人为因素，预防商业贿赂和不正之风。

4. 节约招标采购资金

实施电子化招标投标，实现了电子化的招标投标文件，节约了招标文件的印刷费，大大减少了环境污染，促进了节能减排；在开标时不需要投标人亲临现场，通过网络直播就可以，节约了投标人的来回差旅费用、会议费等；还可实现电子化评标，进一步提高了评标效率。

5. 提高招标信息的透明度

电子化招标投标实现了招标信息的透明化目标，创建招标投标信息档案库，实现了参与招标投标的信息真实度。有效地规范了招标投标流程，避免了在招标投标过程中的人为干扰和虚假行为，实现了公平、公正、公开原则。电子化招标投标要求投标人通过网上报名、下载招标文件及缴纳招标保证金等，有效地拦截了围标、串标的信息源，防止了围标、串标的行为。还能够方便招标投标部门对招标投标过程的监督和管理，通过专门的账户能够实时地对项目动态进行管理和掌控，也规范了监督模式。

6. 实现了招标投标的集中化管理

首先创建电子化招标投标系统，内部实现了供应商、招标、评标等一系列的数据信息的资源共享，便于集中化管理。另外电子化招标投标使用的人性化操作模式，一些高难度的人为工作通过计算机实现，降低了人为工作的失误率，提高了招标投标过程的效率。

7. 有利于规范行政监督行为

按照监管权限以及法定监管要求，科学设置监管流程和监管手段，减少自由裁量和“暗箱操作”，可以大大提高监管的规范性。

1.3.1.3　工程建设电子化招标投标的发展趋势

电子化招标投标已经是招标投标的发展趋势，但是在电子化招标投标发展过程中存在着一系列问题，要想使电子化招标投标可持续发展，就要完善存在的问题。

1. 制定有效的电子化招标投标制度和规范

依据法律规定规范电子化招标投标的过程，将其能够真实、可靠地反映出来，使电子化招标投标过程中的各个程序都能够相互整合、兼容协调地运行。电子化招标投标系统使用的是电子信息技术，能够有效地使招标人规范、便捷地进行招标采购任务和满足招标项目之后的信息管理需求，系统保障了招标信息的开放性和及时性，所以要根据法律保障投标、评标等方面的安全性和保密性，保障电子化的招标文件和操作流程只能由指定的人员、时间阅读和修改，不可对其进行任意修改或者销毁。

电子招标投标技术规范见二维码 1-9。

二维码 1-9

2. 创建电子化招标投标交易平台

电子化招标投标交易平台目的是能够使不同的电子化招标项目能够与服务管理系统相互连通，使招标信息及公共性的交易能够实时共享，并且具有开放性，还要创建科学、有效的招标投标监督和管理机制，规范招标投标管理机构的监督方式，使其具备全面、实时性的服务信息网络平台。只要是与招标投标相关的管理部门、人员，都要进行身份加密，在网上进行招标投标时，也应该进行身份加密，保障招标投标活动的安全性和保密性。

1.3.2　互联网＋招标采购

公开、公平、公正和诚实信用是招标投标市场的核心价值目标；开放、互联、透明、共享是互联网的优势特征，这两者之间的“先天”优势决定二者需要相互融合。只有这样才能建立一体化开放共享的市场信息体系，才能够真正实现招标投标市场信息互联互通、动态跟踪、透明高效、开放共享、永久追溯、立体监督；才能突破市场信息条块分割、静态、封闭、单向传播的困境，逐步消除真伪难别、“暗箱操作”、弄虚作假、违法失信等市场扭曲现象；才能够真正实现招标投标市场的核心价值目标。

同时，“互联网＋”和电子化招标投标的深度融合，会改变传统纸质招标投标的业务运行和组织管理模式，改变独立分散、隔离、单向、独享、静态、简单、粗放的运行和管理状态；通过改造完善电子化招标投标系统及其交易平台，大力推进交易平台向市场化、专业化和集约化发展，改变和消除各种技术壁垒、独立孤岛、简单流程和“人机重复”的低水平、低效率运营状态。随着“互联网＋”和电子化招标投标融合的深度发展，实现各个系统平台之间无障碍，互联、互通、共享、网络化；实现使用者与平台系统之间无阻碍，易用、高效、智能、人性化；实现市场主体之间无壁垒，公开、公平、公正、竞争一体化；实现监督者与市场主体之间无屏障，依法、客观、监督、透明化。

1.3.3 BIM 技术在工程招标投标环节的应用

BIM（Building Information Modeling，简称 BIM）是指基于先进三维数字设计解决方案所构建的可视化的数字建筑模型，BIM 技术已经成为工程建设行业的发展趋势。BIM 技术作为建筑业信息化的重要组成部分，为施工行业的发展带来了强大推力，有利于推动绿色建筑，优化绿色施工方案，优化项目管理，提高工程质量，降低成本和安全风险，提升工程项目的效益和效率。

《2016-2020 年建筑业信息化发展纲要》的发展目标中明确指出："十三五"时期，全面提高建筑业信息化水平，着力增强 BIM、大数据、智能化、移动通讯、云计算、物联网等信息技术集成应用能力。同时，在施工类企业发展主要任务中指出，推进管理信息系统升级换代，普及项目管理信息系统，开展施工阶段的 BIM 基础应用。有条件的企业应研究 BIM 应用条件下的施工管理模式和协同工作机制，建立基于 BIM 的项目管理信息系统。

1.3.3.1 BIM 的应用给招标人带来的便利

BIM 技术的推广与应用，极大地促进了招标投标管理的精细化程度和管理水平。在招标投标过程中，招标人根据 BIM 模型可以编制准确的工程量清单，达到清单完整、快速算量、精确算量，有效地避免漏项和错算等情况，最大限度地减少施工阶段因工程量问题而引起的纠纷。投标人根据 BIM 模型快速获取正确的工程量信息，与招标文件的工程量清单相比较，可以制订更好的投标策略。

在招标控制环节，准确和全面的工程量清单是核心关键。而工程量计算是招标投标阶段耗费时间和精力最多的重要工作。而 BIM 是一个富含工程信息的数据库，可以真实地提供工程量计算所需要的物理和空间信息。借助这些信息，计算机可以快速对各种构件进行统计分析，从而大大减少根据图纸统计工程量带来的烦琐的人工操作和潜在错误，在效率和准确性上得到显著提高。

基于 BIM 可以将施工方案动漫化，模拟实际建筑过程，不仅可以对施工组织设计进行优化，而且可以直观地展示施工过程，让评标专家和非业内人士的建设单位相关负责人能够对施工方案和施工过程一目了然，极大地提高了投标人的中标概率。

利用 BIM 技术可以提高招标投标的质量和效率，有力地保障工程量清单的全面和精确，促进投标报价的科学、合理，加强招标投标管理的精细化水平，减少风险，进一步促进招标投标市场的规范化、市场化、标准化发展。

1.3.3.2 BIM 技术在建设工程招标投标中的应用

1. BIM 在建设过程全生命周期内的应用

在设计阶段，借助 BIM 信息库可以进行限额设计，与此同时，参与设计工作的各专业设计师可以基于同一个模型进行不同专业的设计信息的填充，进而通过碰撞检查审核各专业之间的设计是否存在冲突，避免施工阶段的设计变更。关于 BIM 在招标投标阶段的应用，前文已有相关介绍。在施工阶段可以模拟建造过程，提前预知具体施工任务并且提前做好材料供应，避免了不当施工，节约了成本，缩短了工期，进而达到对施工过程的动态控制。BIM 系统中的数据是在工程进行过程中不断更新的，所以在竣工验收阶段，BIM 系统中数据的完整性加快了结算效率，同时也避免了结算常见的扯皮现象。在后期运营阶段，业主可以借助 BIM 快速获取相应资料，同时，物业管理人员可以借助 BIM 快速了解建筑内各种设备的数据等资料，方便进行维护和智能化管理。

2. BIM 在招标控制中的应用

在招标投标阶段，各专业 BIM 模型的建立是 BIM 应用的重要基础工作。BIM 模型建立的质量和效率直接影响后续应用的成效。BIM 模型的建立主要有三种途径：① 直接按照施工图纸重新建立 BIM 模型，这也是最基础、最常用的方式；② 如果可以得到二维施工图的 AutoCAD 格式的电子文件，利用软件提供的识图转图功能，将 dwg 二维图转成 BIM 模型；③ 复用和导入设计软件提供的 BIM 模型，生成 BIM 算量模型。从整个 BIM 流程来看是最合理的方式，可以避免重新建模带来的大量手工工作及可能产生的错误。

3. BIM 在投标过程中的应用

（1）基于 BIM 的 4D 进度模拟

建筑施工是一个高度动态和复杂的过程，当前建筑工程项目管理中经常用进度计划描述施工进度以及各种复杂关系，难以形象地表达工程施工的动态变化过程。通过将 BIM 与施工进度计划相链接，将空间信息与时间信息整合在一个可视的 4D（3D ＋ Time）模型中，可以直观、精确地反映整个建筑的施工过程和虚拟形象进度。4D 施工模拟技术可以在项目建造过程中合理制订施工计划、精确掌握施工进度、优化使用施工资源以及科学地进行场地布置，对整个工程的施工进度、资源和质量进行统一管理和控制，以缩短工期、降低成本、提高质量。

（2）基于 BIM 的资源优化与资金计划利用

BIM 可以方便、快捷地进行施工进度模拟、资源优化，以及预计产值和编制资金计划。通过进度计划与模型的关联，以及造价数据与进度计划关联，可以实现不同维度（空间、时间、流水段）的造价管理与分析。将三维模型和进度计划相结合，模拟出每个施工进度计划任务对应所需的资金和资源，形成进度计划对应的资金和资源曲线，便于选择更加合理的进度安排。通过对 BIM 模型的流水段划分，可以按照流水段自动关联并快速计算出人工、材料、机械设备和资金等的资源需用量计划。所见即所得的方式，不但有助于投标单位制订合理的施工方案，还能形象地展示给招标人。

总之，利用 BIM 技术可以提高招标投标的质量和效率，有力地保障工程量清单的全面和精确，促进企业的发展，因此需要重点加强对其的研究。

1. 3. 3. 3　BIM 技术标编制中主要 BIM 应用点

1. 基于 BIM 的场地布置

施工场地布置是项目施工的前提。在技术标编制阶段，基于 BIM 的场地布置将更加合理、直观地反映不同阶段现场施工状态。

2. 基于 BIM 的施工进度模拟

在技术标编制阶段，基于 BIM 的施工进度模拟可以辅助施工进度计划编制与优化，通过可视化形式展现项目施工状况。

3. 基于 BIM 的工程量统计

在技术标编制阶段，通过 BIM 模型提取对应工程量辅助商务标编制工作；常见工程量提取包括：混凝土工程量、模板钢筋量、抹灰工程量等，通过量的数值提取，又可进行资源计划的制订。

4. 基于 BIM 的三维可视化设计

在技术标编制阶段，运用 BIM 模型对大型施工方案进行三维可视化施工场景还原及验证，展现其施工工艺流程、方案思路。

5. 基于 BIM 的招标投标动画制作

在运用 BIM 辅助招标投标工作开展的过程中，为更好地表达施工组织设计，可以运用 BIM 模型制作招标投标动画。

1.3.4 电子化招标投标平台分级及应用

电子化招标投标活动三大平台，即交易平台、公共服务平台和行政监督平台，各自独立运营，分别具有不同的服务功能定位，又互联互通、功能互补、互相支持，共同构成了全国电子化招标投标活动的信息系统。

其中，交易平台应由市场主体按照标准统一、互联互通、安全高效以及市场化竞争、专业化定位、集约化发展的原则建设和运营；公共服务平台分为国家、省、市三个层级，由相应层级的发展改革部门会同有关部门按照政府主导、共建共享、公益服务的原则建设和运营；行政监督平台由行政监督部门按照依法、透明、规范监督的要求自行建设和运营。

每个平台应该统一按照《电子招标投标办法》及其技术规范建设和运营；每个招标投标主体（系统用户）均应该选择一个交易平台注册登记和交换信息；每个交易平台均应该选择任何一级公共服务平台注册登记并按照规定交换信息；下一层级的公共服务平台应该在上一层级公共服务平台注册登记并按照规定相互交换信息。各招标投标市场主体及其交易信息通过各交易平台以及监督平台统一交换汇集到全国公共服务平台，形成全国招标投标市场的立体数据库，实现市场信息资源共建共享。同时，公共服务平台利用整合的信息资源向各交易平台、行政监督平台以及相关主体提供相应的信息服务。

在这个系统结构中，交易平台是招标投标活动的基础，也是招标投标市场信息的基本载体和来源；公共服务平台是电子化招标投标活动合成、信息交换、整合、服务的枢纽；行政监督平台是依法规范电子化招标投标活动的保障，并为监督机构运用高效、透明的行政监督方式创造了条件（图 1-2）。

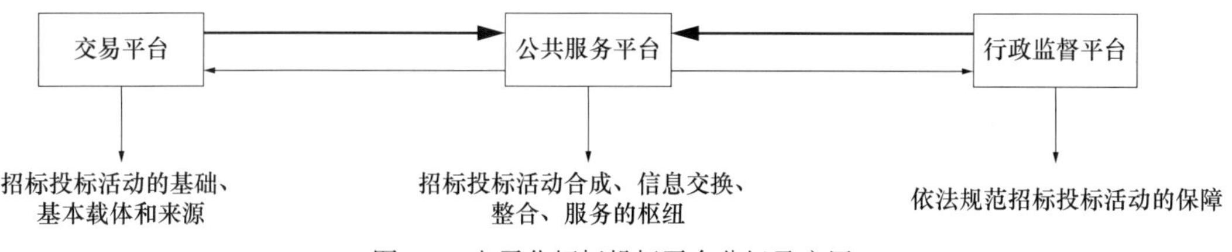

图 1-2　电子化招标投标平台分级及应用

1.3.5　电子化招标投标平台意义

电子化招标投标系统，是为了适应我国幅员辽阔、交易体量大、交易项目专业和门类众多、繁杂，以及地区、行业监督管理复杂的现实情况而渐进发展、逐步完善电子化招标投标的需要。同时，电子化招标投标平台系统架构设计，可以兼顾实际已有大多数电子化招标投标平台逐步重新定位、改造过渡、规范运营所需要的时机和空间，以避免立刻废除和全部推翻已有电子化招标投标平台而造成资源浪费、激化矛盾并影响电子化招标投标发展的大局。现有或在建的电子化招标投标平台都应当按此系统架构，归结为三大平台之一或其组合。例如，部分企业自行建设运营的招标采购信息平台，就属于电子招标投标交易平台；许多公共资源交易中心的信息平台按其功能定位可能是交易平台、公共服务平台、行政监督平台之一或兼具三个平台的部分服务功能。

按此系统架构设计，可以合理处理以下四个方面的关系：

1.3.5.1　统筹规划和分步实施

每一个市场主体、相关政府部门都可以按照《电子招标投标办法》的统一要求，结合行业、地方特点和自身条件，独立决定建设或改造、运营平台的模式和实施计划。既不会影响已有平台的过渡运营，也不制约其他新建平台以及全国电子招标投标系统的建设运营。每一个平台与公共服务平台对接，随着接入平台的不断增加，自然逐步形成全国统一的电子招标投标及其信息共享系统。

1.3.5.2　政府引导和市场主导

政府可以通过相应的政策、标准以及公共信息资源的整合和服务，引导电子化招标投标有序健康发展。同时，要避免形成行政垄断和保护，要充分发挥市场在交易平台资源配置过程中的决定性作用，提高交易平台建设和运营服务的质量、水平及效率，政府不应进入市场去建设运营交易平台，应当放手让市场主体充分竞争。政府应当在市场失灵的领域发挥作用，如应当快速启动建设公共服务平台和行政监督平台、提高网速等。

1.3.5.3　统一规范和鼓励创新

不同平台的技术和信息交换需要统一标准，同时，每个平台根据实际需要又可以在统一技术标准许可范围内进行技术创新。合理平衡效率与安全的关系，安全和效率呈负相关，需要适度把握平衡。安全是电子化招标投标系统运行的生命线。在确保交易安全的情况下，提高招标投标交易、公共服务和行政监督的效率。

1.3.5.4 坚持提高效率和确保安全相结合

为最大限度地发挥电子化招标投标的效率优势，有必要减少管理环节，优化交易流程，提倡全部交易过程的电子化。但是，提高效率需要以行为规范和交易安全为前提。为此，要按照《电子招标投标办法》和技术规范要求设置身份识别、权限监控、局部隔离、离线编辑、加密解密、操作记录、信息留痕、存档备份以及系统检测、认证等安全制度。

1.4 企业诚信管理

1.4.1 诚信平台简介

建筑业是国民经济的支柱产业之一，建筑业的诚信是整个社会信用体系的重要组成部分。当前我国正处于建设高峰时期，建筑市场中各方主体信用缺失的情况还比较普遍。一些建设单位不按工程建设程序办事，强行要求垫资承包、支解工程发包、明招暗定、拖欠工程款。一些承包企业层层转包工程，在施工过程中偷工减料，导致质量和安全问题。一些监理、招标代理、造价咨询等中介机构办事不公正，扰乱了市场秩序。产生这些问题的原因很多，其中一个主要原因是建筑市场发育尚不完善，信用意识较为薄弱，违法违规的失信成本较低；另一个主要原因是各个管理环节没有建立信息共享机制，市场管理和现场管理缺乏联动。信用缺失不仅造成建筑市场混乱、经营成本浪费，也给企业和行业发展带来很大风险。因此，加快推进建筑市场信用体系建设工作就十分迫切和必要。

2008 年至今，住房和城乡建设部先后印发了《住房城乡建设部办公厅关于推进建设省级建筑市场监管与诚信信息一体化工作平台若干意见的通知》（建办市〔2014〕55 号）、《住房城乡建设部关于印发〈全国建筑市场监管与诚信信息系统基础数据库数据标准（试行）〉和〈全国建筑市场监管与诚信信息系统基础数据库管理办法（试行）〉的通知》（建市〔2014〕108 号）、《住房和城乡建设部建筑市场监管司关于印发〈全国建筑市场监管与诚信信息系统基础数据库部省数据对接验收评估标准（试行）〉的通知》（建市综函〔2015〕26 号）、《住房城乡建设部办公厅关于进一步做好建筑市场监管与诚信信息平台建设工作的通知》（建办市〔2016〕6 号）等政策法规。2015 年 7 月，全国第二批 10 个省级建筑市场监管与诚信一体化工作平台完成建设，全国共有 18 个省、自治区、直辖市实现了与住房和城乡建设部建筑市场监管与诚信信息系统中央数据库的实时联通，并继续推进其余 13 个省（自治区）建筑市场监管与诚信一体化工作平台建设工作，全面实现全国建筑市场“数据一个库、监管一张网、管理一条线”的信息化监管目标。

建立使用统一的企业诚信库，是进一步提高招标投标监管水平，推进诚信体系建设，打击围标串标，培育建立依法竞争、合理竞争、诚实守信的招标投标市场环境的有效手段。诚信库一般都记录并展示核验地区、核验人、核验通过时间等有关信息，办理入库核验人员会认真履行核验职责，拒绝不完整、错误或虚假信息的入库请求。投标企业对诚信库信息的及时性、完整性、真实性负责，对在核验过程中帮助企业弄虚作假、徇私舞弊、谋取利益的，依纪依法追究相关人员责任。

按住房和城乡建设部要求，2015 年年底建成的“四库一平台”暨住房和城乡建设部全国建筑市场监管与诚信发布平台，“四库”指的是企业数据库基本信息库、注册人员数据库基本信息库、工程项目数据库基本信息库、诚信信息数据库基本信息库；“一平台”就是一体化工作平台，作用是解决数据多头采集、重复录入、真实性核实、项目数据缺失、诚信信息难以采集、市场监管与行政审批脱离、“市场与现场”两场无法联动等问题，保证数据的全面性、真实性、关联性和动态性，全面实现全国建筑市场“数据一个库、监管一张网、管理一条线”的信息化监管目标。各省建设的平台一般称为“某省建筑市场监管与诚信一体化工作平台”，基于各地实际管理的需要，平台建设内容不尽相同。

1.4.1.1　四库主要内容

1. 企业数据库基本信息

主要包括：取得住房城乡建设主管部门颁发的工程勘察资质、工程设计资质、建筑业企业资质、工程监理企业资质、工程招标代理机构资格、工程设计施工一体化企业资质、工程造价咨询企业资质、施工图审查机构名录、质量检测机构资质等企业的基本信息和资质信息。

2. 注册人员数据库基本信息

主要包括：取得全国（或省级）注册建筑师管理委员会颁发的注册建筑师注册证书，以及取得住房城乡建设主管部门颁发的勘察设计注册工程师、注册监理工程师、注册建造师、注册造价工程师等注册证书的注册人员的注册信息。

3. 工程项目数据库基本信息

主要包括：各类工程项目名称、类型、规模、造价等信息；参与工程项目建设的建设、勘察、设计、施工、监理、招标代理等单位及其注册建筑师、勘察设计注册工程师、注册监理工程师、注册建造师、注册造价工程师等注册人员信息；参与工程项目建设的现场管理人员信息；工程项目招标投标、合同备案、施工图审查、施工许可、现场管理、竣工验收等环节的监管信息。

4. 诚信信息数据库基本信息

主要包括：企业诚信信息、注册人员诚信信息等，分为不良行为信息和良好行为信息。不良行为信息是指企业和注册人员所受到的行政处罚、行政处理、通报等信息。良好行为信息是指企业或注册人员获得省部级以上奖项、市级以上行政主管部门评优、社会认可的信用中介机构评级、科技创新、获取专利、参加社会公益行为等信息。

1.4.1.2 四库主要应用

1. 基础数据库可应用于建筑市场权威数据信息发布

住房和城乡建设部在门户网站上设立发布平台，整合各级住房城乡建设主管部门上报采集的建筑市场监管与诚信信息，建立与工商、税务、社保、教育、应急管理等部门的信息共享机制，共同构建全国建筑市场监管与诚信权威信息发布管理体系，供各级住房城乡建设主管部门、相关行政管理部门和社会公众查询使用。

2. 基础数据库可应用于建筑市场监管

各级住房城乡建设主管部门应将建筑市场监管与诚信信息数据作为各地实施建筑市场监管、行政处罚的有效法律依据，应将建筑市场监管与诚信信息数据作为权威监管数据用于对企业和人员资质资格进行行政审批、企业人员资质资格动态监管、企业和人员跨省承接业务管理、投标企业资信评估、企业和人员资质资格证书电子化管理等，优化完善现有业务管理流程，提升建筑市场监管效能。

3. 基础数据库可为建筑市场监管提供统计分析和决策支持

各级住房城乡建设主管部门可对企业、人员、工程项目等发布情况进行统计分析，实现动态监测及供求预测，进行政策研究，及时制定调整建筑市场监管与诚信体系建设等相关政策。

1.4.1.3 对工程项目投标的影响

各个地区不同专业的投标要求虽然不尽相同，但一般都会要求在投标文件中对项目经理做详细介绍和相关证明文件，例如：身份证、注册建造师证、安全生产考核合格证（B）、毕业证书、社保证明、工程业绩等。目前有些企业为了提高中标概率，不排除大量提供虚假材料，有的招标人为了避免同一个建造师任职多项目的情况，要求投标方出具注册建造师证书原件，而投标企业不排除会“克隆”出注册建造师证书，以应付招标人和评标委员会。招标人和评标专家对投标方资料的真伪评定难度非常大，“四库一平台”建立后，这种情况将大大改观，相关信息可以很方便地查询到。例如：项目数据库中注册建造师与项目信息关联，某建造师做了多少项目、是否存在同时间出任不同项目的项目经理，一目了然。

同时，企业的上缴利税、营业收入、诚信情况等基本信息，通过与工商、税务等主管部门信息共享后，很方便地在平台中查询到。信息平台建立后，企业将在市场中成为一个透明的企业。

1.4.1.4 对项目建设过程的影响

随着“四库一平台”系统的建立，未来将会对工程项目进行动态监管，建造师、现场管理人员等相关人员是否在项目现场、项目具体进展及人员情况等均可通过刷取身份证的方式进行监管，对于在投标中的项目人员构成监管更加精确，从而在源头上避免行业的各种乱象，保证工程项目保质保量地完成。

1.4.2　企业备案流程

在中华人民共和国境内实施对建筑业企业资质监督管理。建筑业企业应当按照其拥有的注册资本、专业技术人员、技术装备和已完成的建筑工程业绩等条件申请资质，经审查合格，取得建筑业企业资质证书后，方可在资质许可的范围内从事建筑施工活动。

建筑施工企业如果想要在当地招标投标交易中心进行投标活动，必须到当地建设行政主管部门招标投标管理办公室或者相关部门进行企业资质等的备案。

招标人（招标代理机构）从事招标活动，也要到当地建设行政主管部门招标投标管理办公室进行备案。

1.4.2.1　企业首次申报诚信档案

（1）新用户注册。

（2）填写企业及企业人员相关信息。

（3）提交企业档案。

1.4.2.2　诚信档案变更操作流程

（1）增加变更记录。

（2）编辑企业变更信息。

（3）提交变更。

1.4.2.3　新注册企业备案流程

（1）用户注册。

（2）填写档案相关信息。

（3）提交。

（4）携带证明材料。

（5）到交易中心信用档案室进行审核。

（6）办理 CA 锁。

（7）档案室写锁并发给企业。

1.4.3　团队建设

项目团队建设是指将肩负项目管理使命的团队成员按照特定的模式组织起来，协调一致，以实现预期项目目标的持续不断的过程。它是项目经理和项目管理团队成员的共同职责，团队建设过程中应创造一种开放和自信的气氛，使全体团队成员有统一感和使命感。

1.4.3.1　项目团队建设的重要性

项目团队建设就是要创造一个良好的氛围与环境，使整个项目管理团队实现共同的项目目标而努力奋斗。项目团队建设的重要性主要体现在：

（1）使团队成员确立明确的共同目标，增强吸引力、感召力和战斗力。

（2）做到合理分工与协作，使每个成员明确自己的角色、权力、任务和职责，以及与其他成员之间的关系。

（3）建立高度的凝聚力，使团队成员积极热情地为项目成功付出必要的时间和努力。

（4）加强团队成员之间的相互信任，促使成员间相互关心、彼此认同。

（5）实现成员间有效沟通，形成开放、坦诚的沟通气氛。

1.4.3.2 项目团队建设中的意识

一个成功的项目团队应树立五种意识，即目标意识、团队意识、服务意识、竞争意识和危机意识。

（1）目标意识。应该做到目标到人、个人目标与组织目标相结合、强烈的责任心和自信心。

（2）团队意识。包括团队成功观念，树正气、刹歪风，个人利益和团队利益相结合。

（3）服务意识。包括面向客户的服务、面向团队内部的服务及面向维修保养人员的服务。

（4）竞争意识。包括责权利均衡，论功行赏，处理好主角与配角的关系。

（5）危机意识。包括使命感，行业、市场的危机，团队的危机。

1.4.3.3 项目团队建设的阶段

1. 形成阶段

在形成阶段，主要依靠项目经理来指导和构建团队。团队形成需要两个基础，即以整个运行的组织为基础，一个组织构成一个团队的基础框架，团队的目标即为组织的目标，团队的成员即为组织的全体成员；在组织内的一个有限范围内完成某一特定任务或为一共同目标等形成的团队。

2. 磨合阶段

磨合阶段是团队从组建到规范阶段的过渡过程，主要指团队成员之间，成员于内外环境之间，团队与所在组织、上级、客户之间进行的磨合。

在磨合阶段，由于项目任务比预计的繁重、困难，成本或进度的计划限制可能比预计的紧张，项目经理部成员会产生激动、希望、怀疑、焦急和犹豫的情绪，会有许多矛盾，而且有的团队成员可能因不适应而退出团队，为此，团队要重新调整与补充。在实际工作中，应尽可能地缩短磨合时间，以便使团队早日形成合力。

3. 规范阶段

经过磨合阶段，团队的工作开始进入有序化状态，团队的各项规则经过建立、补充与完善，成员之间经过认识、了解与相互定位，形成了自己的团队文化、新的工作规范，培养了初步的团队精神。

4. 表现阶段

经过上述三个阶段，团队进入表现阶段。这是团队最佳状态的时期，团队成员彼此高度信任，配合默契，工作效率有了极大的提高，工作效果明显，这时团队已经比较成熟。

5. 休整阶段

休整阶段包括休止和整顿两方面的内容。团队休止是指团队经过一个时期的工作，工作任务即将结束，团队将面临总结、表彰等工作，所有这些都暗示着团队前一时期的工作已经基本结束，团队可能面临解散的状况，团队成员要考虑自己的下一步工作。

团队整顿是指团队的原工作任务结束后，团队准备接受新的任务时，要进行调整和整顿，包括工作作风、工作规范、人员结构等方面的调整与整顿。如果这种调整比较大，实际上是构建一个新的团队。

1.4.3.4　项目团队能力的持续改进方法

（1）改善工作环境。

（2）团队的评价、表彰与奖励。

（3）人员培训与文化管理。

（4）反馈与调整。

在本课程中要求以团队的形式，模拟建筑工程施工招标投标从发布招标公告到最后发布中标通知书、签订合同为止的完整过程。让学生既模拟招标人，又模拟投标人，使学生能够体验、掌握招标投标实际业务的全部角色与工作，全部自行动手，老师只作为辅导者与引导者。

1.4.4　角色分工及职能划分

以学生为主体，围绕招标投标两大主要角色，通过四个职能岗位展开，分别是项目经理、市场经理、技术经理和商务经理。

1.4.4.1　招标人岗位

1. 项目经理

负责组织协调项目组成员完成招标策划、资格预审文件编制，招标文件编制；负责资格审查办法、评标办法标准的制订；负责招标业务流程的各类审批、汇总工作。

2. 市场经理

负责资格预审文件中企业门槛的设置；负责招标文件中市场条款的制订；资信标的门槛设置。

3. 技术经理

负责资格预审文件中人员门槛的设置；负责招标文件中技术条款的制订、图纸审核、技术标评分标准的制订。

4. 商务经理

负责资格预审文件中经营状况的门槛设置；负责招标文件中商务条款的制订、工程量清单编制、经济标评分标准的制订。

1.4.4.2 投标人岗位

1. 项目经理

负责组织协调项目组成员完成资格预审申请文件编制、投标文件编制；负责中标后的合同谈判、签订；负责投标业务流程的各类审批、汇总工作。

2. 市场经理

负责组织资格审查、现场踏勘、投标预备会和开标评标会；负责其他招标业务流程的实施。

3. 技术经理

负责资格预审申请文件中人员资格、机械设备的资料准备；负责投标文件中技术标的编制。

4. 商务经理

负责资格预审申请文件中财务状况、工程业绩的资料准备；负责投标文件中经济标（商务标）的编制。

1.5 电子化招标投标综合实训简介

电子化招标投标综合实训是《工程招标投标与合同管理》实践环节的重要组成部分，是建筑工程造价专业、工程（项目）管理、建筑施工技术的一门专业技能课程。该课程以建筑工程招标投标专业理论为架构，以工程招标投标流程构件、功能构件的相关信息数据为基础，进行工程招标投标管理行为模型的建立，通过一系列实训辅件，以仿真方式模拟工程招标投标过程管理所具有的真实信息。通过电子化招标投标管理行为模型，可以集结工程招标投标与合同管理利益相关各方团队，通过一系列招标投标工作任务，全面再现了工程招标投标管理全过程。目前，该课程教学过程采用任务驱动式教学方法，将招标投标各阶段的工作任务化，学生组建招标投标项目团队研究分析任务点，形成招标投标决策方案，通过电子化招标投标相关软件工具，实现电子化招标投标线上业务模拟＋线下技能实操的功能，全面强化学生就业岗位的业务与技能锻炼。课程流程图如图 1-3 所示。

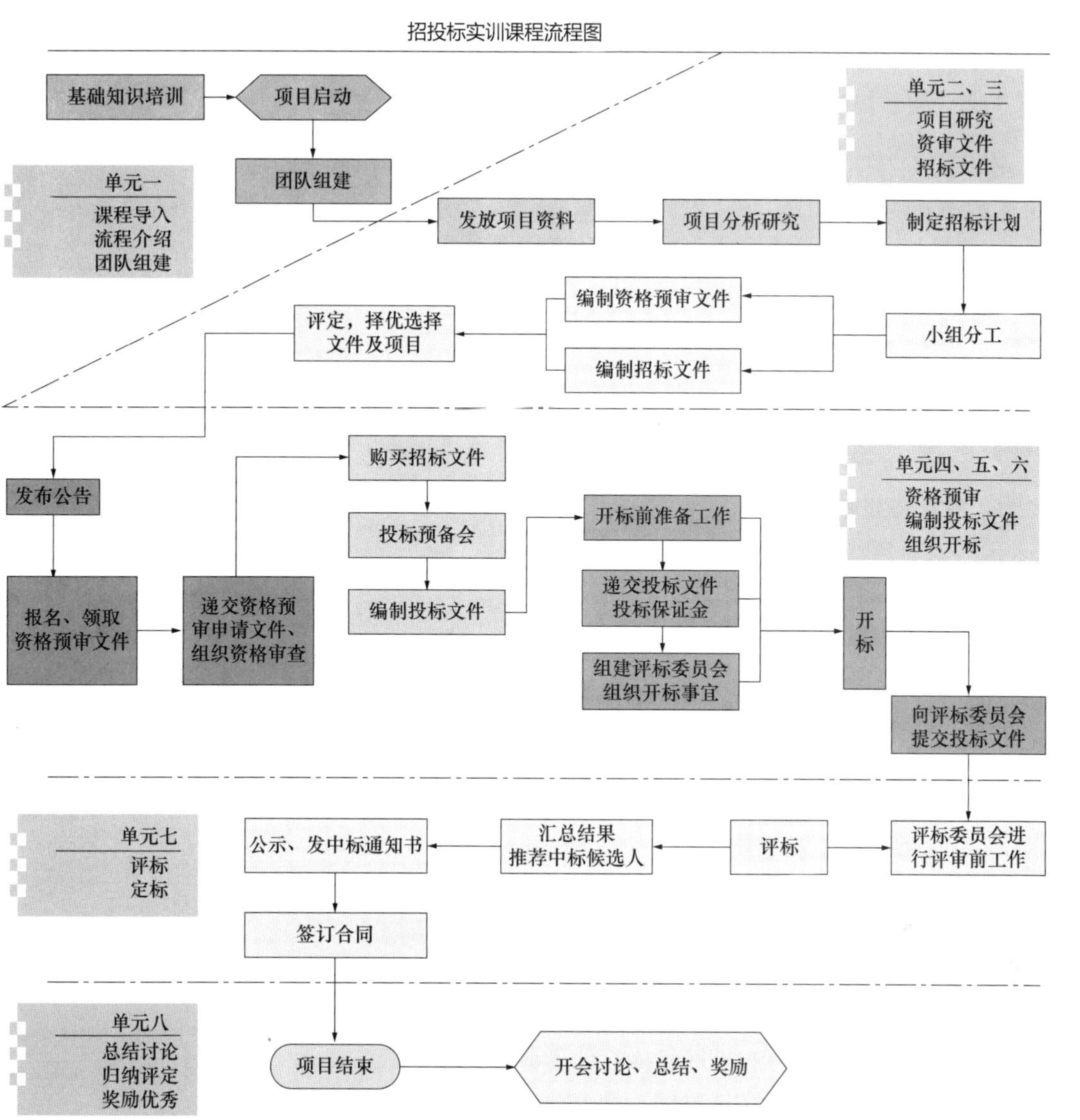

图 1-3　招投标实训课程流程图

1.5.1　课程教学目标

1.5.1.1　专业能力目标

（1）熟悉电子化招标投标完整的业务流程、各阶段主要工作项及时间把控。

（2）掌握电子化招标投标业务中招标文件、投标文件的编制方法和编制技巧。

（3）熟悉电子化招标投标工作岗位分工及岗位职责。

（4）了解并熟悉招标投标相关企业、人员各类证件资料内容。

（5）具备编制和制订工程合同条款的能力。

（6）具备能够进行工程招标投标风险管理的能力。

1.5.1.2 情感目标

（1）培养学生细致耐心、一丝不苟的工作作风。
（2）培养学生语言表达能力及社交能力。
（3）锻炼学生逻辑思维能力及实验动手操作能力。

1.5.2 课前准备

1.5.2.1 硬件准备

1. 多媒体设备

投影仪、教师电脑、授课 PPT。

2. 实训电脑

学生用实训电脑配置要求如下：
（1）IE 浏览器 8 及以上。
（2）安装 Office 办公软件 2010 及以上版本。
（3）电脑操作系统：Windows 7 及以上。

3. 网络环境

机房内网或校园网内网环境。

4. 实训物资

工程招标投标实训教材、签字笔、广联达软件加密锁或云锁。

1.5.2.2 软件准备

（1）广联达电子招标投标沙盘执行评测系统 V3.0。
（2）广联达电子投标文件编制工具 V7.0。
（3）广联达电子招标文件编制工具 V7.0。
（4）电子招标投标项目交易管理平台网址：http: //gbp.glodonedu.com/G2。

1.5.3 实践任务

1.5.3.1 实训目的

（1）通过案例，结合基础知识点，让学生掌握项目招标投标应该具备的条件，学会分析如何选择招标方式。

（2）通过招标计划编制，让学生熟悉完整的招标投标业务流程、时间控制。

1.5.3.2　实训任务

（1）第一阶段：企业注册备案阶段实训任务。
（2）第二阶段：招标阶段实训任务。
（3）第三阶段：投标阶段实训任务书。
（4）第四阶段：开评标阶段实训任务书。

1.5.3.3　角色扮演

1. 招标人

（1）招标人即建设单位，由老师临时客串。
（2）负责对招标代理公司提出的招标条件问题进行解答、出具相关的证明资料。

2. 招标代理

（1）每个学生团队都是一个招标代理公司。
（2）承接招标人（或建设单位）的工程招标委托任务。
（3）确认工程招标项目的招标条件是否满足。

3. 行政监管人员

每个学生团队中由项目经理指定一名成员，担任本团队的行政监管人员。

如项目招标由招标人自行完成，则不设招标代理角色，其相关工作由招标人完成，并由学生团队担当。

第一阶段：企业注册备案阶段实训任务

1. 第一阶段实训内容及任务指导

【实训内容】企业注册备案。
【任务指导】企业注册备案。

（1）每人需成立招标企业和投标企业，并在“广联达工程交易管理服务平台”上完成招标企业和投标企业的企业备案，获取在工程交易管理服务平台上进行电子化招标投标交易活动的资格。

（2）企业注册备案：每人需要完成一家招标代理公司、一家建设施工企业共两家公司的企业备案（包括但不限于企业基本信息、企业资质、安全生产许可证、企业人员等信息备案）。

2. 第一阶段实训提交成果文件

（1）电子招标投标项目交易平台操作：企业注册备案

① 招标代理企业诚信信息备案：基本信息、企业资质、企业业绩、企业人员。

② 建筑施工企业诚信信息备案：基本信息、企业资质、企业业绩、安全生产许可证、企业人员。

（2）评分规则

① 企业注册备案内容填写完整性。

② 企业注册备案内容填写准确性。

③ 企业注册备案内容完成时效性。

第二阶段：招标阶段实训任务

1. 招标阶段实训完成内容

每人以招标代理身份，完成以下实训任务：

（1）招标策划：根据老师提供的工程案例信息，每人完成一份招标策划（包括招标条件及招标方式判定、招标计划）。

（2）招标文件编制：根据老师提供的工程案例信息、结合已完成的招标策划文件内容，每人完成一份招标文件。招标文件包括但不限于以下内容：封面、目录、招标邀请书（招标公告）、投标人须知、评标办法、合同条款及格式、技术标准和要求、投标文件格式。评标方法中须制订详细的评分细则（尤其是针对BIM技术的应用及实施保障措施、BIM实施业绩等与BIM相关的评审标准；同时技术标评审模块不少于6个子模块）。

（3）招标公告、发售招标文件：每人需在“广联达工程交易管理服务平台”上完成招标项目注册、发布招标公告并发售招标文件。

（4）完成开标前预约工作：每人需在“广联达工程交易管理服务平台”上完成标室预约、评标专家申请工作。

2. 文件编制说明

（1）招标策划

① 每人将实训文件（.cas格式文件）下载到**电脑桌面**，打开广联达BIM招标投标沙盘执行评测系统V3.0（BIM招标投标操作系统）→新建→其他案例→选择电脑桌面考试文件（.cas格式文件）→保存工程项目至**电脑桌面**（文件命名方式详见④招标策划文件命名方式）→项目登录（输入用户名和密码；每人自行定义用户名和密码）。

② 基本信息填写：完成院校信息、个人信息两部分内容；其中个人信息的姓名、编号自定义即可，其他信息如实填写。

③ 招标策划编制：根据实训文件提供的工程案例信息资料，完成招标条件和招标方式、招标计划两部分内容。

④ **招标策划文件命名方式**：每人提交招标策划文件的命名，必须以花名册**序号（如：班级＋01）**作为招标策划文件的名称。文件名将作为识别实训作业提交的唯一标识，由于文件名错误将会导致无法记分，由此引起的责任将由本人自行负责。

（2）招标文件

① 招标文件编制：根据实训文件提供的工程案例信息资料，结合招标投标相关法律法规规定和招标计划成果，完成招标文件编制（包含基本信息、设置评标办法、编制招标书、导入工程量清单、导入工程图纸、生成招标文件），并生成一份电子版招标文件（.BJZ格式文件）。

特别提醒：实训过程中根据需要编制招标文件和资格预审文件（非必需）。

② **招标文件命名方式：每人**提交招标文件的命名，必须以花名册**序号（如：班级+01）**作为招标文件的名称。文件名将作为识别实训作业提交的唯一标识，同时必须与招标策划文件命名相同。由于文件名错误将会导致无法记分，由此引起的责任将由本人自行负责。

招标策划文件和招标文件图标如图 1-4 所示。

图 1-4　招标策划文件和招标文件图标

3. 电子招标投标项目交易平台操作

（1）招标项目注册：完成图 1-5 中框线中内容并审批通过（项目登记、初步发包方案、委托招标备案）。

图 1-5　工程注册

（2）招标公告、发售招标文件：完成图 1-6 中框线中内容并审批通过（招标公告管理、招标文件管理、最高投标限价）。

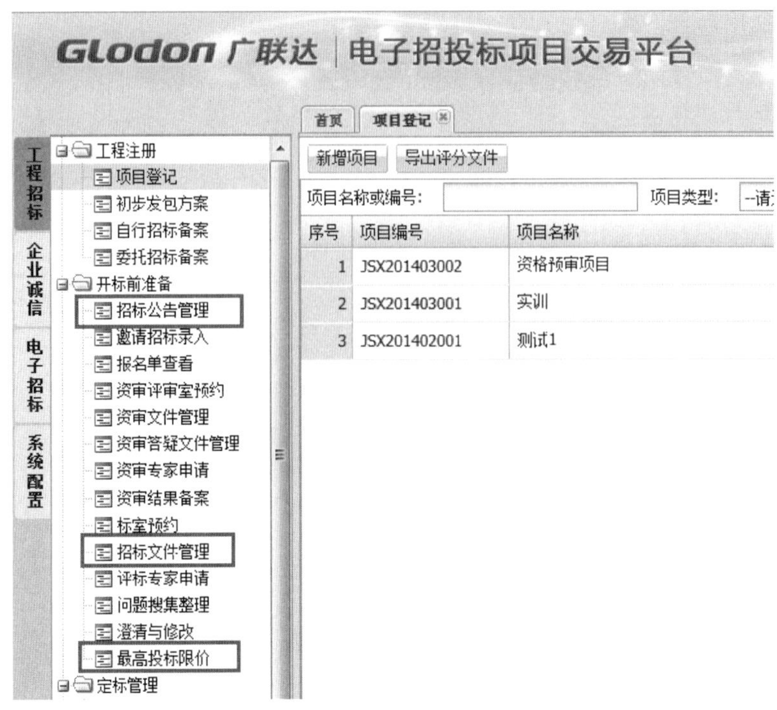

图 1-6　发布招标公告、发售招标文件

（3）开标前准备工作：完成图1-7框线中内容并审批通过（标室预约、评标专家申请）。

图 1-7　开标前准备

4. 电子招标投标项目交易平台操作注意事项

标段名称命名：以学号＋姓名作为标段名称（图 1-8、图 1-9）。

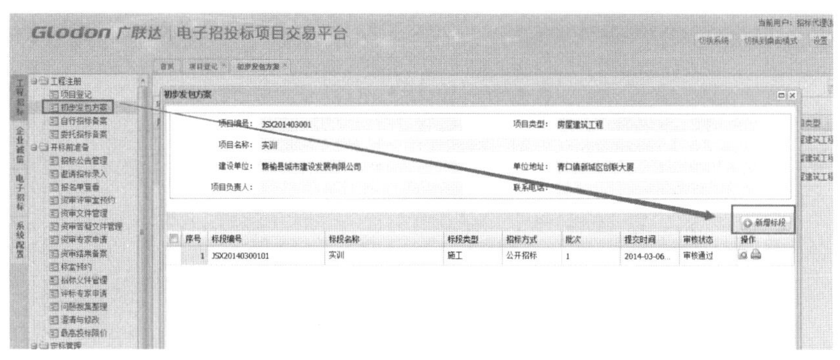

图 1-8　新增标段

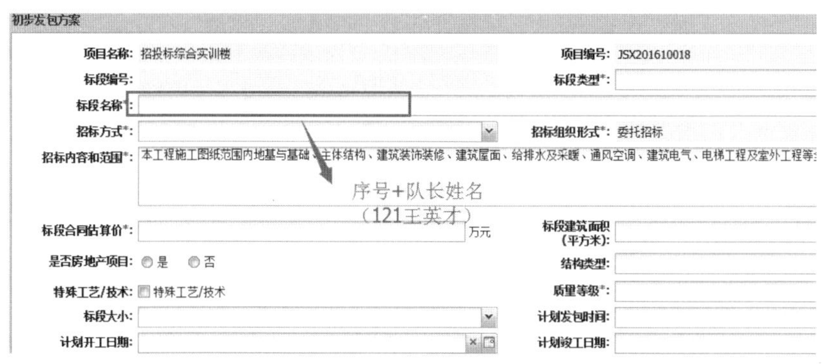

图 1-9　标段名称

第三阶段：投标阶段实训任务书

1. 投标阶段任务书

每人以投标企业（建筑施工企业）身份，完成以下实训任务：

（1）投标报名、获取招标文件：每人需登录“广联达工程交易管理服务平台”，投标报名教师发布的招标公告、获取招标文件。

（2）投标文件递交：每人将完成的投标文件内容整合，完成一份电子版投标文件并成功在“广联达工程交易管理服务平台”递交。

2. 投标文件编制说明

① 实训所需招标文件等内容由老师提供，每人将所需文件保存到电脑桌面，打开广联达电子投标文件编制工具 V7.0 →新建项目→导入下发的招标文件→保存工程项目至电脑桌面（文件命名方式详见⑤投标文件命名方式）。

② 依据下发的招标文件的各项规定、结合招标投标相关法律法规等进行决策，完成相关内容。

③ 每人将决策确定的投标文件内容、结合老师提供的各项资料内容，使用广联达电子投标文件编制工具 V7.0，完成一份电子版投标文件（图 1-10）。

④ **投标文件命名方式：每人提交投标文件的命名，必须以花名册序号（如：班级＋01）**

作为文件的名称。投标文件的命名必须与招标策划、招标文件的命名完全一致（否则多个文件成绩无法累加），将作为识别实训作业提交的唯一标识。由于文件名错误将会导致无法记分，由此引起的责任将由本人自行负责。

图 1-10　投标文件图标

3. 电子招标投标项目交易平台操作

（1）招标项目注册：完成图 1-11 中框线中内容（投标报名）。

图 1-11　投标报名

（2）获取招标文件、完成在线提交投标文件：完成图 1-12 框线中内容（报名信息、招标公告、招标文件、下载招标控制价文件、网上投标）。

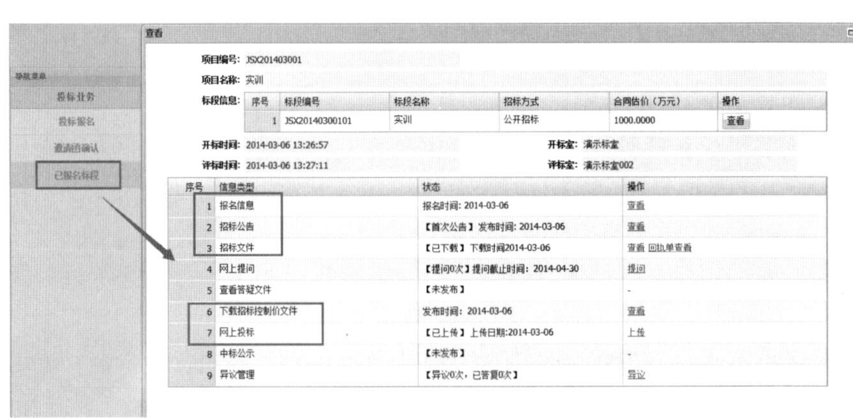

图 1-12　获取招标文件、在线投标

（3）第三阶段任务操作注意事项

在线购买招标文件：选择“广联达银行”作为购买途径。

第四阶段：开评标阶段实训任务书

1. 开评标阶段任务书

每人以投标企业（建筑施工企业）身份，完成以下实训任务：

准备开标会签到时所需的资料：依据发布的招标文件要求，准备开标会所需的所有资料。

2. 文件提交

注意每人提交的文件名称需符合文件命名要求。注意：各团队提交的开评标阶段文件夹命名，必须以序号（如：班级＋01）作为文件夹的名称；内部文件的命名，按照招标文件的需要，对应命名即可（如招标文件需要提交身份证明，该证明文件命名就是×××身份证明）。开评标文件的命名必须与招标策划、招标文件、投标文件的命名完全一致，将作为识别实训作业提交的唯一标识。由于开评标文件及内部文件名称错误将会导致无法记分，由此引起的责任将由本人自行负责。

【作弊处理】实训全过程中，如果发现两人或多人经分析其提交的文件内容、成绩等雷同，按照作弊处理，成绩为0分。

实训任务一　团队组建

（一）任务说明

（1）根据班级人数进行小组划分，每个小组 4～6 人（推荐随机划分方式）。

（2）每个小组完成以下内容：

① 确定队伍名称。

② 选举组长。

③ 设计队伍徽标。

④ 设计队伍口号。

⑤ 成果展示。

（二）操作过程

组织学生进行小组划分，小组划分也可以在课程开始之前，老师通知学生事先自行分好小组，上课的时候按小组坐好，便于上课。

1. 每个小组有 4～6 名学生（以平均每个班 40 人为例，可划分为 8～10 个组）。

（1）小组描述：将学生每 4～6 人分为一组，在整体实训过程中为一不变小组。

（2）选组长：每组自行推荐出一名组长。

推荐方法：由小组内成员在老师统一指导下，按投票方式，得票多的担任组长（如果各组推选时间过长，可以用“指定”法来指定）。

（3）岗位分工：各小组学生分别担任项目经理、技术经理、商务经理、市场经理四个不同工作岗位。

（4）岗位职责：在整个招标投标实训过程中，工作岗位一旦确定不发生改变，不同角色时的工作职责发生变化（如同一名学生，确定工作岗位为技术经理，在担任招标人和投标人时依然为技术经理，只是岗位职责发生变化，但是工作岗位不变）。岗位职责具体内容详见本书 1.4.3、1.4.4 相关理论知识。

（5）自由分工：小组成员根据上述岗位职责描述，自由选取自己感兴趣的岗位；如果产生分歧，由组长协调解决。

2. 每个小组讨论确定小组“口号”、设计队徽（用水笔在 A3 白纸上绘出），以及如何成功赢得最后的最佳招标人和最佳投标人。

3. 每个小组最终完成一份完整的文件（招标策划文件、资格预审文件、招标文件、资格预审申请文件、投标文件），在最终定稿讨论会上，各个小组之间可进行知识问答或者抢答，增进互动（视小组数量选择问答或者抢答）。

【组长职责】

（1）组织小组学习讨论。

（2）保证每个人都要参与。

（3）代表小组和老师协调沟通。

（4）负责将本小组最终编制的内容在讨论会上进行讲解。

（5）负责整理本小组出的题目，并与团队成员讨论确定本团队最终要提出的知识竞答问题，并记录结果。

【团建活动】

老师可以通过 1～2 个团建小活动，增加小组的凝聚力。

实训任务二　获取并熟悉招标工程案例

（一）任务说明

（1）获取招标工程资料。

（2）熟悉工程案例背景资料，确定招标组织形式。

（二）操作过程

1. 获取招标工程资料

（1）第一种方式：老师从广联达 BIM 招标投标沙盘执行评测系统 V3.0 中指定某一个工程案例，学生团队进入到该工程案例进行获取。本书以“专用宿舍楼工程”案例为例进行操作讲解。

二维码 1-10

具体见二维码 1-10。

（2）第二种方式：每个学生团队从老师那领取工程文件格式为“.CAS”的案例文件，将领取的案例文件导入广联达 BIM 招标投标沙盘执行评测系统 V3.0，获取工程案例背景资料。

2. 熟悉工程案例背景资料

项目经理带领团队成员，对获取的工程招标项目信息进行阅读并了解。

将保存的“专用宿舍楼工程案例文件”压缩包解压后，查看文件夹里的各类工程信息资料，包括但不限于以下文件：

（1）工程背景资料介绍。

（2）工程图纸。

实训任务三　招标人（招标代理）企业资料完善及网上注册、备案

（一）任务说明

（1）每个团队成立一个招标人（招标代理）公司，确定公司的基本信息资料。

（2）完善招标人（招标代理）公司的各类企业证件资料。

（3）完成企业信息网上注册、备案，并提交一份企业信息备案文件。

电子招标投标项目交易管理平台网址：http: //gbp.glodonedu.com/G2。

（二）操作过程

1. 每个团队成立一个招标人（招标代理）公司，确定公司的基本信息资料。

（1）项目经理组织团队成员，讨论确定公司名称、企业法定代表人、成立日期等基本信息资料。

（2）根据招标人企业相关属性，确定代表企业相关属性的各类证件，诸如企业营业执照、开户许可证等；找出需要完善的证件资料内容：

① 企业营业执照（图 1-13）。

② 开户许可证（图 1-14）。

编号:No.

营 业 执 照

(副 本)(1-1)

统一社会信用代码

名　　称

类　　型

住　　所

法定代表人

注册资本

成立日期

营业期限

经营范围

登记机关

年　月　日

图 1-13　营业执照

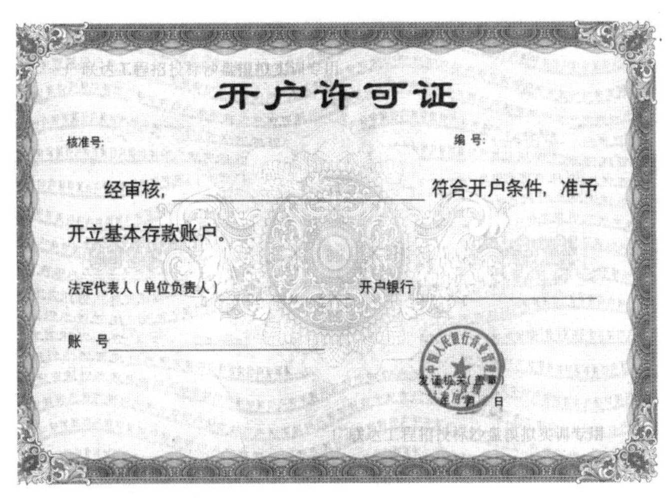

开户许可证

核准号:　　　　编 号:

经审核, ________________ 符合开户条件，准予开立基本存款账户。

法定代表人（单位负责人）____________ 开户银行 ________________

账　号 ________________

发证机关（盖章）

年　月　日

图 1-14　开户许可证

2. 完善招标人（招标代理）公司的各类企业证件资料。

（1）项目经理对企业证件资料进行分工，团队成员分别完成其中的某几个证件资料。

（2）团队成员领取证书后，查询相关证件资料信息，并将证书内容填写完整。

（3）证书填写完成后，交由项目经理进行审核。

（4）项目经理审核无误后，将证件资料置于招标投标沙盘盘面对应位置处（图1-15）。

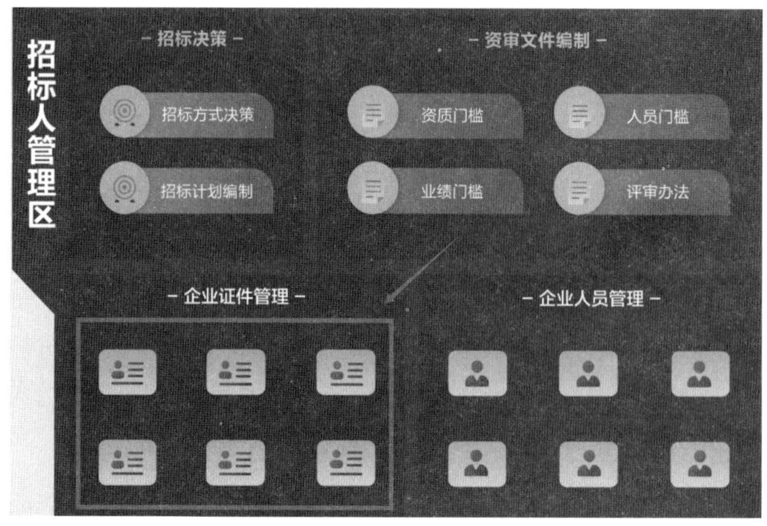

图1-15　企业证件位置（招标人）

小贴士

项目经理在进行证书审核时，需重点关注以下内容：

（1）不同证书之间企业名称、企业法定代表人名字等同类信息是否一致。

（2）企业证书是否在有效期内。

（3）完成企业信息网上注册、备案，并提交一份企业信息备案文件。

3. 完成企业信息网上注册、备案，并提交一份企业信息备案文件。具体操作见二维码1-11。

二维码1-11

小贴士

招标人（招标代理）的每一项内容填写完成后，必须提交审核；只有经过初审监管员审核通过，才属于企业备案成功。

实训任务四　完善投标人企业资料并进行网上注册、备案

（一）任务说明

（1）每个团队成立一个投标人公司，确定公司的基本信息资料。

（2）完善投标人公司的各类企业证件资料。

（3）完成企业信息网上注册、备案，并提交一份企业信息备案文件。

电子招标投标项目交易管理平台网址：http: //gbp.glodonedu.com/G2。

（二）操作过程

1. 每个团队成立一个投标人公司，确定公司的基本信息资料。

（1）项目经理组织团队成员，讨论确定公司名称、企业法定代表人、成立日期等基本信息资料。

（2）根据投标人企业相关属性，确定代表企业相关属性的各类证件，诸如企业营业执照、开户许可证、企业资质证书等；找出需要完善的证件资料内容：

① 企业营业执照。

② 开户许可证。

③ 企业资质证书。

④ 安全生产许可证。

⑤ 三个体系证书（环境、职业健康、质量）：

A. 质量管理体系认证证书。

B. 环境管理体系认证证书。

C. 职业健康管理体系认证证书。

⑥ 企业资信等级证书。

投标人证件资料详见二维码 1-12。

二维码 1-12

2. 完善投标人公司的各类企业证件资料。

（1）项目经理对企业证件资料进行分工，团队成员分别完成其中的某个证件资料。

（2）团队成员领取证书后，查询相关证件资料信息，并将证书内容填写完整。

（3）证书填写完成后，交由项目经理进行审核。

（4）项目经理审核无误后，将证件资料置于招标投标沙盘盘面对应位置处（图 1-16）。

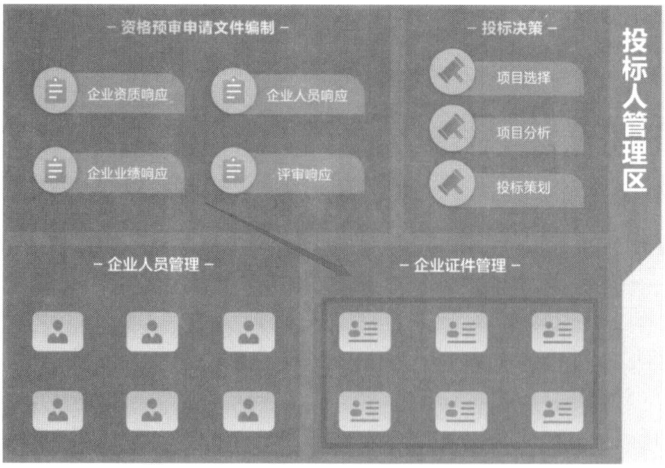

图 1-16　企业证件位置（投标人）

小贴士

项目经理在进行证书审核时，需重点关注以下内容：

（1）不同证书之间企业名称、企业法定代表人名字等同类信息是否一致。

（2）企业证书是否在有效期内。

（3）投标人公司的企业资质证书、营业执照的经营范围要保持一致。

3. 完成企业信息网上注册、备案，并提交一份企业信息备案文件。

（1）投标人登录广联达工程交易管理服务平台，注册投标人账号。

（2）投标人登录“广联达工程交易管理服务平台”。

（3）企业在线注册：进入“诚信信息平台”之后，点击“注册”。

（4）企业注册时，选择“施工单位”，组织机构代码格式为XXXXXXXX-X，其中X为阿拉伯数字，只能是唯一的，重复过的无法注册，信息录入完成后，点击“立即注册”。注册完成后，务必记住单位名称以及相应的密码。

（5）投标人完成“学生信息”“基本信息”“安全生产许可证”“企业资质”“企业人员”的信息登记。凡是带红色标记的为必填项；如果存在无法提交的情况，则是带红色标记的未全部填完或填写有误。施工企业必须填写“安全生产许可证”信息及在“企业人员”处增加“建造师”内容，否则在投标报名时无法进行下一步操作。“学生信息”“基本信息”的操作参考招标代理的操作。

（6）行政监管人员登录“广联达工程交易管理服务平台”，以初审监管员账号登录诚信信息平台，审批投标人提交的“基本信息”“安全生产许可证”“企业资质”“企业人员”。尤其注意每一项内容完成后，均需提交审核，操作方法参考行政监管人员审核招标代理信息操作。

小贴士

（1）投标人的每一项内容填写完成后，必须提交审核；只有经过初审监管员审核通过，才属于企业备案成功。

（2）投标人的企业人员中必须至少含有一名建造师人员，并且具备安全生产许可证B证，否则无法进行电子招标投标项目交易平台的投标报名工作。

（3）投标人的企业资质证书内容需符合工程招标投标实训所需投标人资质条件，否则无法进行电子招标投标项目交易平台的投标报名工作。在投标人企业资质注册的时候，不要忘记选择正确的企业资质。

企业信息网上注册、备案见二维码 1-13。

二维码 1-13

4. 团队自检。

项目经理带领团队成员，对照沙盘操作表，检查自己团队的各项工作任务是否完成。

（1）招标人（或招标代理机构）（表 1-1）

沙盘操作表（招标人）　　**表 1-1**

序号	任务清单	完成请打“√”	
		使用单据 / 表 / 工具	完成情况
1	招标人企业证件：营业执照	企业证书系列	☐
2	招标人企业证件：开户许可证	企业证书系列	☐
3	招标人诚信备案：基本信息	诚信信息平台	☐
4	招标人诚信备案：企业人员	诚信信息平台	☐

（2）投标人（表 1-2）

沙盘操作表（投标人）　　**表 1-2**

序号	任务清单	完成请打“√”	
		使用单据 / 表 / 工具	完成情况
1	投标人企业证件：营业执照	企业证书系列	☐
2	投标人企业证件：开户许可证	企业证书系列	☐
3	投标人企业证件：安全生产许可证	企业证书系列	☐
4	投标人企业证件：企业资质证书	企业证书系列	☐
5	投标人企业证件：质量管理体系认证证书	企业证书系列	☐
6	投标人企业证件：环境管理体系认证证书	企业证书系列	☐
7	投标人企业证件：职业健康管理体系认证证书	企业证书系列	☐
8	投标人企业证件：企业资信等级证书	企业证书系列	☐

续表

序号	任务清单	完成请打"√"	
		使用单据 / 表 / 工具	完成情况
9	投标人诚信备案：基本信息	诚信信息平台	□
10	投标人诚信备案：企业资质	诚信信息平台	□
11	投标人诚信备案：企业人员	诚信信息平台	□
12	投标人诚信备案：安全生产许可证	诚信信息平台	□

5. 作业提交。

（1）招标人（招标代理）企业注册备案文件

① 生成企业注册备案文件。

招标人（招标代理）登录电子化招标投标系统，进入电子招标投标项目交易平台，进入"工程注册—项目登记"，此时点击"导出评分文件"，即可生成一份招标人（招标代理）的企业注册备案文件。

② 提交作业。

将企业注册备案文件拷贝到U盘中提交给老师，或者使用在线文件递交（文件在线提交系统或电子邮箱等方式）提交给老师。

（2）投标人企业注册备案文件

① 生成企业注册备案文件。

投标人登录电子化招标投标系统，进入电子招标投标项目交易平台，进入"投标业务—已报名标段"，此时点击"导出评分文件"，即可生成一份投标人的企业注册备案文件。

② 提交作业。

将企业注册备案文件拷贝到U盘中提交给老师，或者使用在线文件递交（文件在线提交系统或电子邮箱等方式）提交给老师。

模块二　招 标 策 划

知识目标

1. 掌握建设工程项目招标的条件及主要招标方式；
2. 熟悉建设工程项目不同的招标范围；
3. 掌握建设工程项目招标的标段划分；
4. 熟悉和掌握建设工程项目招标的程序；
5. 掌握建设工程项目的备案与登记要求。

能力目标

1. 能够结合建设工程项目的背景资料进行招标条件和招标方式的界定；
2. 能够为某一招标的建设工程项目熟练编制招标计划；
3. 能够为某一招标的建设工程项目进行合理的标段划分；
4. 能够进行建设工程项目的备案与登记工作。

素养目标

1. 具有诚实守信、认真负责，在工作中保持积极、向上的职业精神和学习态度；
2. 具有与其他成员交往、思想沟通、获取信息、团队协作的能力；
3. 具有一定学习、理解并掌握新知识、新技术的能力；
4. 具有一定的分析问题和解决问题的能力。

驱动问题

1. 建设单位具备什么样的条件可以自行招标?
2. 建设工程项目必须具备什么样的条件可以进行施工招标?
3. 招标方式主要有哪几种? 在实践中如何选择?
4. 招标项目达到什么样的规模标准时，必须通过招标进行采购?
5. 什么是招标项目的标段划分? 招标实践中如何进行标段划分?
6. 建设工程招标合同策划的意义是什么? 如何进行建设工程合同策划?

7. 建设工程项目招标流程是什么?
8. 建设工程项目的备案与登记如何操作?

建议学时：6～8 学时。

导入案例

某工程背景资料如下：

1. 基本信息

建设单位：广联达建筑学院。

建设地点：北京市海淀区。

建设规模：地上 2 层，地下 0 层；框架剪力墙结构；跨度 10m，檐高 7.65m；无特殊施工工艺。

建设面积：1732.48m^2。

招标控制价：686 万元。

资金情况：政府投资，资金已落实。

招标范围：图纸范围内的全部建筑与安装工程（详见工程量清单）。

2. 建设单位背景信息

广联达建筑学院属于公立大学，由于近几年学校招生数量增加，导致宿舍楼紧张，拟建宿舍楼工程根据学校的使用规划，主要是用来给大一新生使用，因此要求中标单位必须准时交付。

该工程已经完成发展改革委相关部门立项，取得规划许可证，同时招标图纸、地质勘察报告均已通过相关部门审批，工程预算也已递交至相关部门审批中。

本工程拟采用施工总承包方式，学校只负责与施工总承包单位进行结算。一旦确定中标单位并签订合同后，学校可以预先支付给施工总承包单位 30% 的工程款，工程量的计量按月进行，进度款按照每月计量的实际工程量支付至 80%。待工程竣工验收合格后，支付至合同款的 85%；审计完成后，支付至审计的 97%，扣留 3% 的工程款作为质量保证金，在缺陷责任期终止后根据维修情况退还给施工总承包单位。在施工总承包单位完成金额累计达到合同总价的 10% 后，开始按月等额返还预付款。

本工程招标工作全权委托给一家招标代理公司，同时招标工程量清单及招标控制价委托给某工程咨询公司。本工程采用固定总价合同，除非工程量清单发生错误可以根据《建设工程工程量清单计价规范》GB 50500—2013 的相关规定进行调整，其余不作调整。

工程建设地点位于北京市海淀区学院路学校校内，周边均为教学楼和学生公寓楼，因此施工期间要求施工单位按照北京市安全文明工地的标准进行管理，以免影响学校正常的教学秩序和校园环境。

本工程建成后，学校基建处除了内部档案馆留一套竣工资料备案外，还需要移交给北京市海淀区城建档案馆一套竣工资料，同时需要提供给审计公司一套竣工资料。竣工资料由施工总承包单位负责整理归档并承担由此产生的相关费用。

3. 招标投标要求

本工程定额工期为200日历天，计划开工日期为2022年7月1日，计划竣工日期为2023年1月16日。工程质量要求为合格。

经过广联达建筑学院的努力，本工程自2022年5月3日起即能具备招标条件（备注：此条件不作为招标条件和招标方式的判定条件），开始公开发布招标公告。本工程采用招标控制价作为最高投标限价，同时由于工期紧张，项目计划在2022年6月15日前完成全部招标工作，并开始实施进场准备工作。本工程采用资格后审的招标方式公开招标；为了确保该工程招标投标活动的严肃性，需投标人提交投标保证金。保证金形式、金额及有效期按相关法律规定执行。中标人中标后，需向学校缴纳5%的合同款作为履约保证金。

请对该工程的招标条件进行分析，选取合适的招标组织形式和招标方式。

分析答案见后面的【导入案例解析】。

招标采购作为社会经济中最主要的采购方式，普遍应用于我国的工程建设项目，包括大型基础设施、公用事业等关系社会公共利益、公众安全的项目；全部或者部分使用国有资金投资或者国家融资的项目；使用国际组织或者外国政府贷款、援助资金的项目。

通过招标方式开展的采购活动，对提高工程建设项目的经济效益，确保质量并维护国家、社会及招标投标当事人的合法权益发挥了重大作用。招标采购活动大致分为招标策划、招标文件编制及发标、开评标、定标、合同签订。对招标活动进行事先的计划和准备就是招标策划。

“凡事预则立，不预则废”，没有事先的计划和准备，任何活动都难以取得预期的效果或成功，招标活动也是如此。做好招标策划，是招标活动的良好开端，能够为后续活动的顺利开展奠定坚实的基础。

2.1　招标策划内容

招标策划内容包括落实开展招标采购活动的条件、调研潜在供方市场、分析招标项目的标段划分及采购要求、编制进度计划、研究以往采购经验、编制评标办法。

2.1.1　落实开展招标采购活动的条件

履行项目审批手续和落实资金来源是招标项目进行招标前必须具备的两项基本条件，满足采购单位或部门的立项发包、招标采购的审核审批等相关规定，也是开展招标活动的重要前提。

根据《工程建设项目申报材料增加招标内容和核准招标事项暂行规定》的要求，招标活动应严格按照审批或核准的工程建设项目可行性研究报告或资金申请报告、项目申请报告说明招标范围、招标组织形式（自行招标或委托招标）、招标方式（公开招标或邀请招标）等开展。

通过对招标条件的确认和检查，能够有效避免招标活动擅自终止及相关法律风险的发生，为招标活动的顺利开展提供前提条件。

2.1.2 调研潜在供方市场

潜在供货市场调研是为了了解有能力且有意愿参与招标采购项目的潜在投标人的竞争状况，包括潜在投标人的数量、规模实力、人员资质、技术装备、供货业绩等。

潜在投标人的数量是确保招标采购活动顺利进行并产生投标竞争的前提条件。《招标投标法》第二十八条规定，投标人少于三个的，招标人应当依法重新招标。《招标投标法实施条例》第十九条规定，通过资格预审的申请人少于3个的，应当重新招标。潜在投标人数量不足，不仅容易造成招标失败，也容易因竞争不充分而导致投标价格过高。

通过对潜在投标人的规模实力、人员资质、技术装备、供货业绩等信息进行收集并对比分析，预判潜在投标人的技术方案优劣、供货能力高低、投标报价策略科学与否等，可以为确定采购项目的标段划分或组包、采购要求、评标办法（合格投标人须具备的条件、详细评审方法的选择及评分细则的确定等）等提供可靠充分的依据。

2.1.3 分析招标项目的标段划分及采购要求

招标项目标段划分是指将若干同类或类似项目合并成一个项目或将一个项目拆分成不同项目实施招标采购。标段划分对潜在投标人参与投标竞争的意愿、投标报价、招标成本等有重要影响。一个工程项目划分的标段数越多，业主招标成本就越高；参加的承包商越多，投标报价越接近成本，由于规模效益较差，其资源配置效益越差，成本也越高；由于各标段相互间的制约越大，工程实施过程中向业主索赔的费用也越高。一个工程建设项目随着标段数的减少，采购成本及交易成本会随之降低，工程总成本也会降低；承包商获得的合同标的额将会越大，也更会引起承包商领导重视并在资源配置等方面加强配合，有助于降低生产成本，保证工程项目的顺利实施。

招标项目的采购要求一定要清晰明确、适宜合理。采购要求包括供货范围及边界、技术条件等内容。采购要求清晰明确、适宜合理，不会造成潜在投标人的误解，并有利于其对招标文件作出恰当的响应。如果采购要求中的供货范围模糊、技术条件含糊，则会导致潜在投标人对招标项目的理解出现偏差，其对招标文件的响应千差万别，不利于招标人对潜在投标人的对比遴选。另外，技术条件的高低对招标活动的影响也是深刻的。技术条件过高，会限制潜在投标人的数量，弱化投标竞争，并增加不必要的采购成本；技术条件过低，则会造成采购项目质量堪忧，严重的甚至可能会影响整个建设项目。

2.1.4 编制进度计划

招标采购仅是工程建设项目工作中一个环节，其进度计划必须满足工程建设项目的需要。招标采购进度计划以招标策划作为起始时间、以合同签订作为终止时间，进度计划时间的确定以招标采购项目的供货时间为基准，并考虑招标采购活动可能出现的风险而预留一定的富余。

招标投标法律法规对招标活动的时间有明确的规定，包括：资格预审文件和招标文件的发售期不能少于5日；依法必须招标项目提交资格预审申请文件的截止时间，自资格预审文件停止发售之日起不得少于5日；依法必须招标项目提交投标文件的截止时间，自招标文件开始发售之日起不得少于20日；澄清或修改的内容可能影响资格预审申请文件或投标文件编制的，应在提交资格预审申请文件截止时间至少3日前或投标截止时间前15日发出；招标人收到评标报告3日内公示中标候选人且公示期不得少于3日；招标人最迟应当在书面合同签订后5日内，向中标人和未中标的投标人退还投标保证金及银行同期存款利息。编制进度计划时，务必要以法律法规规定的时间为准，避免因此导致违法违规。

2.1.5 研究以往采购经验

采购经验一般包括以往招标采购活动所采用的招标方式、参与竞争的投标人、各投标人的报价及投标方案的特点、开评标活动是否有拒收以及否决投标等情况发生、合同签订后执行情况及其他投标人在类似项目的执行情况（如有）等。

研究采购经验，能够了解以往采购活动的过程，以及对所发生问题从原因分析、过程影响、避免的建议措施等方面进行详细论述，从而对本次招标采购具有有效的示范作用，是避免相同或类似问题重复发生的有效手段。如果招标策划活动是招标采购的开始，并对其将要发生的过程进行预知预测，那么采购经验反馈就是招标采购的结束，并对其已发生的过程进行总结和经验分享。采购经验反馈以实际案例的形式为招标策划提供经验分享，是潜在供货市场调研的基础，并为后续招标过程提供指导。

2.1.6 编制评标办法

评标办法是招标人在遵守招标投标法律法规的前提下，根据招标采购项目的特点编制的用于评标委员会评价投标人提交的投标文件的规则、方法和程序。评标办法要明确评标工作内容、初步评审的标准、详细评审所采用的方法（经评审的最低投标价法、综合评估法或法律、行政法规规定的其他评标方法）。

评标办法对投标文件澄清、低于成本价竞标的认定、否决投标的情形、初步评审办法、详细评审细则、中标候选人的推荐等规定要合法合规。例如《评标委员会和评标方法暂行规定》第十七条规定，评标委员会应当根据招标文件规定的评标标准和方法，对投标文件进行系统地评审和比较。招标文件中没有规定的标准和方法不得作为评标的依据。第二十一条规定，在评标过程中，评标委员会发现投标人的报价明显低于其他投标报价或者在设有标底时明显低于标底，使得其投标报价可能低于其个别成本的，应当要求该投标人作出书面说明并提供相关证明材料。投标人不能合理说明或者不能提供相关证明材料的，由评标委员会认定该投标人以低于成本报价竞标，其投标应作废标处理。第四十八条规定，使用国有资金投资或者国家融资的项目，招标人应当确定排名第一的中标候选人为中标人。排名第一的中标候选人放弃中标、因不可抗力提出不能履行合同，或者招标文件规定应当提交履约保证金而在规定的期限内未能提交的，招标人可以确定排名第二的中标候选人为中标人。排名第二的中标候选人因前款规定的同样原因不能签订合同的，招标人可以确定排名第三的中标候选人为中标人。招标人可以授权评标委员会直接确定中标人。

评标办法对初步评审办法、详细评审方法及细则的规定要契合招标项目的特点，评标办法的内容要细致完善，要充分考虑评标过程可能发生的情况及投标文件可能响应招标文件的状况。例如，投标报价金额大小写不一致的处理办法、实质性偏离的认定、备选方案的评审规定、采用综合评估法评分相同情况下排序的规定、划分多个单项合同的招标项目的授标规定等，均要在评标办法中进行规定，以便评标委员会针对发生的情况依据规定进行处理。

2.1.7 招标策划成果的确定及应用

招标策划成果是指经过认可的以书面形式固化的招标策划报告。招标策划报告编制完成后需经主管审批确认，如果内容深度或范围不满足要求，还需要进行补充。招标策划不仅是招标人开展工作的作业指导书，还涉及潜在投标人调研、标段划分等内容，不宜对外公开，即使招标人内部，也应仅限于组织招标实施的人员和与此相关的管理人员。因此，需要求接触到招标策划报告的人员一定要遵守保密要求。

招标策划报告审批确认后，招标主管需要将其中内容落实到后续工作中。例如，严格按照进度计划推进招标活动；将明确的采购要求、评标办法等编写在招标文件中；发标时确保足够数量的潜在投标人获知招标信息；确保潜在投标人获得澄清或补遗；确保潜在投标人参与投标；确保评标委员会按照招标文件规定的评标办法进行评审；定标时注意区分自愿招标项目、国有资金占控股或者主导地位依法必须招标项目的不同规定等。

2.2 招标条件

在工程建设项目招标前，招标人及招标项目必须完成必要的准备工作，具备招标所需的条件。

2.2.1 自行招标应当具备的条件

《招标投标法》第十二条规定，招标人具有编制招标文件和组织评标能力的，可以自行办理招标事宜。《工程建设项目自行招标试行办法》(2013年修订版，2013年5月1日起执行)第四条规定，招标人自行办理招标事宜，应当具有编制招标文件和组织评标的能力，具体包括：

（1）具有项目法人资格（或者法人资格）；

（2）具有与招标项目规模和复杂程度相适应的工程技术、概预算、财务和工程管理等方面专业技术力量；

（3）有从事同类工程建设项目招标的经验；

（4）拥有 3 名以上取得招标职业资格的专职招标业务人员；

（5）熟悉和掌握招标投标法及有关法规规章。

根据《政府采购货物和服务招标投标管理办法》第十条规定，采购人符合下列条件的，可以自行组织开展招标投标活动：

（1）有编制招标文件、组织招标的能力和条件；

（2）有与采购项目专业性相适应的专业人员。

根据《工程建设项目自行招标试行办法》第五条规定，招标人自行招标的，项目法人或者组建中的项目法人应当在向国家发展改革委上报项目可行性研究报告或者资金申请报告、项目申请报告时，一并报送符合本办法第四条规定的书面材料。书面材料应当至少包括：（1）项目法人营业执照、法人证书或者项目法人组建文件；（2）与招标项目相适应的专业技术力量情况；（3）取得招标职业资格的专职招标业务人员的基本情况；（4）拟使用的专家库情况；（5）以往编制的同类工程建设项目招标文件和评标报告，以及招标业绩的证明材料；（6）其他材料。在报送可行性研究报告前，招标人确需通过招标方式或者其他方式确定勘察、设计单位开展前期工作的，应当在前款规定的书面材料中说明。

招标人不按规定要求履行自行招标核准手续的，或者报送的书面材料有遗漏，主管部门要求其补正但其不及时补正的，视同不具备自行招标条件；自行招标人在履行核准手续中有弄虚作假情况的，视同不具备自行招标条件。

招标人自行招标的，应当自确定中标人之日起 15 日内提交招标投标情况的书面报告。报告至少应当包括下列内容：（1）招标方式和发布资格预审公告、招标公告的媒介；（2）招标文件中投标人须知、技术规格、评标标准和方法、合同主要条款等内容；（3）评标委员会的组成和评标报告；（4）中标结果。

2.2.2 招标代理机构应当具备的条件

招标人不具备自行招标条件时，可以委托招标代理机构进行招标。《招标投标法》第十二条规定，招标人有权自行选择招标代理机构，委托其办理招标事宜。任何单位和个人不得以任何方式为招标人指定招标代理机构。

《招标投标法》第十三条规定，招标代理机构是依法设立、从事招标代理业务并提供相关服务的社会中介组织。招标代理机构应当具备下列条件：

（1）有从事招标代理业务的营业场所和相应资金；

（2）有能够编制招标文件和组织评标的相应专业力量。

为贯彻落实《全国人民代表大会常务委员会关于修改〈中华人民共和国招标投标法〉、〈中华人民共和国计量法〉的决定》，深入推进工程建设领域"放管服"改革，加强工程建设项目招标代理机构（以下简称招标代理机构）事中事后监管，规范工程招标代理行为，维护建筑市场秩序，现将有关事项通知如下：停止招标代理机构资格申请受理和审批。自2017年12月28日起，各级住房城乡建设部门不再受理招标代理机构资格认定申请，停止招标代理机构资格审批。

招标代理机构可按照自愿原则向工商注册所在地省级建筑市场监管一体化工作平台报送基本信息。信息内容包括营业执照相关信息、注册执业人员、具有工程建设类职称的专职人员、近3年代表性业绩、联系方式。上述信息统一在全国建筑市场监管公共服务平台对外公开，供招标人根据工程项目实际情况选择参考。

2.2.3 招标项目应当具备的条件

根据《招标投标法》第九条规定，招标项目按照国家有关规定需要履行项目审批手续的，应当先履行审批手续，取得批准。招标人应当有进行招标项目的相应资金或者资金来源已经落实，并应当在招标文件中如实载明。

招标人在项目招标程序开始前，应完成的准备工作和应满足的有关条件主要有两项：一是履行审批手续，二是落实资金。具体而言：

一是按照国家规定需履行审批手续的招标项目，应当先履行审批手续。对于《招标投标法》第三条规定的必须进行招标的项目以及法律、国务院规定必须招标的其他项目，大多需要经过国务院、国务院有关部门或省市有关部门的审批，且根据《工程建设项目申报材料增加招标内容和核准招标事项暂行规定》，凡是该规定第二条包括的工程建设项目，必须在报送的项目可行性研究报告或者资金申请报告、项目申请报告中增加有关招标的内容。只有经有关部门审核批准后，而且建设资金或资金来源已经落实，才能进行招标。需要指出的是，并不是所有的招标项目都需要审批，只有那些“按照国家有关规定需要履行审批手续的”，才应当先履行审批手续，取得批准。没有经过审批或者审批没有获得批准的项目是不能进行招标的，擅自招标属于违法行为。投标人在参加要求履行审批手续的项目投标时，须特别注意招标项目是否经有关部门审核批准，以免造成损失。

二是招标人应当有进行招标项目的相应资金或者资金来源已经落实，并在招标文件中如实载明。所谓“具有进行招标项目的相应资金或者资金来源已经落实”，是指进行某一单项建设项目、货物或服务采购所需的资金已经到位，或者尽管资金没有到位，但来源已经落实。

根据《工程建设项目施工招标投标办法》（2013年修订版）第八条规定，依法必须招标的工程建设项目，应当具备下列条件才能进行施工招标：

（1）招标人已经依法成立；

（2）初步设计及概算应当履行审批手续的，已经批准；

（3）有相应资金或资金来源已经落实；

（4）有招标所需的设计图纸及技术资料。

2.2.3.1 招标人已经依法成立

招标人是指依照《招标投标法》规定提出招标项目、进行招标的法人或者其他组织。

鉴于招标采购的项目通常标的大、耗资多、影响范围广，招标人责任较大，为了切实保障招标投标各方的权益，该法未赋予自然人成为招标人的权利。即招标人须是法人或其他组织，自然人不能成为招标人。

我国《民法典》规定，法人是具有民事权利能力和民事行为能力，依法独立享有民事权利和承担民事义务的组织。法人应当依法成立。法人应当有自己的名称、组织机构、住所、财产或者经费。法人成立的具体条件和程序，依照法律、行政法规的规定。按照规定，法人包括企业法人、事业单位法人、机关法人和社会团体法人。企业法人包括公司和其他具有法人资格的企业。也就是，各种所有制形式的有限责任公司和股份有限公司、国有独资公司、公司以外其他类型的国有企业和集体所有制企业，以及依法取得法人资格的中外合作经营企业、外资企业等，都具有作为招标人参加招标投标活动的权利能力；有独立经费的各级国家机关和依法取得法人资格的事业单位、社会团体等，也都具有作为招标人参加招标投标活动的权利能力。

其他组织是指除法人以外的其他实体，包括合伙企业、个人独资企业和外国企业以及企业的分支机构等。这些企业和机构也可以作为招标人参加招标投标活动。

虽然《招标投标法》未赋予自然人成为招标人的权利，但这并不意味着个人投资的项目不能采用招标的方式进行采购。个人投资的项目，可以成立项目公司作为招标人。

2.2.3.2 初步设计及概算应当履行审批手续的，已经批准

设计概算是工程建设项目在初步设计阶段依据图纸确定的投资额，是初步设计文件的重要组成部分，是国家控制基本建设投资的依据。政府投资的项目在施工招标时，初步设计文件及设计概算应经当地相关部门批准。

2.2.3.3 有相应资金或资金来源已经落实

招标人应当有进行招标项目的相应资金或者有确定的资金来源，这是招标人对项目进行招标并最终完成该项目的物质保证。招标项目所需的资金是否落实，不仅关系到招标项目能否顺利实施，而且对投标人利益关系重大。投标人为获得招标项目，通常进行了大量的准备工作，在资金上也有较多的投入，中标后如果没有资金保证，势必造成不能开工或开工后中途停工，或者中标后作为货主的招标人无钱买货，这将损害投标人的利益。如果是涉及大型基础设施、公用事业等工程，还会给公共利益造成损害。因此，工程建设项目进行施工招标必须强调招标人在招标时应有与项目相适应的资金保障。从目前的实践来看，招标项目的资金来源一般包括国家和地方政府的财政拨款、企业的自有资金及包括银行贷款在内的各种方式的融资，以及外国政府和有关国际组织的贷款。招标人在招标时必须确实拥有相应的资金或者有能证明其资金来源已经落实的合法性文件，并应当将资金数额和资金来源在招标文件中如实载明。

2.2.3.4 有招标所需的设计图纸及技术资料

进行施工招标的招标人，需要具备满足招标需要的施工图纸及其他技术资料，且图纸需经图纸审查机构审查通过。

2.2.4 可以不招标项目应当具备的条件

《招标投标法》第六十六条规定，涉及国家安全、国家秘密、抢险救灾或者属于利用扶贫资金实行以工代赈、需要使用农民工等特殊情况，不适宜进行招标的项目，按照国家有关规定可以不进行招标。

《招标投标法实施条例》第九条规定，除《招标投标法》第六十六条规定的可以不进行招标的特殊情况外，有下列情形之一的，可以不进行招标：(1) 需要采用不可替代的专利或者专有技术；(2) 采购人依法能够自行建设、生产或者提供；(3) 已通过招标方式选定的特许经营项目投资人依法能够自行建设、生产或者提供；(4) 需要向原中标人采购工程、货物或者服务，否则将影响施工或者功能配套要求；(5) 国家规定的其他特殊情形。

我国法律禁止任何单位和个人将依法必须进行招标的项目化整为零或者以其他任何方式规避招标。

《工程建设项目施工招标投标办法》第十二条规定，依法必须进行施工招标的工程建设项目有下列情形之一的，可以不进行施工招标：(1) 涉及国家安全、国家秘密、抢险救灾或者属于利用扶贫资金实行以工代赈需要使用农民工等特殊情况，不适宜进行招标；(2) 施工主要技术采用不可替代的专利或者专有技术；(3) 已通过招标方式选定的特许经营项目投资人依法能够自行建设；(4) 采购人依法能够自行建设；(5) 在建工程追加的附属小型工程或者主体加层工程，原中标人仍具备承包能力，并且其他人承担将影响施工或者功能配套要求；(6) 国家规定的其他情形。

《工程建设项目勘察设计招标投标办法》第四条规定，按照国家规定需要履行项目审批、核准手续的依法必须进行招标的项目，有下列情形之一的，经项目审批、核准部门审批、核准，项目的勘察设计可以不进行招标：(1) 涉及国家安全、国家秘密、抢险救灾或者属于利用扶贫资金实行以工代赈、需要使用农民工等特殊情况，不适宜进行招标；(2) 主要工艺、技术采用不可替代的专利或者专有技术，或者其建筑艺术造型有特殊要求；(3) 采购人依法能够自行勘察、设计；(4) 已通过招标方式选定的特许经营项目投资人依法能够自行勘察、设计；(5) 技术复杂或专业性强，能够满足条件的勘察设计单位少于三家，不能形成有效竞争；(6) 已建成项目需要改、扩建或者技术改造，由其他单位进行设计影响项目功能配套性；(7) 国家规定其他特殊情形。

2.3 建设工程招标种类

建设工程招标是指招标人在发包建设工程项目设计或施工任务之前，通过招标公告或投标邀请书的方式，吸引潜在投标人投标，以便从中选定中标人的一种经济活动。建设工程招标的种类根据招标范围和内容不同，建设工程招标分类也不一样。

1. 按照工程建设程序分类

(1) 建设项目前期咨询招标投标，是指对建设项目的可行性研究任务进行的招标投标。投标方一般为工程咨询企业。

（2）勘察设计招标，是指根据批准的可行性研究报告，择优选择勘察设计单位的招标。勘察和设计是两种不同性质的工作，可由勘察单位和设计单位分别完成。

（3）材料设备采购招标，是指在工程项目初步设计完成后，对建设项目所需的建筑材料和设备（如电梯、供配电系统、空调系统等）采购任务进行的招标。

（4）工程施工招标，在工程项目的初步设计或施工图设计完成后，用招标的方式选择施工单位的招标。施工单位最终向业主交付按招标设计文件规定的建筑产品。

2. 按工程项目承包的范围分类

（1）项目全过程总承包招标，即选择项目全过程总承包人招标，又可分为两种类型，一是指工程项目实施阶段的全过程招标；二是指工程项目建设全过程的招标。

（2）工程分承包招标，是指中标的工程总承包人作为其中标范围内的工程任务的招标人，将其中标范围内的工程任务，通过招标投标的方式，分包给具有相应资质的分承包人，中标的分承包人只对招标的工程总承包人负责。

（3）专项工程承包招标，是指在工程承包招标中，对其中某项比较复杂或专业性强、施工和制作要求特殊的单项工程进行单独招标。

3. 按行业或专业类别分类

（1）土木工程招标，是指对建设工程中土木工程施工任务进行的招标。

（2）勘察设计招标，是指对建设项目的勘察设计任务进行的招标。

（3）货物采购招标，是指对建设项目所需的建筑材料和设备采购任务进行的招标。

（4）安装工程招标，是指对建设项目的设备安装任务进行的招标。

（5）建筑装饰装修招标，是指对建设项目的建筑装饰装修的施工任务进行的招标。

（6）生产工艺技术转让招标，是指对建设工程生产工艺技术转让进行的招标。

（7）工程咨询和建设监理招标，是指对工程咨询和建设监理任务进行的招标。

4. 按工程承发包模式分类

按工程承发包模式分类，可将工程招标划分为工程咨询招标、交钥匙工程招标、设计施工招标、设计管理招标、BOT 工程招标。

5. 按照工程是否具有涉外因素分类

按照工程是否具有涉外因素分类，可将建设工程招标分为国内工程招标和国际工程招标。

2.4　建设工程招标方式

建设工程招标方式在国际上通行的有公开招标、邀请招标和议标，但《招标投标法》未将议标作为法定的招标方式，即我国法律所规定的强制招标项目不允许采用议标方式。《招标投标法》第十条明确规定：招标分为公开招标和邀请招标。

2.4.1 公开招标

根据《招标投标法》第十条规定，公开招标，是指招标人以招标公告的方式邀请不特定的法人或者其他组织投标。第十六条规定，招标人采用公开招标方式的，应当发布招标公告。依法必须进行招标的项目的招标公告，应当通过国家指定的报刊、信息网络或者其他媒介发布。

公开招标从其本质上来讲，属于无限竞争性招标，招标单位应当在国家指定的报刊和信息网络上发布招标公告，有投标意向的承包人均可参加投标资格审查，审查合格的承包人可购买或领取招标文件，进而参加投标。

2.4.1.1 公开招标的特点

公开招标的特点一般表现为以下几个方面：

（1）公开招标是最具竞争性的招标方式。

（2）公开招标是程序最完整、最规范、最典型的招标方式。

（3）公开招标也是所需费用最高、花费时间最长的招标方式。其竞争激烈、程序复杂，组织招标和参加投标需要做的准备工作和需要处理的实际事务比较多，特别是编制、审查有关招标投标文件的工作量很大。

公开招标的优点是：投标的承包人多、竞争范围大，业主有较大的选择余地，有利于降低工程造价，提高工程质量和缩短工期。缺点是：由于投标的承包人多，招标工作量大，组织工作复杂，需投入较多的人力、物力，招标过程所需时间较长，因而公开招标方式主要适用于投资额度大、工艺和结构复杂的较大型工程建设项目。

综上所述，公开招标有利有弊，但优越性十分明显。

2.4.1.2 公开招标存在的问题

我国在推行公开招标实践中存在不少问题，主要是公开招标的公告方式具有广泛的社会公开性，但公开招标的公平、公正性受到限制，招标评标实际操作方法不规范等，这些均需要认真加以探讨和解决。

2.4.1.3 公开招标的条件

（1）招标人需向不特定的法人或者其他组织发出投标邀请或招标公告。招标人应当通过为全社会所熟悉的公共媒体公布其招标项目、拟采购的具体设备或工程内容等信息，向不特定的人提出邀请。

（2）公开招标需采取公告的方式，向社会公众明示其招标要求，使尽量多的潜在投标商获取招标信息，前来投标。采取其他方式如向个别供应商或承包商寄信等方式采购的都不是公告方式，不应为公开招标人所采纳。招标公告的发布有多种途径，如可以通过报纸、广播、网络等公共媒体。

虽然公开招标与邀请招标各有利弊，但由于公开招标的透明度和竞争程度更高，国内外立法通常将公开招标作为一种主要的采购方式。例如，我国《中华人民共和国政府采购法》（以下简称《政府采购法》）第二十六条规定，公开招标应作为政府采购的主要采购方式；我国台湾地区《政府采购法》第十九条规定，采购人可以委托集中采购机构以外的采购代理机构，在委托的范围内办理政府采购事宜。采购人有权自行选择采购代理机构，任何单位和个人不得以任何方式为采购人指定采购代理机构。根据《招标投标法》第十一条规定，国务院发展计划部门确定的国家重点项目和省、自治区、直辖市人民政府确定的地方重点项目不适宜公开招标的，经国务院发展计划部门或者省、自治区、直辖市人民政府批准，可以进行邀请招标。根据《必须招标的工程项目规定》（国家发展和改革委员会令第 16 号）第二、三条规定，国有资金投资、国家融资、国际组织或者外国政府贷款、援助资金项目必须招标。在《招标投标法》规定的基础上，借鉴相关立法经验，对公开招标的项目范围做了补充规定，即国有资金占控股或者主导地位的依法必须招标项目，原则上也应当公开招标。所谓“国有资金”，根据《工程建设项目招标范围和规模标准规定》（国家发展计划委员会令第 3 号）第四条规定，包括各级财政预算资金、纳入财政管理的各种政府性专项建设基金，以及国有企业事业单位自有资金。根据《中华人民共和国公司法》（以下简称《公司法》）第二百一十六条规定，所谓“控股或者主导地位”，是指国有资金占有限责任公司资本总额 50% 以上或者国有股份占股份有限公司股本总额 50% 以上；国有资金或者国有股份的比例虽然不足 50%，但依出资额或者所持股份所享有的表决权已足以对股东会、股东大会的决议产生重大影响的，或者国有企事业单位通过投资关系、协议或者其他安排，能够实际支配公司行为的，也属于国有资金占控股或者主导地位。

2.4.2　邀请招标

《招标投标法》第十一条规定，国务院发展计划部门确定的国家重点项目和省、自治区、直辖市人民政府确定的地方重点项目不适宜公开招标的，经国务院发展计划部门或者省、自治区、直辖市人民政府批准，可以进行邀请招标。第十条规定，邀请招标，是指招标人以投标邀请书的方式邀请特定的法人或者其他组织投标。第十七条规定，招标人采用邀请招标方式的，应当向三个以上具备承担招标项目的能力、资信良好的特定的法人或者其他组织发出投标邀请书。

邀请招标从其本质上来讲，属于有限竞争性招标，这种方式不发布公告，发包人根据自己的经验和所掌握的各种信息资料，向具备承担施工招标项目的能力、资信良好的特定的法人或者其他组织发出投标邀请书，收到邀请书的单位有权利选择是否参加投标。邀请招标与公开招标都必须按规定的招标程序进行，要制订统一的招标文件，投标人必须按招标文件的规定进行投标。

2.4.2.1　邀请招标的特点

邀请招标的优点是：参加竞争的承包人数目可由招标单位控制，目标集中，招标的组织工作较容易，工作量比较小。缺点是：由于参加的投标单位相对较少，竞争范围较小，使招标单位对投标单位的选择余地较小，如果招标单位在选择被邀请的承包人前所掌握的信息资料不足，则会失去发现最适合承担该项目承包人的机会。

2.4.2.2 邀请招标存在的问题

邀请招标也存在明显缺陷。它限制了竞争范围，由于经验和信息资料的局限性，会把许多可能的竞争者排除在外，不能充分展示自由竞争、机会均等的原则。鉴于此，国际上和我国都有邀请招标的适用范围和条件。

2.4.2.3 公开招标和邀请招标的区别

公开招标和邀请招标是有区别的，主要表现在：

1. 发布招标信息的方式不同

公开招标的招标人采用报纸、电视、广播等公众媒体发布公告的方式，而邀请招标则是招标人以信函、电信、传真等方式发出投标邀请书。

2. 潜在投标人的范围不同

公开招标中，所有对招标公告发布的招标项目感兴趣的法人或其他组织都可以参加投标竞争，招标人事先并不知道潜在投标人的数量；而邀请招标时，仅有接到投标邀请书的承包人可以投标，缩小了招标人的选择范围。

3. 公开的范围不同

根据各自的特点，公开招标的项目公开范围要较邀请招标广泛得多，具有较强的公开性和竞争性；而邀请招标则在一定程度上圈定了投标人的范围，降低了竞争程度。

综上所述，公开招标与邀请招标相比，更能体现公开、公平、公正的原则，由于竞争较激烈，所以对招标人比较有利。因此，公开招标在公开程度、竞争的广泛性等方面具有较大的优势，适用范围较广。但公开招标由于投标人众多，一般耗时较长，需花费的成本也较大。而邀请招标与公开招标相比，整个招标过程耗时较短，花费的成本较少，但是在潜在投标人的选择和招标形式上的公平性和竞争性较弱。故两种招标方式均有其优势，除依法应当公开招标的项目外，招标人可根据招标项目的实际情况自主选择何种招标方式。

2.4.2.4 适合邀请招标的情形

关于邀请招标，《招标投标法》没有进行具体化规定。《招标投标法实施条例》第八条规定了四种法定情形，即：（1）必须是技术复杂，只有少量潜在投标人可供选择；（2）必须是有特殊要求，只有少量潜在投标人可供选择；（3）必须是受自然环境限制，只有少量潜在投标人可供选择；（4）采用公开招标方式的费用占项目合同金额的比例过大。《工程建设项目施工招标投标办法》等其他部门规章规定的邀请招标的法定条件，在《招标投标法实施条例》规定的四种法定条件外，增加了三种：（1）必须是涉及国家安全，适宜招标但不宜公开招标；（2）必须是涉及国家秘密，适宜招标但不宜公开招标；（3）必须是涉及抢险救灾，适宜招标但不宜公开招标。

根据《工程建设项目施工招标投标办法》第十一条规定，依法必须进行公开招标的项目，有下列情形之一的，可以邀请招标：（1）项目技术复杂或有特殊要求，或者受自然地域环境限制，只有少量潜在投标人可供选择；（2）涉及国家安全、国家秘密或者抢险救灾，适宜招标但不宜公开招标；（3）采用公开招标方式的费用占项目合同金额的比例过大。有前款第（2）项所列情形，属于《工程建设项目施工招标投标办法》第十条规定的项目，由项目审批、核准部门在审批、核准项目时作出认定；其他项目由招标人申请有关行政监督部门作出认定。

根据《工程建设项目勘察设计招标投标办法》第十一条规定，依法必须进行公开招标的项目，在下列情况下可以进行邀请招标：（1）技术复杂、有特殊要求或者受自然环境限制，只有少量潜在投标人可供选择；（2）采用公开招标方式的费用占项目合同金额的比例过大。招标人采用邀请招标方式的，应保证有三个以上具备承担招标项目勘察设计的能力，并具有相应资质的特定法人或者其他组织参加投标。

根据《工程建设项目货物招标投标办法》第十一条规定，依法应当公开招标的项目，有下列情形之一的，可以邀请招标：（1）技术复杂、有特殊要求或者受自然环境限制，只有少量潜在投标人可供选择；（2）采用公开招标方式的费用占项目合同金额的比例过大；（3）涉及国家安全、国家秘密或者抢险救灾，适宜招标但不宜公开招标。有前款第（2）项所列情形，属于按照国家有关规定需要履行项目审批、核准手续的依法必须进行招标的项目，由项目审批、核准部门认定；其他项目由招标人申请有关行政监督部门作出认定。

2.4.3　其他招标方式

在实际实施过程中，除了公开招标和邀请招标两种方式外，还有竞争性谈判、单一来源采购、询价、议标、两阶段招标、比选等招标方式。

2.4.3.1　竞争性谈判

竞争性谈判是指谈判小组与符合资格条件的供应商就采购货物、工程和服务事宜进行谈判，供应商按照谈判文件的要求提交响应文件和最后报价，采购人从谈判小组提出的成交候选人中确定成交供应商的采购方式。经批准可以采用竞争性谈判方式采购的有：招标后没有供应商投标或者没有合格标的，或者重新招标未能成立的；技术复杂或者性质特殊，不能确定详细规格或者具体要求的；非采购人所能预见的原因或者非采购人拖延造成采购招标所需时间不能满足用户紧急需要的；因艺术品采购、专利、专有技术或者服务的时间、数量事先不能确定等原因不能事先计算出价格总额的。

公开招标的货物、服务采购项目，招标过程中提交投标文件或者经评审实质性响应招标文件要求的供应商只有两家时，采购人经本级财政部门批准后可以与该两家供应商进行竞争性谈判采购。

2.4.3.2　单一来源采购

单一来源采购，是指采购人向某一特定供应商直接采购货物或服务的采购方式。经设区的市、自治州以上人民政府财政部门同意后，采购人可以采用单一来源方式进行采购的有：只能从唯一供应商处采购的；发生了不可预见的紧急情况不能从其他供应商处采购的；必须保证原有采购项目一致性或者服务配套的要求，需要继续从原供应商处添购，且添购资金总额不超过原合同采购金额10%的。采购人对达到公开招标数额的货物、服务项目，拟采用单一来源采购方式的，采购人应当在报财政部门批准之前在省级以上财政部门指定媒体上进行公示。需要注意的是，单一来源采购虽然缺乏竞争性，但也要考虑采购产品的质量，按照物有所值原则与供应商进行协商，合理确定价格。

2.4.3.3 询价

询价是指从符合相应资格条件的供应商名单中确定不少于3家的供应商，向其发出询价通知书让其报价，最后从中确定成交供应商的采购方式。经设区的市、自治州以上人民政府财政部门同意后，可以采用询价方式采购的有：采购的货物规格和标准统一、现货货源充足且价格变化幅度小的政府采购项目。

询价的主要程序是：成立询价小组、确定被询价的供应商名单、询价和确定成交供应商。应当注意的是，询价小组在询价过程中不得改变询价通知书所确定的技术和服务等要求、评审程序、评定成交的标准和合同文本等事项。参加询价采购活动的供应商，应当按照询价通知书的规定一次报出不得更改的价格。

2.4.3.4 议标

我国实践中特别是在建筑领域里，还有一种使用较为广泛的采购方法，被称为议标，实质上为谈判性采购，是采购人和被采购人之间通过一对一谈判而最终达到采购目的的一种采购方式。它不具有公开性和竞争性，因而不属于《招标投标法》所称的招标投标采购方式。

从实践上看，公开招标和邀请招标的采购方式要求对报价及技术性条款不得谈判，议标则允许就报价等进行一对一的谈判。因此，有些项目比如一些小型建设项目采用议标方式目标明确，省时省力，比较灵活；对服务招标而言，由于服务价格难以公开确定，服务质量也需要通过谈判解决，采用议标方式不失为一种恰当的采购方式。但议标因不具有公开性和竞争性，采用时容易产生幕后交易、“暗箱操作”，滋生腐败，难以保障采购质量。《招标投标法》根据招标的基本特性和我国实践中存在的问题，未将议标作为一种招标方式予以规定。议标不是一种法定的招标方式，其主要适用于造价较低、工期紧、专业性强或有特殊要求的军事保密工程。

2.4.3.5 两阶段招标

根据《招标投标法实施条例》第三十条规定，对技术复杂或者无法精确拟定技术规格的项目，招标人可以分两阶段进行招标。第一阶段，投标人按照招标公告或者投标邀请书的要求提交不带报价的技术建议，招标人根据投标人提交的技术建议确定技术标准和要求，编制招标文件。第二阶段，招标人向在第一阶段提交技术建议的投标人提供招标文件，投标人按照招标文件的要求提交包括最终技术方案和投标报价的投标文件。招标人要求投标人提交投标保证金的，应当在第二阶段提交。

两阶段招标一般适用于工程项目投资额巨大，或项目技术水平较高，或项目复杂性特殊性要求的。对于这类项目，由于需要运用先进生产工艺技术、新型材料设备或采用复杂的技术实施方案等，招标人难以准确拟定和描述招标项目的性能特点、质量、规格等技术标准和实施要求。在此情况下，需要将招标分为两个阶段进行。在第一个阶段，招标人需要向三家以上供应商或承包人征求技术方案建议，经过充分沟通商讨，研究确定招标项目技术标准和要求，编制招标文件。在第二个阶段，投标人按照招标文件的要求编制投标文件，提出投标报价。两阶段招标既能够弥补现行制度下不能进行谈判的不足，满足技术复杂或者不能精确拟定技术规格项目的招标需要，同时又能够确保一定程度的公开、公平和公正。招标文件一旦确定下来，投标人就应当按照招标文件要求编制投标文件，不得就技术和商务内容进行谈判。两阶段招标的优点是公开、公正、公平、优中选优；缺点是耗时较长。

两阶段招标是国际通行的一种实施方式。联合国国际贸易法委员会《货物、工程和服务采购示范法》第十九条和第四十六条，以及世界银行《货物、工程和非咨询服务采购指南》第2.6款均对两阶段招标作了规定。联合国国际贸易法委员会没有具体界定可以采用两阶段招标的适用范围，由招标人根据项目的具体特点和实际需要自主确定。世界银行规定的两阶段招标适用范围可供参考：一是需要以总承包方式采购的大型复杂设施设备；二是复杂特殊的工程；三是由于技术发展迅速难以事先确定技术规格的信息通信技术。

两阶段招标的介绍见二维码2-1。

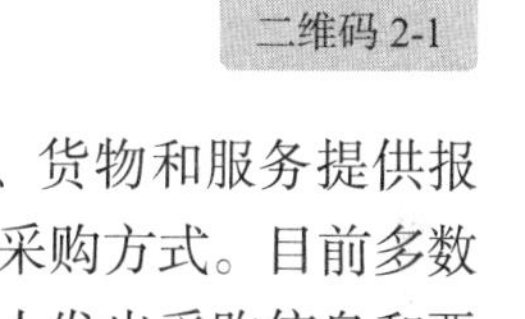
二维码2-1

2.4.3.6　比选

比选是指采购人邀请多个潜在供应商或承包人就拟采购的工程、货物和服务提供报价和方案，按照事先公布的规则进行比较并从中选择交易对象的一种采购方式。目前多数比选项目在实施时近似于一种简化版的公开招标，主要过程是：采购人发出采购信息和要求，供应商提供报价方案，采购人从中选择交易对象。

比选暂时没有法律上的定义，也没有统一的规则，比选项目中采购人的自主性较强，其通常适用于以下这几种情况：

（1）依法必须进行招标项目以外的项目，如规模较小的工程项目；

（2）依法必须进行招标，但项目经审批和核准后，可以不进行招标的项目，如两次招标失败后经主管部门同意，不再进行招标的项目；

（3）符合各地地方规定，达到比选条件的项目，如《四川省政府投资工程建设项目比选办法》中规定单项合同估算价在100万元人民币以下10万元人民币以上的设备、材料等货物的招标，可进行比选。

在实践中，比选已经被广泛应用在企业采购工程、货物和服务项目中，特别是在各类咨询服务采购项目上发挥了较为明显的优势。

比选与公开招标的区别如下：

1. 适用的监管法律法规不同

无论是公开招标还是邀请招标，只要是我国境内的招标投标活动，都受《招标投标法》的规范，有明确的适用范围和法定程序等。

比选则没有明确的定义，实践中比选往往参照执行相关法律，但《招标投标法》和《政府采购法》实际上不适用于比选。比选通常受当地政策、所在行业和单位内部规章制度的约束。

2. 实施主体不同

绝大多数招标项目会委托代理机构进行；比选则多数由采购方自行组织。

3. 评选重点不同

公开招标的评选重点在于选出符合条件且价格最优的供应商，其投标文件必须包含商务、技术等方面的内容，评选方式一般是打分制。

比选的重点在于选出整体方案最符合要求的供应商，通常比选只需要提供方案，或提供方案＋报价，在评选时可能进行打分，也可能根据综合印象进行评选。

4. 流程、成本不同

公开招标需走法定流程，整体程序和手续比较复杂，时间耗费较长，成本较高；比选的程序更简单，采购人的自由度和决定权都更大，灵活性强，耗时短、成本低。

国务院政府采购监督管理部门认定的其他采购方式。由于政府采购的每个项目情况各不相同，还有其他一些适合的采购方式也是可以采用的，例如批量采购、小额采购和定点采购等，需要强调的是，虽然其他采购方式有很多，但只有经国务院政府采购监督管理部门认定的方式才可以用于政府采购。

2.5 招标范围

公共资源项目交易秩序涉及公共资金使用效益、社会公共利益和安全，对于依法建立健全开放统一、公平竞争、依法守信的市场秩序，发挥市场配置资源的决定性作用，提高国有资金使用效益，建立透明、规范、高效和廉洁的政府，具有巨大的推动和示范作用。为此，《招标投标法》《政府采购法》等法律法规建立了强制招标制度，规定了必须依法通过招标投标完成采购或者出让的公共资源交易项目。其中，《招标投标法》及其实施条例规定了工程建设项目依法必须进行招标的范围和规模标准。

采购人是否必须采用招标交易方式实现需求目标，一般可以从项目需求的规模标准、技术复杂性、市场竞争性、时间紧迫性以及招标费用的经济性等因素综合考虑决定。《招标投标法》以及其他法律法规确定依法强制招标的项目范围和规模标准主要基于以下因素（图 2-1）：

（1）项目具有公共属性。项目资金属于国有资金，或者项目涉及公共利益或公众安全。

（2）招标费用的经济性。公共项目是否采用招标交易方式，还需要考虑招标成本费用，当项目达到一定规模，采用招标竞争节约的项目资金有可能超过或弥补招标本身支出的成本费用，此时采用招标交易方式才能体现追求“物有所值”的意义。

（3）项目的特殊性。公共项目当遇到保密安全、时间紧迫、特定技术需求、交易对象不足等特殊要求和限制情形，无法进行市场招标竞争时，可以不进行招标。

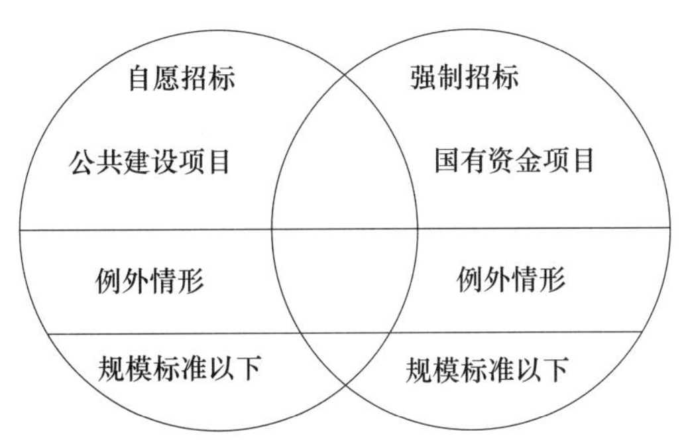

图 2-1　工程建设项目招标范围示意图

2.5.1　依法必须招标的工程项目范围

在《招标投标法》中，必须进行招标的重点着眼于“工程建设项目”。《招标投标法》第三条规定，在中华人民共和国境内进行下列工程建设项目包括项目的勘察、设计、施工、监理以及与工程建设有关的重要设备、材料等的采购，必须进行招标：（1）大型基础设施、公用事业等关系社会公共利益、公众安全的项目；（2）全部或者部分使用国有资金投资或者国家融资的项目；（3）使用国际组织或者外国政府贷款、援助资金的项目。对于工程建设项目的定义，《招标投标法实施条例》第二条规定，招标投标法第三条所称工程建设项目，是指工程以及与工程建设有关的货物、服务。前款所称工程，是指建设工程，包括建筑物和构筑物的新建、改建、扩建及其相关的装修、拆除、修缮等；所称与工程建设有关的货物，是指构成工程不可分割的组成部分，且为实现工程基本功能所必需的设备、材料等；所称与工程建设有关的服务，是指为完成工程所需的勘察、设计、监理等服务。根据《招标投标法》第三条及《必须招标的工程项目规定》（国家发展和改革委员会令第 16 号）以及《必须招标的基础设施和公用事业项目范围规定》（发改法规〔2018〕843 号，以下简称“843 号文”）规定，依法必须进行招标的工程建设项目的具体范围和规模标准，由国务院发展改革部门会同国务院有关部门制订，报国务院批准后公布施行。《招标投标法》从“必须进行招标的范围”和“必须进行招标的规模标准”两个维度来规定必须招标的项目。即属于必须进行招标的范围并且达到必须进行招标的规模标准的项目，就必须招标。两个维度只满足其一的，不属于依法必须进行招标的工程建设项目。

2.5.1.1　必须招标的工程项目规定

1. 全部或者部分使用国有资金投资或者国家融资的项目

（1）使用预算资金 200 万元人民币以上，并且该资金占投资额 10% 以上的项目；

（2）使用国有企业事业单位资金，并且该资金占控股或者主导地位的项目。

2. 使用国际组织或者外国政府贷款、援助资金的项目

（1）使用世界银行、亚洲开发银行等国际组织贷款、援助资金的项目；

（2）使用外国政府及其机构贷款、援助资金的项目。

3. 不属于上述 1. 和 2. 规定情形的大型基础设施、公用事业等关系社会公共利益、公众安全的项目，必须招标的具体范围

（1）煤炭、石油、天然气、电力、新能源等能源基础设施项目；

（2）铁路、公路、管道、水运，以及公共航空和 A1 级通用机场等交通运输基础设施项目；

（3）电信枢纽、通信信息网络等通信基础设施项目；

（4）防洪、灌溉、排涝、引（供）水等水利基础设施项目；

（5）城市轨道交通等城建项目。

必须招标的具体范围由国务院发展改革部门会同国务院有关部门按照确有必要、严格限定的原则制订，报国务院批准。

2.5.1.2 必须进行招标的规模标准

上述 2.5.1.1 规定范围内的项目，其勘察、设计、施工、监理以及与工程建设有关的重要设备、材料等的采购达到下列标准之一的，必须招标：

（1）施工单项合同估算价在 400 万元人民币以上；

（2）重要设备、材料等货物的采购，单项合同估算价在 200 万元人民币以上；

（3）勘察、设计、监理等服务的采购，单项合同估算价在 100 万元人民币以上。

同一项目中可以合并进行的勘察、设计、施工、监理以及与工程建设有关的重要设备、材料等的采购，合同估算价合计达到前款规定标准的，必须招标。

最后，判断是否属于依法必须招标的项目，先看是否满足“必须进行招标的范围”，再看是否满足“必须进行招标的规模标准”，两个都满足，就属于依法必须招标的项目。

2.5.1.3 必须进行招标的实践应用

根据国家发展改革委办公厅《关于进一步做好〈必须招标的工程项目规定〉和〈必须招标的基础设施和公用事业项目范围规定〉实施工作的通知》（发改办法规〔2020〕770 号），为加强政策指导，进一步做好《必须招标的工程项目规定》（国家发展改革委 2018 年第 16 号令，以下简称“16 号令”）和“843 号文”实施工作，实践中应做到的应用见二维码 2-2。

二维码 2-2

根据《招标投标法》第四条规定，任何单位和个人不得将依法必须进行招标的项目化整为零或者以其他任何方式规避招标。第四十九条规定，违反本法规定，必须进行招标的项目而不招标的，将必须进行招标的项目化整为零或者以其他任何方式规避招标的，责令限期改正，可以处项目合同金额千分之五以上千分之十以下的罚款；对全部或者部分使用国有资金的项目，可以暂停项目执行或者暂停资金拨付；对单位直接负责的主管人员和其他直接责任人员依法给予处分。

《必须招标的工程项目规定》详细解读见二维码 2-3。

关于必须招标的工程项目范围界定案例见二维码 2-4。

二维码 2-3

二维码 2-4

2.5.2 邀请招标的项目范围

《招标投标法》《招标投标法实施条例》和《工程建设项目施工招标投标办法》均对采用邀请招标方式进行招标的情况作了明确规定。

《招标投标法》第十一条规定，国务院发展计划部门确定的国家重点项目和省、自治区、直辖市人民政府确定的地方重点项目不适宜公开招标的，经国务院发展计划部门或者省、自治区、直辖市人民政府批准，可以进行邀请招标。

《招标投标法实施条例》第八条规定，国有资金占控股或者主导地位的依法必须进行招标的项目，应当公开招标；但有下列情形之一的，可以邀请招标：（1）技术复杂、有特殊要求或者受自然环境限制，只有少量潜在投标人可供选择；（2）采用公开招标方式的费用占项目合同金额的比例过大。

《工程建设项目施工招标投标办法》第十一条规定详见本书 2.4.2.4。

2.5.3 可以不招标的项目范围

在实际操作过程中，有些项目虽然属于强制招标的范围，但因存在时间、保密等限制，允许采用非招标的方式进行发包。《招标投标法》第三条和《招标投标法实施条例》第三条规定了必须进行招标的项目范围。《招标投标法》《招标投标法实施条例》和《工程建设项目施工招标投标办法》也对可以不招标进行发包的情况作了规定。

《招标投标法》第六十六条规定，涉及国家安全、国家秘密、抢险救灾或者属于利用扶贫资金实行以工代赈、需要使用农民工等特殊情况，不适宜进行招标的项目，按照国家有关规定可以不进行招标。

（1）涉及国家安全、国家秘密不适宜招标。例如有关国防科技、军事装备等项目的选址、规划、建设等事项均有严格的保密及管理规定。招标投标的公开性要求与保密规定之间存在着无法回避的矛盾。因此，凡涉及国家安全和秘密确实不能公开披露信息的项目，除适宜招标的可以邀请符合保密要求的单位参加投标外，其他项目只能采取非招标的方式组织采购。

（2）抢险救灾不适宜招标。包括发生地震、风暴、洪涝、泥石流、火灾等异常紧急灾害情况，需要立即组织抢险救灾的项目。例如必须及时抢通因灾害损毁的道路、桥梁、隧道、水、电、气、通信以及紧急排除水利设施、堰塞湖等项目。这些抢险救灾项目无法按照规定的程序和时间组织招标，否则将对国家和人民群众生命财产安全带来巨大损失。不适宜招标的抢险救灾项目需要同时满足以下两个条件：一是在紧急情况下实施，不能满足招标所需时间；二是不立即实施将会造成人民群众生命财产损失。

（3）利用扶贫资金实行以工代赈、需要使用农民工不适宜招标。根据《国家扶贫资金管理办法》（国办发〔1997〕24 号）第二条规定，国家扶贫资金是指中央为解决农村贫困人口温饱问题、支持贫困地区社会经济发展而专项安排的资金，包括：支援经济不发达地区发展资金、“三西”农业建设专项补助资金、新增财政扶贫资金、以工代赈资金和扶贫专项贷款。第五条规定，以工代赈资金，重点用于修建县、乡公路（不含省道、国道）和为扶贫开发项目配套的道路，建设基本农田（含畜牧草场、果林地），兴修农田水利，解决人畜饮水问题等。扶贫专项贷款，重点支持有助于直接解决农村贫困人口温饱的种植业、养殖业和以当地农副产品为原料的加工业中效益好、有还贷能力的项目。

因此，使用以工代赈资金建设的工程，实施单位应组织工程所在地的农民参加工程建设，并支付劳务报酬，不适宜通过招标方式选择承包单位。但技术复杂、投资规模大的工程，特别是按规定必须具备相关资质才能承包施工的桥梁、隧道等工程，可以通过招标选择具有相应资质的施工承包单位，将组织工程所在地农民为工程施工提供劳务并支付报酬作为招标的基本条件。

《招标投标法实施条例》第九条规定具体内容见本书2.2.4。具体解读见二维码2-5。

《工程建设项目施工招标投标办法》第十二条规定具体内容见本书2.2.4。

二维码2-5

2.6 建设工程招标标段划分

2.6.1 工程标段的概念

标段划分是指招标人在充分考虑工程规模、工期安排、资金情况、潜在投标人状况等因素的基础上，将一个建设工程拆分为若干个工程段落进行招标并组织施工的行为。标段划分是招标规划的核心工作内容，既要满足招标项目技术经济和管理的客观需要，又要遵守相关法律法规的规定。

建设工程标段是指对一个整体工程按实施阶段（勘察、设计、施工等）和工程范围切割成工程段落并把上述段落或单个或组合起来进行招标的招标客体。

广义的工程标段可以分为三种。

2.6.1.1 分期标段

有的大型、特大型建设工程由于资金供应、市场需求等方面的原因，需要分期实施并分期进行招标，这类按期进行招标的招标客体即“期”称为分期标段。由于对大型、特大型工程分期实施的方案研究属于项目立项可行性分析的范畴，因此不在本书阐述的范围。

2.6.1.2 工程标段

工程标段是指把准备投入建设的某一整体工程或某一整体工程的某一期工程划分为若干工程段落或单个或组合起来进行招标的招标客体，是本书阐述的对象。

2.6.1.3 分部分项标段

某一工程标段的总承包商在中标以后，根据总承包合同条件，可以把总承包项下的工程分为若干工程部分，甚至在分部以后还划分若干子项工程，然后把部分分部工程、子项工程通过招标的方式分包给相应的分包商，这类成为分包合同招标客体的分部工程、子项工程就称为分部分项标段。

2.6.2　标段划分的法律规定

《招标投标法》《招标投标法实施条例》《工程建设项目施工招标投标办法》对依法必须招标项目的范围、规模标准和标段划分作了明确规定。相关法规禁止通过拆分标段、分期实施、化整为零等方式规避招标、限制或排斥潜在投标人。

《招标投标法》第十九条规定，招标项目需要划分标段、确定工期的，招标人应当合理划分标段、确定工期，并在招标文件中载明。

《招标投标法实施条例》第二十四条规定，招标人对招标项目划分标段的，应当遵守《招标投标法》的有关规定，不得利用划分标段限制或者排斥潜在投标人。依法必须进行招标的项目的招标人不得利用划分标段规避招标。即招标人不得利用划分标段限制或者排斥潜在投标人或者规避招标：一是通过规模过大或过小的不合理划分标段，保护有意向的潜在投标人，限制或者排斥其他潜在投标人。二是通过划分标段，将项目化整为零，使标的合同金额低于必须招标的规模标准而规避招标；或者按照潜在投标人数量划分标段，使每一个潜在投标人均有可能中标，导致招标失去意义。《招标投标法实施条例》第三十四条规定，与招标人存在利害关系可能影响招标公正性的法人、其他组织或者个人，不得参加投标。单位负责人为同一人或者存在控股、管理关系的不同单位，不得参加同一标段投标或者未划分标段的同一招标项目投标。违反前两款规定的，相关投标均无效。

《工程建设项目施工招标投标办法》第二十七条规定，施工招标项目需要划分标段、确定工期的，招标人应当合理划分标段、确定工期，并在招标文件中载明。对工程技术上紧密相连、不可分割的单位工程不得分割标段。招标人不得以不合理的标段或工期限制或者排斥潜在投标人或者投标人。依法必须进行施工招标的项目的招标人不得利用划分标段规避招标。

2.6.3　标段划分考虑因素

目前没有具体的标段划分依据，影响标段划分的因素很多。部分业主和招标单位在标段划分中，由于某些原因，往往将标段划分为较小较细的标段，以尽可能满足招标单位的中标需求，有的甚至将分项工程划分为独立的标段进行工程招标，给业主、施工监理、施工单位本身带来诸多不便。为有效控制某些关键部位或某些单位工程，保证工程质量，在招标阶段对地基处理、防渗防水、核心工艺等专业工程进行单独招标。

建设工程施工招标应该依据工程建设项目管理承包模式、工程设计进度、工程施工组织规划和各种外部条件、工程进度计划和工期要求、各单项工程之间的技术管理关联性以及投标竞争状况等因素，综合分析研究划分标段，并结合标段的技术管理特点和要求设置投标人的资格能力条件标准，以及投标人可以选择投标标段的空间。招标标段划分主要考虑以下相关因素。

2.6.3.1 法律法规

《招标投标法》《招标投标法实施条例》和《工程建设项目招标范围和规模标准规定》对必须招标项目的范围、规模标准和标段划分作了明确规定，这是确定工程招标范围和划分标段的法律依据，招标人应依法、合理地确定项目招标内容及标段规模，不得通过拆分项目、化整为零的方式规避招标。

2.6.3.2 工程承包模式

工程承包模式采用总承包合同与多个平行承包合同对标段划分的要求有很大差别。采用工程总承包模式，招标人期望把工程施工的大部分工作都交给总承包人，并且希望有实力的总承包人投标。同时，总承包人也期望发包的工程规模足够大，否则不能引起其投标兴趣。因此，总承包方式发包的一般是较大标段工程，否则就失去了总承包的意义。而多个平行承包模式是将一个工程建设项目分成若干个可以独立、平行施工的标段，分别发包给若干个承包人承担，工程施工的责任、风险随之分散，但是工程施工的协调管理工作量随之加大。

2.6.3.3 工程管理力量

招标项目划分标段的数量、确定标段规模，与招标人的工程管理力量有关。标段的数量、规模决定了招标人需要管理合同的数量、规模和协调工作量，这对招标人的项目管理机构设置和管理人员的数量、素质、工作能力都提出了要求。如果招标人拟建立的项目管理机构比较精简或管理力量不足，就不宜划分过多的标段。

2.6.3.4 竞争格局

工程标段规模的大小和标段数量，与招标人期望引进的承包人的规模和资质等级有关，除具备总承包特级资质的承包人外，施工承包人可以承揽的工程范围、规模取决于其工程承包资质类别、等级和注册资本金的数量。同时，工程标段规模过大必然减少投标承包人的数量，从而影响投标竞争的效果。

2.6.3.5 技术层面

从技术层面考虑标段的划分有三个基本因素：

（1）工程技术关联性。凡是在工程技术和工艺流程上关联性比较密切的部位，无法分别组织施工，不适宜划分给两个及以上承包人完成。

（2）工程计量关联性。有些工程部位或分部分项工程，虽然在技术和工艺流程方面可以区分开，但在工程量计量方面则不容易区分，这样的工程部位也不适合划分为不同的标段。

（3）工作界面关联性。划分标段必须考虑各标段区域及其分界线的场地容量和施工界面能否容纳两个承包人的机械和设施的布置及其同时施工，或者更适合于哪个承包人进场施工。如果考虑不周，则有可能制约或影响施工质量和工期。

2.6.3.6 工期与规模

工程总工期及其进度松紧对标段划分也会产生很大影响。标段规模小，标段数量多，进场施工的承包人多，容易集中投入资源，多个工点齐头并进赶工期，但需要发包人有相应的管理措施和充足、及时的资金保障。划分多个标段虽然能引进多个承包人进场，但也可能标段规模偏小，发挥不了规模效益，不利于吸引大型施工企业前来投标，也不利于发挥特种大型施工设备的使用效率，从而提高工程造价，并容易导致转包、分包现象。

2.6.4 标段划分的原则

标段划分要遵循质量责任明确、成本责任明确、工期责任明确和经济高效、具有可操作性、符合实际的原则，要根据建设工程的投资规模、建设周期、工程性质等具体情况，将建设工程分段分期实施，以达到缩短工期的目的。

2.6.4.1 责任明确

标段是作为招标客体的工程段落，构成建设合同的标的。如果承包商在履行合同中，其责任与发包人或其他承包商的责任难以分离，是无法客观地确定承包商的应尽义务和应有权利的，因此，责任明确是划分标段的首要原则，包括质量责任明确、成本责任明确、工期责任明确、环保责任明确、知识产权责任明确、安全责任明确等，其中质量、成本、工期是承包商的基本责任，承包商的上述基本职责在一个标段中能够被明确地认定，是划分标段正确与否的基本判定依据。

2.6.4.2 经济高效

标段划分得越细，发包人对工程的直接控制权越大，并且在大多数情况下，发包人可以通过对价格竞争最大化的手段更经济地发包工程。然而各个标段工程间的协调也越难，协调风险相应越大。同时，承包商的责任相对越难以确定，所以标段细分比较容易取得相对经济的发包价格，却不易取得工程建设的高效率；采用设计施工总承包的标段划分方法则较容易取得工程建设的高效率，但价格较高。所谓标段划分中的经济高效原则，是指要根据工程特点的自身条件平衡经济与高效的关系，找到一个最佳的标段划分方案，以合理地实施建设工程，实现效率与经济的统一。

2.6.4.3 客观务实

客观务实是指一切从实际出发，标段的划分要充分考虑到被划分工程的特殊性，包括潜在的竞标对象的具体情况，建设方的财力和管理能力等一切客观的相关因素，从中找出决定标段划分方式的主要因素。只有尽可能地做到主观设想符合客观实际情况，这种设想才可能达到预期目标，因此客观务实是划分工程标段的一项基本原则，应该贯穿于划分工程标段的全过程。

2.6.4.4 便于操作

标段划分后的可操作性是划分标段必须遵循的又一基本原则。包括招标的可操作性，即划分后的标段在市场上有一定的竞标对象，可以形成合理的价格竞争；建设方管理的可操作性，即建设方有相应的管理力量或能委托有资质的咨询工程师协调好各个标段承包商之间在工程界面及质量、工期、成本、安全、环保等方面的搭接关系；建设方确定标底的可操作性，即在设计图纸尚未具备的情况下，建设方有能力和有客观条件确定合理的标底，以控制工程造价；使用知识产权方面的可操作性；资金供应上的可操作性等。

标段划分不合理容易产生的后果：

（1）同类型工程，划分很不均衡。如50口井，把标段划分为：1、5、10、15、19。容易造成竞争不充分，造成施工单位管理、设备、措施的投入比例与施工量不均衡，投标价格偏离较大。

（2）把一体的单位工程强行划分开，招标范围界面不明确。如把一栋楼按层数划分标段。必须满足设计中单体建筑物的独立性和可分割性，以保证施工分标段实施后不会产生质量隐患。一栋楼划分为基础工程、主体工程、装饰装修可以吗？有些行为就是这样的。

（3）把货物、工程、设计按标段划分开。合同范本不同，重复的地方过多，不同投标人看招标文件不知道适用哪个地方。划分标段过小、过细，不容易组织，施工条件安排不畅（水电道路等），又有变相安排队伍的嫌疑，还要设置其他条款（如一个队伍只能在一个标段中标，或最多两个标段中标等）以避免产生更多的问题。

2.6.5 标段划分的具体方法

标段划分的最小单位是单位工程，如：住宅小区的某栋住宅（包括住宅建筑、结构、水电、暖通、消防、防雷等）；如果单栋住宅有电梯等专业设备，且施工单位具有电梯安装施工资质，也可包括在该标段内，否则该设备安装工程必须由施工总承包单位单独分包，或由开发商单独招标。一般情况下，地下室的标段界限以地下室的后浇带或各种施工缝（如沉降缝等）为界。

建设工程一般可划分为单项工程、单位工程、分部工程和分项工程。对招标项目的标段划分，应与建设工程划分相一致，这样可以使招标标段在实施过程中与施工验收规范、质量验收标准、档案资料归档要求保持一致，从而清晰地划清招标人与承包人、承包人与承包人之间的责任界限，避免因责任不清引起争议和索赔。由于单位工程具有独立施工条件并能形成独立使用功能，因此对工程技术紧密相连、不可分割的单位工程不得划分标段，一般应以单位工程作为标段划分的最小单位。在施工现场允许的情况下，也可将专业技术复杂、工程量较大且需专业施工资质的分部工程作为单独的标段进行招标，或者将虽不属于同一单位工程但专业相同的分部工程作为单独的标段进行招标。由于分项工程一般不具备独立施工条件，所以应尽量避免以分项工程为标段，从而减少各标段之间的干扰。

在招标过程中，若整个建设项目包括若干个单项工程，可以将几个单项工程划分为一个标段，也可以将几个单项工程中的单位工程划分为一个标段，同时也可以将几个单项工程中可单独发包的分部工程划分为一个标段。

划分标段的几种情况分析：

（1）投资规模的大小直接决定了分标段实施的可行性。对于投资规模较小的工程建议考虑一次实施，因为分标段实施可能会使招标缺乏竞争性，也不利于工程管理，同时还会造成财力浪费，对工期的影响也不明显，且较难做到清晰划分标段界面。

（2）标段的划分还应考虑设计方案，必须满足设计中单体建设物的独立性和可分割性，以保证施工分标段实施后不会产生质量隐患。

（3）现场场地大小、平面布置、临时设施安排、场地道口的位置等条件也是考虑因素。如果现场条件较差，分标段实施可能会带来相互间的交叉干扰。

（4）建设单位对建设工期是否有所压缩、建设资金的到位情况也要进行综合分析。因为分标段实施会带来投资增加、资金运作调整，所以招标人必须对此进行全面分析。

（5）还可根据工程性质，对不同专业分标段进行实施。在施工现场允许的情况下，可将专业技术复杂、工程量较大且需专业施工资质的特殊工程，作为单独的标段进行招标施工。

2.7 建设工程合同招标策划

2.7.1 建设工程合同策划概述

在承包市场上最重要的主体是业主和承包商。业主是工程承包市场的主导，是工程承包市场的动力。由于业主处于主导地位，他的合同总体策划对整个工程有导向作用，同时直接影响承包商的合同策划。

在工程中，业主通过合同分解项目目标，委托项目任务，并实施对项目的控制。合同总体策划确定对工程项目有重大影响的合同问题，它对整个项目的顺利实施有重要作用：合同总体策划决定着项目的组织结构及管理体制，决定合同各方责任、权力和工作划分，所以对整个项目的实施和管理过程产生根本性的影响；合同总体策划是起草招标文件和合同文件的依据，策划结果具体通过合同文件体现出来；通过合同总体策划摆正工程过程中各方面的重大关系，防止由于这些重大问题的不协调或矛盾造成工作上的障碍，造成重大的损失；合同是实施项目的手段，正确的合同总体策划能够保证圆满地履行各个合同，促使各个合同达到完善协调，减少矛盾和争执，顺利实现工程项目总目标。

2.7.1.1 合同策划及需要考虑的问题

在建筑工程项目的初始阶段必须进行相关合同的策划，策划的目标是通过合同保证工程项目总目标的实现，必须反映建筑工程项目战略和企业战略，反映企业的经营指导方针和根本利益。

合同策划需考虑的主要问题有：项目应分解成几个独立合同及每个合同的工程范围；采用何种委托方式和承包方式；合同的种类、形式和条件；合同重要条款的确定；合同签订和实施时重大问题的决策；各个合同的内容、组织、技术、时间上的协调。

2.7.1.2　合同策划的意义

（1）合同策划决定着项目的组织结构及管理体制，决定合同各方面责任、权力和工作划分，所以对整个项目管理产生根本性的影响。业主通过合同委托项目任务，并通过合同实现对项目的目标控制。

（2）合同是实施工程项目的手段，通过策划确定各方面的重大关系，无论对业主还是对承包商，完善的合同策划可以保证合同圆满履行，克服关系的不协调，减少矛盾和争议，顺利实现工程项目总目标。

2.7.1.3　合同策划的依据

（1）业主方面：业主的资信、资金供应能力、管理水平和具有的管理力量，业主的目标以及目标的确定性，期望对工程管理的介入深度，业主对工程师和承包商的信任程度，业主的管理风格，业主对工程的质量和工期要求等。

（2）承包商方面：承包商的能力、资信、企业规模、管理风格和水平、在本项目中的目标与动机、目前经营状况、过去同类工程经验、企业经营战略、长期动机、承受和抵御风险的能力等。

（3）工程方面：工程的类型、规模、特点，技术复杂程度、工程技术设计准确程度、工程质量要求和工程范围的确定性、计划程度，招标时间和工期的限制，项目的营利性，工程风险程序，工程资源（如资金、材料、设备等）供应及限制条件等。

（4）环境方面：工程所处的法律环境，建筑市场竞争激烈程度，物价的稳定性，地质、气候、自然、现场条件的确定性，资源供应的保证程度，获得额外资源的可能性。

2.7.1.4　合同策划的程序

（1）研究企业战略和项目战略，确定企业及项目对合同的要求。

（2）确定合同的总体原则和目标。

（3）分层次、分对象对合同的一些重大问题进行研究，列出各种可能的选择，按照上述策划的依据，综合分析各种选择的利弊得失。

（4）对合同的各个重大问题作出决策和安排，提出履行合同的措施。在合同策划中有时要采用各种预测方法、决策方法、风险分析方法、技术经济分析方法。在开始准备每一个合同招标和准备签订每一份合同时都应对合同策划再作一次评价。

2.7.1.5　工程合同策划过程

对一个工程项目的合同策划过程见图 2-2。

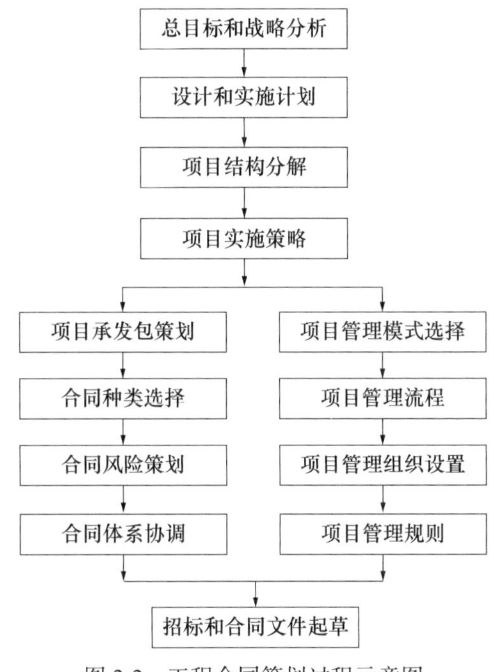

图 2-2 工程合同策划过程示意图

（1）进行项目的总目标和战略分析，确定企业和项目对合同的总体要求。由于合同是实现项目目标和企业目标的手段，所以它必须体现和服从企业及项目战略。

（2）相应阶段项目技术设计的完成和总体实施计划的制订。现在许多工程项目在早期就要进行合同策划工作，如对“设计－采购－施工”总承包项目，在设计任务书完成后就要进行合同策划，进行招标。

（3）工程项目的结构分解工作。项目分解结构图是工程项目承发包策划最主要的依据。

（4）确定项目的实施策略。包括：该项目的工作哪些由组织内部完成，哪些准备委托出去；业主准备采用的承发包模式，它决定业主面对的承包商数量和项目合同体系；对工程风险分配的总体策划；业主准备对项目实施的控制程度；对材料和设备所采用的供应方式，如由业主自己采购，或由承包商采购等。

（5）业主项目管理模式的选择。如业主自己投入管理力量，或采用业主代表与工程师共同管理；将项目管理工作分阶段委托（如分别委托设计监理、施工监理、造价咨询等），或采用项目管理承包。项目管理模式与工程的承发包模式互相制约，对项目的组织形式、风险的分配、合同类型和合同的内容有很大影响。

（6）项目承发包策划。即按照工程承包模式和管理模式对项目结构分解得到的项目工作进行具体的分类、打包和发包，形成一个个独立的同时又是互相影响的合同。

（7）进行与具体合同相关的策划，包括合同种类的选择、合同风险分配策划、项目相关各个合同之间的协调等。

（8）项目管理工作过程策划。包括项目管理工作流程定义、项目管理组织设置和项目管理规则制订等。通过项目管理组织策划，将整个项目管理工作在业主、工程师（业主代表）和承包商之间进行分配，划分各自的管理工作范围，分配职责，授予权力，进行协调。这些都要通过合同定义和描述。

（9）招标文件和合同文件的起草。上述工作成果都必须具体体现在招标文件和合同文件中。这项工作是在具体合同的招标过程中完成的。

上述合同策划过程涉及项目管理各方面的工作，如项目目标、总体实施计划、项目结构分解、项目管理组织设计等。在上述工作中，属于对整个工程有重大影响的，带根本性和方向性的合同管理问题有：

① 工程的承发包策划。即考虑将整个项目分解成几个独立的合同，每个合同有多大规模的工程范围。这是对工程合同体系的策划。

② 合同种类的选择。

③ 合同风险分配策划。

④ 工程项目相关的各个合同在内容上、实践上、组织上、技术上的协调等。

对这些问题的研究、决策就是合同总体策划工作。在项目的开始阶段，业主（有时是企业的决策层和战略管理层）必须就这些重大合同问题作出决策。

2.7.2　业主的建设工程合同策划

2.7.2.1　分散平行承包和全包

（1）分散平行承包，即业主将设计、设备供应、土建、电气安装、机械安装、装饰装修等工程施工分别委托给不同的承包商。各承包商分别与业主签订合同，各承包商之间没有合同关系。其特点是：

① 业主有大量的管理工作，有许多次招标，需做比较精细的计划及控制，因此项目前期需要比较充裕的时间。

② 业主负责各承包商之间的协调工作，对各承包商因互相干扰而造成的问题承担责任。由于不确定性因素的影响及协调难度大，因而这种承包方式的合同争执较多，工期长、索赔多。

③ 该承包方式要求业主管理和控制较细，业主必须具备较强的项目管理能力。

④ 对于大型工程项目，该承包方式使业主面对众多承包商，管理跨度大，协调困难，易造成混乱和失控，且业主管理费用增加，导致总投资增加和工期延长。

⑤ 采用这种承包方式，业主可以分阶段进行招标，可以通过协调和项目管理加强对工程的干预。同时承包商之间存在着一定的制衡。

⑥ 采用这种承包方式，项目的计划和设计必须周全、准确、细致。这样各承包商的工程范围容易确定，责任界限比较清楚。

（2）全包（又称统包，一揽子承包，设计－建造及交钥匙工程）合同，即由一个承包商承包建筑工程项目的全部工作，并向业主承担全部工程责任，包括设计、供应、各专业工程的施工，甚至包括项目前期筹划、方案选择、可行性研究和项目建设后的运营管理。该承包方式的特点是：

① 减少业主面对的承包商数量和事务性管理工作。业主提出工程总体要求，进行宏观控制、验收成果，通常不干涉承包商的工作，因而合同纠纷和索赔较少。

② 方便协调和控制，减少大量重复性的管理工作，信息沟通方便、快捷、准确。有利于施工现场管理，减少中间环节，从而减少费用和缩短工期。

③ 业主的责任体系完备，避免各种干扰，对业主和承包商都有利，工程整体效益高。

④ 业主必须选择资信度高、实力强、适宜全方位工作的承包商，承包商不仅需具备各专业工程的施工力量，还需很强的设计、管理、供应乃至项目策划和融资能力。

（3）采用上述二者之间的中间形式，即将工程委托给几个承包商，如设计、施工、供应等承包商。

2.7.2.2 合同种类的选择

合同的计价方式有很多种，不同种类的合同有不同的应用条件、不同的权力和责任分配、不同的付款方式，同时合同双方的风险也不同，应依据具体情况选择合同类型。目前，合同的类型主要有四种。

1. 单价合同

单价合同是最常见的合同种类，适用范围广，如 FIDIC 土木工程施工合同。我国的建设工程施工合同也主要是这一类合同。在单价合同中，承包商仅按合同规定承担报价的风险，即对报价（主要为单价）的正确性和适宜性承担责任；而工程量变化的风险由业主承担。由于风险分配比较合理，能够适应大多数工程，能调动承包商和业主双方的管理积极性。单价合同又分为固定单价合同和可调单价合同等形式。

单价合同的特点是单价优先，例如 FIDIC 土木工程施工合同，业主给出的工程量表中的工程量是参考数字，而实际合同价款按实际完成的工程量和承包商所报的单价计算。虽然在投标报价、评标、签订合同中，常常注重合同总价格，但在工程款结算中单价优先，所以单价是不能错的。对于投标书中明显的数字计算的错误，业主有权先做修改再评标。

2. 固定总价合同

（1）固定总价合同的概念及特点

固定总价合同是一次包死的总价委托，价格不因环境变化和工程量增减而变化，所以在这类合同中承包商承担了全部的工作量和价格风险。除了设计有重大变更外，一般不允许调整合同价格。在现代工程中，特别是在合资项目中，业主倾向采用这种合同形式，因为：

① 工程中双方结算方式较为简单。

② 在固定总价合同的执行中，承包商的索赔机会较少（但不能根除索赔）。通常可以免除业主由于要追加合同价款、追加投资带来的需上级（如董事会甚至股东大会）审批的麻烦。

但由于承包商承担了全部风险，报价中不可预见风险费用较高。承包商报价的确定必须考虑施工期间物价变化以及工程量变化带来的影响。在固定总价合同的实施中，由于业主没有风险，所以他干预工程的权力较小，只管总的目标和要求。

（2）固定总价合同的应用前提

在很长一段时间中，固定总价合同的应用范围很小：

① 工程范围必须清楚明确，报价的工程量应准确而不是估计数字，对此承包商必须认真复核。

② 工程设计较细，图纸完整、详细、清楚。

③ 工程量小、工期短，估计在工程过程中环境因素（特别是物价）变化小，工程条件稳定并合理。

④ 工程结构、技术简单，风险小，报价估算方便。

⑤ 工程投标期相对宽裕，承包商可以做详细的现场调查、复核工作量、分析招标文件、拟定计划。

⑥ 合同条件完备，双方的权利和义务十分清楚。

（3）固定总价合同的计价方式

① 业主为了方便承包商投标给出工程量清单，但业主对工程量清单中的数量不承担责任，承包商必须复核。各分项工程的固定总价之和即为整个工程的价格。

② 如果招标文件中没有给出工程量清单，而由承包商确定，则工程量清单仅作为付款文件，不属合同规定的工程资料。合同价款总额由各分项工程的固定总价构成。承包商必须根据工程信息计算工程量，若工程量有漏项或计算不正确，则被认为已包括在整个合同的总价中。

（4）固定总价合同的确定

固定总价合同是总价优先，承包商报总价，双方商定合同总价，最终按总价结算。通常只在设计变更或符合合同规定的调价条件时才允许调整合同价格。

（5）采用固定总价合同时承包商的风险

① 价格风险：报价计算错误；漏报项目；工程实施中物价和人工费涨价风险。

② 工作量风险：工作量计算错误；由于工程范围不确定或预算时工程项目未列全造成的损失；由于设计深度不够造成的工程量计算误差。

3. 成本加酬金合同

成本加酬金是与固定总价合同截然相反的合同类型。工程最终合同价格按承包商的实际成本加一定比例的酬金（间接费）计算。在合同签订时不能确定一个具体的合同价格，只能确定酬金的比例。由于合同价格按承包商的实际成本结算，所以在这类合同中，承包商不承担任何风险，而业主承担了全部工作量和价格风险，所以承包商在工程中没有成本控制的积极性，不仅不愿意压缩成本，相反期望提高成本以提高他的工程经济效益，这样会损害工程的整体效益。所以这类合同的使用应受到严格限制，通常应用于以下情况：

（1）投标阶段依据不准，工程范围无法界定，无法准确估价，缺少工程详细说明。

（2）工程特别复杂，工程技术、结构方案不能预先确定，它们可能按工程中出现的新的情况确定。

（3）时间特别紧急，要求尽快开工。如抢救、抢险工程，无法详细地计划和商谈。

为了克服成本加酬金合同的缺点，调动承包商成本控制的积极性，可对上述合同予以改进：事先确定目标成本，实际成本在目标成本范围内按比例支付酬金，超过目标成本部分不再增加酬金；若实际成本低于目标成本，则除支付合同规定的酬金外，另给承包商一定比例的奖励；成本加固定额度的酬金，不随实际成本数量的变化而变化。

4. 目标合同

固定总价合同和成本加酬金合同相结合的形式，在发达国家，广泛应用于工业项目、研究和开发项目、军事工程项目中。

目标合同以全包形式承包工程，通常合同规定承包商对工程建成后的生产能力或功能、工程总成本、工期目标承担责任。若工程投产后的规定时间内达不到预定生产能力，则按一定的比例扣减合同价款；若工期拖延，则承包商承担工期拖延违约金；若实际总成本低于预定总成本，则节约的部分按预定比例奖励承包商，反之，则由承包商按比例承担。

2.7.2.3 重要合同条款的确定

业主应正确对待合同，对合同的要求合理，但不应苛求。业主处于合同的主导地位，由其起草招标文件，并确定一些重要的合同条款。主要有：

（1）适用于合同关系的法律，以及合同争执仲裁的地点、程序等。

（2）付款方式。如采用进度付款、分期付款、预付款或由承包商垫资承包。这由业主的资金来源保证情况等因素决定。让承包商在工程上过多地垫资，会对承包商的风险、财务状况、报价和履约积极性有直接影响。如果业主超过实际进度预付工程款，在承包商没有出具保函的情况下，又会给业主带来风险。

（3）合同价格的调整条件、范围、调整方法，特别是由于物价上涨、汇率变化、法律变化、海关税变化等对合同价格调整的规定。

（4）合同双方风险的分担。即将工程风险在业主和承包商之间合理分配。基本原则是，通过风险分配激励承包商、控制风险，取得最佳经济效益。

（5）对承包商的激励措施。

（6）业主在工程施工中对工程的控制是通过合同实现的，合同中必须设计完备的控制措施，以保证对工程的控制，如：变更工程的权力；对计划的审批和监督权力；对工程质量的检查权；对工程付款的控制权；当施工进度拖延时，令其加速的权力；当承包商不履行合同责任时，业主的处理权等。

2.7.3 承包商的合同策划

承包商的合同策划服从于承包商的基本目标和企业经营战略。

2.7.3.1 投标的选择

承包商必须就投标方向做出战略决策，其决策取决于市场情况，主要有：

（1）承包市场状况及竞争的形势。

（2）该工程竞争者的数量以及竞争对手状况，以确定自己投标的竞争力和中标的可能性。

（3）工程及业主状况。包括工程的技术难度，施工所需的工艺、技术和设备，对施工工期的要求及工程的影响程度；业主对承包方式、合同种类、招标方式、合同的主要条款等的规定和要求；业主的资信情况，是否有不守信用、不付款的历史，业主建设资金的准备情况和企业经营状况。

（4）承包商自身状况。包括公司的优势和劣势、技术水平、施工力量、资金状况、同类工程的经验、现有工程数量等。

承包商投标方向的确定要最大限度地发挥自身优势，符合其经营战略，不要企图承包超过自己施工技术水平、管理能力和财务能力的工程以及没有竞争力的工程。

2.7.3.2 合同风险的评价

通常若工程存在下述问题，则工程风险大：

（1）工程规模大，工期长，而业主要求采用固定总价合同形式。

（2）业主仅给出初步设计文件让承包商投标，图纸不详细、不完备，工程量不准确、范围不清楚，或合同中的工程变更赔偿条款对承包商很不利，但业主要求采用固定总价合同。

（3）业主将投标期压缩得很短，承包商没有时间详细分析招标文件，而且招标文件为外文，采用承包商不熟悉的合同条件。

（4）工程环境不确定性因素多，且业主要求采用固定价格合同。

2.7.3.3 承包方式的选择

任何一个承包商都不可能独立完成全部工程，不仅是能力所限，还因为这样做也不经济。在总承包投标前，就必须考虑与其他承包商的合作方式，以便充分发挥各自在技术、管理和财力上的优势，并共担风险。

1. 分包

分包的原因主要有以下几点：

（1）技术上需要。总承包商不可能也不必具备总承包合同工程范围内的所有专业工程的施工能力。通过分包的形式可以弥补总承包商技术、人力、设备、资金等方面的不足。同时总承包商又可通过这种形式扩大经营范围，承接自己不能独立承担的工程。

（2）经济上的目的。对有些分项工程，如果总承包商自己承担会亏本，而将它分包出去，让报价低同时又有能力的分包商承担，总承包商不仅可以避免损失，而且可以取得一定的经济效益。

（3）转嫁或减少风险。通过分包，可以将总包合同的风险部分转嫁给分包商。这样，大家共同承担总承包合同风险，提高工程经济效益。

（4）业主的要求。业主指令总承包商将一些分项工程分包出去，通常有以下两种情况：

① 对于某些特殊专业或需要特殊技能的分项工程，业主仅对某专业承包商信任和放心，可要求或建议总承包商将这些工程分包给该专业承包商，即业主指定分包商。

② 在国际工程中，一些国家规定，外国总承包商承接工程后必须将一定量的工程分

包给本国承包商；或工程只能由本国承包商承接，外国承包商只能分包。这是对本国企业的一种保护措施。

业主对分包商有着较高的要求，也要对分包商进行资格审查。没有工程师（业主代表）的同意，承包商不得随便分包工程。由于承包商向业主承担全部工程责任，分包商出现任何问题都由总承包商负责，所以分包商的选择要十分慎重。一般在总承包合同报价前就要确定分包商的报价，商谈分包合同的主要条件，甚至签订分包意向书。

2. 联营承包

联营承包是指两家或两家以上的承包商（最常见的为设计承包商、设备供应商、工程施工承包商）联合投标，共同承接工程。其优点是：

（1）承包商可通过联营进行联合，以承接工程量大、技术复杂、风险大、难以独家承揽的工程，使经营范围扩大。

（2）在投标中发挥联营各方的技术和经济优势，珠联璧合，使报价具有竞争力。而且联营通常都以全包的形式承接工程，各联营成员具有法律上的连带责任，业主比较欢迎和放心，容易中标。

（3）在国际工程中，国外的承包商如果与当地的承包商联营投标，可以获得价格上的优惠，这样更能增加报价的竞争力。

（4）在合同实施中，联营各方互相支持，取长补短，进行技术和经济的总合作。这样可以减少工程风险，增强承包商的应变能力，能取得较好的工程经济效果。

（5）通常联营仅在某一工程中进行，该工程结束，联营体解散，无其他牵挂。如果愿意，各方还可以继续寻求新的合作机会。所以它比合营、合资有更大的灵活性。合资成立一个具有法人地位的新公司通常费用较高，运行形式复杂，母公司仅承担有限责任，业主不信任。

2.7.3.4 合同执行战略

合同执行战略是承包商按企业和工程具体情况确定的执行合同的基本方针。

（1）企业必须考虑该工程在企业同期许多工程中的地位、重要性，确定优先等级。对重要的有重大影响的工程，如对企业信誉有重大影响的创牌子工程，大型、特大型工程，对企业准备发展业务的地区的工程，必须全力保证，在人力、物力、财力上优先考虑。

（2）承包商必须以积极合作的态度热情圆满地履行合同。在工程中，特别是在遇到重大问题时积极与业主合作，以赢得业主的信赖，赢得信誉。例如在中东地区，有些合同在签订后，或在执行中遇到不可抗力（如战争、动乱），按规定可以撕毁合同，但有些承包商理解业主的困难，暂停施工，同时采取措施保护现场，降低业主损失。待干扰事件结束后，继续履行合同。这样不仅保住了合同，取得了利润，而且赢得了信誉。

（3）对明显导致亏损的工程，特别是企业难以承受的亏损，或业主资信不好，难以继续合作，有时不惜以撕毁合同来解决问题。有时承包商主动中止合同，比继续执行一份合同的损失要少一些，特别是当承包商已跌入“陷阱”中，合同不利，而且风险已经发生时。

（4）在工程施工中，由于非承包商责任引起承包商费用增加和工期拖延，承包商提出合理的索赔要求，但业主不予解决。承包商在合同执行中可以通过控制进度，直接或间接地表达履约热情和积极性，向业主施加压力和影响以求得合理解决。

2.8 建设工程招标的程序

2.8.1 制订招标方案

招标方案是指招标人通过分析和掌握招标项目技术、经济、管理的特征，以及招标项目的功能、规模、质量、价格、进度、服务等需求目标，依据有关法律法规、技术标准，结合市场竞争状况，针对一次招标组织实施工作的总体策划，招标方案包括合理确定招标组织形式、依法确定项目招标内容范围和选择招标方式等，是科学、规范、有效地组织实施招标采购工作的必要基础和主要依据。

2.8.2 组织资格审查

2.8.2.1 审查的原则

资格审查在遵循招标投标的公开、公平、公正和诚实信用外，还应遵循科学、合格和适用原则。

1. 科学原则

为了保证申请人或投标人具有合法的投标资格和相应的履约能力，招标人应根据招标采购项目的规模、技术管理特性要求，结合国家企业资质等级标准和市场竞争状况，科学、合理地设立资格审查办法、资格条件以及审查标准。招标人应慎重对待投标资格的条件和标准，这将直接影响合格投标人的质量和数量，进而影响投标的竞争程度和项目招标期望目标的实现。

2. 合格原则

通过资格审查，选择资质、能力、业绩、信誉合格的资格预审申请人参加投标。

3. 适用原则

资格审查有资格预审与资格后审，两种办法各有适用条件和优缺点。因此，招标项目采用资格预审还是资格后审，应当根据招标项目的特点需要，结合潜在投标人的数量和招标时间等因素综合考虑，选择适用的资格审查办法。

2.8.2.2 审查的办法

资格审查分为资格预审和资格后审两种办法。

1. 资格预审

为了保证潜在投标人能够公平获取公开招标项目的投标竞争机会，并确保投标人满足招标项目的资格条件，避免招标人和投标人的资源浪费，招标人可以对潜在投标人组织资格预审。

资格预审是招标人通过发布资格预审公告，向不特定的潜在投标人发出投标邀请，由招标人或者由其依法组建的资格审查委员会按照资格预审文件确定的审查方法、资格条件以及审查标准，对资格预审申请人的经营资格、专业资质、财务状况、类似项目业绩、履约信誉等条件进行评审，以确定通过资格预审的申请人。未通过资格预审的申请人，不具有投标的资格。资格预审的方法包括合格制和有限数量制。一般情况下应采用合格制，潜在投标人过多的，可采用有限数量制。

2. 资格后审

资格后审是在开标后由评标委员会对投标人进行的资格审查。采用资格后审时，招标人应当在开标后由评标委员会按照招标文件规定的标准和方法对投标人的资格进行审查。资格后审是评标工作的一个重要内容。对资格后审不合格的投标人，评标委员会应否决其投标。

3. 资格预审和资格后审的区别（表 2-1）

资格预审和资格后审的区别　　表 2-1

资格审查 / 对比项目	资格预审	资格后审
审查时间	在发售招标文件之前	在开标之后的评标阶段
评审人	招标人或资格审查委员会	评标委员会
评审对象	申请人的资格预审申请文件	投标人的投标文件
审查方法	合格制或有限数量制	合格制
优点	避免不合格的申请人进入投标阶段，节约社会成本；提高投标人投标的针对性、积极性；减少评标阶段的工作量，缩短评标时间，提高评标的科学性、可比性	减少资格预审环节，缩短招标时间；投标人数相对较多，竞争性更强；提高串标、围标难度
缺点	延长招标投标的过程，增加招标人组织资格预审和申请人参加资格预审的费用；通过资格预审的申请人相对较少，容易串标	投标方案差异大，会增加评标工作难度；在投标人过多时，会增加评标费用和评标工作量；增加社会综合成本
适用范围	比较适合于技术难度较大或投标文件编制费用较高，或潜在投标人数量较多的招标项目	比较适合于潜在投标人数量不多，具有通用性、标准化的招标项目

2.8.2.3 资格预审的程序

资格预审一般按以下程序进行：

1. 编制资格预审文件

依法必须进行招标的项目进行资格预审时，招标人应使用国务院发展改革部门会同有关行政监督部门制定的标准文本，根据招标项目的特点和需要编制资格预审文件。

2. 发布资格预审公告

公开招标的项目，应当发布资格预审公告。对于依法必须进行招标项目的资格预审公告，应当在国家依法指定媒介发布。

3. 发售资格预审文件

招标人应当按照资格预审公告规定的时间、地点发售资格预审文件。资格预审文件的发售期不得少于5日。发售资格预审文件收取的费用，应当限于补偿印刷、邮寄的成本支出，不得以营利为目的。

4. 资格预审文件的澄清、修改

招标人可以对已发出的资格预审文件进行必要的澄清或者修改。澄清或者修改的内容可能影响资格预审申请文件编制的，招标人应当在提交资格预审申请文件截止时间至少3日前，以书面形式通知所有获取资格预审文件的潜在投标人；不足3日的，招标人应当顺延提交资格预审申请文件的截止时间。

申请人对资格预审文件有异议的，应当在提交资格预审申请文件截止时间2日前向招标人提出。招标人应当自收到异议之日起3日内作出答复；作出答复前，应当暂停实施招标投标活动。

5. 编制并提交资格预审申请文件

申请人应严格按照资格预审文件要求的格式和内容，编制、签署、装订、密封、标识资格预审申请文件，按照规定的时间、地点、方式提交。依法必须进行招标的项目，提交资格预审申请文件的截止时间，自资格预审文件停止发售之日起不得少于5日。

6. 组建资格审查委员会

国有资金占控股或者主导地位的依法必须进行招标的项目，招标人应当组建资格审查委员会审查资格预审申请文件。资格审查委员会及其成员应当遵守《招标投标法》及其实施条例有关评标委员会及其成员的规定。即资格审查委员会由招标人熟悉相关业务的代表和不少于成员总数三分之二的技术、经济等专家组成，成员人数为5人以上单数。其他项目由招标人自行组织资格审查。

7. 评审资格预审申请文件，编写资格审查报告

招标人或资格审查委员会应当按照资格预审文件载明的标准和方法，对资格预审申请文件进行审查，确定通过资格预审的申请人，并提交书面资格审查报告。资格审查报告一般包括以下内容：基本情况和数据表；资格审查委员会名单；澄清、说明、补正事项纪要等；审查程序和时间、未通过资格审查的情况说明、通过评审的申请人名单；评分比较一览表和排序；其他需要说明的问题。

8. 确认通过资格预审的申请人

招标人根据资格审查报告确认通过资格预审的申请人，并向其发出投标邀请书（代资格预审通过通知书）。招标人应要求通过资格预审的申请人收到投标邀请书后，以书面方式确认是否参与投标。同时，招标人还应向未通过资格预审的申请人发出资格预审结果的书面通知。需要说明的是，根据《招标投标法》的相关规定，通过资格预审的申请人名单应当保密，不应公示通过资格预审的申请人名单。

2.8.2.4 资格后审的程序

采用资格后审办法的，资格后审是评标工作的一项重要内容。因此，对投标人资格要求的审查内容、标准和方法、程序等内容均在招标文件中规定，并由评标委员会在初步评审阶段进行评审。

2.8.2.5 资格预审公告或招标公告

公开招标项目应当发布资格预审公告或者招标公告。依法必须进行招标的项目的资格预审公告或招标公告，应当在国务院发展改革部门依法指定的媒介发布。采用资格预审的招标项目，招标人应发布资格预审公告邀请不特定的潜在投标人参加资格审查；采用资格后审的公开招标项目，招标人应发布招标公告邀请不特定的潜在投标人投标。政府采购对供应商进行资格预审的，采购人应当在省级以上人民政府财政部门指定的媒体上发布资格预审公告。

1. 资格预审公告或招标公告的内容和格式

（1）工程资格预审公告

工程招标资格预审公告适用于采用资格预审办法的招标项目，主要包括以下内容：

1）招标条件。包括：

① 工程建设项目名称、项目审批、核准或备案机关名称及其文件编号；

② 项目业主名称，即项目审批、核准或备案文件中载明的项目投资或项目业主；

③ 项目资金来源和出资比例，如国债资金 20%、银行贷款 30%、自筹资金 50% 等；

④ 招标人名称，即负责项目招标的招标人名称，可以是项目业主或其授权组织实施项目并独立承担民事责任的项目建设管理单位；

⑤ 阐明该项目已具备招标条件，招标方式为公开招标。

2）工程建设项目概况与招标范围。对工程建设项目建设地点、规模、计划工期、招标范围、标段划分等进行概括性地描述，使潜在投标人能够初步判断是否有意愿以及自己是否有能力承担项目的实施。

3）申请人资格要求。申请人应具备的工程施工资质等级、类似业绩、安全生产许可证、质量认证体系证书，以及对财务、人员、设备、信誉等方面的要求。是否接受联合体申请和投标以及相应的要求，申请人申请资格预审的标段数量或指定的具体标段。

4）资格预审文件发售的时间、方式、地点、价格。

① 发售时间。招标人可根据招标项目规模情况具体规定资格预审文件发售时间，但发售时间不得少于 5 日。

② 方式、地点。一般要求到指定地点购买；采用电子化招标投标的，可以直接从网上下载；为方便异地申请人参与资格预审，一般也可以通过邮购方式获取文件，此时招标人应在公告内明确告知在收到申请人邮购款（含手续费）后的规定日期内寄送。应注意，前述规定的日期是指招标人寄送文件的日期，而不是寄达的日期，招标人不承担邮件延误或遗失的责任。

③ 资格预审文件售价。资格预审文件的售价应当合理，收取的费用应当限于补偿印刷、邮寄的成本支出，不得以营利为目的。除招标人终止招标外，资格预审文件售出后，不予退还。

5）资格预审方法。采用合格制还是有限数量制。

6）资格预审申请文件提交的截止时间、地点。

① 截止时间。根据招标项目具体特点和需要，合理确定资格预审申请文件提交的截止时间。对于依法必须进行招标的项目，提交资格预审申请文件的截止时间自资格预审文件停止发售之日起不得少于 5 日。

② 送达地点。送达地点一定要详细告知，可附交通地图。

③ 逾期送达处理。对于逾期送达的或者未送达指定地点的或者不按照资格预审文件要求密封的资格预审申请文件，招标人不予受理。

7）公告发布媒体。招标人发布资格预审公告的媒体名称。如果招标人同时在多个媒体发布公告，应列明所有媒体的名称，各媒体公告的内容应当一致。

8）联系方式。包括招标人和招标代理机构的联系人、地址、邮编、电话、传真、电子邮箱、开户银行和账号等。

（2）工程招标公告

招标人采用公开招标方式的，应当发布招标公告。招标公告内容与资格预审公告的内容基本相同，但需要注意两点：一是招标公告中无须说明资格预审的方法；而资格预审公告中一般应说明资格预审方法是采用合格制还是有限数量制；二是招标公告中可要求投标人提交图纸押金，在投标人退还图纸时退还该押金，而资格预审公告中无须说明图纸押金。

（3）投标邀请书

投标邀请书适用于采用资格预审的公开招标项目和邀请招标项目。

公开招标项目采用资格预审办法的，招标文件中应用投标邀请书代替招标公告。投标邀请书应包括通过资格预审的申请人确认收到投标邀请书的时间和联系方式等内容。由于已经完成资格预审，所以投标邀请书内容不包括招标条件、招标范围和投标人资格要求等资格预审公告和资格预审文件中已经明确的内容。

邀请招标项目招标文件中应包括投标邀请书。邀请招标项目，招标人应向符合资格条件的潜在投标人发出投标邀请书。邀请招标的邀请对象为特定的潜在投标人，因此，投标邀请书无须说明发布公告的媒介。为了保证招标能够顺利进行，要求被邀请人在收到投标邀请书后的规定时间内，以传真或快递方式予以确认是否参加投标。

（4）货物或服务招标公告

货物或服务招标资格预审公告或招标公告内容和格式与工程招标基本一致，主要区别是招标范围、内容、规模数量、技术规格、交货或服务方式、地点要求的描述以及申请人或投标人的资格条件。

（5）政府采购项目招标公告

政府采购项目招标公告应当包括以下内容：

① 采购人、采购代理机构的名称、地址和联系方式；

② 招标项目的名称、采购内容、用途、数量、简要技术要求或者招标项目的性质；

③ 供应商资格要求；

④ 获取招标文件的时间、地点、方式及招标文件售价；

⑤ 投标截止时间、开标时间及地点；

⑥ 联系人姓名和电话。

（6）政府采购项目资格预审公告

政府采购项目资格预审公告应包括以下内容：

① 采购人、采购代理机构的名称、地址和联系方式；

② 项目名称、采购内容、数量、用途、简要技术要求或者招标项目的性质；

③ 供应商资格要求；

④ 提交资格申请及证明材料的截止时间、地点及资格审查日期；

⑤ 联系人姓名和电话。

2. 资格预审公告（招标公告）发布媒体

根据《招标公告发布暂行办法》（国家发展计划委员会令第 4 号）规定，《中国日报》《中国经济导报》《中国建设报》“中国采购与招标网”（http: //www.chinabidding.com.cn）为依法必须招标项目的招标公告指定发布媒体。其中国际招标项目的招标公告应在《中国日报》发布。

根据《机电产品国际招标投标实施办法（试行）》规定，机电产品国际招标项目除在上述指定媒体发布公告外，还应同时在“中国国际招标网”网站（http: //www.chinabidding.mofcom.gov.cn）刊登招标公告。

财政部负责确定政府采购信息公告的基本范围和内容，指定全国政府采购信息发布媒体。财政部已经分别指定《中国财经报》“中国政府采购网”（http: //www.ccgp.gov.cn）以及《中国政府采购》期刊为全国政府采购信息发布媒体。政府采购项目信息应当在省级以上人民政府财政部门指定的媒体上发布。采购项目预算金额达到国务院财政部门规定标准的，政府采购项目信息应当在国务院财政部门指定的媒体上发布。

2. 8. 3　编制、发售招标文件

招标人应结合招标项目需求的技术经济特点和招标方案确定要素、市场竞争状况，根据有关法律法规、标准文本编制招标文件。依法必须进行招标项目的招标文件，应当使用国家发展改革部门会同有关行政监督部门制定的标准文本。招标文件应按照投标邀请书或招标公告规定的时间、地点发售。

2. 8. 4　组织现场踏勘

招标人可以根据招标项目的特点和招标文件的规定，集体组织潜在投标人实地踏勘了解项目现场的地形地质、项目周边交通环境等并介绍有关情况。潜在投标人应自行负责据此踏勘作出的分析判断和投标决策。

工程设计、监理、施工和工程总承包以及特许经营等项目招标一般需要组织现场踏勘。

2.8.5 投标预备会

投标预备会是招标人为了澄清、解答潜在投标人在阅读招标文件或现场踏勘后提出的疑问，按照招标文件规定时间组织的投标答疑会。所有的澄清、解答均应当以书面方式发给所有获取招标文件的潜在投标人，并属于招标文件的组成部分。招标人同时可以利用投标预备会对招标文件中有关重点、难点等内容主动作出说明。

2.8.6 编制、提交投标文件

潜在投标人在阅读招标文件中产生疑问和异议的，可以按照招标文件规定的时间以书面形式提出澄清要求，招标人应当及时进行书面答复澄清。潜在投标人或其他利害人如果对招标文件的内容有异议，应当在投标截止时间 10 天前向招标人提出。

潜在投标人应依据招标文件要求的格式和内容，编制、签署、装订、密封、标识投标文件，按照规定的时间、地点、方式提交投标文件，并根据招标文件的要求提交投标保证金。

投标截止时间之前，投标人可以撤回、补充或者修改已提交的投标文件。投标人撤回已提交的投标文件，应当以书面形式通知招标人。

2.8.7 组建评标委员会

招标人一般应当在开标前依法组建评标委员会。依法必须进行招标的项目评标委员会由招标人代表和不少于成员总数三分之二的技术、经济专家，且成员由 5 人以上单数组成。依法必须进行招标项目的评标专家从依法组建的评标专家库内相关专业的专家名单中以随机抽取方式确定；技术复杂、专业性强或者国家有特殊要求，采取随机抽取方式确定的专家难以胜任评标工作的招标项目，可以由招标人直接确定。

机电产品国际招标项目确定评标专家的时间应不早于开标前 3 个工作日，政府采购项目评标专家的抽取时间原则上应当在开标前半天或前一天进行，特殊情况不得超过 2 天。

2.8.8 开标与评标

招标人或其招标代理机构应按招标文件规定的时间、地点组织开标，邀请所有投标人代表参加，并通知监督部门，如实记录开标情况。除招标文件特殊规定或相关法律法规另有规定外，投标人不参加开标会议不影响其投标文件的有效性。

投标人少于 3 个的，招标人不得开标。依法必须进行招标的项目，招标人应分析失败原因并采取相应措施，按照有关法律法规要求重新招标。重新招标后投标人仍不足 3 个的，按国家有关规定需要履行审批、核准手续的依法必须进行招标的项目，报项目审批、核准部门审批、核准后可以不再进行招标。

评标由招标人依法组建的评标委员会负责。评标委员会应当在充分熟悉、掌握招标项目的需求特点，认真阅读研究招标文件及其相关技术资料，依据招标文件规定的评标方法、评标因素和标准、合同条款、技术规范等，对投标文件进行技术经济分析、比较和评审，向招标人提交书面评标报告并推荐中标候选人。

2.8.8.1 开标准备

1. 接收投标文件

投标人提交投标文件的方式可以是直接送达，即投标人派授权代表直接将投标文件按规定的时间和地点送达。投标人应谨慎使用邮寄方式送达投标文件。投标人采用邮寄方式提交投标文件的，投标文件的送达时间应以招标人实际收到时间为准，而不是以“邮戳为准”。

当投标人采用直接送达方式提交投标文件时，招标人应安排专人在招标文件指定地点接收投标文件（包括投标保证金），并详细记录投标文件送达人、送达时间、份数、包装密封、标识等查验情况，经投标人确认后，向其出具接收投标文件和投标保证金的凭证。

在投标截止时间前，投标人书面通知招标人撤回其投标的，招标人应核实撤回投标书面通知的真实性。招标人应在接受撤回投标书面通知书及投标人授权代表身份证明并经核实后，将投标文件退回该投标人。

2. 拒绝接收投标文件

根据《招标投标法实施条例》相关规定，招标人应当拒收投标文件的三种情形：一是采用资格预审的项目，未通过资格预审的申请人提交的投标文件；二是逾期送达的投标文件；三是不按照招标文件要求密封的投标文件。

投标文件未按招标文件要求密封的，在投标截止时间前，招标人应当允许投标人自行更正补救；招标人也可以接受密封细微偏差的投标文件，并如实记录偏差情况，待开标时确认密封情况没有变化即可。

3. 确认已提交投标文件的投标人数量

投标截止后，招标人应当确认成功提交投标文件的投标人数量。投标人少于 3 个的，不得开标，招标人应将接收的投标文件原封退回投标人。依法必须进行招标的项目，招标人在分析招标失败的原因并采取相应措施后，应当依法重新组织招标。重新招标的投标截止后投标人仍不足 3 个的，按国家有关规定需要履行审批、核准手续的依法必须进行招标的项目，报项目审批、核准部门审批、核准后可以不再进行招标；其他工程建设项目，招标人可自行决定是否招标。

机电产品国际招标项目因投标人少于 3 个不予开标或开标后由评标委员会认定投标人少于 3 个而终止评标的，应当重新招标。重新招标后投标人仍不足 3 个的，可以进行两家或一家开标评标；按国家有关规定需要履行审批、核准手续的依法必须进行招标的项目，报项目审批、核准部门审批、核准后可以不再进行招标。

对于国外贷款、援助资金项目，资金提供方规定当投标截止时间到达时，投标人少于 3 个可直接进入开标程序的，可以适用其规定。

政府采购货物和服务招标项目投标人不足3个的，招标人可以重新招标或经设区的市、自治州以上人民政府财政部门同意后改为采用竞争性谈判、询价或者单一来源等其他方式采购，但是原招标文件有不合理条款，其招标公告时间及程序不符合规定的，必须重新招标。

4. 开标现场

招标人应保证接收的投标文件不丢失、不损坏、不泄密，并组织工作人员将投标截止时间前接收的投标文件、投标文件的撤回通知书等运送至开标地点。

招标人应充分准备开标必需的现场条件，提前布置好开标会议室、准备好开标需要的设备等。

5. 开标资料

招标人应准备好开标资料，如开标记录表、标底文件（如有）、投标文件接收登记表、签收凭证等。招标人还应准备相关法律法规、招标文件及其文件保管箱等以备用。

6. 工作人员

招标人和参与开标会议的有关工作人员应按时到达开标现场，包括主持人、开标人、唱标人、记录人、监标人等。

2.8.8.2 开标的程序

开标由招标人主持，也可以由招标人委托的招标代理机构主持。开标应按照招标文件规定的程序进行，一般开标程序如下：

1. 宣布开标纪律

主持人宣布开标纪律，对参与开标会议的人员提出要求，如开标过程中不得喧哗、通信工具调整到静音状态、按规定的方式提问等。任何单位和个人不得干扰正常的开标程序。

2. 宣布有关人员姓名

主持人介绍招标人代表、监督人代表或公证人员等，依次宣布开标人、唱标人、记录人、监标人等有关人员。

3. 确认投标人代表身份

招标人可以按照招标文件的规定，当场核验参加开标会议的投标人授权代表的授权委托书和有效身份证件，确认授权代表是否有权参加开标会，并留存授权委托书和身份证件的复印件。

4. 公布在投标截止时间前接收投标文件的情况

招标人当场公布投标截止时间前提交投标文件的投标人名称、标段以及递交时间等，以及投标人撤回投标等情况。

5. 检查投标文件的密封情况

依据招标文件规定的方式，组织投标人代表或招标人委托的公证人员对投标人自己和其他投标人的投标文件进行密封检查，其目的在于检查开标现场的投标文件密封状况是否与投标文件接收时的密封状况一致。如果投标文件密封状况与接收时的密封状况不一致，或者存在拆封痕迹的，招标人应当终止开标。

6. 宣布投标文件开标顺序

主持人宣布开标顺序。招标人一般应在招标文件中事先规定开标顺序，如规定按照“先到后开、后到先开的顺序”进行开标，或规定按照“投标人递交投标文件的顺序”进行开标。

7. 公布标底

招标人可以自行决定是否编制标底，招标项目可以不设标底，进行无标底招标。《招标投标法实施条例》规定，招标项目设有标底的，招标人应当在开标时公布标底。国家发展和改革委员会等九部委颁发的《中华人民共和国标准施工招标文件》(以下简称《标准施工招标文件》)规定，标底在唱标之前公布。

8. 唱标

唱标人应根据法律规定和招标文件约定的内容和要求进行唱标，宣读投标人名称、投标价格和投标文件的其他主要内容。投标截止时间前收到的所有投标文件，开标时都应当众予以拆封、宣读。

机电产品国际招标项目，投标人的开标一览表、投标声明（价格变更或其他声明）都应当在开标时一并唱出，否则在评标时不予认可。政府采购货物和服务项目开标时，投标文件中开标一览表（报价表）内容与投标文件中明细表内容不一致的，以开标一览表（报价表）为准。开标时未宣读的投标价格、价格折扣以及是否提供招标文件允许的备选投标方案等实质内容，评标时不予承认。在投标截止时间前撤回投标的，应宣读其撤回投标的书面通知。

9. 确认开标记录

开标会议应当认真做好书面记录。开标工作人员应认真核验并如实记录投标文件的密封检查、投标报价、投标保证金等开标情况，以及开标时间、地点、程序，出席开标会议的单位和代表，开标会议程序、公证机构和公证结果（如有）等信息。投标人代表、招标人代表、监标人、记录人等应在开标记录上签字确认，开标记录应作为评标报告的组成部分存档备查。

需要注意的是，投标人代表在开标记录上签字确认不是强制性要求。投标人是否在开标记录上签字不对其投标文件的有效性产生影响。

投标人对开标有异议的，应当场提出，招标人应当场核实并予以答复，如发生工作人员唱标或其他工作失误，应当场纠正。招标人以及监管机构代表等不应在开标现场对投标文件是否有效作出判断，应提交评标委员会评定。

10. 开标结束

开标程序完成后，主持人宣布开标会结束。

机电产品国际招标项目，招标人或招标机构应在开标后3个工作日内将开标记录上传“中国国际招标网”存档；属外资项目的，还应根据贷款机构要求在开标后将开标记录报送贷款机构。

2.8.8.3 评标准备

评标由招标人依法组建的评标委员会负责，评标委员会应当按照招标文件规定的评标标准和方法对投标文件进行评审。

1. 组建评标委员会

招标人应根据招标项目的特点组建评标委员会。依法必须进行招标的项目，应当按照相关法律规定组建评标委员会。

2. 评审注意事项

评标委员会在评标过程中，需要注意以下事项：

（1）评标委员会的职责是按照招标文件中规定的评标标准和方法，对投标文件进行系统地评审和比较。评标委员会不得制订、完善和修改招标文件中已经公布的评标标准和方法。

（2）评标委员会对招标文件规定的评标标准和方法产生疑义时，应当询问编制招标文件的招标人或招标代理机构，要求其依法公正解释。

（3）评标委员会应对评标结果负责。招标人接收评标报告时，应核查评标委员会是否按照招标文件规定的评标标准和方法进行评标，是否有计算错误、签字是否齐全等内容。如果发现问题，评标委员会应及时更正。

（4）评标委员会成员应该对评标过程严格保密，除依法公示评标结果外，不得私自泄露任何与评标相关的信息。评标结束后，评标委员会应将评标使用的各种文件资料、记录表、草稿纸交回招标人或招标代理机构。

3. 确定评标时间

招标人应根据招标项目的规模、技术复杂程度、投标文件数量、评标标准和方法及评标需要完成的工作量，合理确定评标时间。在评标过程中，如果超过三分之一的评标委员会成员认为评标时间不够的，招标人应当适当延长评标时间。

评标一般应在开标后立即进行。机电产品国际招标项目的评标应在开标当日开始进行，特殊情况当天不能评标的，应将投标文件封存，最迟在开标后 48h 内开始评标。

4. 准备评标需要的资料和设施

招标人或招标代理机构应为评标委员会准备评标需要的相关资料：

（1）资格预审文件及其澄清与修改、资格审查报告，招标文件及其澄清与修改、标底文件、开标记录等。

（2）全部资格预审申请文件和投标文件。

（3）电脑、打印机、投影仪、计算器等设备。

（4）采用电子评标的，应提前将电子评标系统安装调试好。

（5）根据招标文件确定的评标标准和方法，编制评标使用的相应对比和评分表格等资料。

5. 其他评标准备工作

（1）评标委员会成员的手机、上网终端等电子通信设备在评标期间应当统一保管。

（2）为投标人澄清投标文件做好相关准备。如果需由评标委员会与投标人实时交流的，应采用技术手段避免泄露评标委员会成员的信息。

（3）评标现场除了评标委员会成员和承担清标整理等必要的工作人员外，无关人员不得进入。招标投标行政监督人员和招标人委托的公证人员可以依照相关规定和合适方式对评标活动依法进行监督或公证。

（4）根据相关规定，对评标过程进行现场录音录像，以备监督部门核查。

（5）做好评标过程的保密工作。评标委员会向招标人提交书面评标报告后，应将评标过程中使用的文件、表格以及其他资料即时归还招标人。

2.8.8.4 评标原则与纪律

1. 评标原则和工作要求

（1）评标原则。评标活动应当遵循公平、公正、科学、择优的原则。

（2）评标工作要求。评标委员会成员应当按上述原则履行职责，对所提出的评审意见承担个人责任。评标工作应符合以下基本要求：

① 认真阅读招标文件，正确把握招标项目的特点和需求。

② 严格按照招标文件规定的评标标准和方法评审投标文件。

2. 评标依据

评标委员会依据法律法规、招标文件及其规定的评标标准和方法，对投标文件进行系统地评审和比较，招标文件没有规定的评标标准和方法，评标时不得采用。

3. 评标纪律

（1）评标活动由评标委员会依法进行，任何单位和个人不得非法干预。无关人员不得参加评标会议。

（2）评标委员会成员不得与任何投标人或者与招标项目有利害关系的人私下接触，不得收受投标人、中介机构以及其他利害关系人的财物或其他好处。

（3）招标人或其委托的招标代理机构应当采取有效措施，确保评标工作不受外界干扰，保证评标活动严格保密，有关评标活动参与人员应当严格遵守保密规则，不得泄露与评标有关的任何情况。其保密内容涉及：评标地点和场所；评标委员会成员名单；投标文件评审比较情况；中标候选人的推荐情况；与评标有关的其他情况等。

2.8.8.5 初步评审

（1）工程施工招标项目的初步评审。

工程施工招标项目初步评审分为形式评审、资格评审和响应性评审。采用经评审的最低投标价法时，初步评审的内容还包括对施工组织设计和项目管理机构的评审。形式评审、资格评审和响应性评审分别是对投标文件的外在形式、投标资格、投标文件是否响应招标文件实质性要求进行评审，审查内容见表 2-2。

工程施工招标项目初步评审内容一览表 **表 2-2**

评审方式	评审因素	评审标准
形式评审	投标人名称	与营业执照、资质证书、安全生产许可证一致
	投标函签字盖章	投标函应有单位盖章或法定代表人或法定代表人授权的代理人签字或盖章
	投标文件格式	投标文件应按投标人规定的格式填写
	投标文件内容	内容应齐全，关键字迹应清晰、易于辨认

续表

评审方式	评审因素	评审标准
形式评审	报价唯一	不得提交两份或多份内容不同的投标文件，对同一招标项目只能有一个报价，且不高于最高投标限价（如有）
	……	……
资格评审	营业执照	具备有效的营业执照
	安全生产许可证	具备有效的安全生产许可证
	资质等级	符合“投标人须知”规定
	项目经理	符合“投标人须知”规定
	财务要求	符合“投标人须知”规定
	业绩要求	符合“投标人须知”规定
	其他要求	符合“投标人须知”规定
	投标人名称或组织结构	应与资格预审时一致
	联合体投标	提交联合体投标协议书
	关联关系	与招标人存在利害关系可能影响招标公正性的法人、其他组织或者个人，不得参加投标；单位负责人为同一人或者存在控股、管理关系的不同单位，不得参加同一标段或者项目投标
	……	……
响应性评审	投标报价	符合“投标人须知”规定
	投标内容	符合“投标人须知”规定
	工期	符合“投标人须知”规定
	工程质量	符合“投标人须知”规定
	投标有效期	符合“投标人须知”规定
	投标保证金	保证金形式、数额、有效期等应符合要求
	权利义务	符合“合同条款及格式”规定
	已标价工程量清单	符合“招标工程量清单”给出的范围及数量
	技术标准和要求	符合“技术标准和要求”规定
	……	……
施工组织设计评审	质量管理体系与措施	符合“技术标准和要求”规定
	安全管理体系与措施	符合“技术标准和要求”规定
	环境保护管理体系与措施	符合“技术标准和要求”规定
	工程进度计划与措施	符合“技术标准和要求”规定
	资源配备计划	符合“技术标准和要求”规定
项目管理机构评审	机构人员组成	符合“项目管理机构”规定
	人员资格	符合“项目管理机构”规定
	人员经验和业绩	符合“项目管理机构”规定

工程施工招标项目初步评审过程中，任何一项评审不合格的应作否决投标处理。

（2）工程货物招标项目的初步评审。

（3）机电产品国际招标项目的初步评审。

（4）工程勘察项目的初步评审。

（5）工程设计项目的初步评审。

（6）政府采购货物和服务招标项目的初步评审。

2.8.8.6 详细评审

详细评审是评标委员会按照招标文件规定的评标方法、因素和标准，对通过初步评审的投标文件做进一步的评审。

采用经评审的最低投标价法，评标委员会应当根据招标文件中规定的评标价格计算因素和方法，对投标文件的价格要素做必要的调整，计算所有投标人的评标价，以便使所有投标文件的价格要素按统一的口径进行比较。招标文件中没有明确规定的因素不得计入评标价。

采用综合评估法，评标委员会可使用打分的方法或者其他方法，衡量投标文件对招标文件中规定的价格、商务、技术等各项评价因素的响应程度。

1. 工程施工招标项目详细评审

（1）经评审的最低投标价法

初步评审合格的投标文件，首先对其投标报价进行算术性错误修正，并按招标文件约定的方法、因素和标准调整计算评标价。评标价计算通常包括工程招标文件引起的投标报价内容范围差异和遗漏的费用、投标方案中租用临时用地的数量（如果由发包人提供临时用地）、提前竣工的效益等直接反映价格的因素，一般采用折现办法计算评标价格。使用外币项目，应根据招标文件约定，将不同外币报价金额转换为约定的货币金额。评审时，投标文件中的大写金额和小写金额不一致的，以大写金额为准；总价金额与单价金额不一致的，以单价金额为准，但单价金额小数点有明显错误的除外。实践中，工程施工投标总价大多数以投标报价函的大写金额为准，其报价表中的算术性错误不予调整投标总价，招标文件对投标报价表中的算术错误可约定以下方法处理：① 投标报价表中的正确报价低于投标总价，如投标人中标，可约定签约合同价按正确报价为准；② 投标报价表中的正确报价高于投标总价且偏离较大，证明投标总价可能低于成本价，经核实，可否决其投标；如偏离较小，可调整相关项目单价并使其报价汇总表金额与投标总价完全一致。

（2）综合评估法

综合评估法详细评审的内容通常包括投标报价、施工组织设计、项目管理机构及其他因素等。其他评标因素包括投标人的财务能力、业绩与信誉等。

2. 工程货物招标项目详细评审

（1）经评审的最低投标价法。详细评审时应当根据招标文件中已规定的方法、因素标准，对初步评审合格投标文件的投标报价进行调整计算评标价。

（2）综合评估法。综合评估法的详细评审因素主要有：价格、技术和商务。商务因素还可细化为财务状况、信誉、业绩、服务、对招标文件的响应程度等。上述因素及相应的分值和权重应当在招标文件中规定。

3. 机电产品国际招标项目详细评审

机电产品国际招标项目采用不同评标方法评标时，详细评审的内容也不同。主要采用的评价方法包括最低评标价法和综合评价法。

4. 工程勘察项目的详细评审

工程勘察项目的详细评审因素包括技术因素、商务因素和经济因素三个方面。

5. 工程设计项目的详细评审

工程设计项目的详细评审因素包括技术因素、商务因素和经济因素三个方面，技术因素或商务因素作为设计招标的评审重点，所占分值权重较高；经济因素不是设计招标的评审重点，所占分值相对较低。

6. 特许经营项目融资招标的详细评审

特许经营项目融资招标，详细评审的重点是评估投标人的投标报价、技术和管理方案、融资方案、项目协议响应方案四个部分。

7. 政府采购货物和服务招标项目的详细评审

政府采购货物和服务招标项目采用不同评标方法评标时，详细评审的内容也不同。

2.8.9 定标与签订合同

2.8.9.1 定标

1. 确定中标人的程序

(1) 基本要求

① 确定中标人一般在评标结果公示期满，没有投标人或其他利害关系人提出异议和投诉，或异议和投诉已经妥善处理、双方再无争议时进行。

② 确定中标人前，招标人不得与投标人就投标价格、投标方案等实质性内容进行谈判。

③ 招标人可以授权评标委员会直接确定中标人。

(2) 履约能力审查

在发出中标通知书前，如果中标候选人的经营、财务状况发生较大变化或者存在违法行为，招标人认为可能影响其履约能力的，应当请原评标委员会按照招标文件规定的标准和方法审查确认。

(3) 确定中标人

招标人应在评标委员会推荐的中标候选人中确定中标人。中标人的投标应当符合下列条件之一：能够最大限度地满足招标文件中规定的各项综合评价标准；能够满足招标文件的实质性要求，并且经评审的投标价格最低，但投标价格低于成本的除外。

国有资金占控股或者主导地位的依法必须进行招标的项目，招标人应当确定排名第一的中标候选人为中标人。排名第一的中标候选人放弃中标、因不可抗力不能履行合同、不按照招标文件要求提交履约保证金，或者被查实存在影响中标结果的违法行为等情形，不符合中标条件的，招标人可以按照评标委员会提出的中标候选人名单排序依次确定其他中标候选人为中标人，也可以重新招标。

政府采购货物和服务招标项目，采购代理机构应当自评审结束之日起 2 个工作日内将评审报告送交采购人。采购人应当自收到评审报告之日起 5 个工作日内在评审报告推荐的中标候选人中按顺序确定中标供应商。

（4）中标结果公告

政府采购货物和服务招标项目，采购人或其委托的采购代理机构应当自中标供应商确定之日起 2 个工作日内，在省级以上人民政府财政部门指定的媒体上发布中标结果公告，同时向中标供应商发出中标通知书。

机电产品国际招标项目，中标候选人公示期内没有投标人提出异议的，“中国国际招标网”自动发布中标结果公告。

（5）向行政监督部门报告招标投标情况

依法必须进行招标的项目，招标人应当自确定中标人之日起 15 日内，向有关行政监督部门提交招标投标情况的书面报告。

依法必须进行招标的机电产品国际招标项目，招标人应当在中标结果公告后 20 日内向中标人发出中标通知书，并在中标结果公告后 15 日内将评标情况的报告提交至相应的主管部门。

2. 中标通知书

中标通知书是指招标人在确定中标人后向其发出的书面文件。中标通知书的内容应当简明扼要，但至少应当包括告知投标人已中标、签订合同的时间和地点等内容。中标通知书发出后，对招标人和中标人具有法律约束力，如果招标人改变中标结果的，或者中标人放弃中标项目的，应当依法承担法律责任。

① 中标人确定后，招标人应当向中标人发出中标通知书，并同时将中标结果通知所有未中标的投标人。

② 中标通知书应在投标有效期内发出。

③ 中标通知书需要载明签订合同的时间和地点。需要对合同细节进行谈判的，中标通知书上需要载明合同谈判的有关安排。

④ 中标通知书可以载明提交履约保证金等中标人需注意或完善的事项。

⑤ 对合同执行有影响的澄清、说明事项，是中标通知书的组成部分。

2.8.9.2 签订合同

招标人和中标人应当在投标有效期内并在自中标通知书发出之日起 30 日内，按照招标文件和中标人的投标文件订立书面合同，明确双方责任、权利和义务。合同的标的、价款、质量、履行期限等主要条款应当与招标文件和中标人的投标文件的内容一致。招标人和中标人不得再行订立背离合同实质性内容的其他协议。签订合同时，双方在不改变招标投标实质性内容的条件下，对非实质性差异的内容可以通过协商取得一致意见。招标文件要求中标人提交履约保证金的，中标人应当提交。公开招标基本程序见图 2-3。

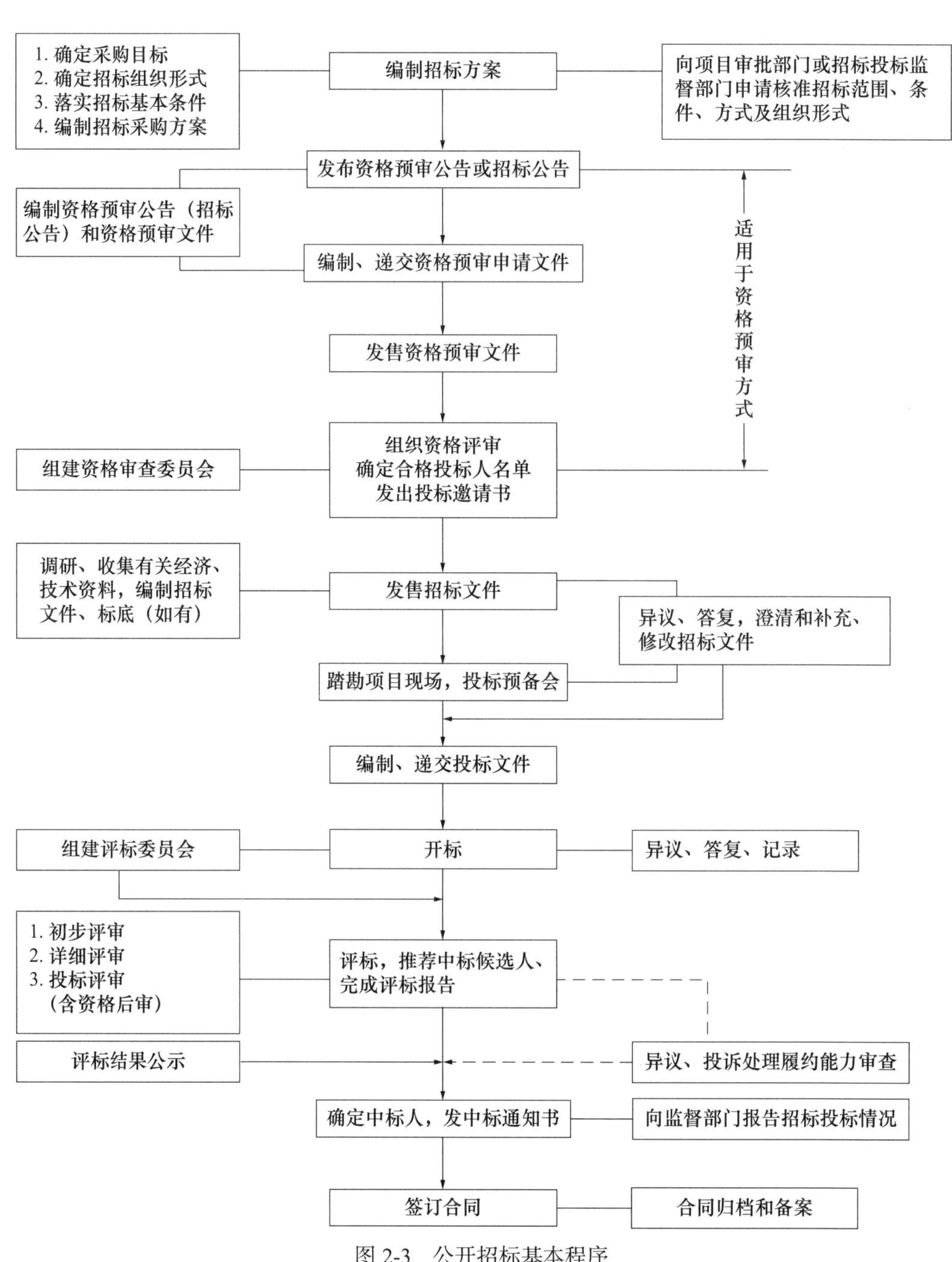

图 2-3　公开招标基本程序

2.9　工程项目登记与备案

《招标投标法》第九条规定，招标项目按照国家有关规定需要履行项目审批手续的，应当先履行审批手续，取得批准。

《招标投标法实施条例》第七条规定，按照国家有关规定需要履行项目审批、核准手续的依法必须进行招标的项目，其招标范围、招标方式、招标组织形式应当报项目审批、核准部门审批、核准。项目审批、核准部门应当及时将审批、核准确定的招标范围、招标方式、招标组织形式通报有关行政监督部门。

依法必须招标的工程建设项目，必须满足招标投标相关法律法规所规定的条件。所招标的工程建设项目必须到当地招标投标监管机构登记备案核准。

导入案例解析

1. 招标条件

本项目属于政府投资，资金已落实，目前该工程已经完成国家发展改革委相关部门立项，取得规划许可证，同时招标图纸、地质勘察报告均已通过相关部门审批，工程预算也已递交相关部门审批中。项目具备施工招标的必要条件，可以进行施工招标。

2. 招标方式

《工程建设项目施工招标投标办法》(2013 年 4 月修订版）第十一条规定，依法必须进行公开招标的项目，有下列情形之一的，可以邀请招标：(1）项目技术复杂或有特殊要求，或者受自然地域环境限制，只有少量潜在投标人可供选择；(2）涉及国家安全、国家秘密或者抢险救灾，适宜招标但不宜公开招标；(3）采用公开招标方式的费用占项目合同金额的比例过大。第十二条规定，依法必须进行施工招标的工程建设项目有下列情形之一的，可以不进行施工招标：(1）涉及国家安全、国家秘密、抢险救灾或者属于利用扶贫资金实行以工代赈需要使用农民工等特殊情况，不适宜进行招标；(2）施工主要技术采用不可替代的专利或者专有技术；(3）已通过招标方式选定的特许经营项目投资人依法能够自行建设；(4）采购人依法能够自行建设；(5）在建工程追加的附属小型工程或者主体加层工程，原中标人仍具备承包能力，并且其他人承担将影响施工或者功能配套要求；(6）国家规定的其他情形。本项目涉及的招标采购项目，均不满足以上可以不招标或进行邀请招标条件，只能采用公开招标方式。

3. 招标组织方式

《工程建设项目自行招标试行办法》(2013 年修订版，2013 年 5 月 1 日起执行）第四条规定，招标人自行办理招标事宜，应当具有编制招标文件和组织评标的能力，具体包括：(1）具有项目法人资格（或者法人资格）；(2）具有与招标项目规模和复杂程度相适应的工程技术、概预算、财物和工程管理等方面专业技术力量；(3）有从事同类工程建设项目招标的经验；(4）拥有 3 名以上取得招标职业资格的专职招标业务人员；(5）熟悉和掌握招标投标法及有关法规规章。本工程招标工作全权委托给一家招标代理公司，同时招标工程量清单及招标控制价委托给某工程咨询公司。

实训任务一　确定招标组织方式，进行招标条件、招标方式界定

备注：适用于由招标代理完成招标工作

（一）任务说明

（1）确定招标组织形式。

（2）判断本工程是否满足招标条件。

（二）操作过程

1. 确定招标组织形式

（1）项目经理带领团队成员讨论，在熟悉招标工程案例背景信息的基础上，根据自己公司的企业性质、人力资源能力、招标工程建设信息等，对照《项目招标条件、招标方式分析表》（表 2-3），确定本次招标的组织形式。

项目招标条件、招标方式分析表　　表 2-3

组别：　　　　日期：

<table>
<tr><th>项目名称</th><th colspan="2">招标组织形式</th><th>招标条件</th><th>招标方式</th></tr>
<tr><td rowspan="8">具体内容</td><td>□ 自行招标</td><td>□ 委托招标</td><td>□ 招标人已经依法成立</td><td rowspan="3">□ 公开招标
□ 资格预审
□ 资格后审</td></tr>
<tr><td colspan="2">□ 具有项目法人资格（或者法人资格）</td><td>□ 项目立项书</td></tr>
<tr><td colspan="2" rowspan="2">□ 具有与招标项目规模和复杂程度相适应的工程技术、概预算、财物和工程管理等方面专业技术</td><td>□ 可行性研究报告</td></tr>
<tr><td>□ 规划申请书</td><td rowspan="5">□ 邀请招标
□ 直接发包 / 议标</td></tr>
<tr><td colspan="2">□ 有从事同类工程建设项目招标的经验</td><td>□ 初步设计及概算应当履行审批手续的，已经批准</td></tr>
<tr><td colspan="2" rowspan="2">□ 拥有 3 名以上取得招标职业资格的专职招标业务人员</td><td>□ 有招标所需的设计图纸</td></tr>
<tr><td>□ 有招标所需的技术资料</td></tr>
<tr><td colspan="2">□ 熟悉和掌握招标投标法及有关法规规章</td><td>□ 有相应资金或资金来源已经落实</td></tr>
</table>

填表人：　　　　会签人：　　　　审批人：

（2）市场经理负责将确定的招标组织形式结论记录到《项目招标条件、招标方式分析表》（表 2-3）。

2. 判断本工程是否满足招标条件

（1）依据单据《项目招标条件、招标方式分析表》（表 2-3）招标条件进行。

（2）项目经理带领团队成员讨论，查看本招标工程的案例背景资料，与《项目招标条件、招标方式分析表》（表 2-3）里的招标条件进行对比，将满足招标条件的选项勾选出来；对不满足招标条件的，与招标人（或建设单位）进行沟通，索取相关证明资料。

（3）如果对招标人（或建设单位）提供的某些招标条件证明资料有疑问，可以随时和招标人（或建设单位）进行沟通解决。

小贴士

1. 填表人：表格由谁填写，即由谁在填表人处签署自己的姓名。

2. 审批人：审批人只能由项目经理签字；如果项目经理认可表格填写内容，即签署自己的姓名；反之，需要填表人重新修改表格内容，直至项目经理认可；如果填表人是项目经理，审批人处空白即可。

3. 会签人：除了填表人和审批人，小组内其他团队成员如果认可表格填写内容，即签署自己的姓名；反之，需要小组讨论表格内容，直至团队成员均认可。

4. 签字确认：市场经理负责将结论记录到《项目招标条件、招标方式分析表》（表 2-3），经团队其他成员和项目经理签字确认后，置于招标投标沙盘盘面招标人区域的对应位置处。

5. 将确认后的结果录入广联达 BIM 招标投标沙盘执行评测系统 V3.0。

在招标策划模块中录入《招标条件、招标方式分析表》如二维码 2-6 所示。

二维码 2-6

打开之前新建的案例工程，在“招标策划”模块中的“招标条件与招标方式”中录入《项目招标条件、招标方式分析表》（表 2-3）中确定的内容。

实训任务二　编制招标计划

（一）任务说明

（1）熟悉招标计划的工作项内容及其时间要求。

（2）每个团队完成一份本工程的招标计划方案。

（二）操作过程

1. 熟悉招标计划的工作项内容及其时间要求

项目经理组织团队成员，仔细研究招标计划工作项的内容：

（1）每一个工作项的备注说明含义。

（2）熟悉每一个工作项的时间要求：开始日期、截止日期、与其他工作项的关联关系等。

2. 每个团队完成一份本工程的招标计划方案

（1）项目经理组织团队成员，共同完成一份招标计划。

（2）招标计划编制操作说明见二维码2-7。

二维码2-7

3. 成果提交

（1）每个团队生成一份招标策划成果文件

① 练习模式：练习模式下，确定所有工作项的开始与结束时间后，先对小组的招标计划进行“计划检查”，检查出有误的工作项后按照提示进行调整，直至无误。

② 比赛模式：确认无误后，点击“提交”按钮，一旦点击“提交”按钮，将无法再对文件内容进行修改。

（2）由项目经理将招标策划成果文件提交给老师。

实训任务三　工程项目的备案与登记

（一）任务说明

（1）完成招标工程项目的在线项目登记。

（2）完成招标工程项目的在线初步发包方案备案。

（3）完成招标工程项目的在线自行招标备案或者委托招标备案。

电子招标投标项目交易管理平台网址：http: //gbp.glodonedu.com/G2。

（二）操作过程

1. 完成招标工程项目的在线项目登记

（1）招标人（或招标代理）在线项目登记

招标人（或招标代理）登录工程交易管理服务平台，用招标人（或招标代理）账号进入电子招标投标项目交易管理平台，完成招标工程的项目登记并提交审批。

（2）行政监管人员在线审批

行政监管人员登录工程交易管理服务平台，用初审监管员账号进入电子招标投标项目交易管理平台，完成招标工程的项目登记审批工作。

小贴士

审核不通过的，要以招标人或招标代理的身份再次登录工程交易管理平台进行修改后提交，接着进行再次审核。

2. 完成招标工程项目的在线初步发包方案备案

（1）招标人（或招标代理）在线初步发包方案备案

招标人（或招标代理）登录工程交易管理服务平台，用招标人（或招标代理）账号进入电子招标投标项目交易管理平台，完成招标工程的初步发包方案并提交审批。

（2）行政监管人员在线审批

行政监管人员登录工程交易管理服务平台，用初审监管员账号进入电子招标投标项目交易管理平台，完成招标工程的初步发包方案审批工作。

3. 完成招标工程项目的在线自行招标备案或者委托招标备案

（1）招标人在线委托（或自行）招标备案

招标人登录工程交易管理服务平台，用招标人账号进入电子招标投标项目交易管理平台，完成招标工程的委托招标备案并提交审批。

软件操作指导：登录工程交易管理服务平台，用招标代理账号进入电子招标投标项目交易管理平台，切换至“自行招标备案”或“委托招标备案”模块（具体根据工程案例属于自行招标还是委托招标），案例专用宿舍楼工程为委托招标，因此点击“登记委托招标”。

（2）行政监管人员在线审批

行政监管人员登录工程交易管理服务平台，用初审监管员账号进入电子招标投标项目交易管理平台，完成招标工程的招标备案审批工作。

通过软件完成一个工程项目的备案与登记，见二维码 2-8。

二维码 2-8

模块三 工 程 招 标

知识目标

1. 了解招标的相关法律规定；
2. 掌握招标文件的主要内容及编制方法；
3. 了解工程量清单及招标控制价的编制方法；
4. 掌握评标方法的主要内容；
5. 掌握招标文件中合同的主要内容；
6. 掌握招标文件的备案与发售流程。

能力目标

1. 能够熟练编制招标文件；
2. 能够正确合理运用评标方法；
3. 能够编制工程量清单与招标控制价；
4. 能够进行合同的拟定；
5. 能进行招标文件的备案与发售。

素养目标

1. 良好的沟通能力，善于发现问题、解决问题；
2. 较强的信息收集和处理能力；
3. 计算和数据分析能力；
4. 较强的数字应用能力；
5. 高效的团队合作能力。

驱动问题

1. 招标文件主要内容有哪些？
2. 评标方法有几种？其适用范围？
3. 招标文件合同由几部分构成？合同文件的优先解释顺序。

4. 工程量清单内容及编制注意事项。
5. 招标控制价的编制依据与编制方法。
6. 投标有效期与投标保证金概念及作用。
7. 招标文件编制注意事项。
8. 招标文件如何备案?

建议学时：12～16学时。

导入案例

某国有资金投资建设项目，采用公开招标方式进行施工招标，业主委托具有相应招标能力和造价咨询资质的中介机构编制了招标文件和招标控制价。

该项目招标文件包括以下规定：

(1) 招标人不组织项目现场勘察活动。

(2) 投标人对招标文件有异议的，应当在投标截止时间10日前提出，否则招标人拒绝回复。

(3) 投标人报价时必须采用当地建设行政管理部门造价管理机构发布的计价定额中分部分项工程人工、材料、机械台班消耗量标准。

(4) 招标人将聘请第三方造价咨询机构在开标后评标前开展清标活动。

(5) 投标人报价低于招标控制价幅度超过30%的，投标人在评标时须向评标委员会说明报价较低的理由，并提供证据；投标人不能说明理由也无法提供证据的，将认定为废标。

问题：请逐一分析项目招标文件包括的 (1)～(5) 项规定是否妥当，并分别说明理由。

分析答案见后面【导入案例解析】。

3.1 招标规定

3.1.1 招标审核

根据《招标投标法实施条例》第七条规定，按照国家有关规定需要履行项目审批、核准手续的依法必须进行招标的项目，其招标范围、招标方式、招标组织形式应当报项目审批、核准部门审批、核准。项目审批、核准部门应当及时将审批、核准确定的招标范围、招标方式、招标组织形式通报有关行政监督部门。

3.1.1.1 审核招标内容的主体

审核招标内容的主体是项目审批、核准部门。根据《国务院关于投资体制改革的决定》(国发〔2004〕20号，以下简称《投改决定》)精神，由不分投资主体、不分资金来源、不分项目性质，一律按投资规模大小分别由各级政府及有关部门进行“审批”，调整为区分政府投资项目和企业投资项目，分别采用“审批”“核准”和“备案”。对政府投资项目继续实行审批制，对重大项目和限制类项目从维护社会公共利益角度实行核准制，其他项目无论规模大小，均改为备案制。按照“谁审批，谁核准”的原则，招标内容审核由项目审批、核准部门负责。这里的项目审批、核准部门是指负责审批项目建议书、可行性研究报告、资金申请报告以及核准项目申请报告的国务院和地方人民政府有关部门。

3.1.1.2 需要审核招标内容的项目

根据《招标投标法实施条例》第七条规定，仅审批和核准的依法必须进行招标的项目才需要审核招标内容。据此，不属于依法必须招标的项目，即使是审批类或核准类的项目，也不需要审核招标内容；不需要审批、核准的项目，即使属于依法必须进行招标的项目，也不需要审核招标内容。需要审批、核准招标内容的项目范围，见图3-1。对于不需要审核招标内容的项目，由招标人根据《招标投标法实施条例》第八条、第九条、第十条规定，依法自行确定是否需要招标以及招标方式和招标组织形式。

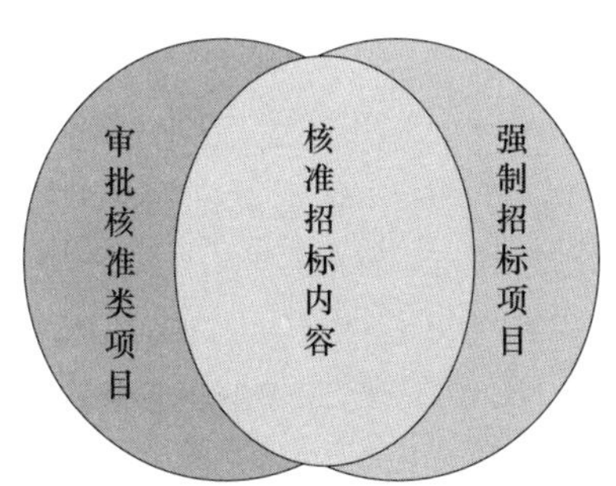

图3-1 需要审核招标内容的项目示意图

3.1.1.3 需审核的招标内容

(1)招标范围。招标范围是指项目的勘察、设计、施工、监理、重要设备、材料等内容，哪些部分进行招标，哪些部分不进行招标。其中，是否可以不进行招标，项目审批、核准部门应根据《招标投标法实施条例》第九条规定判断。

(2)招标方式。招标方式分为公开招标和邀请招标两种。根据《招标投标法》第十一条和《招标投标法实施条例》第八条规定，国家重点项目、省(自治区、直辖市)重点项目、国有资金占控股或者主导地位的项目应当公开招标。对于应当公开招标的依法必须招标项目，是否可以进行邀请招标，项目审批、核准部门应根据《招标投标法实施条例》第八条规定判断。

(3)招标组织形式。招标组织形式分为委托招标和自行招标两种。委托招标是指招标人委托招标代理机构办理招标事宜；自行招标是指招标人依法自行办理招标事宜。招标人是否可以自行招标，项目审批、核准部门应根据《招标投标法》第十二条和《招标投标法实施条例》第十条规定，从招标人是否具有与招标项目规模和复杂程度相适应的技术、经济等方面的专业人员等判断。

3.1.2　招标代理

3.1.2.1　招标代理权

根据《招标投标法实施条例》第十三条规定，招标代理机构在招标人委托的范围内开展招标代理业务，任何单位和个人不得非法干涉。招标代理机构代理招标业务，应当遵守招标投标法和本条例关于招标人的规定。招标代理机构不得在所代理的招标项目中投标或者代理投标，也不得为所代理的招标项目的投标人提供咨询。

根据《工程建设项目施工招标投标办法》第二十二条规定，招标代理机构应当在招标人委托的范围内承担招标事宜。招标代理机构可以在其资格等级范围内承担下列招标事宜：（1）拟订招标方案，编制和出售招标文件、资格预审文件；（2）审查投标人资格；（3）编制标底；（4）组织投标人踏勘现场；（5）组织开标、评标，协助招标人定标；（6）草拟合同；（7）招标人委托的其他事项。招标代理机构不得无权代理、越权代理，不得明知委托事项违法而进行代理。招标代理机构不得在所代理的招标项目中投标或者代理投标，也不得为所代理的招标项目的投标人提供咨询；未经招标人同意，不得转让招标代理业务。

即招标代理机构应当在其资格许可和委托的范围内开展业务，任何单位和个人不得非法干涉招标代理业务，招标代理机构应当严格遵守有关招标人的规定。招标代理机构不得从事的两类行为具体见二维码 3-1。

二维码 3-1

3.1.2.2　招标代理合同

根据《招标投标法实施条例》第十四条规定，招标人应当与被委托的招标代理机构签订书面委托合同，合同约定的收费标准应当符合国家有关规定。

1. 招标人与招标代理机构应当签订书面委托合同

《民法典》第四百六十九条规定，当事人订立合同，可以采用书面形式、口头形式或者其他形式。书面形式是合同书、信件、电报、电传、传真等可以有形地表现所载内容的形式。以电子数据交换、电子邮件等方式能够有形地表现所载内容，并可以随时调取查用的数据电文，视为书面形式。

招标人与招标代理机构签订的委托代理合同，不属于即时结清合同，合同履行期比较长，且必须明确约定招标、投标、开标、评标、中标、签订合同等过程中双方的权利、义务。由于涉及第三人投标人利益，还必须接受行政监督部门的监督。因此，规定招标人与招标代理机构应当签订书面委托代理合同，约定委托代理招标工作的范围和权限，一般包括以下全部或部分工作内容：委托招标项目的招标方案，招标公告（投标邀请书），资格预审文件和招标文件编制、印刷、发售和澄清，组织和协助资格审查，接收投标文件，组织开标和评标，协助签订中标合同和合同管理等。

2. 合同约定的招标代理服务收费应当遵守国家有关规定

因为大多数依法必须进行招标的项目涉及社会公共利益，关系国有投资的有效利用，以及招标投标各方利益，需要政府实施必要的指导和监督。现行招标代理收费标准依据《国家计划委员会关于印发〈招标代理服务收费管理暂行办法〉的通知》(计价格〔2002〕1980号)、《国家发展改革委办公厅关于招标代理服务收费有关问题的通知》(发改办价格〔2003〕857号)以及《国家发展改革委关于降低部分建设项目收费标准规范收费行为等有关问题的通知》(发改价格〔2011〕534号)。根据政府指导价的要求和上述有关规定，招标代理服务收费应在规定的收费标准内上下浮动幅度不得超过20%。招标代理服务收费标准为同一内容一次招标投标全流程的基准价格，但不含工程量清单、工程标底或工程招标控制价的编制费用，此项费用按有关规定另行计算和收取。双方应以各标段或标包中标金额为基准额，分别适用代理服务费用标准，并采用差额定率累进法计算代理收费额，当相同内容一次全流程招标代理服务合计收费额分别超过最高限额，即工程代理450万元、货物代理350万元、服务代理300万元的，则按照超过限额的比例降低各标段代理服务费用。招标人与受托招标代理机构在规定的收费标准和浮动幅度内协商确定招标项目具体代理收费标准和金额，委托代理业务范围超出相关规定的工作内容和标准的，委托代理双方可就增加的工作量，另行协商确定服务费用。招标代理服务费用一般应由招标人支付，招标人、招标代理机构另有约定的，从其约定。

依法必须招标项目的代理双方不遵守招标代理服务收费标准的，构成违法。《中华人民共和国价格法》第三十九条规定，经营者不执行政府指导价、政府定价以及法定的价格干预措施、紧急措施的，责令改正，没收违法所得，可以并处违法所得五倍以下的罚款；没有违法所得的，可以处以罚款；情节严重的，责令停业整顿。

3.1.3　总承包招标

根据《招标投标法实施条例》第二十九条规定，招标人可以依法对工程以及与工程建设有关的货物、服务全部或者部分实行总承包招标。以暂估价形式包括在总承包范围内的工程、货物、服务属于依法必须进行招标的项目范围且达到国家规定规模标准的，应当依法进行招标。前款所称暂估价，是指总承包招标时不能确定价格而由招标人在招标文件中暂时估定的工程、货物、服务的金额。

3.1.3.1　总承包的方式

总承包是国家鼓励和扶持的工程承包方式。《建筑法》第二十四条规定，提倡对建筑工程实行总承包，禁止将建筑工程支解发包。建设工程的发包单位可以将建筑工程的勘察、设计、施工、设备采购一发包给一个工程总承包单位，也可以将建筑工程勘察、设计、设备采购的一项或者多项发包给一个工程总承包单位。我国加入世界贸易组织后，工程建设领域面临与国际工程承包和管理方式接轨的巨大压力。为了贯彻“走出去”发展战略，国务院有关行业主管部门陆续出台了一系列政策措施，鼓励工程建设项目实行总承包，培育和发展工程总承包企业，不断提高国际竞争力。总结国际工程承包实践，工程总承包的主要方式有施工总承包、设计施工总承包、设计采购施工总承包。国际咨询工程师联合会（FIDIC）于1999年推出了新版的系列合同条件，核心合同文本是施工总承包生产设备设计－施工总承包和设计采购施工／交钥匙合同条件。世界银行也于2006年推出了适用于世界银行贷款项目的设计施工总承包合同文本。近年来，工程总承包在国际工程承包界迅速普及。我国企业承揽的海外工程大部分采用的是设计施工总承包或者设计采购施工一体化的总承包方式。2011年12月，国家发展和改革委员会等九部委发布了《中华人民共和国标准设计施工总承包招标文件（2012年版）》，为规范和推动我国工程总承包提供了具体可行的操作准则。

总承包有广义的总承包，包括设计承包、勘察承包和施工承包等单项总承包；狭义的总承包则是指承包范围至少包括设计和施工的总承包。

3.1.3.2 暂估价

1. 定义

《招标投标法实施条例》第二十九条规定，前款所称暂估价，是指总承包招标时不能确定价格而由招标人在招标文件中暂时估定的工程、货物、服务的金额。该定义内涵包括：一是必然要发生的工程、货物或者服务；二是暂时不能确定价格；三是由招标人暂估给定金额。

广义的暂估价包括招标文件中规定的暂列金额。暂列金额是指招标文件中给定的，用于在签订协议书时尚未确定或不可预见变更的施工及其所需材料、工程设备、服务等的金额。暂列金额与暂估价的区别在于前者不一定发生，而后者是必然要发生但因某种原因暂时无法确定最终的和准确的金额。但暂列金额项目是否招标，需要综合考虑《招标投标法实施条例》第九条以及合同变更条款等因素。

2. 设立暂估价的原因

总承包招标文件中设立暂估价是国际国内工程实践中的常见做法。国际咨询工程师联合会（FIDIC）合同条款中设有暂估价管理的相关内容，并就暂估价管理设立了相应机制。实践中设立暂估价一般基于下列原因：一是招标人自己的功能需求仍未最终明确，对一些专业工程或者设备材料无法提出具体的标准和要求，无法纳入投标竞争。二是因设计深度不够，招标时部分工程、货物或者服务的技术标准和要求仍不明确，无法纳入竞争。三是部分专业工程必须由专业承包人设计才能保证质量、使用功能和可建造性，或者一些对项目质量、使用功能和设计美学非常关键的工程需要由经验丰富的专业承包人完成。四是一些重要材料设备价格因品牌和质量差异很大，且对工程使用功能十分重要，为防止过度竞争而降低品质，也设为暂估价，以便在履约过程中以专项采购方式给予适度地控制。

鉴于《建设工程质量管理条例》禁止支解发包和鼓励总承包，暂估价的设立应限于因招标人需求未明确、设计深度不够或者招标人规定进行专业分包和专项供应的，暂时无法纳入招标竞争的工程、货物和服务。

3. 暂估价项目的招标

《招标投标法》第四条规定，任何单位和个人不得将依法必须进行招标的项目化整为零或者以其他任何方式规避招标。本条规定也明确了必须招标的条件是属于依法必须进行招标的项目范围且达到国家规定规模标准，而不是所有的暂估价项目均必须进行招标。

关于暂估价项目的招标，《建设工程工程量清单计价规范》GB 50500—2013、《标准施工招标文件》和《工程建设项目货物招标投标办法》均有相应的规定。实践中相对成熟的做法主要有三种：一是总承包发包人（也即总承包招标人）和总承包人共同招标。二是总承包发包人招标，给予总承包人参与权和知情权。三是总承包人招标，给予总承包发包人参与权和决策权。三种做法的核心原则均离不开共同招标。之所以“共同招标”，是因为就暂估价项目的实施而言，总承包发包人和总承包人双方都是利害关系人：一是暂估价项目包括在总承包范围内，依法应当由承包人承担工期、质量和安全责任。二是暂估价的实际开支最终由总承包发包人承担，其在关注质量的同时，更有关注价格的权利。三是共同招标是一个确保透明、公平的实现途径，可以避免总承包发包人和总承包人之间的猜忌，从而有助于合同的顺利履行。

由总承包发包人自己作为暂估价项目的招标人是实践中最受招标人青睐的方式，尽管执行中总承包发包人可能会给予总承包人一定的参与权和知情权，但这种方式最终是由总承包发包人与暂估价项目中标人签订合同，而暂估价项目属于总承包人的承包范围，不但在实施过程中难以协调，一旦出现质量、安全、进度等问题，容易出现总承包发包人和承包人相互推诿。由承包人作为暂估价项目招标人已经被实践证明是最佳的选择，该做法同时给予总承包发包人足够的话语权，由承包人与暂估价项目中标人签订合同，有利于理顺合同关系，方便合同履行。该做法同时给予总承包发包人足够的话语权，由承包人与暂估价项目中标人签订合同，有利于理顺合同关系，方便合同履行。

3.1.4 招标公告与标准文本规定

3.1.4.1 招标公告规定

根据《招标投标法》第十六条规定，招标人采用公开招标方式的，应当发布招标公告。依法必须进行招标的项目的招标公告，应当通过国家指定的报刊、信息网络或者其他媒介发布。招标公告应当载明招标人的名称和地址、招标项目的性质、数量、实施地点和时间以及获取招标文件的办法等事项。

上述规定的“依法发布”，是指招标公告的内容和发布招标公告的媒介应当符合规定。一是发布公告的媒介由国务院发展改革部门指定。根据国务院的授权，国家发展改革部门负责指定依法必须招标项目的公告发布媒介。二是不同媒介发布同一招标项目的公告内容应当一致。不同媒介上同一招标项目公告内容的不一致将导致信息不对称，从而影响潜在投标人的判断和决策，损害招标投标活动的公正性和公平性。三是指定媒介发布我国境内招标项目的公告必须免费，指定的媒介均是国内有较大覆盖面的媒介，自愿接受免费发布公告的条件才能被指定为发布媒介。

公开招标采用资格预审方式的，以资格预审公告代替招标公告，资格预审公告的发布也应当依照《招标投标法》和《招标投标法实施条例》的规定。尽管资格预审方式既适用于公开招标项目，也适用于邀请招标项目，但邀请招标不一定要发布资格预审公告。

需要指出的是，公开招标的项目发布资格预审公告后，一般无须再发布招标公告，且招标文件只发售给通过资格预审的且确认参与投标的申请人。

根据《招标公告和公示信息发布管理办法》第五条规定，依法必须招标项目的资格预审公告和招标公告，应当载明以下内容：（1）招标项目名称、内容、范围、规模、资金来源；（2）投标资格能力要求，以及是否接受联合体投标；（3）获取资格预审文件或招标文件的时间、方式；（4）递交资格预审文件或投标文件的截止时间、方式；（5）招标人及其招标代理机构的名称、地址、联系人及联系方式；（6）采用电子招标投标方式的，潜在投标人访问电子招标投标交易平台的网址和方法；（7）其他依法应当载明的内容。

依法必须招标项目的招标人应当自收到评标报告之日起 3 日内公示中标候选人，公示期不得少于 3 日。根据《招标公告和公示信息发布管理办法》第六条规定，依法必须招标项目的中标候选人公示应当载明以下内容：（1）中标候选人排序、名称、投标报价、工期（交货期），以及评标情况；（2）中标候选人在招标文件要求承诺的项目负责人姓名及其相关证书名称和编号；（3）中标候选人响应招标文件要求的资格能力条件；（4）提出异议的渠道和方式；（5）招标文件规定公示的其他内容。

根据《招标公告和公示信息发布管理办法》第十七条规定，任何单位和个人认为招标人或其招标代理机构在招标公告和公示信息发布活动中存在违法违规行为的，可以依法向有关行政监督部门投诉、举报；认为发布媒介在招标公告和公示信息发布活动中存在违法违规行为的，根据有关规定可以向相应的省级以上发展改革部门或其他有关部门投诉、举报。

3.1.4.2 标准文本规定

根据《招标投标法实施条例》第十五条规定，公开招标的项目，应当依照招标投标法和本条例的规定发布招标公告、编制招标文件。招标人采用资格预审办法对潜在投标人进行资格审查的，应当发布资格预审公告、编制资格预审文件。编制依法必须进行招标的项目的资格预审文件和招标文件，应当使用国务院发展改革部门会同有关行政监督部门制定的标准文本。

资格预审文件和招标文件的编制应当符合《招标投标法》《招标投标法实施条例》的规定，否则可能导致重新招标甚至招标、投标和中标均无效的后果。根据《招标投标法实施条例》第二十三条和第八十二条规定，资格预审文件或者招标文件的内容违反法律、行政法规的强制性规定，违反公开、公平、公正和诚实信用原则，影响资格预审结果或者潜在投标人投标的，依法必须进行招标的项目的招标人应当在修改资格预审文件或者招标文件后重新招标。对中标结果造成实质性影响，且不能采取补救措施予以纠正的，招标、投标、中标无效，应当依法重新招标或者评标。此外，资格预审文件的主要内容不得与已经发布的资格预审公告矛盾，招标文件的主要内容也不得与已经发布的资格预审文件或者招标公告冲突。

除应当依照《招标投标法》和《招标投标法实施条例》的规定外，还需遵守有关规章、地方性法规和规范性文件等。当然，这些下位规章、法规性文件不能违反《招标投标法》和《招标投标法实施条例》。公开招标的项目应当依法编制招标文件只是为了突出强调招标公告和招标文件在具体规定上的延续性，邀请招标的项目当然应当依法编制资格预审文件（采用资格预审时）和招标文件。

为了规范资格预审文件和招标文件编制活动，提高资格预审文件和招标文件编制质量，国务院发展改革部门会同国务院八个行政监督部门于 2007 年 11 月颁布了《中华人民共和国标准施工招标资格预审文件》和《中华人民共和国标准施工招标文件》，取得了良好的社会效果。按照标准文件的体系规划，九部委又于 2011 年 12 月颁布了《中华人民共和国简明标准施工招标文件》和《中华人民共和国标准设计施工总承包招标文件》。标准招标文件的编制施行有利于进一步统一我国各个行业的招标投标规则，促进形成统一开放和竞争有序的招标投标市场；有利于提高资格预审文件和招标文件的编制质量和效率，进一步规范招标投标活动；有利于衔接我国各项投资和建设管理制度，发挥制度的整体优势；有利于提高资格预审文件和招标文件编制的透明度，预防和遏制腐败。

依法必须招标项目的资格预审文件和招标文件应当使用标准资格预审文件和标准招标文件。该规定参照了世界银行的相关规定。世界银行《货物、工程和非咨询服务采购指南》第 2.12 款规定，借款人应使用世界银行发布的相应标准招标文件（SBD）。世界银行可接受为适用项目具体情况而做的、必要的最小改动。任何此类改动只能放在投标资料表或合同资料表中，或放在合同专用条款中，而不得对世界银行标准招标文件（SBD）中的标准文字（The Standard Wording）进行修改。

3. 1. 5　投标有效期及投标保证金

3. 1. 5. 1　投标有效期

投标有效期是投标文件保持有效的期限。投标文件是投标人根据招标文件向招标人发出的要约，根据《民法典》合同篇有关承诺期限的规定，投标有效期为招标人对投标人发出的要约作出承诺的期限，也是投标人就其提交的投标文件承担相关义务的期限。

根据《招标投标法实施条例》第二十五条规定，招标人应当在招标文件中载明投标有效期。投标有效期从提交投标文件的截止之日起算。

1. 招标文件应当载明投标有效期且应当明确具体的期限

在招标文件中规定投标有效期并要求投标人在投标文件中做出响应，是国际国内招标投标实践的常见做法，能够有效约束招标投标活动当事人，保护招标投标双方的合法权益。

（1）投标有效期有利于保护当事人双方的合法权益。对投标人而言，仅需预测一定期限内的市场风险，确保投标报价的合理性；有助于投标人科学规划企业的经营活动。对招标人而言，合理计划和安排各项招标工作，及时有序地完成开标、评标和合同签订工作。即便投标人在投标有效期内撤销投标，招标人能依法追偿所遭受的损失。如果招标文件没有统一规定投标有效期，对投标人而言，不仅将因招标投标活动缺乏预期而影响对生产经营活动的安排甚至可能错失其他经营机会，还会导致投标保证金长期被占用，损害其合法权益；对招标人而言，由于招标人作出承诺的期限是不确定的，投标人必须考虑在招标人迟迟不能作出承诺的情况下所面临的经营风险，投标人将不得不提高其投标价格，加之不同投标人考虑市场风险对投标价格的影响程度存在差异，会进一步导致投标价格缺乏可比性，影响招标的顺利进行乃至采购目的的实现。

（2）国际规则均要求招标文件载明投标有效期。联合国贸易法委员会《货物、工程和服务采购示范法》第三十一条规定，投标应在招标文件列明的时限内有效。世界银行《货物、工程和非咨询服务采购指南》第2.13款规定，投标人提交的投标应在招标文件载明的期限内保持有效，以使借款人有充足的时间完成对投标的比较和评价，并获得一切必要的批准以便能够在该期限内授予合同。世界贸易组织《政府采购协定》第十二条规定，招标文件应当载明投标文件的有效期。《亚洲开发银行贷款采购指南》第2.13款也有类似规定。

2. 投标有效期从提交投标文件截止之日起计算

《招标投标法》第二十九条规定，投标人在招标文件要求提交投标文件的截止时间前，可以补充、修改或者撤回已提交的投标文件，并书面通知招标人。补充、修改的内容为投标文件的组成部分。该条规定意味着投标截止时间后已经提交的投标文件对投标人和招标人产生约束力，投标人无权补充、修改或者撤销已提交的投标文件。因此，本条规定投标有效期从提交投标文件截止之日起计算。联合国贸易法委员会《货物、工程和服务采购示范法》第三十一条也有类似规定。

3. 招标人应当合理确定投标有效期期限

招标文件规定的投标有效期应当合理，既不能过长也不宜过短。过长的投标有效期可能导致投标人为了规避风险而不得不提高投标价格，过短的投标有效期又可能使招标人无法在投标有效期内完成开标、评标、定标和签订合同，从而可能导致招标失败。合理的投标有效期不但要考虑开标、评标、定标和签订合同所需的时间，而且要综合考虑招标项目的具体情况、潜在投标人的信用状况以及招标人自身的决策机制。

对于需要延长投标有效期的情况，《工程建设项目施工招标投标办法》第二十九规定，在原投标有效期结束前，出现特殊情况的，招标人可以书面形式要求所有投标人延长投标有效期。投标人同意延长的，不得要求或被允许修改其投标文件的实质性内容，但应当相应延长其投标保证金的有效期；投标人拒绝延长的，其投标失效，但投标人有权收回其投标保证金。因延长投标有效期造成投标人损失的，招标人应当给予补偿，但因不可抗力需要延长投标有效期的除外。《工程建设项目货物招标投标办法》和世界银行《货物、工程和非咨询服务采购指南》均有类似规定。

3.1.5.2 投标保证金

根据《招标投标法实施条例》第二十六条规定，招标人在招标文件中要求投标人提交投标保证金的，投标保证金不得超过招标项目估算价的2%。投标保证金有效期应当与投标有效期一致。依法必须进行招标的项目的境内投标单位，以现金或者支票形式提交的投标保证金应当从其基本账户转出。招标人不得挪用投标保证金。

1. 投标保证金的概念

投标保证金是投标人按照招标文件规定的形式和金额向招标人提交的，约束投标人履行其投标义务的担保。招标投标作为一种特殊的合同缔结过程，投标保证金所担保的主要是合同缔结过程中招标人的权利。为有效约束投标人的投标行为，有必要设立投标保证金制度。国际规则均对投标保证金给予了明确规定。

2. 投标保证金的作用

（1）保证招标投标活动的严肃性。招标投标是一项严肃的法律活动，投标人的投标是一种要约行为。投标人作为要约人，向招标人（受要约人）递交投标文件之后，即意味着向招标人发出了要约。在投标文件递交截止时间至招标人确定中标人的这段时间内，投标人不能要求退出竞标或者修改投标文件；而一旦招标人发出中标通知书，作出承诺，则合同即告成立，中标的投标人必须接受，并受到约束。否则，投标人就要承担合同订立过程中的缔约过失责任，就要承担投标保证金被招标人没收的法律后果。这实际上是对投标人违背诚实信用原则的一种惩罚。所以，投标保证金能够对投标人的投标行为产生约束作用，这是投标保证金最基本的功能。

（2）在特殊情况下，可以弥补招标人的损失。投标保证金一般定为投标报价的 2%，这是经验数字。因为通过对实践中大量的工程招标投标的统计数据表明，通常最低标与次低标的价格相差在 2% 左右。因此，如果发生最低标的投标人反悔而退出投标的情形，则招标人可以没收其投标保证金并授标给投标报价次低的投标人，用该投标保证金弥补最低价与次低价两者之间的价差，从而在一定程度上可以弥补或减少招标人所遭受的经济损失。

（3）督促招标人尽快定标。投标保证金对投标人的约束作用是有一定时间限制的，这一时间即是投标有效期。如果超出了投标有效期，则投标人不对其投标的法律后果承担任何义务。所以，投标保证金只是在一个明确的期限内保持有效，从而可以防止招标人无限期地延长定标时间，影响投标人的经营决策和合理调配自己的资源。《招标投标法实施条例》第三十五条和第七十四条规定了投标保证金不予退还的情形，实际上也反映了投标保证金的作用，即保证在提交投标文件截止时间后投标人不撤销其投标，并按照招标文件和其投标文件签订合同。具体讲：一是投标截止后至中标人确定前，投标人不得修改或者撤销其投标文件。二是保证投标人被确定为中标人后，按照招标文件和投标文件与招标人签订合同，不得改变其投标文件的实质性内容或者放弃中标，如果招标文件要求中标人必须提交履约保证金的，投标人还应当按照招标文件的规定提交履约保证金。如果投标人未能履行上述投标义务，招标人可不予退还其递交的投标保证金，也即招标人可以因此获得至少相当于投标保证金的经济补偿。此外，投标保证金对约束投标人的投标行为，打击围标串标、挂靠、出借资质等违法行为也有一定的效果。

（4）从一个侧面反映和考察投标人的实力。投标保证金采用现金、支票、汇票等形式，实际上是对投标人流动资金的直接考验。投标人应当按照招标文件要求的方式和金额，在提交投标文件截止时间前将投标保证金提交给招标人或其招标代理机构。投标人不按招标文件要求提交投标保证金的，该投标文件作废标处理。

3. 投标保证金的形式

投标保证金一般采用银行保函，其他常见的投标保证金形式还有现钞、银行汇票、银行电汇、支票、信用证、专业担保公司的保证担保等，其中现钞、银行汇票、银行电汇、支票等属于广义的现金。不可以采用的形式：质押、抵押。由于工程建设项目招标标的金额普遍较大，为减轻投标人负担，简化招标人财务管理手续，鼓励更多的投标人参与投标竞争，同时为防止投标保证金被挪用和滥用，投标保证金一般应优先选用银行保函或者专业担保公司的保证担保形式。招标人应当在招标文件中载明对保函或者保证担保的要求，投标人应当严格按照招标文件的规定准备和提交。

4. 提交投标保证金由招标人在招标文件中规定

招标文件要求投标人提交投标保证金的，招标文件应当对投标保证金的提交时间、形式、金额和有效期等提出具体要求。如果是以保函形式提交，其要素还包括对保证人的资格要求。招标文件对投标保证金的具体要求应当符合有关法律、法规和规章的规定，包括关于投标保证金有效期应当与投标有效期一致的规定，不能不合理地增加投标成本，或者借此限制、排斥潜在投标人等。

招标文件规定投标人应当提交投标保证金的，投标人应当按照招标文件的要求提交。根据投标人的意愿，投标人可以选择在招标文件规定的提交投标文件截止时间前，将投标保证金与投标文件分别提交给招标人，也可以同时提交。投标保证金采用银行转账的，应当在投标截止时间前到达招标人指定的账户。

5. 投标保证金的有效期

投标保证金的有效期应当与投标有效期一致。一是本规定更有利于防止投标保证金被误用或者滥用。投标保证金有效期和投标有效期一致，可以有效遏止招标人强行要求投标人在购买招标文件或者资格预审文件时提交投标保证金。即便投标人自愿选择在投标截止时间前提交，其有效期的起算日期应当与投标有效期一致，即从提交投标文件截止之日起算。

二是本规定有利于招标人自觉增强招标工作的计划性和前瞻性。招标人应当合理确定投标有效期的具体期限，合理规划招标工作，确保在投标有效期结束前完成与中标人签订合同的工作。一旦中标人拒绝与招标人签订合同或者拒绝按招标文件规定提交履约保证金，招标人也有足够的时间兑付投标保证金。这样，投标保证金在约束投标行为的同时，也能在一定程度上约束招标人的行为，防止招标人工作拖沓，造成投标人损失。当然，如果出现一些特殊情况，招标人需要延长投标有效期的，投标人可以选择退出投标以规避风险，投标人也可以同意延长投标有效期。

三是本规定有利于投标保证金的及时返还。投标保证金有效期与投标有效期一致，有利于促进招标人尽快完成定标和签订合同等工作，以便及时返还投标保证金，减轻投标人负担。当然，投标人提交的投标保证金有效期等于投标有效期的，方为有效。

6. 投标保证金的额度

根据《招标投标法实施条例》第二十六条规定，招标人在招标文件中要求投标人提交投标保证金的，投标保证金不得超过招标项目估算价的2%。

根据《工程建设项目施工招标投标办法》第三十七条、《工程建设项目货物招标投标办法》第二十七条规定，投标保证金不得超过项目估算价的 2%，但最高不得超过 80 万元人民币。

国际上常见的投标担保的保证金数额为 2%～5%。

所谓的“招标项目估算价”是指根据招标文件、有关计价规定和市场价格水平合理估算的招标项目金额。从实际操作来看，招标人在招标文件中规定的投标保证金应当是依据招标项目估算价计算的一个具体的和绝对的金额，不宜在招标文件中要求一个基于投标报价的百分比，以避免可能提前泄漏投标报价。该具体金额是招标人要求的投标保证金的最高限，即不得超过招标项目估算价的 2%。但对投标人而言，招标人所要求的最高限是其提交的投标保证金的最低限，也即其所提交的投标保证金应当高于或者等于招标人在招标文件中规定的具体金额。

7. 投标保证金应当来自其基本账户

目前，除基本账户外，国家对投标人开立存款账户并没有太多限制，管理也相对宽泛。投标人开立不同的银行账户为其他投标人提供投标保证金，在围标串标等违法违规行为中比较常见，不少地方出台了投标保证金必须来自投标人基本账户的相关规定，对遏制围标串标行为发挥了积极作用，本规定正是在总结各地成熟做法的基础上形成的。为此，《招标投标法实施条例》第四十条进一步规定，不同投标人的投标保证金从同一单位或者个人的账户转出的视为投标人相互串通投标。我国境内投标单位以现金或者支票方式提交的投标保证金不是来自基本账户给中标结果造成无法纠正的实质性影响的，按照《招标投标法实施条例》第八十一条的规定处理。

8. 投标保证金不得挪用

不得挪用投标保证金的义务主体是招标人。招标人委托招标代理机构代其收取投标保证金的，招标代理机构当然也不得挪用。该禁止性规定意味着，如果招标人或其委托的招标代理机构挪用投标保证金，应承担相应的法律责任，投标人依法享有追偿挪用收益的权利。投标保证金采用银行保函、保证等担保方式的，在兑付前一般不存在挪作他用的情况，挪用的情形多出现在现金、支票等担保方式。根据最高人民法院有关担保法的司法解释，即便是以现金方式提交的投标保证金，也属于特定化形式的质押，只是转移了对该动产的占有，在投标人出现不予返还的情形之前，其所有权仍属于投标人，如果招标人挪用于投资等其他目的，所获得的收益应当归投标人所有。

9. 投标保证金的退还

招标人最迟应当在书面合同签订后 5 日内向中标人和未中标的投标人退还投标保证金及银行同期存款利息。

下列任何情况发生时，投标保证金将被没收：

（1）投标人在投标函格式中规定的投标有效期内撤回其投标。

（2）中标人在规定期限内未能根据规定签订合同或根据规定接受对错误的修正。

（3）根据规定提交履约保证金。

10. 违约责任

《招标投标法实施条例》第七十四条规定，中标人无正当理由不与招标人订立合同，在签订合同时向招标人提出附加条件，或者不按照招标文件要求提交履约保证金的，取消其中标资格，投标保证金不予退还。

《工程建设项目施工招标投标办法》第四十条规定，在提交投标文件截止时间后到招标文件规定的投标有效期终止之前，投标人不得撤销其投标文件，否则招标人可以不退还其投标保证金。

采用银行保函或者担保公司保证书的，除不可抗力外，投标人在开标后和投标有效期内撤回投标文件，或者中标后在规定时间内不与招标人签订工程合同的，由提供担保的银行或者担保公司按照担保合同承担赔偿责任。

3.1.6 招标终止及禁止规定

3.1.6.1 招标终止

根据《招标投标法实施条例》第三十一条规定，招标人终止招标的，应当及时发布公告，或者以书面形式通知被邀请的或者已经获取资格预审文件、招标文件的潜在投标人。已经发售资格预审文件、招标文件或者已经收取投标保证金的，招标人应当及时退还所收取的资格预审文件、招标文件的费用，以及所收取的投标保证金及银行同期存款利息。

招标程序启动的标志是发布资格预审公告、招标公告或者发出投标邀请书。虽然招标程序启动后终止招标是实践中难以避免的现象，但为了规范终止招标的行为，防止招标人利用终止招标排斥、限制潜在投标人，或者损害投标人的合法权益，本条对终止招标作了规定。

1. 招标人可以终止招标的特殊情况

招标人终止招标程序应当慎重。但招标过程中出现非招标人原因无法继续招标的特殊情况的，招标人可以终止招标。这些特殊情况主要有：

一是招标项目所必需的条件发生了变化。《招标投标法》第九条规定，招标项目按照国家有关规定需要履行项目审批手续的，应当先履行项目审批手续，取得批准。招标人应当有进行招标项目的相应资金或者资金来源已经落实，并应当在招标文件中如实载明。据此规定，招标人启动招标程序必须具备一定的先决条件。需要审批或者核准的项目，必须履行了审批和核准手续；招标项目所需的资金是招标人开展招标并最终完成招标项目的物质保证，招标人必须在招标前落实招标项目所需的资金；在法定规划区内的工程建设项目，还应当取得规划管理部门核发的规划许可证。上述这些条件具备后，招标人才能够启动招标工作。在招标过程中，上述条件可能因国家产业政策调整、规划改变、用地性质变更等非招标人原因而发生变化，导致招标工作不得不终止。

二是因不可抗力取消招标项目，否则继续招标将使当事人遭受更大损失。这类原因包括自然因素和社会因素，其中自然因素包括地震、洪水、海啸、火灾；社会因素包括颁布新的法律、政策、行政措施以及罢工、骚乱等。

2. 终止招标时招标人应承担的义务

（1）在发布公告阶段终止招标的，应当发布终止招标公告。由于公告阶段面向的是不特定潜在投标人，因此必须以公告方式告知所有潜在投标人。

（2）向潜在投标人发出了投标邀请书后终止招标的，应当以书面形式通知受邀请的所有潜在投标人。

（3）发售资格预审文件或者招标文件后终止招标的，招标人应当及时以书面形式通知已经获取资格预审文件、招标文件的潜在投标人，并退还潜在投标人购买资格预审文件或者招标文件的费用。在《招标投标法实施条例》起草过程中，有的意见提出招标文件印刷费用成本很大，终止招标也不应退回购买招标文件的费用。即便终止招标系不可抗力或者其他非招标人原因所造成的，从公平原则考虑，招标人应当退还有关费用。

（4）已经递交了投标保证金后终止招标的，招标人应当及时退还收取的投标保证金及银行同期存款利息。需要说明的是，所谓及时应当是在招标人作出终止招标的决定的同时通知有关投标人办理退还手续，以减少投标人损失。银行同期存款利息是指以现金、支票等方式提交的投标保证金本身产生的孳息，不具任何赔偿性质。为避免因利息退还出现不必要的争议，招标文件应当载明利息的计算方法和退还要求，以银行保函、专业担保公司保证担保方式提交的投标保证金并不产生孳息，不存在同时返还银行同期存款利息的问题。

根据《民法典》第五百零九条规定，当事人应当按照约定全面履行自己的义务。结合诚实信用原则的要求，招标人启动招标后应当依法履行先合同义务。无正当理由终止招标或者因自身原因必须终止招标给投标人造成损失的，招标人违反了先合同义务，应承担缔约过失责任，依法赔偿损失。

3.1.6.2 禁止规定

根据《招标投标法实施条例》第三十二条规定，招标人不得以不合理的条件限制、排斥潜在投标人或者投标人。招标人有下列行为之一的，属于以不合理条件限制、排斥潜在投标人或者投标人：（1）就同一招标项目向潜在投标人或者投标人提供有差别的项目信息；（2）设定的资格、技术、商务条件与招标项目的具体特点和实际需要不相适应或者与合同履行无关；（3）依法必须进行招标的项目以特定行政区域或者特定行业的业绩、奖项作为加分条件或者中标条件；（4）对潜在投标人或者投标人采取不同的资格审查或者评标标准；（5）限定或者指定特定的专利、商标、品牌、原产地或者供应商；（6）依法必须进行招标的项目非法限定潜在投标人或者投标人的所有制形式或者组织形式；（7）以其他不合理条件限制、排斥潜在投标人或者投标人。

招标禁止规定具体解读见二维码 3-2。

二维码 3-2

3.1.7 招标法律责任

3.1.7.1 规避招标的法律责任

根据《招标投标法》第四十九条规定，违反本法规定，必须进行招标的项目而不招标的，将必须进行招标的项目化整为零或者以其他任何方式规避招标的，责令限期改正，可以处项目合同金额千分之五以上千分之十以下的罚款；对全部或者部分使用国有资金的项目，可以暂停项目执行或者暂停资金拨付；对单位直接负责的主管人员和其他直接责任人员依法给予处分。

1. 规避招标的主要行为

（1）必须进行招标的项目而不招标的。《招标投标法》规定，在中华人民共和国境内进行下列工程建设项目，包括项目的勘察、设计、施工、监理以及与工程建设有关的重要设备、材料等的采购，必须进行招标：大型基础设施、公用事业等关系社会公共利益、公共安全的项目；全部或者部分使用国有资金投资或国家融资的项目；使用国际组织或者外国政府贷款、援助资金的项目；使用国际组织或者外国政府贷款、援助资金的项目；法律或者国务院规定必须进行招标的其他项目。

（2）将必须进行招标的项目化整为零以规避招标的。《招标投标法》规定了强制招标的范围，但这并不意味着在此范围内的所有项目都必须进行招标。对于法律规定范围内的招标项目，必须达到一定的限额才需要进行强制招标，法律并不要求限额以下的项目必须进行招标。

2. 规避招标需要承担的法律责任

《招标投标法》第四十九条、《工程建设项目施工招标投标办法》第六十八条对招标人规避招标的行为规定了需承担的法律责任，包括责令限期改正、罚款、使用国有资金的项目暂停项目执行或者暂停资金拨付、对单位直接负责的主管人员和其他直接责任人员依法给予处分等。

（1）责令改正。有关行政监督部门对招标人或招标代理机构违反《招标投标法》和《招标投标法实施条例》的行为，要求其在一定期限内予以纠正，使潜在投标人参加投标，能够与其他投标人进行平等竞争。严格地说，责令改正不是一种制裁，而是对违法行为及违法后果的纠正，以强制行为人履行法定义务。因此，责令改正适用于能够改正的情况。在实际操作过程中，通过受理投诉、举报或者日常监督检查发现问题的，有关行政监督部门应当采取责令改正，包括立即停止违法行为、限期改正、主动协助有关行政监督部门调查处理等。

（2）罚款。罚款是行政处罚中的一种经济处罚，是对违法行为人的一种经济制裁措施。这里的“可以罚款”是指行政监督机关对招标人可以罚款，也可以不罚款，是否处以罚款由行政监督机关根据招标人违法情节的轻重、影响大小等因素决定，但处罚结果应当与违法行为相适应。是否处以罚款由行政执法机关决定。如予以罚款，其罚款幅度为该项目的合同金额的 5‰ 以上 10‰ 以下。

（3）暂停项目执行或暂停资金拨付。招标项目全部或者部分使用国有资金的，行政执法机关可以暂停项目执行或者暂停资金拨付。

（4）给予处分。这里的处分是指行政处分，是指国家工作人员以及由国家机关委派到企业、事业单位任职的人员的违法行为尚不构成犯罪，依据法律、行政法规而给予的一种制裁。处罚的对象是违法单位的直接负责的主管人员和其他直接责任人员，即在单位中负有直接领导责任的人员，包括违法行为的决策人、事后对单位违法行为予以认可和支持的领导人员、由于疏忽管理或者放任而对单位违法行为负有不可推卸责任的领导人员，以及直接实施单位违法行为的人员。根据《中华人民共和国行政监察法》第二十四条规定，行政处分有警告、记过、记大过、降级、撤职、开除六种形式。《招标投标法实施条例》对招标人的有关人员给予什么处分，并未明确，需要视违法情节等因素决定。情节较轻、未造成后果的，可以从轻给予处分，如警告；情节比较严重，特别是有主观故意的，可以给予撤职或者开除等处分。

3.1.7.2 违法招标的法律责任

《招标投标法》第五十一条、第五十二条及《招标投标法实施条例》第六十四条对违法招标进行了相关规定。招标人存在限制或排斥潜在投标人、泄露招标投标活动或其他违法招标行为需要承担相应的法律责任。

1. 违法招标的主要行为

（1）限制或排斥潜在投标人。主要是指招标人以不公正的态度对待潜在投标人，实行区别对待，故意设置对某些潜在投标人有利而对其他潜在投标人不利的条件。实践中，招标人限制投标竞争的情形包括：故意限制招标信息的发布范围，使潜在投标人无法知悉招标信息；不合理地提高技术规格或者将技术规格规定得只有少量投标人才能满足要求；依法应当公开招标的项目不按照规定在指定媒介发布资格预审公告或者招标公告；在媒介发布的同一招标项目的资格预审公告或者招标公告的内容不一致，影响潜在投标人申请资格预审或者投标等。

（2）泄露招标投标活动秘密。依法必须进行招标的项目的招标人向他人透露已获取招标文件的潜在投标人的名称、数量或者可能影响公平竞争的有关招标投标的其他情况的，或者泄露标底。

（3）依法应当公开招标而采用邀请招标。依法必须进行招标的项目中应当公开招标的有：一是国家重点建设项目，二是省（自治区、直辖市）重点项目，三是国有资金占控股或者主导地位的项目，四是法律行政法规规定应当公开招标的其他项目。依法应当公开招标而采用邀请招标的，实际上剥夺了其他潜在投标人参加投标的机会，降低了招标投标的公开性和竞争性。

（4）有关时限不符合法定要求。根据《招标投标法》和《招标投标法实施条例》规定，不符合法定时限要求的行为主要有：一是资格预审文件或者招标文件的发售期限少于 5 日（《招标投标法实施条例》第十六条）。二是发出可能影响资格预审申请文件或者投标文件编制的澄清或者修改，距离提交资格预审申请文件截止时间不足 3 日，或者距离投标截止时间不足 15 日（《招标投标法》第二十三条和《招标投标法实施条例》第二十一条）。三是编制依法必须进行招标的项目的资格预审申请文件少于 5 日（《招标投标法实施条例》第十七条）。四是编制依法必须进行招标的项目的投标文件的时间少于 20 日（《招标投标法》第二十四条）。上述行为可能会造成潜在投标人买不到资格预审文件或者招标文件，也可能影响招标投标的竞争性。

（5）接受未通过资格预审的人参加投标。未通过资格预审的申请人不具备投标资格，如果招标人接受其参加投标，资格预审制度将形同虚设，失去了资格审查的意义，对通过资格预审的申请人也不公平。

（6）接受应当拒收的投标文件。根据《招标投标法实施条例》第三十六条规定，未通过资格预审的申请人提交的投标文件，以及逾期送达或者不按照招标文件要求密封的投标文件，招标人应当拒收。接受应当拒收的投标文件不仅违反了《招标投标法实施条例》第三十六条的规定，也会造成其他投标人的不公平竞争。存在以上情形的，由有关行政监督部门责令改正，可以处10万元以下的罚款：并对单位直接负责的主管人员和其他直接责任人员依法给予处分。

（7）违规收取或退还保证金。招标人超过规定的比例收取投标保证金、履约保证金或者不按照规定退还投标保证金及银行同期存款利息。根据《招标投标法实施条例》第二十六条规定，招标人在招标文件中要求投标人提交的投标保证金不得超过招标项目估算价的2%。超过该比例的构成限制或排斥潜在投标人的行为，会导致竞争的不充分。根据《招标投标法实施条例》第五十七条规定，招标人最迟应当在书面合同签订后5日内向中标人和未中标的投标人退还投标保证金及银行同期存款利息。

2. 违法招标需承担的法律责任

（1）责令改正。

（2）罚款。行政监督机关根据招标人违法情节的轻重、影响大小、所涉及项目的大小等因素，可以处10万元以下的罚款。其中限制或排斥潜在投标人可以处一万元以上五万元以下的罚款（《招标投标法》第五十一条），泄露招标投标活动有关秘密的可以并处一万元以上十万元以下的罚款（《招标投标法》第五十二条）。

（3）赔偿损失。赔偿是指当事人一方因侵权行为或不履行债务而对他方造成损害时应承担赔偿对方损失的民事责任，包括侵权的损害赔偿与违约的损害赔偿。区分违约的损害赔偿与侵权的损害赔偿的意义在于：一是赔偿范围不同。侵权的损害赔偿可以包括对精神损害的赔偿，而违约的损害赔偿一般只包括财产损害赔偿，不包括对精神损害的赔偿。二是举证责任不同。根据《民法典》规定，违约责任实行无过错责任，只要行为人的违约行为造成了对方当事人的损失，行为人就应负民事责任，守约方无须就违约方的过错进行举证。与之相反，由于侵权责任一般实行过错责任，受害人需证明侵权人在实施侵权行为之际具有过错，否则行为人不承担法律责任。给他人造成损失的，应依法承担赔偿责任。这里的“他人”主要是指投标人、中标人或者其他担保义务人。

（4）给予处分。出现泄露秘密、非法拒收投标文件等行为的，对单位直接负责的主管人员和其他直接责任人员依法给予处分。

（5）追究刑事责任。按照《中华人民共和国刑法》（以下简称《刑法》）第二百一十九条、第二百二十条规定的侵犯商业秘密罪，依法追究招标人的刑事责任；单位构成犯罪的，对单位判处罚金，对直接负责的主管人员和其他直接责任人员处以相应的刑罚。

3.1.7.3 中标无效的法律责任

因依法必须招标项目违反法律规定、招标代理机构违反法律规定、泄露招标投标活动秘密等影响中标结果的，中标无效。根据《招标投标法》第六十四条规定，依法必须进行招标的项目违反本法规定，中标无效的，应当依照本法规定的中标条件从其余投标人中重新确定中标人或者依照本法重新进行招标。

1. 中标无效的规定情形

《招标投标法》中关于中标无效的规定主要有以下几种情况：

① 招标代理机构违反本法规定，泄露应当保密的与招标投标活动有关的情况和资料，或者与招标人、投标人串通损害国家利益、社会公共利益或者他人合法权益的行为，影响中标结果的，中标无效。

② 依法必须进行招标的项目的招标人向他人透露已获取招标文件的潜在投标人的名称、数量或者可能影响公平竞争的有关招标投标的其他情况，或者泄露标底的行为，影响中标结果的，中标无效。

③ 投标人相互串通投标或者与招标人串通投标的，投标人以向招标人或者评标委员会成员行贿的手段谋取中标的，中标无效。

④ 投标人以他人名义投标或者以其他方式弄虚作假，骗取中标的，中标无效。

⑤ 依法必须进行招标的项目，招标人违反本法规定，与投标人就投标价格、投标方案等实质性内容进行谈判的行为，影响中标结果的，中标无效。

⑥ 招标人在评标委员会依法推荐的中标候选人以外确定中标人的，依法必须进行招标的项目在所有投标被评标委员会否决后自行确定中标人的，中标无效。

2. 中标无效的责任

招标人尚未与中标人签订书面合同的，招标人发出的中标通知书失去了法律约束力。当事人之间已经签订了书面合同的，所签合同无效。根据《民法典》的规定，合同无效产生以下后果：

（1）恢复原状。根据《民法典》第一百五十五条规定，无效的或者被撤销的民事法律行为自始没有法律约束力。无效的合同自始没有法律约束力，因该合同取得的财产应当予以返还，不能返还或者没有必要返还的应当折价补偿。

（2）赔偿损失。有过错的一方应当赔偿对方因此所受到的损失，双方都有过错的，应当各自承担相应的责任。因招标代理机构的违法行为而使中标无效的，招标代理机构应当赔偿招标人、投标人因此所受的损失。如果招标人、投标人也有过错的，各自承担相应的责任。根据《民法典》第一百七十八条规定，二人以上依法承担连带责任的，权利人有权请求部分或者全部连带责任人承担责任。招标人知道招标代理机构从事违法行为而不作反对表示的，应当与招标代理机构一起对第三人负连带责任。

（3）依法重新招标或者评标。《招标投标法》第六十四条和《招标投标法实施条例》第八十二条规定，依法必须进行招标的项目的招标投标活动违反了《招标投标法》和《招标投标法实施条例》的规定，对中标结果造成实质性影响，且不能采取补救措施予以纠正的，招标、投标、中标无效，应当依法重新招标或者评标。

3.2 招标文件的组成

3.2.1 招标文件概念

招标文件是招标人向投标人提供的为进行投标工作所必需的文件，是建设单位实施工程建设的工作依据。招标文件的作用在于：阐明需要采购货物或工程的性质，通报招标程序将依据的规则和程序，告知订立合同的条件。招标文件既是投标商编制投标文件的依据，又是采购人与中标商签订合同的基础，是项目招标投标活动的主要依据，对招标投标活动各方均具有法律约束力。从合同订立的程序分析，招标文件的法律性质属于要约邀请，其作用在于吸引投标人的注意，希望投标人按照招标人的要求向招标人发出要约。招标文件通常由业主委托招标代理机构或由中介服务机构的专业人士负责编制，由建设招标投标管理机构负责审定。未经建设招标投标管理机构审定的，建设工程招标人或招标代理机构不得将招标文件分送给投标人。

招标文件是整个工程招标投标和施工过程中最重要的法律文件之一，招标文件应该保证所有的投标人具有同等的公平竞争机会，它不仅规定了完整的招标程序，而且还提出了各项具体的技术标准和交易条件，规定了拟签订合同的主要内容，是投标人准备投标文件和参加投标的依据，是评审委员会评标的依据，也是拟订合同的基础，对参与招标投标活动的各方均有法律效力。

3.2.2　招标文件的组成和主要内容

根据《招标投标法》第十九条规定，招标人应当根据招标项目的特点和需要编制招标文件。招标文件应当包括招标项目的技术要求、对投标人资格审查的标准、投标报价要求和评标标准等所有实质性要求和条件以及拟签订合同的主要条款。国家对招标项目的技术、标准有规定的，招标人应当按照其规定在招标文件中提出相应要求。招标项目需要划分标段、确定工期的，招标人应当合理划分标段、确定工期，并在招标文件中载明。第二十条规定，招标文件不得要求或者标明特定的生产供应者以及含有倾向或者排斥潜在投标人的其他内容。

由国家发展和改革委员会、住房和城乡建设部等部委联合编制的《中华人民共和国标准施工招标文件》于 2007 年 11 月 1 日发布，并于 2008 年 5 月 1 日起在全国试行。2013 年住房和城乡建设部又发布了配套的《房屋建筑和市政工程标准施工招标文件》（以下简称《行业标准施工招标文件》），广泛适用于一定规模以上的房屋建筑和市政工程的施工招标。

《行业标准施工招标文件》共分为四卷八章，主要内容包括：招标公告（投标邀请书）、投标人须知、评标办法（最低投标价法、综合评估法）、合同条款及格式、工程量清单、图纸、技术标准和要求、投标文件格式。

二维码 3-3

《行业标准施工招标文件》见二维码 3-3。

《行业标准施工招标文件》既是项目招标人编制施工招标文件的范本，也是有关行业主管部门编制行业标准施工招标文件的依据，其中的“投标须知、评标办法、通用合同条款”在行业标准施工招标文件和试点项目招标人编制的施工招标文件中必须不加修改地引用，其他内容仅供招标人参考。

3.2.3 招标文件的合法性

根据《招标投标法实施条例》第二十三条规定，招标人编制的资格预审文件、招标文件的内容违反法律、行政法规的强制性规定，违反公开、公平、公正和诚实信用原则，影响资格预审结果或者潜在投标人投标的，依法必须进行招标的项目的招标人应当在修改资格预审文件或者招标文件后重新招标。

3.2.3.1 文件违法表现

资格预审文件和招标文件违反法律和行政法规的强制性规定，违反公开、公平、公正和诚实信用原则，通过设定苛刻的资格条件，要求特定行政区域的业绩，提供差别化信息，隐瞒重要的信息等做法，是招标投标活动中存在的突出问题之一。其结果必然会影响资格审查结果和潜在投标人投标，并且还有可能因投标人数量过少而导致招标失败，招标人必须纠正资格预审文件或者招标文件中违背法律规定的相关内容后再重新招标，否则很可能导致第二次招标仍然失败。具体表现：

1. 文件内容违法

一是资格预审文件和招标文件违反法律法规的强制性规定。所谓强制性规定，表现为禁止性和义务性强制规定，也即法律和行政法规中使用了“应当”“不得”“必须”等字样的条款。如《招标投标法》第二十三条和《招标投标法实施条例》第二十一条规定，对已发出的资格预审文件或者招标文件的澄清或者修改内容可能影响资格预审申请文件或者投标文件编制的，招标人应当在提交资格预审申请文件截止时间至少 3 日前，或者投标截止时间至少 15 日前通知所有资格预审文件或招标文件的收受人。《招标投标法》第二十条和《招标投标法实施条例》第三十二条中关于招标文件不得要求或者标明特定的生产供应者的规定，不得设定与招标项目的具体特点和实际需要不相适应或者与合同履行无关的资格、技术、商务条件，不得以特定行政区域或者特定行业的业绩、奖项作为加分条件或者中标条件的规定。《招标投标法实施条例》第二十六条中关于投标保证金不得超过招标项目估算价的 2% 的规定。《建设工程质量管理条例》第九条中关于建设单位必须向有关的勘察、设计、施工和监理等单位提供与建设工程有关的原始资料，并保证原始资料真实、准确和齐全的规定；第十条中关于建设单位不得违反工程建设强制性标准的规定等。上述规定均属于强制性规定，资格预审文件和招标文件的内容不得违反。

二是文件内容违反“三公”和诚实信用原则。所谓违反“三公”原则是指资格预审文件和招标文件没有载明必要的信息，针对不同的潜在投标人设立有差别的资格条件，提供给不同潜在投标人的资格预审文件或者招标文件的内容不一致，指定某一特定的专利产品或者供应者，资格预审文件载明的资格审查标准和方法或者招标文件中载明评标标准和方法过于原则，自由裁量空间过大，使得潜在投标人无法准确把握招标人意图，无法科学地准备资格预审申请文件或者投标文件等。所谓违反诚实信用原则是指资格预审文件和招标文件的内容故意隐瞒真实信息，典型表现是隐瞒工程场地条件等可能影响投标价格和建设工期的信息，恶意压低工程造价逼迫潜在投标人放弃投标或者以低于成本的价格竞标，从而影响工程质量和安全。

2. 违法内容影响了资格预审结果或者潜在投标人投标

所谓影响指已经造成影响，其时间节点是资格预审评审结束后或者投标文件提交截止后也即开标后才发现。在此之前发现的违法行为，按照《招标投标法实施条例》第二十一条或者第二十二条规定，修改资格预审文件或者招标文件，修改内容可能影响资格预审申请文件或者招标文件编制的，招标人应当顺延提交资格预审申请文件或者招标文件的时间。影响资格预审结果或者潜在投标人投标的表现形式有：具备资格的潜在投标人未能参加资格预审或者未能参加投标、已经通过资格预审的申请人或者投标人没有充分竞争力等。

3.2.3.2 文件违法处理

存在违法情形并造成损害后果的，招标人应当纠正有关的违法行为，并组织重新招标，以维护竞争的公平、真实和充分。重新招标应当重新发布招标公告或者资格预审公告，不再进行资格预审的可直接发布招标公告。根据《招标投标法实施条例》第八十一条规定，依法必须进行招标的项目的招标投标活动违反招标投标法和本条例的规定，对中标结果造成实质性影响，且不能采取补救措施予以纠正的，招标、投标、中标无效，应当依法重新招标或者评标。

3.3 招标人资格审查

3.3.1 资格审查的含义

根据《招标投标法》第十八条规定，招标人可以根据招标项目本身的要求，在招标公告或者投标邀请书中，要求潜在投标人提供有关资质证明文件和业绩情况，并对潜在投标人进行资格审查；国家对投标人的资格条件有规定的，依照其规定。招标人不得以不合理的条件限制或者排斥潜在投标人，不得对潜在投标人实行歧视待遇。

资格审查是指招标人对申请人或潜在投标人的经营资格、专业资质、财务状况、技术能力、管理能力、业绩、信誉等方面进行评估审查，以判定其是否具有参与投标、订立和履行合同的资格及能力，资格审查既是招标人的权利，也是招标项目的必要程序，它对于保障招标人和投标人的利益具有重要作用。

资格审查的主要目的是：为了保证投标参与者都有履约能力；为项目业主（或总承包单位）减轻评标负担；通过资格预审可将投标人的数量控制在一定的范围内，保证竞争的适度性和合理性。

3.3.2 资格审查的内容

资格审查应主要审查潜在投标人或者投标人是否符合下列条件：

（1）具有独立订立合同的权利。

（2）具有履行合同的能力，包括专业、技术资格和能力，资产、设备和其他物质设施状况，管理能力，经验、信誉和相应的从业人员。

（3）没有处于被责令停业，投标资格被取消，财产被接管、冻结、破产状态。

（4）在最近三年内没有骗取中标和严重违约重大工程质量问题。

（5）国家规定的其他资格条件。

资格审查时，招标人不得以不合理的条件限制、排斥潜在投标人或者投标人，不得对潜在投标人或者投标人实行歧视待遇。任何单位和个人不得以行政手段或者其他不合理方式限制投标人的数量。

3.3.3 资格审查的方式

在资格审查方式上，通常分为资格预审和资格后审。

3.3.3.1 资格预审

资格预审是指在投标前对潜在投标人进行的资格审查。招标人通过发布资格预审公告，向潜在投标人发出投标邀请，由招标人或者由其依法组建的资格审查委员会按照资格预审文件确定的审查方法、资格条件以及审查标准，对资格预审申请人的经营资格、专业资质、财务状况、类似项目业绩、履约信誉等条件进行评审，以确定通过资格预审的合格申请人。未通过资格预审的申请人，不具有投标的资格。

资格预审的主要目的是：一是保证投标参与者都有履约能力；二是为项目业主（或总承包单位）减轻评标负担；三是通过资格预审可将投标人的数量控制在一定的范围内，保证竞争的适度性和合理性。有些业主往往还通过资格预审试探投标者的兴趣或调查潜在的承包商的数量。资格预审的方法包括合格制和有限数量制。一般情况下应采用合格制，潜在投标人过多的，可采用有限数量制。

资格预审的优点是可以减少评标阶段的工作量、缩短评标时间、避免不合格的申请人进入投标阶段，从而节约投标人的投标成本，同时可以提高投标人投标的针对性、竞争性，提高评标的科学性、可比性，提高评标质量；缺点是延长了招标投标过程，增加了招标人组织资格预审的费用和潜在投标人申请资格预审的费用。

资格预审一般适用于潜在投标人较多或者大型、技术复杂货物的公开招标，以及需要公开选择潜在投标人的邀请招标。属于国家重点工程建设项目或者大中型工程建设项目，一般采用经资格预审的公开招标。

根据《招标投标法实施条例》第十八条规定，资格预审应当按照资格预审文件载明的标准和方法进行。

3.3.3.2 资格后审

资格后审是在开标后对未进行资格预审的招标项目，针对各投标单位的资质等相关情况进行的审查。投标人在获取招标文件后，根据招标文件的要求递交包括商务标、技术标、投标人资格证明等文件在内的投标文件。开标后，评标委员会依据招标文件规定的标准和方法等条件对投标人进行资格审查，对符合资格要求的投标人再进行初步评审和详细评审。对资格后审不合格的投标人，评标委员会应否决其投标。

资格后审的优点是可以省略招标人组织资格预审和潜在投标人进行资格预审申请的工作环节，从而节约相关费用，缩短招标投标过程，这有利于增加投标人数量，加大串标、围标的难度；缺点是降低投标人投标的针对性和积极性，在投标人过多时会增加社会成本和评标工作量。

资格后审适用于一般性工程建设项目的公开招标。采用这种公开招标方式的招标公告，应详细标明资格和资质条件等，以便潜在的投标人事先评估自己是否符合要求，加以决策是否购买招标文件等。由于未进行资格预审，所以在评标过程中首先进行资格后审，对资格后审合格的投标人，再进行深入评标等工作。

资格审查的含义与方式详见二维码 3-4。

二维码 3-4

3.3.4 资格预审规定

根据《招标投标法实施条例》第十八条规定，资格预审应当按照资格预审文件载明的标准和方法进行。国有资金占控股或者主导地位的依法必须进行招标的项目，招标人应当组建资格审查委员会审查资格预审申请文件。资格审查委员会及其成员应当遵守招标投标法和本条例有关评标委员会及其成员的规定。

3.3.4.1 资格预审主体与依据

1. 资格预审的审查标准和方法

资格预审文件应当载明资格审查的标准和方法。资格审查的标准和方法是资格审查主体进行资格审查的依据，也是指导申请人科学合理地准备资格预审申请文件的依据。公开原则要求资格预审的标准和方法必须在资格预审文件中载明，以便申请人决定是否提出资格预审申请，并在决定提出申请时能够有针对性地准备资格预审申请文件，保证资格申请和审查活动有统一的尺度，并有利于加强利害关系人和社会的监督，防止暗箱操作，保障资格预审活动公正和公平。

资格预审的审查标准一般根据具体的审查因素设立，审查因素集中在申请人的投标资格条件（包括法定的和资格预审文件规定的）和履约能力两个方面，一般包括申请人的资格条件、组织机构、营业状态、财务状况、类似项目业绩、信誉和生产资源情况等，相应的审查标准则区别审查因素设立为定性或定量的评价标准。

2. 资格预审的方法

资格预审的方法有合格制和有限数量制两种，分别适用于不同的条件。

（1）合格制：所谓合格制是按照资格预审文件载明的审查因素和审查标准对申请人的资格条件进行符合性审查，凡通过审查的申请人均允许参加投标。一般情况下，应当采用合格制，凡符合资格预审文件规定资格审查标准的申请人均通过资格预审，即取得相应投标资格。

（2）有限数量制：所谓有限数量制是指在合格性审查的基础上，按照资格预审文件载明的审查因素和审查标准进行定量评分，从通过合格性审查的申请人中择优选择一定数量参与投标。当潜在投标人过多时，可采用有限数量制。招标人在资格预审文件中应规定资格审查标准和程序，明确通过资格预审的申请人数量 N 个，并应明确第 N 名得分相同时的处理办法。资格审查委员会按照资格预审文件中规定的审查标准和程序，对通过初步审查和详细审查的资格预审申请文件进行量化打分，按得分由高到低的顺序确定通过资格预审的申请人。通过资格预审的申请人不得超过资格审查办法前附表规定的数量。

3.3.4.2 资格预审的程序

资格预审的程序主要涉及以下环节：招标人组织编制资格预审文件→招标人发布资格预审公告→潜在投标人编写、递交资格预审申请文件→招标人组织评审资格预审申请文件→向潜在投标人通知评审结果。

1. 招标人组织编制资格预审文件

由招标人组织有关专家人员编制资格预审文件，也可委托设计单位、咨询公司进行编制。资格预审文件的主要内容包括：工程项目简介、对投标人的要求、各种附表等。资格预审文件须报招标管理机构进行审核。

2. 招标人发布资格预审公告

在建设工程交易中心及政府指定的报刊、网络上发布工程招标信息，刊登资格预审公告。资格预审公告的内容基本包括：工程项目名称，资金来源，工程规模，工程量，工程分包情况，投标人的合格条件，购买资格预审文件日期、地点和价格，递交资格预审申请文件的日期、时间和地点等内容。

3. 潜在投标人编写、递交资格预审申请文件

潜在投标人应严格按照资格预审文件要求的格式和内容，编制、签署、装订、密封、标识资格预审申请文件，并应按照资格预审公告中规定的时间和地点递交。招标人有权拒收延期递交的资格预审申请文件。

4. 招标人组织评审资格预审申请文件

由招标人负责组织专家评审组，包括财务、技术方面的专门人员等对资格预审文件进行完整性、有效性及正确性的资格审查。

5. 向潜在投标人通知评审结果

招标人应该向所有参加资格预审的申请人公布评审结果，其中包括通过的和未通过的。通过资格预审的申请人收到通知后，应以书面方式确认是否参加投标。而未通过资格预审的申请人不具有投标资格，不得参加投标。

资格审查程序见二维码 3-5。

二维码 3-5

3.3.4.3 资格审查委员会

根据《招标投标法实施条例》第十八条规定，国有资金占控股或者主导地位的依法必须招标的项目的资格预审由资格审查委员会负责，资格审查委员会及其成员应当遵守《招标投标法》和《招标投标法实施条例》有关评标委员会及其成员的规定。

1. 资格审查委员会的组建

资格审查委员会的组建应当符合《招标投标法》第三十七条规定。根据《招标投标法》第三十七条规定，依法必须进行招标的项目的资格审查委员会应当由招标人的代表和有关技术、经济等方面的专家组成，成员人数为五人以上单数，其中技术、经济等方面的专家不得少于成员总数的三分之二。前款专家应当从事相关领域工作满八年并具有高级职称或者具有同等专业水平，由招标人从国务院有关部门或者省、自治区、直辖市人民政府有关部门提供的专家名册或者招标代理机构的专家库内的相关专业的专家名单中确定；一般招标项目可以采取随机抽取方式，特殊招标项目可以由招标人直接确定。

2. 资格审查委员会的权利

根据《招标投标法实施条例》第四十八条规定，资格审查委员会有权要求招标人提供评标所必需的信息，资格审查委员会及其成员有要求招标人合理延长资格审查时间的权利；根据《招标投标法》第四十条规定，资格审查委员会有向招标人推荐通过资格预审的申请人或者根据招标人授权直接确定通过资格预审的申请人的权利；根据《招标投标法》第三十九条和《招标投标法实施条例》第五十二条规定，资格审查委员会有权要求资格预审申请人对资格预审申请文件中含义不清的内容、明显的文字或者计算错误作出必要的澄清、说明；根据《招标投标法》第四十二条规定，资格审查委员会经评审后认为所有资格预审申请文件均不符合资格预审文件要求的，有权否决所有资格预审申请文件；根据《招标投标法》第六十五条和《招标投标法实施条例》第六十条规定，资格审查委员会成员认为招标投标活动不符合法律、行政法规规定的，有向招标人提出异议和向行政监督部门投诉的权利。

3. 资格审查委员会的义务

根据《招标投标法》第三十七条和《招标投标法实施条例》第四十六条规定，资格审查委员会的成员与投标人存在利害关系的，应当主动回避；根据《招标投标法》第四十条、第四十四条，以及《招标投标法实施条例》第四十九条规定，资格审查委员会成员应当按照资格预审文件规定的标准和方法进行资格审查，客观公正地履行职责，不得私下接触投标人，不得收受投标人给予的财物或者其他好处，不得向招标人征询确定中标人的意向，不得接受任何单位或者个人明示或者暗示提出的倾向或者排斥特定投标人的要求，不得透露对资格预审文件的评审、比较和通过资格预审的资格预审申请人的推荐情况以及与资格审查有关的其他情况，不得有其他不客观、不公正履行职务的行为。根据《招标投标法》第四十条规定，资格审查委员会完成资格审查后应当向招标人提交资格审查报告。根据《招标投标法实施条例》第六十二条规定，资格审查委员会及其成员有配合行政监督部门调查处理投诉的义务。

资格审查委员会在评审前应当严格检查资格预审申请文件的密封情况，如果出现一些被提前拆封，或者资格申请人文件存在被损毁等痕迹，应当依法启动澄清、说明程序或者要求招标人召集相关资格预审申请人对其资格预审申请文件进行核查和确认。

3.3.4.4 资格预审结果

根据《招标投标法实施条例》第十九条规定，资格预审结束后，招标人应当及时向资格预审申请人发出资格预审结果通知书。未通过资格预审的申请人不具有投标资格。通过资格预审的申请人少于 3 个的，应当重新招标。

1. 招标人负有及时通知资格预审结果的义务

本条要求招标人及时将资格预审的结果告知资格预审申请人，以便通过资格预审的申请人根据招标项目和自身的实际情况决定是否参与投标，并按照招标人的安排及时购领招标文件；以便没有通过资格预审的申请人及时调整经营计划，集中资源开拓新的市场。因此，资格预审结果的通知应当及时。所谓及时，应当根据项目具体情况，秉持诚实信用原则，在资格预审结果确定后，尽可能早地通知资格预审申请人。资格预审结果的通知应当区别通过和未通过两种情况，并采用书面形式。对于通过资格预审的申请人，招标人可以用投标邀请书代替资格预审结果通知书。根据《招标投标法实施条例》第十五条规定和现行标准文件，依法必须招标的项目，招标人应当要求通过的资格预审申请人收到结果通知后以书面方式确认是否参与投标，以避免招标失败和保证竞争效果。根据《招标投标法》第二十二条规定，资格预审结果的通知不应泄露通过资格预审的申请人的名称和数量。《招标投标法实施条例》起草过程中，有意见认为资格预审结果通知应当告知未通过资格预审的申请人其未通过资格预审的原因或理由，有利于约束招标人和资格审查委员会的行为。还有意见认为，资格预审结果及未通过资格预审的原因应当通过网络媒介公示。这些意见中，除公示资格预审结果不符合《招标投标法》第二十二条规定外，告知未通过的原因和理由对规范资格预审活动确有其积极意义，各地区、各部门可以积极探索。

2. 未通过资格预审的申请人不得参加投标

资格预审的目的是筛选出满足招标项目所需资格、能力和有参与招标项目投标意愿的潜在投标人。未通过资格预审的申请人意味着资格、能力不能满足招标项目的需要，或者明显不具备竞争优势。需要说明三点：一是通过资格预审的申请人并不必然或者必须参加投标。有些招标人在潜在投标人购买资格预审文件时即要求潜在投标人递交投标保证金即是对资格预审活动的错误理解。二是未通过资格预审的申请人包括未提交资格预审申请文件的潜在投标人。三是通过资格预审仅表明申请人具备了投标资格。资格预审通过后，投标人发生合并、分立、破产等重大变化，可能影响其资格的，应当按照《招标投标法实施条例》第三十八条的规定处理。

3. 通过资格预审的申请人少于 3 个的应当重新招标

《招标投标法》第二十八条规定，投标人少于 3 个的，招标人应当依法重新招标。根据本条规定，通过资格预审的申请人少于 3 个，意味着投标人必然少于 3 个。为提高效率，没有必要等到投标截止时间届至再决定重新招标。需要说明的是，这里的重新招标既可以是重新进行资格预审，也可以是直接发布招标公告（即采用资格后审方式）进行重新招标。通过资格预审申请人不足 3 个的，招标人应当分析导致这种结果的原因，包括资格预审公告的期限是否足够长、范围是否足够广，资格预审文件所提资格要求和审查标准是否过高或者脱离实际，是否存在限制或者排斥潜在投标人等。重新招标时，招标人应当甄别原因并予以纠正。

3.3.5 资格预审文件的编制

资格预审文件，是告知投标申请人有关的资格预审条件、标准和方法等，是资格预审申请文件编制和提交要求的载体，是对投标申请人的经营资格、履约能力进行评审，确定通过资格预审申请人的依据。根据要求，依法必须进行招标的房屋建筑和市政工程施工招标项目，应使用住房和城乡建设部发布的《房屋建筑和市政工程标准施工招标资格预审文件》，结合招标项目的技术管理特点和需求编制资格预审文件。按照《房屋建筑和市政工程标准施工招标资格预审文件》编写格式，资格预审文件的主要内容应包括资格预审公告、申请人须知、资格审查办法、资格预审申请文件格式和项目建设概况五部分。

《房屋建筑和市政工程标准施工招标资格预审文件》见二维码3-6。

二维码 3-6

3.3.5.1 招标公告、投标邀请书与资格预审公告

1. 招标公告

招标公告按照《招标投标法》第十六条规定，招标人采用公开招标方式的，应当发布招标公告。依法必须进行招标的项目的招标公告，应当通过国家指定的报刊、信息网络或者其他媒介发布。招标人以招标公告的方式邀请不特定的法人或者其他组织投标是公开招标最显著的一个特征。

招标公告的内容应当真实、准确和完整。招标公告一经发出即构成招标活动的要约邀请，招标人不得随意更改。根据《招标投标法》第十六条规定，招标公告应当载明招标人的名称和地址、招标项目的性质、数量、实施地点和时间以及获取招标文件的办法等事项，结合国务院有关部委规章中对招标公告内容的共性规定，招标公告基本内容包括：

（1）招标条件，包括招标项目的名称、项目审批、核准或备案机关名称、资金来源、简要技术要求以及招标人的名称等。

（2）招标项目的规模、招标范围、标段或标包的划分或数量。

（3）招标项目的实施地点或交货或服务地点。

（4）招标项目的实施时间，即工程施工工期或货物交货期或提供服务时间等。

（5）对投标人或供应商或服务商的资质等级与资格要求。

（6）获取招标文件的时间、地点、方式以及招标文件售价。

（7）递交投标文件的地点和投标截止日期。

（8）联系方式，包括招标人、招标或采购代理机构项目联系人的名称、地址、电话、传真、网址、开户银行及账号等联系方式。

（9）其他。

2. 投标邀请书

根据《招标投标法》第十七条规定，招标人采用邀请招标方式的，应当向3个以上具备承担招标项目的能力、资信良好的特定的法人或者其他组织发出投标邀请书。投标邀请书的内容和招标公告的内容基本一致，只需增加要求潜在投标人“确认”是否收到了投标邀请书的内容。如按照《房屋建筑和市政工程标准施工招标资格预审文件》中关于“投标邀请书”的条款，就专门要求潜在投标人在规定时间以前，用传真或快递方式向招标人“确认”是否收到了投标邀请书。

3. 资格预审公告

资格预审公告是指招标人通过媒介发布公告，表示招标项目采用资格预审的方式，公开选择条件合格的潜在投标人，使感兴趣的潜在投标人了解招标、采购项目的情况及资格条件，前来购买资格预审文件，参加资格预审和投标竞争。

根据《工程建设项目施工招标投标办法》《房屋建筑和市政工程标准施工招标资格预审文件》中的规定，工程建设项目资格预审公告内容包括：

（1）招标项目的条件，包括项目审批、核准或备案机关名称、资金来源、项目出资比例、招标人的名称等。

（2）项目概况与招标范围，包括本次招标项目的建设地点、规模、计划工期、招标范围、标段划分等。

（3）对申请人的资格要求，包括资质等级与业绩，是否接受联合体申请、申请标段数量。

（4）资格预审方法，表明是采用合格制还是有限数量制。

（5）资格预审文件的获取时间、地点和售价。

（6）资格预审申请文件的提交地点和截止时间。

（7）同时发布公告的媒介名称。

（8）联系方式，包括招标人、招标代理机构项目联系人的名称、地址、电话、传真、网址、开户银行及账号等。

招标人按照《房屋建筑和市政工程标准施工招标资格预审文件》中规定的格式发布资格预审公告后，应将实际发布的资格预审公告编入出售的资格预审文件中，作为资格预审邀请。资格预审公告应同时注明发布所在的所有媒介名称。

3.3.5.2 申请人须知

1. 申请人须知前附表

申请人前附表编写内容及要求：

（1）招标人及招标代理机构的名称、地址、联系人与电话，便于申请人联系。

（2）工程建设项目基本情况，包括项目名称、建设地点、资金来源、出资比例、资金落实情况、招标范围、标段划分、计划工期、质量要求，使申请人了解项目基本情况。

（3）申请人资格条件。告知申请人必须具备的工程施工资质、近年类似业绩、财务状况、拟投入人员、设备等技术力量等资格能力要素条件和近年发生诉讼、仲裁等履约信誉情况以及是否接受联合体申请和投标等要求。

（4）时间安排。明确申请人提出澄清资格预审文件要求的截止时间，招标人澄清、修改资格预审文件的时间，申请人确认收到资格预审文件澄清和修改文件的时间，使申请人知悉资格预审活动的时间安排。

（5）申请文件的编写要求。明确申请文件的签字和盖章要求、申请文件的装订及文件份数，使申请人知悉资格预审申请文件的编写格式。

（6）申请文件的提交规定。明确申请文件的密封和标识要求、申请文件提交的截止时间及地点、资格审查结束后资格预审申请文件是否退还，以使申请人能够正确提交申请文件。

（7）简要写明资格审查采用的方法，资格预审结果的通知时间及确认时间。

2. 总则

总则编写要把招标工程建设项目概况、资金来源和落实情况、招标范围和计划工期及质量要求叙述清楚，声明申请人资格要求，明确申请文件编写所用的语言，以及参加资格预审过程的费用承担者。

3. 资格预审文件

包括资格预审文件的组成、澄清及修改。

（1）资格预审文件由资格预审公告、申请人须知、资格审查方法、资格预审申请文件格式、项目建设概况以及对资格预审文件的澄清和修改构成。

（2）资格预审文件的澄清。要明确申请人提出澄清的时间、澄清问题的表达形式，招标人的回复时间和回复方式，以及申请人对收到答复的确认时间及方式。

① 申请人通过仔细阅读和研究资格预审文件，对不明白、不理解的意思表达，模棱两可或错误的表述，或遗漏的事项，可以向招标人提出澄清要求，但澄清要求应当在资格预审文件规定的时间前，以书面形式发给招标人。

② 招标人认真研究收到的所有澄清问题后，应在规定时间前以书面形式将资格预审澄清文件发放给所有获取资格预审文件的申请人，但不指明澄清问题的来源。资格预审文件的澄清内容可能影响资格预审申请文件编制的，招标人应当在申请人须知规定的提交资格预审申请文件截止时间至少 3 日前，以书面形式通知所有获取资格预审文件的申请人；不足 3 日的，招标人应当顺延提交资格预审申请文件的截止时间。

③ 申请人应在收到澄清文件后，在规定的时间内以书面形式向招标人确认已经收到。

（3）资格预审文件的修改。明确招标人对资格预审文件进行修改、通知的方式及时间，以及申请人确认的方式及时间。

① 招标人可以对资格预审文件中存在的问题、疏漏进行修改，但必须在资格预审文件规定的时间前，将资格预审修改文件以书面形式发放给所有获取资格预审文件的申请人。资格预审文件的修改内容可能影响资格预审申请文件编制的，招标人应当在申请人须知规定的提交资格预审申请文件截止时间至少 3 日前，以书面形式通知所有获取资格预审文件的申请人，不足 3 日的，招标人应当顺延提交资格预审申请文件的截止时间。

② 申请人应在收到修改文件后进行确认。

（4）对资格预审文件的异议。资格预审申请人或者其他利害关系人对资格预审文件有异议的，应当在提交资格预审申请文件截止时间 2 日前提出。招标人应当自收到异议之日起 3 日内作出答复；作出答复前，应当暂停招标投标活动。

（5）资格预审申请文件的编制。招标人应在本处明确告知申请人，资格预审申请文件的组成内容、编制要求、装订及签字盖章要求。

（6）资格预审申请文件的提交。招标人一般在这部分明确资格预审申请文件应按统一的规定要求进行密封和标识，并在规定的时间和地点提交。对于没有在规定地点、截止时间前提交的申请文件，应拒绝接收。

（7）资格审查。国有资金占控股或者主导地位的依法必须进行招标的项目，由招标人依法组建的资格审查委员会进行资格审查；其他招标项目可由招标人自行进行资格审查。

（8）通知和确认。明确审查结果的通知时间及方式，以及通过资格预审申请人的回复方式及时间。

（9）纪律与监督。对资格预审期间的纪律、保密、投诉以及对违纪的处置方式进行规定。

3.3.5.3 资格审查方法

（1）选择资格预审方法。资格预审的方法有合格制和有限数量制两种，分别适用于不同的条件。一般情况下，应当采用合格制，凡符合资格预审文件规定资格审查标准的申请人均通过资格预审，即取得相应投标资格。当潜在投标人过多时，可采用有限数量制。

（2）审查标准，包括初步审查和详细审查的标准，采用有限数量制时的评分标准。

（3）审查程序，包括资格预审申请文件的初步审查、详细审查、申请文件的澄清以及有限数量制的评分等内容和规则。

（4）审查结果。资格审查委员会完成资格预审申请文件的审查，确定通过资格预审的申请人名单，向招标人提交书面审查报告。

3.3.5.4 资格预审申请文件格式

资格预审申请文件包括以下基本内容和格式。

1. 资格预审申请函

资格预审申请函是申请人响应招标人参加招标资格预审的申请函，并对所提交的资格预审申请文件及有关材料内容的完整性、真实性和有效性作出声明。

2. 法定代表人身份证明或其授权委托书

（1）法定代表人身份证明，是申请人出具的用于证明法定代表人合法身份的证明。内容包括申请人名称、单位性质、成立时间、经营期限，法定代表人姓名、性别、年龄、职务等。

（2）授权委托书，是申请人及其法定代表人出具的正式文书，明确授权其委托代理人在规定的期限内负责申请文件的签署、澄清、提交、撤回、修改等活动，其活动的后果由申请人及其法定代表人承担法律责任。

3. 联合体共同投标协议

适合于允许联合体投标的资格预审。联合体各方联合声明共同参加资格预审申请和投标活动签订的联合协议。联合体共同投标协议中应明确牵头人、各方职责分工及协议期限，承诺对提交文件承担法律责任等。

4. 申请人基本情况

（1）申请人的名称、企业性质、主要股东、法定代表人、经营范围与方式、营业执照、成立时间、企业资质等级与资格声明，技术负责人、联系方式、开户银行、员工专业结构与人数等。

（2）申请人的施工能力：已承接任务的合同项目总价，最大年施工规模能力（产值），正在施工的规模数量，申请人的施工质量保证体系，拟投入本项目的主要设备仪器情况。

5. 申请人近年财务状况

申请人应提交近年（一般为近3年）经会计师事务所或审计机构审计的财务报表，包括资产负债表、损益表、现金流量表等用于招标人判断投标人的总体财务状况，进而评估其承担招标项目的财务能力和抗风险能力。必要时，可要求申请人提供银行出具的信用等级证书或银行资信证明。

6. 申请人近年完成的类似项目情况

申请人应提供近年已经完成的与招标项目性质、类型、规模标准类似的工程名称、地址，招标人名称、地址及联系电话，合同价格，申请人的职责定位、承担的工作内容、完成日期，实现的技术、经济和管理目标及使用状况，项目经理、技术负责人等。

7. 申请人拟投入技术和管理人员状况

申请人拟投入招标项目的主要技术和管理人员的身份、资格、能力，包括岗位任职、工作经历、职业资格、技术或行政职务、职称，完成的主要类似项目业绩等证明材料。

8. 申请人正在施工和新承接的项目情况

填报信息内容与“近年完成的类似项目情况”的要求相同。

9. 申请人近年发生的诉讼及仲裁情况

申请人应按资格预审文件要求提供指定年份的合同履行中，发生达到规定的涉案金额的争议或纠纷引起的诉讼、仲裁案件，以及已被明确处罚的主体、处罚种类、处罚范围的违法、违规行为，包括法院或仲裁机构作出的判决、裁决、行政处罚决定等法律文书复印件。

10. 其他材料

申请人提交的其他材料包括两部分：一是资格预审文件的申请人须知、评审办法等有要求，但申请文件格式中没有表述的内容，如ISO 9000、ISO 14000、OHSAS18001等质量管理体系、环境管理体系、职业健康安全管理体系认证证书，企业、工程、产品的获奖、荣获证书等；二是资格预审文件中没有要求提供，但申请人认为对自己通过资格预审比较重要的资料。

3.3.5.5 项目建设概况

工程建设项目概况的内容应包括项目说明、建设条件、建设要求和其他需要说明的情况。各部分具体编写要求如下：

1. 项目说明

首先应简要介绍工程建设项目的建设任务、工程规模标准和预期效益；其次说明项目的批准或核准情况；再次介绍该工程的项目业主、项目投资人出资比例以及资金来源；最后简要介绍项目的建设地点、计划工期、招标范围和标段划分情况。

2. 建设条件

主要描述建设项目所处位置的水文气象条件、工程地质条件、地理位置及交通条件等。

3. 建设要求

简要介绍工程施工技术标准要求，工程建设质量、进度、安全和环境管理等要求。

4. 其他需要说明的情况

需结合项目的工程特点和项目业主的具体管理要求提出。

资格审查文件编制见二维码 3-7。

二维码 3-7

3.3.6 资格预审文件的发售

资格预审文件编制完成后，即可进行发售。根据《招标投标法实施条例》第十六条规定，招标人应当按照资格预审公告、招标公告或者投标邀请书规定的时间、地点发售资格预审文件或者招标文件。资格预审文件或者招标文件的发售期不得少于 5 日。招标人发售资格预审文件、招标文件收取的费用应当限于补偿印刷、邮寄的成本支出，不得以营利为目的。

同时招标人应当合理确定提交资格预审申请文件的时间。根据《招标投标法实施条例》第十七条规定，依法必须进行招标的项目提交资格预审申请文件的时间，自资格预审文件停止发售之日起不得少于 5 日。

招标人可以对已发出的资格预审文件进行必要的澄清或者修改。澄清或者修改的内容可能影响资格预审申请文件编制的，招标人应当在提交资格预审申请文件截止时间至少 3 日前，以书面形式通知所有获取资格预审文件的潜在投标人，不足 3 日的，招标人应当顺延提交资格预审申请文件的截止时间。

3.4 评标方法

《房屋建筑和市政基础设施工程施工招标投标管理办法》及《评标委员会和评标方法暂行规定》明确规定，招标评标方法一般分为经评审的最低投标价法、综合评估法或者法律法规允许的其他评标方法。但是目前常用的是综合评估法、经评审的最低投标价法两大类。根据《招标投标法》第四十一条规定，中标人的投标应当符合下列条件之一：（1）能够最大限度地满足招标文件中规定的各项综合评价标准；（2）能够满足招标文件的实质性要求，并且经评审的投标价格最低；但是投标价格低于成本的除外。

3.4.1 综合评估法

综合评估法，也称打分法，是指评标委员会按预先确定的评分标准，对各招标文件需评审的要素（报价和其他非价格因素）进行量化、评审记分，以标书综合分的高低确定中标单位的方法。由于项目招标需要评定比较的要素较多，且各项内容的计量单位又不一致，如工期是天、报价是元等，因此综合评分法可以较全面地反映投标人的素质。

1. 综合评估法的主要特征

综合评估法是以投标文件能否最大限度地满足招标文件规定的各项综合评价标准为前提，在全面评审商务标、技术标、综合标等内容的基础上，评判投标人关于具体招标项目的技术、施工、管理难点把握的准确程度、技术措施采用的恰当和适用程度、管理资源投入的合理及充分程度等。比较容易制订具体项目的评标办法和评标标准，评标时，评委容易对照标准“打分”。一般采用量化评分的办法，综合投标价格、施工方案、进度安排、生产资源投入、企业实力和业绩、项目经理等各项因素的评分，按最终得分的高低确定中标候选人排序，原则上综合得分最高的投标人为中标人。衡量投标文件是否最大限度地满足招标文件中规定的各项评价标准，可以采取折算为货币的方法、打分的方法或者其他方法。需量化的因素及其权重应当在招标文件中明确规定。

评标委员会对各个评审因素进行量化时，应当将量化指标建立在同一基础或者同一标准上，使各投标文件具有可比性。对技术部分和商务部分进行量化后，评标委员会应当对这两部分的量化结果进行加权，计算出每一份投标的综合评估价或者综合评估分。

根据综合评估法完成评标后，评标委员会应当拟定一份“综合评估比较表”，连同书面评标报告提交招标人。“综合评估比较表”应当载明投标人的投标报价、所作的任何修正、对商务偏差的调整、对技术偏差的调整、对各评审因素的评估以及对每一份投标的最终评审结果。

综合评估法是目前适用最广泛的评标方法之一。

2. 综合评估法的适用范围

综合评估法强调的是最大限度地满足招标文件的各项要求，将技术因素和经济因素综合在一起，决定投标文件的质量优劣，不仅强调价格因素，也强调技术因素和综合实力因素。综合评估法一般适用于招标人对招标项目的技术、性能有特殊要求的项目，同时也适用于工程建设规模较大，履约工期较长，技术复杂，工程施工技术管理方案选择性较大，且工程质量、工期、技术、成本受施工技术管理方案影响较大，工程管理要求较高的工程招标项目。

3.4.2 经评审的最低投标价法

经评审的最低投标价法是指在满足招标文件实质性要求的条件下，评标委员会对投标报价以外的价值因素进行量化并折算成相应的价格，再与报价合并计算得到折算投标价，从中确定折算投标价最低的投标人作为中标（候选）人的评审方法。

1. 经评审的最低投标价法的主要特征

经评审的最低投标价法是以投标文件是否能完全满足招标文件的实质性要求和投标报价是否低于成本价为前提，以经评审的不低于成本的最低投标价为标准，由低向高排序而确定中标候选人。采用经评审的最低投标价法的，中标人的投标应当符合招标文件规定的技术要求和标准，但评标委员会无须对投标文件的技术部分进行价格折算。根据评审的最低投标价法完成详细评审后，评标委员会应当拟定一份“标价比较表”，连同书面评标报告提交招标人。“标价比较表”应当载明投标人的投标报价、对商务偏差的价格调整和说明以及经评审的最终投标价。

2. 经评审的最低投标价法的适用范围

经评审的最低投标价法强调的是优惠而合理的价格。适用于具有通用技术、性能标准或者招标人对其技术、性能没有特殊要求，工期较短，质量、工期、成本受不同施工方案影响较小，工程管理要求一般的施工招标的评标。不宜采用经评审的最低投标价法的招标项目，一般应当采取综合评估法进行评审。

评标方法介绍见二维码 3-8。

二维码 3-8

3.5 工程合同

3.5.1 合同条款及格式

合同条款是工程施工招标文件中非常重要的内容。目前，我国在工程建设领域推行使用住房和城乡建设部、国家市场监督管理总局制定的《建设工程施工合同（示范文本）》GF—2017—0201（以下简称《施工合同示范文本》）。主要依据《民法典》(自 2021 年 1 月 1 日起施行，《中华人民共和国婚姻法》《中华人民共和国继承法》《中华人民共和国民法通则》《中华人民共和国收养法》《中华人民共和国担保法》《中华人民共和国合同法》《中华人民共和国物权法》《中华人民共和国侵权责任法》《中华人民共和国民法总则》同时废止)、《建筑法》《招标投标法》以及相关法律法规制定，2017 年版《施工合同示范文本》是在 1999 版与 2013 版的基础上，参照国际惯例，听取了各方专家和技术人员的意见，经过多次反复讨论，对部分内容作了修改和调整，更加突出了国际性、系统性、科学性等特点，更好地体现了《施工合同示范文本》应具有的完备性、平等性与合法性，因此《施工合同示范文本》广泛适用于房屋建筑工程、土木工程、线路管道、设备安装和装修工程等领域。同时，《施工合同示范文本》为非强制性使用文本。在建筑工程领域的实际情况中，情况复杂多样，招标人编制的招标文件中的合同条款可根据工程项目的具体特点、实际情况和实际需要，对《施工合同示范文本》中的合同条款进行补充、细化和修改，但不得违反法律、行政法规的强制性规定和平等、自愿、公平和诚实信用原则。

《施工合同示范文本》合同条款由合同协议书、通用条款和专用条款三部分组成。

《施工合同示范文本》合同协议书共计十三条，主要包括工程概况、合同工期、质量标准、签约合同价和合同价格形式、项目经理、合同文件构成、承诺以及合同生效条件等重要内容，集中约定了合同当事人基本的合同权利义务。

在合同协议书中集中约定了与工程实施相关的主要内容，包括工程概况、合同工期、质量标准、签约合同价、合同价格形式、项目经理、合同文件构成、承诺以及合同生效条件等重要内容，集中约定了合同当事人基本的合同权利与义务等。合同协议书中列举了合同主要内容，一目了然，便于合同当事人了解合同主要内容。合同当事人可以根据各项目的不同情况，在专用合同条款中进行补充与细化。除合同当事人另有约定外，合同协议书在优先解释顺序上要优先于其他合同文件。因此，合同各当事人应慎重填写，避免因填写不当而影响关于合同的理解与适用原则。

通用合同条款是合同当事人根据《建筑法》《民法典》等法律法规的规定，就工程建设的实施及相关事项，对合同当事人的权利义务作出的原则性约定。合同当事人原则上不应直接修改通用条款，而是在专用条款中进行相应补充。

通用合同条款共计二十条，具体条款分别为一般约定、发包人、承包人、监理人、工程质量、安全文明施工与环境保护、工期和进度、材料与设备、试验与检验、变更、价格调整、合同价格、计量与支付、验收和工程试车、竣工结算、缺陷责任与保修、违约、不可抗力、保险、索赔和争议解决。前述条款安排既考虑了现行法律法规对工程建设的有关要求，也考虑了建设工程施工管理的特殊需要。合同具体内容及格式可自行查阅2017年版《施工合同示范文本》。

《建设工程施工合同（示范文本）》内容见二维码3-9。

二维码3-9

3.5.2 合同重点解析

3.5.2.1 合同文件的优先解释顺序

组成合同的各项文件应互相解释，互为说明。除专用合同条款另有约定外，解释合同文件的优先顺序如下：

（1）合同协议书。

（2）中标通知书（如果有）。

（3）投标函及其附录（如果有）。

（4）专用合同条款及其附件。

（5）通用合同条款。

（6）技术标准和要求。

（7）图纸。

（8）已标价工程量清单或预算书。

（9）其他合同文件。

上述各项合同文件包括合同当事人就该项合同文件所作出的补充和修改，属于同一类内容的文件，应以最新签署的为准。在合同订立及履行过程中形成的与合同有关的文件均构成合同文件组成部分，并根据其性质确定优先解释顺序。当合同文件种类较多，出现合同文件内容不一致时，需要确定文件的优先顺序来解决实际问题，保障合同的顺利履行。除合同当事人在专用条款中另有约定的以外，应以上述优先顺序为依据来确定合同解释的优先顺序。对合同内容进行补充或修改的文件，最新签署的解释的效力优先，但是应以同一类型的为限，例如对于技术标准和要求的补充文件，解释顺序优于原技术标准和要求，但是相对于其他类型的文件，排序仍然是第（6）位。合同类型众多，为避免冲突或遗漏，建议把有关合同内容的所有文件装订成册。

3.5.2.2　履约担保与支付担保

由于建筑工程领域经常发生拖欠工程款等纠纷问题，承包方需要发包方证明投资项目资金来源充足合法，保证能够按照合同约定支付工程款。根据《工程建设项目施工招标投标办法》第六十二条规定，招标人要求中标人提供履约保证金或其他形式履约担保的，招标人应当同时向中标人提供工程款支付担保。也就说是，招标文件要求中标人提交履约保证金或者其他形式履约担保的，中标人应当提交；拒绝提交的，视为放弃中标项目，招标人也应当同时向中标人提供工程款支付担保。

支付担保与履约担保的约定是由发包方和承包方根据建设工程的实际情况进行自由约定，无强制性约束力。针对担保方式和提供担保的期限，发包方和承包方可以在合同专用条款中自行约定。发包方在签约阶段，往往会利用自己的优势地位，而无视承包方的要求，拒绝或拖延提供支付担保，在实践中缺乏可操作性。因此，承包方应在决策前，对发包方的资信等情况进行充分地调查了解，以便规避各类风险。

3.5.2.3　分包注意事项

承包人应按专用合同条款的约定进行分包，确定分包人。已标价工程量清单或预算书中给定暂估价的专业工程，按照暂估价确定分包人。按照合同约定进行分包的，承包人应确保分包人具有相应的资质和能力。工程分包不减轻或免除承包人的责任和义务，承包人和分包人就分包工程向发包人承担连带责任。承包人不得将其承包的全部工程转包给第三人，或将其承包的全部工程支解后以分包的名义转包给第三人。承包人不得将工程主体结构、关键性工作及专用合同条款中禁止分包的专业工程分包给第三人，主体结构、关键性工作的范围由合同当事人按照法律规定在专用合同条款中予以明确。

3.5.2.4　合同填写注意事项

（1）发包人和承包人应填写法人全称而非简称，应与营业执照一致。注意不要填写公司简称，不要填写作为公司法定代表人的自然人。

（2）工程名称：填写 ××× 工程。

（3）工程地点：填写详细地点，例如 ×× 市 ×× 区（县）×× 路 ×× 号。

（4）项目审批、核准或备案机关名称和批文名称及编号的注明，主要是为潜在投标人在决策过程中辨别工程项目的真伪提供信息，以防被骗取保证金或中介费，被不具备发包条件的虚假发包人欺骗。

（5）资金来源应说明类型，包括国家投资、自筹资金、银行贷款、利用有价证券市场筹措、外商投资等；多种来源方式的，应列明方式及所占的比例。

（6）工程内容与工程承包范围应一致。工程内容主要是指建设规模、结构特征。以房屋建筑工程专业为例，包括建筑面积、层数、层高、结构类型、用途、占地面积等。工程承包范围主要工程的具体类别，例如土石方、土建、水电安装、防水、保温、弱电、园区道路及地下管网、绿化等所有施工内容。

（7）区别于实际开工日期、实际竣工日期，是对计划开工、竣工日期不一致情况的规范化表述。

（8）日历天数包括周末和法定节假日，注意应准确计算总日历天数。

（9）质量标准要按照国家、行业颁布的建设工程施工质量验收标准填写。工程质量标准可以填写为“达到国家现行有关施工质量验收标准要求”或“达到国家现行验收规范‘合格’标准”，也可以直接填写“合格”。对承包人来讲，注意约定为有关奖项为标准的成本；注意约定为应由发包人申请评选的奖项，发包人确定的标准的风险。

（10）签约合同价是指将整个承包范围内的所有价款相加求和；应注明是否包含指定分包专业工程价款或暂估价项目价款。

（11）合同价格形式包括单价合同价格形式、总价合同价格形式、可调价格合同价格形式；合同价格形式应与专用条款约定的一致。

（12）详细信息在专用条款中约定。

（13）中标通知书作为承诺的内容。在实践中，中标通知书送达中标人时生效；中标通知书的作用是告知中标人中标的消息，确定合同签订的时间。

（14）投标文件为要约的内容。

（15）技术标准和要求、图纸、已标价工程量清单或预算书作为合同文件组成部分，是工程实施的重要依据。

（16）专用合同条款及其附件须经合同当事人签字或盖章生效，避免发生争议。

（17）明确至区县一级，以便确定争议管辖的法院，尤其是约定“向合同签订地人民法院起诉”。

（18）补充协议应经变更备案，才能作为合同组成部分；补充协议合法有效的，在合同文件的优先顺序中排名最优先。

3.5.3 专用合同条款

专用合同条款是对通用合同条款原则性约定的细化、完善、补充、修改或另行约定的条款，根据工程具体情况做个性化约定。合同当事人可以根据不同建设工程的特点及具体情况，通过双方的谈判、协商对相应的专用合同条款进行修改与补充。

在使用专用合同条款时，应注意以下事项：

（1）专用合同条款的编号应与相应的通用合同条款的编号一致。

（2）合同当事人可以通过对专用合同条款的修改，满足具体建设工程的特殊要求，避免直接修改通用合同条款。

（3）在专用合同条款中有横线的地方，合同当事人可针对相应的通用合同条款进行细化、完善、补充、修改或另行约定；如无细化、完善、补充、修改或另行约定，则填写“无”或划“/”。

合同内容约定见二维码3-10。

二维码3-10

3.6　工程量清单

建筑工程施工招标投标的计价方式分为定额计价与工程量清单计价两种。全部使用国有资金投资或国有直接投资为主的建筑工程施工承发包，必须采用工程量清单计价方式。采用工程量清单计价方式进行施工招标投标时，招标人应当按相关要求提供工程量清单。

工程量清单是编制招标控制价及投标报价的依据，也是支付工程进度款和竣工结算时进行工程量调整的依据，同时可为投标人提供一个公开、公正、公平的竞争环境，进行评标的基础。

3.6.1　工程量清单编制主体

《建设工程工程量清单计价规范》GB 50500—2013 规定：工程量清单应由具有编制招标文件能力的招标人，或受其委托具有相应资质的中介机构进行编制，同时明确工程量清单应作为招标文件的组成部分。从上述规定可以看出，工程量清单是由招标人编制的。招标人在编制招标文件的同时，编制拟建工程项目的工程量清单，随招标文件发送给投标人，投标人根据招标人提供的清单项目进行报价。

工程量清单是对招标投标双方都具有约束力的重要文件，是进行招标投标活动的重要依据。由于专业性较强、内容复杂，所以需要业务技术水平较高的专业技术人员进行编制。一般来说，工程量清单应由具有编制能力的经过国家注册的造价工程师和具有工程造价咨询资质并按规定的业务范围承担工程造价咨询业务的中介机构进行编制。针对工程量清单格式的要求，清单封面上必须要有注册造价工程师签字并加盖执业专用章方为有效。

3.6.2　工程量清单编制内容

一个拟建项目的全部工程量清单包括分部分项工程量清单、措施项目清单和其他项目清单三部分。

以分部分项工程量清单的编制为例，首先要实行“五要素四统一”的原则，五要素即项目编码、项目名称、项目特征、计量单位、工程量计算规则；四统一即统一项目编码、统一项目名称、统一计量单位、统一工程量计算规则。在四统一的前提下编制清单项目。

分部分项工程量清单编码以 12 位阿拉伯数字表示。其中 1、2 位是附录顺序码，3、4 位是专业工程顺序码，5、6 位是分部工程顺序码，7、8、9 位是分项工程顺序码，10、11、12 位是清单项目名称顺序码。其中前 9 位是按照《房屋建筑与装饰工程工程量计算规范》GB 50854—2013 给定的全国统一编码，根据规定设置，后 3 位清单项目名称顺序码由编制人根据图纸的设计要求设置。

3.6.3 工程量清单编制要求

（1）分部分项工程量清单编制要保证准确性，包括数量与条目等内容，避免错项、漏项。因为投标人要根据招标人提供的工程量清单进行投标报价，如果工程量不准确，报价也不可能准确。因此清单编制完成后，除编制人要反复校核外，还必须要由其他专业技术人员进行复核。

（2）随着建设领域新材料、新技术、新工艺的出现，《建设工程工程量清单计价规范》GB 50500—2013 附录中缺项的项目，编制人可以作相应补充与修改。

（3）《房屋建筑与装饰工程工程量计算规范》GB 50854—2013 附录中的 9 位编码项目，有的涵盖面广，编制人在编制清单时要根据设计要求仔细分项。其宗旨就是要使清单项目名称更加具体化，项目划分更加清晰，以便于投标人合理报价。

编制工程量清单是一项涉及面广、环节多、政策性强、对技术和知识都有很高要求的技术经济工作。工程造价人员必须精通《房屋建筑与装饰工程工程量计算规范》GB 50854—2013，认真分析拟建工程的项目构成和各项影响因素，多方面接触工程实际，才能编制出高水平的工程量清单。

3.6.4 工程量清单相关说明

（1）工程量清单说明：工程量清单根据招标文件中包括的、有合同约束力的图纸以及有关工程量清单的国家标准、行业标准、合同条款中约定的工程量计算规则编制。约定计量规则中没有的子目，其工程量按照有合同约束力的图纸所标示尺寸的理论净量计算。计量采用中华人民共和国法定计量单位。工程量清单应与招标文件中的投标人须知、通用合同条款、专用合同条款、技术标准和要求及图纸等一起阅读和理解。工程量清单仅是投标报价的共同基础，实际工程计量和工程价款的支付应遵循合同条款的约定和合同第七章“技术标准和要求”的有关规定。补充子目工程量计算规则及子目工作内容说明。

（2）投标报价说明：工程量清单中的每一子目须填入单价或价格，且只允许有一个报价。工程量清单中标价的单价或金额，应包括所需的人工费、材料和施工机具使用费和企业管理费、利润以及一定范围内的风险费用等。工程量清单中投标人没有填入单价或价格的子目，其费用视为已分摊在工程量清单其他相关子目的单价或价格之中。暂列金额的数量及拟用子目的说明。

3.6.5 工程量清单的纠偏

在《施工合同示范文本》的通用条款第 1.13 条款及《建设工程工程量清单计价规范》GB 50500—2013 中第 9.5、第 9.6 条款，专门针对工程量清单错误的修正、缺项及偏差问题做出了相关规定。

1. 工程量清单缺项

合同履行期间，由于招标工程量清单中缺项，新增分部分项工程清单项目的，应按照《建设工程工程量清单计价规范》GB 50500—2013（以下简称《清单计价规范》）第 9.3.1 条的规定确定单价，并调整合同价款。新增分部分项工程清单项目后，引起措施项目发生变化的，应按照《清单计价规范》第 9.3.2 条的规定，在承包人提交的实施方案被发包人批准后调整合同价款。由于招标工程量清单中措施项目缺项，承包人应将新增措施项目实施方案提交发包人批准后，按照《清单计价规范》第 9.3.1 条、第 9.3.2 条的规定调整合同价款。

2. 工程量偏差

合同履行期间，当应该计算的实际工程量与招标工程量清单出现偏差，且符合《清单计价规范》第 9.6.2 条、第 9.6.3 条规定时，承发包双方应调整合同价款。对于任何招标工程量清单项目，当因第 9.6 节规定的工程量偏差和第 9.3 节规定的工程变更等原因导致工程量偏差超过 15% 时，可进行调整。当工程量增加 15% 以上时，增加部分的工程量的综合单价应予调低；当工程量减少 15% 以上时，减少后剩余部分的工程量的综合单价应予调高。当工程量出现《清单计价规范》第 9.6.2 条的变化，且该变化引起相关措施项目相应发生变化时，按系数或单一总价方式计价的，工程量增加的措施项目费调增，工程量减少的措施项目费调减。

工程量清单见二维码 3-11。

二维码 3-11

3.7　招标控制价（最高投标限价）

3.7.1　招标控制价（最高投标限价）简介

3.7.1.1　招标控制价（最高投标限价）的概念

招标控制价是招标人根据国家或省级、行业建设主管部门颁发的有关计价依据和办法，以及拟定的招标文件和招标工程量清单，结合工程具体情况编制的招标工程的最高投标限价，也可称为拦标价或预算控制价。国有资金投资的工程建设项目应实行工程量清单招标，并应编制招标控制价（最高投标限价）。招标控制价是招标人在工程招标时能接受投标人报价的最高限价。

招标控制价（最高投标限价）应在招标文件中注明，不应上调或下浮，招标人应将招标控制价（最高投标限价）及有关资料报送工程所在地工程造价管理机构备查。招标控制价（最高投标限价）超过批准的概算时，招标人应将其报原概算审批部门审核。投标人的投标报价高于招标控制价（最高投标限价）的，其投标应予拒绝。通常在潜在投标人不多、投标竞争不充分或容易引起串标的招标项目中使用，可以防止投标人串通抬标。

3.7.1.2 标底的概念

标底是招标人组织专业人员，按照招标文件规定的招标范围，结合有关规定、市场要素价格水平以及合理可行的技术经济方案，综合考虑市场供求状况，进行科学测算的预期价格。在建设工程招标投标活动中，标底的编制是工程招标中重要的环节之一，是评标、定标的重要依据，且工作时间紧、保密性强，是一项比较繁重的工作。标底的编制一般由招标单位委托由建设行政主管部门批准具有与建设工程相应造价资质的中介机构代理编制，为准备招标的工程计算出的一个合理的基本价格，通俗讲就是发包方定的价格底线。它不等于工程的概（预）算，也不等于合同价格。标底应当在开标时公布，不得规定以接近标底为中标条件，也不得规定投标报价超出标底上下浮动范围作为否决投标的条件。标底应客观、公正地反映建设工程的预期价格，也是招标单位掌握工程造价的重要依据，使标底在招标过程中显示出其重要作用。因此，标底编制的合理性、准确性直接影响工程造价。

3.7.1.3 招标控制价（最高投标限价）与标底的异同

1. 两者的区别

招标控制价（最高投标限价）是招标人可以承受的最高价格，必须在招标文件中公布，对投标报价的有效性具有强制约束力，投标人必须响应；标底是招标人可以接受的预期市场价格，在开标前必须保密，对投标报价没有强制约束力，仅作为评标参考。

2. 两者的共同点

两者均必须依据招标文件确定的内容和范围，以及与投标报价相同的清单进行编制；两者都具有难以避免和不同程度的风险，编制工作的失误都将影响评标和中标结果，特别是最高投标限价编制失误甚至会导致招标失败和难以挽回的损失。

3.7.1.4 编制标底应遵循的原则

国有资金投资的工程进行招标，根据《招标投标法》的规定，招标人可以设标底。当招标人不设标底时，为有利于客观、合理地评审投标报价和避免哄抬标价，造成国有资产流失，招标人应编制招标控制价（最高投标限价）。《招标投标法实施条例》第二十七条规定，招标人可以自行决定是否编制标底。一个招标项目只能有一个标底，且标底必须保密。接受委托编制标底的中介机构不得参加受托编制标底项目的投标，也不得为该项目的投标人编制投标文件或者提供咨询。招标人设有最高投标限价的，应当在招标文件中明确最高投标限价或者最高投标限价的计算方法。招标人不得规定最低投标限价。

1. 自愿原则

标底是招标人进行科学测算的预期价格。标底是评价分析投标报价竞争性、合理性的参考依据。工程招标项目通常具有单件性（独特性），缺少可供比较分析和控制的价格参考标准，特别对于潜在投标人不多、竞争不充分或容易引起串标的工程建设项目，往往需要编制标底。货物招标项目的价格与现成货物的可比性较强，一般不需要编制标底。招标人可以根据招标项目的特点需要自主决定是否编制，以及如何编制标底，有关部门不应当干预。

2. 唯一原则

标底与投标报价表示的招标项目内容范围、需求目标是相同的、一致的，体现了招标人准备选择的一个技术方案及其可以接受的一个市场预期价格，也是分析衡量投标报价的一个参考指标，所以一个招标项目只能有一个标底，否则将失去用标底与投标报价进行对比分析的意义。需要说明的是，所谓招标项目，在分标段或者标包的招标项目中是指具体的标段或者标包。

3. 保密原则

标底在评标中尽管只具有参考作用，但为了使标底不影响和误导投标人的公平竞争，标底在开标前仍然应当保密。

3.7.2 招标控制价（最高投标限价）编制

3.7.2.1 招标控制价（最高投标限价）的编制依据

招标控制价（最高投标限价）应根据下列依据进行编制：

（1）《建设工程工程量清单计价规范》GB 50500—2013。

（2）国家或省级、行业建设主管部门颁发的计价定额和计价办法。

（3）建设工程设计文件及相关资料。

（4）招标文件中的工程量清单及有关要求。

（5）建设项目相关的标准、技术资料。

（6）工程造价管理机构发布的工程造价信息；没有发布的参照市场价。

（7）其他相关资料。主要指施工现场情况、工程特点及常规施工方案等。

应该注意的是，使用的计价标准、计价政策应是国家或省级、行业建设主管部门颁布的计价定额和相关政策规定；采用的材料价格应是工程造价管理机构通过工程造价信息发布的材料单价，工程造价信息未发布材料单价的材料，其材料价格应通过市场调查确定；有规定的，应按规定执行。

3.7.2.2 招标控制价（最高投标限价）的编制方法

（1）分部分项工程费应根据招标文件中的分部分项工程量清单项目的特征描述及有关要求，按规定确定综合单价进行计算。综合单价中应包括招标文件中要求投标人承担的风险费用。招标文件提供了暂估单价的材料，按暂估的单价计入综合单价。

（2）措施项目费应按招标文件中提供的措施项目清单确定，措施项目采用分部分项工程综合单价形式进行计价的工程量，应按措施项目清单中工程量，并按规定确定综合单价；以“项”为单位的方式计价的，按规定确定除规费、税金以外的全部费用。措施项目费中的安全文明施工费应当按照国家或省级、行业建设主管部门的规定标准计价。

（3）其他项目费应按下列规定计价。

1）暂列金额。暂列金额由招标人根据工程特点，按有关计价规定进行估算确定。为保证工程施工建设的顺利实施，在编制招标控制价（最高投标限价）时应对施工过程中可能出现的各种不确定因素对工程造价的影响进行估算，列出一笔暂列金额。暂列金额可根据工程的复杂程度、设计深度、工程环境条件（包括地质、水文、气候条件等）进行估算，一般可按分部分项工程费的10%～15%作为参考。

2）暂估价。暂估价包括材料暂估价和专业工程暂估价。暂估价中的材料单价应按照工程造价管理机构发布的工程造价信息或参考市场价格确定；暂估价中的专业工程暂估价应分不同专业，按有关计价规定估算。

3）计日工。计日工包括计日工人工、材料和施工机械。在编制招标控制价（最高投标限价）时，对计日工中的人工单价和施工机械台班单价应按省级、行业建设主管部门或其授权的工程造价管理机构公布的单价计算；材料应按工程造价管理机构发布的工程造价信息中的材料单价计算，未发布材料单价的材料，其价格应按市场调查确定的单价计算。

4）总承包服务费。招标人应根据招标文件中列出的内容和向总承包人提出的要求，参照下列标准计算：

① 招标人有权要求对分包的专业工程进行总承包管理和协调时，按分包的专业工程估算造价的1.5%计算。

② 招标人要求对分包的专业工程进行总承包管理和协调，并同时要求提供配合服务时，根据招标文件中列出的配合服务内容和提出的要求，按分包的专业工程估算造价的3%～5%计算。

③ 招标人自行供应材料的，按招标人供应材料价值的1%计算。

④ 招标控制价的规费和税金必须按国家或省级、行业建设主管部门的规定标准计算。

3.7.2.3　招标控制价（最高投标限价）编制的注意事项

（1）招标控制价（最高投标限价）的作用决定了招标控制价不同于标底，无须保密。为体现招标的公平、公正，防止招标人有意抬高或压低工程造价，招标人应在招标文件中如实公布招标控制价（最高投标限价），不得对所编制的招标控制价（最高投标限价）进行上浮或下调。招标人在招标文件中公布招标控制价（最高投标限价）时，应公布招标控制价（最高投标限价）各组成部分的详细内容，不得只公布招标控制价（最高投标限价）总价。同时，招标人应将招标控制价（最高投标限价）报工程所在地的工程造价管理机构备查。

（2）投标人经复核认为招标人公布的招标控制价（最高投标限价）未按照《建设工程工程量清单计价规范》GB 50500—2013的规定进行编制的，应在开标前5天向招标投标监督机构或（和）工程造价管理机构投诉。招标投标监督机构应会同工程造价管理机构对投诉进行处理，发现确有错误的，应责成招标人修改。

3.8　招标文件编制与发售

招标文件编制完成后，应在封面处加盖招标代理公司项目负责人执业资格印章，并到当地标办进行招标文件的备案，同时确定开标时间，进行标室预约等相关工作。同时在开标之前 1 日到标办抽取评审专家，并办理相关手续，包括评审专家抽取申请表加盖公章、招标人拟派开标评审代表资格条件登记表加盖公章、拟派评审代表劳动合同、社保证明、建筑业相关专业高级职称证书、身份证（出示原件并提供复印件加盖公章）等。

根据《工程建设项目施工招标投标办法》的相关规定，招标人应当按招标公告或者投标邀请书规定的时间、地点出售招标文件。自招标文件出售之日起至停止出售之日止，最短不得少于 5 日。

招标人可以通过招标投标相关信息网络或者其他媒介发布招标文件等相关信息，通过信息网络或者其他媒介发布的招标文件与书面招标文件具有同等法律效力，出现不一致时以书面招标文件为准，国家另有规定的情形除外。

对招标文件的收费应当限于补偿印刷、邮寄的成本支出，不得以营利为目的。对于所附的设计文件，招标人可以向投标人酌情收取押金；对于开标后投标人退还设计文件的，招标人应当向投标人退还押金等。

招标文件一旦售出后，即不予退还。除不可抗力原因外，招标人在发布招标公告、发出投标邀请书后或者售出招标文件后不得终止招标。

3.9　招标文件的修改和澄清

3.9.1　招标文件的修改

根据《招标投标法实施条例》第二十一条规定，招标人可以对已发出的资格预审文件或者招标文件进行必要的澄清或者修改。澄清或者修改的内容可能影响资格预审申请文件或者投标文件编制的，招标人应当在提交资格预审申请文件截止时间至少 3 日前，或者投标截止时间至少 15 日前，以书面形式通知所有获取资格预审文件或者招标文件的潜在投标人；不足 3 日或者 15 日的，招标人应当顺延提交资格预审申请文件或者投标文件的截止时间。

1. 资格预审文件或者招标文件发出后，招标人可以进行修改和澄清

招标人对已发出的资格预审文件或者招标文件进行澄清和修改既可能是主动的，也可能是被动的。所谓主动，就是招标人自己发现资格预审文件或者招标文件存在遗漏、错误、相互矛盾、含义不清、需要调整一些要求或者存在违法的规定时，可以通过修改和澄清方式进行补救。所谓被动，是相对于招标人主动修改和澄清而言的，尽管修改和澄清的实际自主权仍在招标人，但需要修改和澄清的问题来自潜在投标人。招标人根据潜在投标人提出的疑问和异议，对资格预审文件或者招标文件作出修改和澄清，是招标人和潜在投标人之间的一种良性互动。事实上，招标人作为文件编制人，往往很难发现其编制的文件中存在的错漏，以及可能存在的一些不尽合理甚至不合法的规定和要求，潜在投标人从投标角度提出的疑问和异议，有助于招标人及时纠正错误，完善文件，提高采购质量。从这个意义上讲，招标人应当重视潜在投标人提出的疑问和异议，并认真加以对待，切忌有排斥情绪。相应地，潜在投标人应当在资格预审文件或者招标文件规定的时间前，认真学习和研究资格预审文件或者招标文件，并将自己的疑问和异议及时反馈给招标人，以便招标人在修改和澄清资格预审文件或者招标文件时有所参考，在一定程度上也能避免自己被动地响应资格预审文件或者招标文件。

根据《招标投标法实施条例》第二十二条规定，潜在投标人或者其他利害关系人对资格预审文件有异议的，应当在提交资格预审申请文件截止时间 2 日前提出；对招标文件有异议的，应当在投标截止时间 10 日前提出。招标人应当自收到异议之日起 3 日内作出答复；作出答复前，应当暂停招标投标活动。

潜在投标人对资格预审文件和招标文件的疑问和异议均可能导致澄清和修改。潜在投标人包括资格预审申请人。疑问和异议的区别在于：一是疑问主要是关于资格预审文件和招标文件中可能存在的遗漏、错误、含义不清甚至相互矛盾等问题；而异议则主要针对资格预审文件和招标文件中可能存在的限制或者排斥潜在投标人、对潜在投标人实行歧视待遇、可能损害潜在投标人合法权益等违反法律法规规定和“三公”原则的问题。二是疑问应当在资格预审文件和招标文件规定的时间之前提出，异议则应当在《招标投标法实施条例》第二十二条规定的时间前提出，以便招标人及时纠正，防止损失扩大。当然，逾期提出的疑问和异议，如果问题确实存在，招标人也应当认真对待，依法及时纠正存在的问题。三是疑问及其回复应当以书面形式通知所有购买资格预审文件或者招标文件的潜在投标人，以保证潜在投标人同等获得投标所需的信息。《招标投标法实施条例》第二十二条并没有规定异议及其回复应当以书面形式通知所有购买资格预审文件或者招标文件的潜在投标人，但根据本条规定，需要对资格预审文件或者招标文件作出修改或者澄清的异议及其回复，应当以书面形式通知所有购买资格预审文件或者招标文件的潜在投标人。

2. 澄清或修改必须在规定的时间前进行

根据《招标投标法实施条例》第二十一条规定，澄清和修改可能影响资格预审申请文件或者投标文件编制的，应当在提交资格预审申请文件截止时间至少 3 日前，或者投标截止时间至少 15 日前通知所有获取资格预审文件或者招标文件的潜在投标人，以确保潜在投标人有足够的时间根据澄清和修改内容相应调整投标文件、资格预审申请文件。主要考虑的是，有些澄清、修改可能不影响投标文件或者资格预审申请文件的编制，为提高效率，本条在补充资格预审申请文件澄清、修改时间的同时，将必须在投标截止时间至少 15 日前以书面方式进行的澄清或者修改，限定在可能影响投标文件编制的情形。

实践中可能影响资格预审申请文件编制的澄清或者修改的情形包括调整资格审查的因素和标准，改变资格预审申请文件的格式，增加资格预审申请文件应当包括的资料、信息等。可能影响投标文件编制的澄清或者修改情形，包括但并不限于对拟采购工程、货物或服务所需的技术规格，质量要求，竣工、交货或提供服务的时间，投标担保的形式和金额要求，以及需执行的附带服务等内容的改变。这些改变将给潜在投标人带来大量额外工作，必须给予潜在投标人足够的时间以便编制完成并按期提交资格预审申请文件或者投标文件。因此，招标人以书面形式通知潜在投标人的时间至文件提交截止时间不足 3 日或者 15 日的，招标人应当顺延提交资格预审申请文件或者投标文件的截止时间。对于减少资格预审申请文件需要包括的资料、信息或者数据，调整暂估价的金额，增加暂估价项目，开标地点由同一栋楼的一个会议室调换至另一个会议室等不影响资格预审申请文件或者投标文件编制的澄清和修改，则不受 3 日或者 15 日的期限限制。

随着电子化招标投标的逐步推广，一些招标项目允许潜在投标人匿名从网上下载资格预审文件和招标文件，已获取资格预审文件或者招标文件的潜在投标人的名称和联系方式可能无法事先知悉，需要对资格预审文件或者招标文件进行澄清和修改的，招标人在提供下载资格预审文件和招标文件的网站上公布澄清或者修改内容即可。

3.9.2 招标文件的澄清

3.9.2.1 标前澄清

《招标投标法实施条例》第三十二条规定，招标人不得以不合理的条件限制、排斥潜在投标人或者投标人。违反此条规定的情形之一则是就同一招标项目向潜在投标人或者投标人提供有差别的项目信息。因此，招标人的澄清回复即便未对招标文件构成修改，但只要其中有涉及项目信息的内容，就应当及时通知所有潜在投标人。

投标人必须按照招标人通知的澄清内容和时间对问题作出澄清。必要时招标人可要求投标人就澄清的问题作书面答复，该答复经投标人的法定代表人或授权代表的签字认可，将作为投标文件的一部分。

澄清的请求必须是书面的，且必须在投标截止期前15天（或者业主规定的其他时间）提交需澄清的问题，以便留给投标人足够的时间考虑业主的答复。

无论是招标人根据需要主动对招标文件进行必要的澄清，还是根据投标人的要求对招标文件做出澄清，招标人都将以书面形式予以澄清，同时将书面澄清文件向所有投标人发送。投标人在收到该澄清文件后，在规定时间内以书面形式给予确认。该答复作为招标文件的组成部分，具有约束作用。

3.9.2.2 投标澄清

在投标中有错误及让人误解的地方，通过正式的方式进行解释，达到更正错误及让人理解的方式叫作投标澄清。澄清是投标人应评标委员会要求做出的。只有评标委员会能够启动澄清程序，并书面通知该投标人。其他相关主体，不论是招标人、招标代理机构，或是行政监督部门，均无权发动澄清。

澄清、说明或者补正不得超出投标文件的范围或者改变投标文件的实质性内容。如果评标委员会一致认为某个投标人的报价明显不合理，有降低质量、不能诚信履约的可能时，评标委员会有权通知投标人限期进行解释。若该投标人未在规定期限内做出解释，或作出的解释不合理，经评标委员会取得一致意见后，可确定拒绝该投标。

澄清函也称澄清文件，是投标过程中投标单位对投标文件中有含义不明确的内容、前后表述不一致、明显的文字或者计算错误的内容，为了避免出现歧义做出的书面补充而出具的书面澄清文件说明。

投标澄清函范本见二维码 3-12。

二维码 3-12

导入案例解析

（1）妥当。《招标投标法》第二十一条规定，招标人根据招标项目的具体情况，可以组织潜在投标人踏勘项目现场。《招标投标法实施条例》第二十八条规定，招标人不得组织单人或部分潜在投标人踏勘项目现场，因此招标人可以不组织项目现场踏勘。

（2）妥当。《招标投标法实施条例》第二十二条规定，潜在投标人或者其他利害关系人对资格预审文件有异议的，应当在提交资格预审申请文件截止时间 2 日前提出；对招标文件有异议的，应当在投标截止时间 10 日前提出。招标人应当自收到异议之日起 3 日内作出答复；作出答复前，应当暂停招标投标活动。

（3）不妥当。投标报价由投标人自主确定，招标人不能要求投标人采用指定的人、材、机消耗量标准。

（4）妥当。清标工作组应该由招标人选派或者邀请熟悉招标工程项目情况和招标投标程序、专业水平和职业素质较高的专业人员组成，招标人也可以委托工程招标代理单位、工程造价咨询单位或者监理单位组织具备相应条件的人员组成清标工作组。

（5）不妥当。不是低于招标控制价而是适用于低于其他投标报价或者标底、成本的情况。《评标委员会和评标方法暂行规定》第二十一条规定：在评标过程中，评标委员会发现投标人的报价明显低于其他投标报价或者在设有标底时明显低于标底的，使得其投标报价可能低于其个别成本的，应当要求该投标人作出书面说明并提供相关证明材料。投标人不能合理说明或者不能提供相关证明材料的，由评标委员会认定该投标人以低于成本报价竞标，其投标应作废标处理。

实训任务一　招标文件内容构成

（一）任务说明

（1）根据章节卡片资料，完成招标文件章节内容构成与结构排序，插入卡册中。

（2）利用决策币，选出认为正确的团队决策方案。

（3）组内讨论，达成一致，选出认为正确的团队决策方案。

（4）所选决策方案错误，扣除所投入决策币。

（5）所选决策方案正确，将错误团队的决策币奖励给正确团队。

（二）操作过程

（1）在项目经理的组织下，团队成员通过讨论决策，在章节目录卡片中集中选出招标文件所需章节。

（2）团队内部讨论，确定所选出章节卡片的先后顺序。

（3）将所选卡片按照决策好的先后顺序，插入招标投标实训册中（每 1～2 页一张卡片，预留决策单据位置）。

招标文件内容构成具体操作见二维码 3-13。

二维码 3-13

实训任务二　招标公告／投标邀请书决策

（一）任务说明

结合招标单据手册相关单据，完成招标公告／投标邀请书关键内容决策。

（二）操作过程

1. 根据项目资料背景，描述专用宿舍楼工程项目概况并说明项目发包范围

（1）项目经理带领团队成员依据背景资料讨论，完成单据《项目概况与招标范围》（图 3-2）填写，清晰描述工程项目概况，说明项目发包范围与标段划分方式。

组别：　　　　**项目概况与招标范围**　　　　日期：

序号	项目	内容描述
1	建设地点	
2	建设规模（m^2）	
3	结构形式	
4	开竣工日期	
5	工程总造价	
6	招标范围	
7	标段划分	□ 是，划分___个标段 □ 否

填表人：　　　　会签人：　　　　审批人：

图 3-2　项目概况与招标范围

（2）将单据决策结果与团队成员沟通无误后，插入招标公告章节下。

2. 决策确定项目企业资质门槛

市场经理根据项目概况与相关法律规定，完成单据《企业资质门槛要求》（图 3-3）填写，决策并确定招标项目的企业资质门槛要求。

3. 决策确定管理人员门槛要求

技术经理依据背景资料与相关法律法规要求，完成单据《项目负责人资格门槛要求》与《项目管理人员资格门槛要求》填写，决策并确定项目负责人与项目管理人员的资格要求（图 3-4）。

4. 决策确定企业业绩与企业信誉门槛要求

商务经理依据背景资料与相关法律法规要求，完成单据《企业业绩要求》与《企业信誉要求》填写，决策并确定企业业绩与企业信誉的资格要求（如图 3-5 所示）。

组别： **企业资质门槛要求** 日期：

工程造价（万元）	资质等级	附属条件	联合体模式
	□ 房屋建筑与施工总承包特级资质 □ 房屋建筑与施工总承包一级资质 □ 房屋建筑与施工总承包二级资质 □ 房屋建筑与施工总承包三级资质	□ 安全生产许可证 □ 营业执照 □ 资信等级证书	□ 接受 □ 不接受 □ 联合体协议 □ 口头协议

填表人： 会签人： 审批人：

图 3-3 企业资质门槛要求

组别： **项目负责人资格门槛要求** 日期：

<table>
<tr><td>序号</td><td colspan="2">1</td><td colspan="2">2</td><td>3</td><td>4</td><td>5</td></tr>
<tr><td>条件</td><td colspan="2">执业资格</td><td colspan="2">职称等级</td><td>安全生产考核合格</td><td>新增条件</td><td>工作年限</td></tr>
<tr><td rowspan="6">具体内容</td><td>专业</td><td>等级</td><td rowspan="2">□ 高级</td><td>□ 高级工程师</td><td rowspan="2">□主要负责人（A 证）</td><td rowspan="2">□ 科技创新能力</td><td rowspan="6"></td></tr>
<tr><td>□ 建筑工程专业</td><td rowspan="5">□ 一级建造师
□ 二级建造师</td><td>□ 高级经济师</td></tr>
<tr><td>□ 市政公用工程专业</td><td rowspan="2">□ 中级</td><td>□ 工程师</td><td rowspan="2">□ 项目负责人（B 证）</td><td rowspan="2">□ 节约能源资源</td></tr>
<tr><td>□ 机电工程专业</td><td>□ 经济师</td></tr>
<tr><td>□ 水利水电专业</td><td rowspan="2">□ 初级</td><td>□ 助理工程师</td><td rowspan="2">□ 专职安全员（C 证）</td><td rowspan="2">□ 生态环保</td></tr>
<tr><td>□ 公路工程专业</td><td>□ 助理经济师</td></tr>
</table>

填表人： 会签人： 审批人：

（a）

组别： **项目管理人员资格门槛要求** 日期：

<table>
<tr><td>序号</td><td>条件设置</td><td colspan="6">具体内容</td></tr>
<tr><td>1</td><td>项目管理人员分类</td><td colspan="6">□ 项目技术负责人 □ 专职安全员 □ 质量员 □ 施工员
□ 材料员 □ 资料员 □ 劳务员 □ 机械员 □ 造价员</td></tr>
<tr><td>2</td><td>专业</td><td colspan="3">□ 土建 □ 电气 □ 水暖</td><td colspan="2">数量（人）</td><td></td></tr>
<tr><td rowspan="2">3</td><td rowspan="2">职称等级</td><td rowspan="2">□ 高级</td><td>□ 高级工程师</td><td rowspan="2">□ 中级</td><td>□ 工程师</td><td rowspan="2">□ 初级</td><td>□ 助理工程师</td></tr>
<tr><td>□ 高级经济师</td><td>□ 经济师</td><td>□ 助理经济师</td></tr>
<tr><td>4</td><td>岗位证书</td><td colspan="6">□ 专职安全员（C 证） □ 质检员 □ 施工员
□ 材料员 □ 资料员 □ 劳务员 □ 机械员 □ 预算员</td></tr>
<tr><td>5</td><td colspan="2">工作年限（年）</td><td></td><td colspan="2">工程业绩</td><td colspan="2">近___年；数量___个</td></tr>
</table>

填表人： 会签人： 审批人：

（b）

图 3-4 项目负责人与管理人员的资格要求

（a）项目负责人资格门槛要求；（b）项目管理人员资格门槛要求

组别：　　　　**企业业绩要求**　　　　日期：

<table>
<tr><td>序号</td><td>项目名称</td><td colspan="5">具体内容</td></tr>
<tr><td rowspan="3">1</td><td rowspan="3">类似工程</td><td>建筑面积（m^2）</td><td>结构类型</td><td>层数</td><td>工程造价（万元）</td><td>特殊工艺</td></tr>
<tr><td></td><td></td><td></td><td></td><td></td></tr>
<tr><td></td><td></td><td></td><td></td><td></td></tr>
<tr><td rowspan="2">2</td><td rowspan="2">业绩门槛</td><td>类别</td><td>公司业绩（个）</td><td>项目负责人业绩</td><td colspan="2">项目技术负责人业绩（个）</td></tr>
<tr><td>近__年数量</td><td></td><td></td><td></td><td></td></tr>
<tr><td>3</td><td>财务状况</td><td colspan="5">□ 资产负债表　□ 平均资产负债率
□ 净资产额　□ 财务审计报告　□ 财务分析数据</td></tr>
</table>

填表人：　　　　会签人：　　　　审批人：

（a）

组别：　　　　**企业信誉要求**　　　　日期：

序号	评价内容	选项
1	□ 施工合同履行情况	
2	□ 施工管理人员到位情况	
3	□ 质量、安全管理情况	
4	□ 银行信贷情况	
5	□ 突发事故、事件应急处理情况	
6	□ 工人工资按时支付情况	
7	□ 骗取中标严重违约情况	
8	□ 其他重大违纪违约情况	

填表人：　　　　会签人：　　　　审批人：

（b）

图 3-5　企业业绩门槛要求

（a）企业业绩要求；（b）企业信誉要求

5. 确定资格审查评审办法

根据具体工程资料背景，结合单据完成填写（图 3-6）。

组别：　　　　**资格审查评审方法**　　　　日期：

<table>
<tr><td>序号</td><td>项目</td><td colspan="3">具体内容</td></tr>
<tr><td rowspan="4">1</td><td rowspan="4">资格审查方式</td><td rowspan="2">□ 资格预审</td><td colspan="2">□ 合格制</td></tr>
<tr><td colspan="2">□ 有限数量制，入围______家</td></tr>
<tr><td rowspan="2">□ 资格后审</td><td colspan="2">□ 合格制</td></tr>
<tr><td colspan="2">□ 评分制</td></tr>
<tr><td rowspan="2">2</td><td rowspan="2">资格审查方式的优劣</td><td>□ 合格制</td><td>优势
劣势</td><td rowspan="2">① 投标竞争性强，有利于获得更多、更好的投标人和投标方案
② 在一定程度上限制了潜在投标人的范围，使一些潜在投标人失去了中标的机会
③ 对满足资格条件的所有申请人公平、公正
④ 投标人可能较多，从而加大投标和评标工作量，浪费社会资源
⑤ 有利于降低招标投标活动的社会综合成本，提高投标的针对性和积极性</td></tr>
<tr><td>□ 有限数量制</td><td>优势
劣势</td></tr>
</table>

填表人：　　　　审批人：

图 3-6　资格审查评审办法

（三）成果展示

将上述任务所需卡片、单据按照相关法律法规及规定完成，放置在广联达工程招标投标沙盘模拟综合实训册中，方便后期编制资格预审文件时查看使用。

实训任务三 投标人须知决策

（一）任务说明

结合招标单据手册相关单据，完成投标人须知关键内容决策。

（二）操作过程

完成投标人须知部分内容决策判定。

（1）项目经理带领团队成员依据专用宿舍楼背景资料讨论，完成单据《投标人须知内容判定》（图 3-7）填写。

组别： **投标人须知内容判定** 日期：

序号	工作项内容	必须告知投标人的内容选择
1	① 资金落实情况	
2	② 计划工期	
3	③ 质量要求	
4	④ 申请人资质条件、能力和信誉	
5	⑤ 资格审查程序	
6	⑥ 招标范围	
7	⑦ 签字和（或）盖章要求	
8	⑧ 资格审查办法	
9	⑨ 提交资格申请截止时间与地点	
10	⑩ 招标人澄清资格预审文件的截止时间	
11	⑪ 申请人要求澄清资格预审文件的截止时间	

图 3-7 投标人须知内容判定

（2）与招标公告内容相同部分可填写详同招标公告。

（3）与项目招标方式流程不一致的内容请修订。

（4）将单据决策结果插入投标人须知章节下。

实训任务四　资格预审文件内容构成

（一）任务说明

（1）根据章节卡片资料，完成资格预审文件章节内容构成与结构排序，插入卡册中。

（2）利用决策币，选出认为正确的团队决策方案组内讨论，达成一致；选出认为正确的团队决策方案，所选决策方案错误，扣除所投入决策币；所选决策方案正确，将错误团队的决策币奖励给正确团队。

（二）操作过程

（1）在项目经理的组织下，团队成员通过讨论决策在章节目录卡片中集中选出资格预审文件所需章节。

（2）团队内部讨论，确定所选出章节卡片的先后顺序。

（3）将所选卡片按照决策好的先后顺序，插入招标投标实训册中（每1～2页一张卡片，预留决策单据位置）。

实训任务五　资格预审文件编制

（一）任务说明

1. 根据工程资料完成电子版资格预审文件编制

项目经理带领团队成员，根据之前填写的单据资料，结合案例内容共同完成一份电子版资格预审文件。

2. 资格预审文件编制方式

资格预审文件编制可采用以下两种方式：

（1）结合电子版资格预审文件范本完成。

（2）结合广联达电子招标书编制工具完成（图 3-8）。

图 3-8　电子招标书编制工具图标

3. 成果展示

招标人资格预审文件成果文件：

（1）根据电子版资格预审文件范本完成编制的成果文件。

（2）根据软件完成三种格式文件：.GZB7 格式、.GZ7 格式、.PDF 格式（图 3-9）。

（a）

（b）

（c）

图 3-9　三种格式资格预审文件图标

实训任务六　资格预审文件的备案

（一）任务说明

完成资格预审文件的备案、发售工作。

电子招标投标项目交易管理平台网址：http: //gbp.glodonedu.com/G2。

（二）操作过程

完成资审文件的备案、发售工作：

（1）资审文件备案。

（2）行政监管人员在线审批：

行政监管人员登录工程交易管理服务平台，用初审监管员账号进入电子招标投标项目交易管理平台，完成招标工程的资格预审文件审批工作。

实训任务七　招标文件评标方法确定

（一）任务说明

（1）结合招标单据手册相关单据，决策招标文件编制中评标方法部分相关的内容。

（2）利用决策币，选出正确的团队决策方案。

（3）组内讨论，达成一致，选出正确的团队决策方案，将决策币投给该团队，允许投币额度 1～3 枚。所选决策方案错误，扣除所投入决策币；所选决策方案正确，将错误团队的决策币奖励给正确团队。

（二）操作过程

1. 确定评标委员会的组成、标书评审的分值构成

（1）项目经理带领团队成员讨论，完成单据《评标办法》填写，确定本招标工程的评标委员会的组成、标书评审的分值构成（图 3-10）。

组别：　　　　　　　　评标方法　　　　　　　　日期：

常用评标方法	具体内容	适用性判定
□ 经评审的最低投标价法		□ 工程建设规模较大，履约工期较长，技术复杂 □ 具有通用技术、对其技术、性能没有特殊要求的招标项目 □ 适用范围很广、评审简单、没有难度、工程管理要求简单的工程招标项目 □ 工程施工技术管理方案选择性较大，且工程质量、工期、技术、成本受施工技术管理方案影响较大，工程管理要求较高的工程招标项目 □ 工程施工技术管理方案的选择性较小、且工程质量、工期、技术、成本受施工技术管理方案影响较小
□ 综合评估法	施工组织设计：______分	
	项目管理机构：______分	
	投标报价：______分	
	其他评分因素：______分	

填表人：　　　　　　　　会签人：　　　　　　　　审批人：

图 3-10　评标方法

（2）可参考《中华人民共和国招标投标法》《评标委员会和评标方法暂行规定》，完成单据《评标委员会构成》填写（图 3-11）。

组别：　　　　　　**评标委员会构成**　　　　　　日期：

项目	具体内容					
评标委员会组成	总人数（人）	招标人代表（人）	评标专家（人）			评标专家所占比例（%）
			评标专家总数量	其中：技术专家	其中：经济专家	

填表人：　　　　　　会签人：　　　　　　审批人：

图 3-11　评标委员会构成

2. 掌握明标与暗标的相关规定

市场经理根据讨论确定的评标办法，完成单据《明标与暗标评审》填写（图 3-12）。

组别：　　　　　　**明标与暗标评审**　　　　　　日期：

评标方式	优势	缺点	具体内容选择
明标			① 有效消除评委打分倾向 ② 消除某些违规违法行为意识 ③ 增强评标保密性，提高竞标质量 ④ 公开透明，避免拼关系
暗标			⑤ 评标专家与投标人私下勾结有失公平 ⑥ 某些原因导致报价过高 ⑦ 产生不充分竞争问题 ⑧ 忽明忽暗，造成信息提前泄露

填表人：　　　　　　会签人：　　　　　　审批人：

图 3-12　明标与暗标评审

3. 确定技术标的评审办法，完成单据《技术标评审办法》填写

技术经理根据讨论确定的评标办法，完成技术标详细的评分细则（图 3-13）。

组别：　　　　　　**技术标评审办法**　　　　　　日期：

项目名称	具体内容	施工组织设计评分标准		
		评分内容	□ 合格制	□ 评分制
技术标评审方式	□ 明标	内容完整性和编制水平	□ 合格	□　　分
		施工方案与技术措施	□ 合格	□　　分
		质量管理体系与措施	□ 合格	□　　分
	□ 暗标	安全管理体系与措施	□ 合格	□　　分
		环境保护管理体系与措施	□ 合格	□　　分
		工程进度计划与措施	□ 合格	□　　分
	□ 不要求	资源配备计划	□ 合格	□　　分

填表人：　　　　　　会签人：　　　　　　审批人：

图 3-13　技术标评审方法

4. 确定经济标的评审办法，完成单据《投标报价评分》填写

商务经理根据讨论确定的评标办法，完成经济标详细的评分细则（图 3-14）。

组别：　　　　　　　　**投标报价评分**　　　　　　日期：

序号	项目名称	具体内容
1	基准价计算方法	□ 基准价=评标价平均值 ×（1−下浮率） □ 基准价=最低价 ×（1−下浮率） □ 基准价=次低价 ×（1−下浮率）
	评标价平均值计算方法	1. 当参加评标的投标单位家数<____家时，去掉投标报价最高的____家，最低的____家，计算平均值。 2. 当投标单位家数<____家时，去掉投标报价最高的____家，最低的____家，计算平均值。 3. 当投标单位家数>____家时，去掉投标报价最高的____家，最低的____家，计算平均值。
	下浮率	下浮率____%
2	评标价打分	投标人评标价>评标基准价，偏差率每增加 1% 扣____分 投标人评标价<评标基准价，偏差率每减少 1% 扣____分

填表人：　　　　　　　　会签人：　　　　　　　　审批人：

图 3-14　投标报价评分

实训任务八　招标文件专用合同条款制订

（一）任务说明

（1）结合招标单据手册相关单据，确定招标文件合同条款及格式、部分专用合同技术条款的内容。

（2）项目经理将工作任务进行分配，可填写《任务分配单》下发给团队成员，由任务接收人进行签字确认。

（二）操作过程

1. 确定工程分包的相关规定，完成单据《工程分包管理规定》（图3-15）

组别：　　　　　　　　**工程分包管理规定**　　　　　　　　日期：

序号	1	2	3	4
项目名称	禁止分包的工程	主体结构、关键性工作的范围	允许分包的专业工程	关于分包合同价款支付的约定
具体内容	□ 地基与基础工程	□ 防水工程	□ 幕墙工程	□ 由承包人与分包人结算
	□ 主体结构	□ 钢结构	□ 钢结构	
	□ 装饰装修工程	□ 混凝土结构	□ 机电安装	
	□ 屋面工程	□ 砌体结构	□ 装饰装修工程	□ 由发包人与分包人结算
	□ 电气工程	□ 门窗工程	□ 装饰装修工程	
	□ 劳务施工	□ 木结构	□ 劳务施工	

填表人：　　　　　　　　会签人：　　　　　　　　审批人：

图3-15　工程分包管理规定

（1）禁止分包的工程：确定本招标工程中禁止分包的工程范围。

（2）主体结构、关键性工作的范围：结合工程施工相关标准规定，确定本招标工程中主体结构、关键性工作的范围。

（3）允许分包的专业工程：结合工程招标投标相关法律规定，确定本招标工程允许分包的工程范围。

（4）关于分包合同价款支付的约定：如果本招标工程允许分包，根据与招标人的沟通情况，确定分包合同价款的支付方式。

2. 确定工程工期、施工进度、施工组织设计等规定，完成单据《施工组织设计内容及期限判定》（图 3-16）

组别：　　　　　　　　施工组织设计内容及期限判定　　　　　　　　日期：

项目名称	施工组织设计包括的其他内容	承包人提交详细施工组织设计和施工进度计划的最晚期限	发包人和监理人对施工组织设计和施工进度计划确认或提出修改意见的最晚期限
具体内容	□ 施工场地治安保卫管理计划	□ 开工日期前 3 天	□ 收到后 30 天内
	□ 冬季和雨季施工方案	□ 开工日期前 5 天	□ 收到后 7 天内
	□ 项目组织管理机构	□ 开工日期前 7 天	□ 收到后 10 天内
	□ 施工预算书	□ 开工日期前 14 天	□ 收到后 14 天内
	□ 成品保护工作的管理措施	□ 开工日期前 28 天	□ 收到后 28 天内
	□ 工程保修工作的管理措施和承诺	□ 收到后 30 天内	□ 收到后 30 天内
	□ 与工程建设各方的配合		
	□ 对总包管理的认识、对分包的管理措施		
	□ 紧急情况的处理措施、预案及抵抗风险		

填表人：　　　　　　　　会签人：　　　　　　　　审批人：

图 3-16　施工组织设计内容及期限判定

（1）施工组织设计内容：根据招标工程的招标范围、工程规模、结构类型等，确定本招标工程施工组织设计包含的模块内容。

（2）结合本招标工程的工程规模、工期要求、结构类型等，确定详细施工组织设计和施工进度计划的提交和审批最晚期限。

3. 确定工程保修的相关规定，完成单据《工程保修》（图 3-17）

组别：　　　　　　　　工程保修　　　　　　　　日期：

项目名称	在正常使用条件下，建设工程的最低保修期限
具体内容	□ 基础设施工程、房屋建筑的地基基础工程和主体结构工程，为设计文件规定的该工程的合理使用年限
	□ 基础设施工程、房屋建筑的地基基础工程和主体结构工程，为 50 年
	□ 屋面防水工程、有防水要求的卫生间、房间和外墙面的防渗漏，为 5 年
	□ 屋面防水工程、有防水要求的卫生间、房间和外墙面的防渗漏，为 3 年
	□ 供热与供冷系统，为 2 个采暖期、供冷期
	□ 供热与供冷系统，为 1 个采暖期、供冷期
	□ 电气管线、给排水管道、设备安装和装修工程，为 1 年
	□ 电气管线、给排水管道、设备安装和装修工程，为 2 年

填表人：　　　　　　　　会签人：　　　　　　　　审批人：

图 3-17　工程保修

根据招标工程的招标范围，结合《建设工程质量管理条例》第六章建设工程质量保修的相关规定，确定本招标工程的工程保修条款规定。

4. 确定工程质量标准、工程验收的相关规定，完成单据《工程质量检查》(图3-18)

组别： **工程质量检查** 日期：

项目名称	工程质量要求	隐蔽工程检查		
		承包人提前通知期限	监理人提交书面延期要求	延期最长时间
内容	□长城杯 □鲁班奖 □世纪杯 □詹天佑奖 □国优奖 □合格 □不合格	□共同检查前24小时	□检查前12小时	□24小时
		□共同检查前48小时	□检查前24小时	□48小时
		□共同检查前72小时	□检查前36小时	□72小时

填表人： 会签人： 审批人：

图3-18 工程质量检查

根据招标工程案例背景资料介绍及相关规定，确定隐蔽工程检查及工程质量要求相关内容。

5. 确定提供的施工图纸及施工文件的相关约定，完成单据《文件管理》(图3-19)

组别： **文件管理** 日期：

序号	1		2	3	
项目名称	图纸		承包人提供给招标人的文件	承包人提供的竣工资料	
	招标人提供施工图纸的最晚期限	数量（含竣工图）		套数	费用承担
具体内容	□开工日期前5天	□3套	□施工组织设计	□1套	□建设单位
	□开工日期前7天	□5套	□开工报告	□2套	
	□开工日期前14天	□8套	□预算书	□3套	□施工单位
	□开工日期前20天	□10套	□专项施工方案	□4套	
	□开工日期前28天	□__套	□开工许可证	□__套	

填表人： 会签人： 审批人：

图3-19 文件管理

根据招标工程案例背景资料介绍，结合相关规定，确定招标人需要提交施工图纸的数量和最晚期限、承包人开工前需要提交的文件内容和竣工资料内容及数量。

6. 确定施工现场安全文明施工的相关规定，完成单据《安全文明施工》(图3-20)

（1）根据招标工程案例背景资料介绍，结合与招标人的沟通情况，确定本招标工程对安全文明施工的要求。

（2）根据招标工程案例背景资料介绍，结合相关规定，确定安全文明施工费的支付比例、支付最晚期限。

组别：　　　　　　　　**安全文明施工**　　　　　　　日期：

项目名称	合同当事人对安全文明施工的要求	安全文明施工费支付比例	安全文明施工费支付最晚期限
具体内容	□ 施工人员应着装上岗、工作服要求干净、整洁 □ 控制粉尘、噪声、污染物、震动等对相邻居民、居民区和城市环境的污染及破坏 □ 室外堆放应遵守物业的管理规定 □ 施工现场要保持干净、整洁、做到每日清扫	□ 不低于预付安全文明施工费总额的 10%	□ 开工后 28 天内
		□ 不低于预付安全文明施工费总额的 30%	□ 开工后 45 天内
		□ 不低于预付安全文明施工费总额的 50%	□ 开工后 60 天内
		□ 其余部分与进度款同期支付	
		□ 其余部分竣工后一次性支付	

填表人：　　　　　　　　会签人：　　　　　　　　审批人：

图 3-20　安全文明施工

7. 确定工程量清单的修正规则，完成单据《工程量清单错误的修正》(图 3-21)

组别：　　　　　　　　**工程量清单错误的修正**　　　　　　　日期：

项目名称	工程量清单错误，是否调整合同价格?	允许调整合同价格的工程量偏差范围：调整原则：当工程量增加____% 以上时，其增加部分的工程量的综合单价应予调低；当工程量减少____% 以上时，减少后剩余部分的工程量的综合单价应予调高。
内容	□ 调整 □ 不调整	10%
		15%
		20%

填表人：　　　　　　　　会签人：　　　　　　　　审批人：

图 3-21　工程量清单错误的修正

根据招标工程案例背景资料介绍，结合相关规定，确定当工程量清单发生错误时，是否调整工程量清单及选取的调整方式。

8. 确定市场价格调整的相关规定，完成单据《价格调整》(图 3-22)

组别：　　　　　　　　**价格调整**　　　　　　　日期：

序号	内容	选项	
1	市场价格波动是否影响合同价格调整?	□ 调整	□ 不调整
2	因市场价格波动调整合同价格，采用以下第____种方式对合同价格进行调整［与《建设工程施工合同（示范文本）》GF—2017—0201 对应］	□ 第 1 种：采用价格指数进行价格调整	
		□ 第 2 种：采用造价信息进行价格调整	
3	涨幅超过____%，其超过部分据实调整。	□ 5	□ 10
4	跌幅超过____%，其超过部分据实调整。	□ 5	□ 10

填表人：　　　　　　　　会签人：　　　　　　　　审批人：

图 3-22　价格调整

根据招标工程案例背景资料介绍，结合相关规定，确定当市场价格发生波动时，是否调整合同价格及选取的调整方式。

9. 确定工程预付款及工程进度款的支付约定，完成单据《合同预付款与进度款支付》（图 3-23）

组别：　　　　**合同预付款与进度款支付**　　　　日期：

<table>
<tr><td>项目名称</td><td>预付款的比例或金额</td><td>预付款支付最晚期限</td><td>预付款扣回方式</td><td>工程进度款付款周期</td></tr>
<tr><td rowspan="5">具体内容</td><td>□ 合同价款的40%</td><td>□ 开工日期3 天前</td><td rowspan="3">□ 按材料比重扣抵工程价款，竣工前全部扣清：$T=P-M/N$</td><td>□ 每月支付一次</td></tr>
<tr><td>□ 合同价款的35%</td><td>□ 开工日期5 天前</td><td>□ 每两个月支付一次</td></tr>
<tr><td>□ 合同价款的30%</td><td>□ 开工日期7 天前</td><td>□ 每半年支付一次</td></tr>
<tr><td>□ 合同价款的20%</td><td>□ 开工日期14 天前</td><td rowspan="2">□ 随进度款支付等额扣回</td><td>□ 不定期支付</td></tr>
<tr><td>□ 没有预付款</td><td>□ 开工日期28 天前</td><td>□ 工程竣工后一次性支付至工程款的____%</td></tr>
</table>

填表人：　　　　会签人：　　　　审批人：

图 3-23　合同预付款与进度款支付

（1）根据招标工程案例背景资料介绍，结合相关规定，确定合同预付款的比例或金额、扣回方式，以及预付款支付的最晚期限。

（2）根据招标工程案例背景资料介绍，结合与招标人的沟通情况及相关规定，确定工程进度款的支付周期。

10. 确定履约担保、支付担保的规则，完成单据《履约担保与支付担保》（图 3-24）

组别：　　　　**履约担保与支付担保**　　　　日期：

<table>
<tr><td>担保类型</td><td colspan="2">履约担保</td><td colspan="2">支付担保</td></tr>
<tr><td rowspan="4">担保形式</td><td rowspan="3">□ 提供</td><td>□ 银行保函</td><td rowspan="3">□ 提供</td><td>□ 银行保函</td></tr>
<tr><td>□ 担保公司担保</td><td>□ 担保公司担保</td></tr>
<tr><td>□ 履约担保金</td><td></td></tr>
<tr><td colspan="2">□ 不提供</td><td colspan="2">□ 不提供</td></tr>
</table>

填表人：　　　　会签人：　　　　审批人：

图 3-24　履约担保与支付担保

根据招标工程背景资料介绍，结合与招标人的沟通情况等，确定中标人是否需要提交履约保证金及其形式、招标人是否需要提供工程款支付担保及担保形式。

11. 确定工程缺陷责任期的相关规定，完成单据《缺陷责任期》(图 3-25)

组别： **缺陷责任期** 日期：

<table>
<tr><td>项目名称</td><td>缺陷责任期最长期限</td><td>是否扣留质量保证金的约定</td><td>承包人提供质量保证金的方式</td><td>质量保证金的扣留方式</td></tr>
<tr><td rowspan="5">具体内容</td><td>□ 6 个月</td><td rowspan="2">□ 扣留</td><td>□ 质量保证金保函，保函金额为 50 万</td><td rowspan="3">□ 在支付工程进度款时逐次扣留，在此情形下，质量保证金的计算基数不包括预付款的支付、扣回以及价格调整的金额</td></tr>
<tr><td>□ 12 个月</td><td>□ 质量保证金保函，保函金额为 100 万</td></tr>
<tr><td>□ 24 个月</td><td rowspan="3">□ 不扣留</td><td>□ 3% 的工程款</td></tr>
<tr><td>□ 36 个月</td><td>□ 10% 的工程款</td><td>□ 工程竣工结算时一次性扣留质量保证金</td></tr>
<tr><td>□ 48 个月</td><td>□ 其他方式：</td><td>□ 其他方式：</td></tr>
</table>

填表人： 会签人： 审批人：

图 3-25 缺陷责任期

(1) 根据招标工程背景资料介绍，结合与招标人的沟通情况及相关规定，确定本招标工程缺陷责任期的期限、是否扣留质量保证金。

(2) 根据招标工程背景资料介绍及相关规定，确定承包人提交质量保证金的方式及扣留方式。

12. 确定投标保证金、投标有效期的相关规定，完成单据《投标保证金及投标有效期》(图 3-26)

组别： **投标保证金及投标有效期** 日期：

<table>
<tr><td>项目名称</td><td colspan="4">投标保证金</td><td rowspan="2">投标有效期</td></tr>
<tr><td rowspan="6">具体内容</td><td>工程计划投资（万元）</td><td>投标保证金金额（万元）</td><td>投标保证金形式</td><td>投标保证金有效期</td></tr>
<tr><td rowspan="5"></td><td rowspan="5"></td><td>□ 现金</td><td>□ 30 天</td><td>□ 30 天</td></tr>
<tr><td>□ 银行保函</td><td>□ 60 天</td><td>□ 60 天</td></tr>
<tr><td>□ 保兑支票</td><td>□ 90 天</td><td>□ 90 天</td></tr>
<tr><td>□ 银行汇票</td><td>□ 120 天</td><td>□ 120 天</td></tr>
<tr><td>□ 转账支票或现金支票</td><td>□ 150 天</td><td>□ 150 天</td></tr>
</table>

填表人： 会签人： 审批人：

图 3-26 投标保证金及投标有效期

(1) 根据招标工程背景资料介绍，结合与招标人的沟通情况，确定本招标工程计划投资金额。

(2) 根据招标工程背景资料介绍，结合相关规定，确定投标人是否提交投标保证金及投标保证金的金额和形式、投标保证金有效期、投标有效期。

13. 确定合同文件的组成及优先顺序，完成单据《合同文件组成及优先顺序分析表》（图 3-27）

组别：　　　　**合同文件组成及优先顺序分析表**　　　　日期：

序号	合同文件组成	优先顺序
1	技术标准和要求	
2	专用合同条款及其附件	
3	合同协议书	
4	图纸	
5	通用合同条款	
6	其他合同文件	
7	中标通知书	
8	已标价工程量清单或预算书	
9	投标函及其附录	

填表人：　　　　会签人：　　　　审批人：

图 3-27　合同文件组成及优先顺序分析表

根据招标工程背景资料介绍，结合相关规定，确定本招标工程的合同文件组成及优先顺序。

14. 分析不可抗力条件及争议解决方式，完成单据《不可抗力》《合同争议解决》（图 3-28、图 3-29）

组别：　　　　**不可抗力**　　　　日期：

<table>
<tr><th>序号</th><th>责任主体</th><th>责任承担</th><th>可供选项</th></tr>
<tr><td>1</td><td>发包人</td><td></td><td rowspan="2">① 施工机械设备损坏及停工损失
② 工程所需清理、修复费用
③ 不可抗力引起或将引起工期延误，发包人要求赶工的，由此增加的赶工费用
④ 工程本身的损害、因工程损害导致第三方人员伤亡和财产损失以及运至施工场地用于施工的材料和待安装的设备的损害
⑤ 因不可抗力影响，停工期间必须支付的工人工资
⑥ 不可抗力造成的人员伤亡和财产的损失</td></tr>
<tr><td>2</td><td>承包人</td><td></td></tr>
</table>

填表人：　　　　会签人：　　　　审批人：

图 3-28　不可抗力

组别：　　　　　　　　**合同争议解决**　　　　　　日期：

序号	争议解决方式	适用环境
1	□ 和解	□ 双方争议不大或者互信基础好的情况下较多使用
2	□ 调解	□ 双方一致同意，一裁终局
3	□ 仲裁	□ 自愿友好的基础上，互相沟通、互相谅解解决 □ 第三方参与，平息争端，双方自愿达成协议解决
4	□ 诉讼	□ 依法请求人民法院行使审判权，解决纠纷

填表人：　　　　　　　会签人：　　　　　　　审批人：

图 3-29　合同争议解决

实训任务九　编制招标工程量清单

（一）任务说明

熟练编制招标工程量清单。

（二）操作过程

1. 分析掌握招标工程量清单构成，完成单据《工程量清单与招标控制价组成》（图 3-30）。

组别：　　　　**工程量清单与招标控制价组成**　　　　日期：

序号	项目	组成内容
1	工程量清单	□ 分部分项工程量清单 □ 措施项目清单 □ 管理项目清单 □ 其他项目清单 □ 规费项目 □ 税金项目 □ 风险项目
2	招标控制价	□ 分部分项工程费 □ 措施项目费 □ 管理项目费 □ 其他项目费 □ 规费 □ 税金 □ 风险费

填表人：　　　　会签人：　　　　审批人：

图 3-30　工程量清单与招标控制价组成

根据《建设工程工程量清单计价规范》GB 50500—2013、《房屋建筑与装饰工程工程量清单计算规范》GB 50854—2013，分析并掌握工程量清单与招标控制价的构成。

2. 编制招标工程量清单

可采用广联达 GTJ 土建计量平台软件及广联达安装计量 GQI 软件编制招标工程量清单。

（三）成果展示

作业提交：招标工程量清单文件——以软件形式提供，或者导出 Excel 或 PDF 格式文件。

实训任务十　编制招标控制价（最高投标限价）

（一）任务说明

结合项目特征熟练编制招标控制价（最高投标限价）。

（二）操作过程

1. 分析掌握招标控制价（最高投标限价）与标底的区别，完成单据《招标控制价与标底》（图 3-31）

组别：　　　　　　　　**招标控制价与标底**　　　　　　日期：

序号	项目	内容判定
1	招标控制价	□ 投标的最低价 □ 投标的最高限价 □ 开标前保密 □ 开标前公开
2	标底	□ 开标前保密 □ 开标前公开 □ 任何项目必须设置 □ 可以不设置

填表人：　　　　　　　　会签人：　　　　　　　　审批人：

图 3-31　招标控制价与标底

根据《招标投标法》《招标投标法实施条例》相关规定，掌握招标控制价（最高投标限价）。

2. 编制招标控制价（最高投标限价）

可采用广联达 GCCP5.0 云平台计价软件编制招标控制价（最高投标限价）。

实训任务十一　招标文件编制

（一）任务说明

（1）根据工程资料完成电子版招标文件编制。

（2）项目经理带领团队成员，根据之前填写的单据资料，结合案例内容共同完成一份电子版招标文件。

（二）操作过程

1. 招标文件编制方式

（1）可结合电子版招标文件范本完成。

（2）可结合广联达电子招标书编制工具软件完成（图 3-8）。

2. 成果展示

招标人招标文件电子版成果文件：

（1）根据电子版招标文件范本完成编制的成果文件。

（2）根据软件完成三种格式文件：.GZB7 格式、.GZ7 格式、.PDF 格式（图 3-9）。

实训任务十二 招标文件的备案

(一) 任务说明

完成招标文件备案、发售工作。

(二) 操作过程

完成招标文件的备案、发售工作。

(1) 招标文件备案。

(2) 行政监管人员在线审批：行政监管人员登录工程交易管理服务平台，用初审监管员账号进入电子招标投标项目交易管理平台，完成招标工程的招标文件审批工作。

电子招标投标项目交易管理平台网址：http: //gbp.glodonedu.com/G2。

模块四　工 程 投 标

知识目标

1. 掌握投标程序相应流程；
2. 了解招标文件分析的主要内容；
3. 掌握投标文件的编制及组成内容；
4. 掌握投标报价策略的适用范围及投标报价技巧的选用策略。

能力目标

1. 能够进行招标文件购买、工程量校核、现场踏勘、参加投标预备会等各项工作；
2. 能够熟练进行投标文件的编制；
3. 熟练运用投标策略并合理选用投标报价技巧；
4. 能够进行投标文件的整理（包括汇总、密封与提交）。

素养目标

1. 具有诚实守信、认真负责、积极向上的职业精神和学习态度；
2. 具有较强的语言表达和沟通交流能力；
3. 具有一定的数字应用和信息处理能力；
4. 具有自主学习和解决问题的能力；
5. 具有较强的团队合作能力；
6. 具有革新、创新和责任（安全）意识。

驱动问题

1. 投标程序是什么？
2. 现场踏勘主要内容有哪些？
3. 投标文件构成及各部分主要内容是什么？
4. 招标控制价与投标报价的区别及编制要点。
5. 常用的投标技巧。

6. 投标文件编制应注意哪些事项？

建议学时：10～12 学时。

导入案例

某大型工程项目由政府投资建设，业主委托某招标代理公司代理施工招标。招标代理公司确定该项目采用公开招标方式招标，招标公告在当地政府规定的招标信息网上发布。招标文件中规定：投标担保可采用投标保证金或投标保函方式担保。评标方法采用经评审的最低投标价法。投标有效期为 60 天。

业主对招标代理公司提出以下要求：为了避免潜在投标人过多，项目招标公告只在本市日报上发布，且采用邀请招标方式招标。

项目施工招标信息发布以后，共有 12 家潜在投标人报名参加投标。业主认为报名参加投标的人数太多，为减少评标工作量，要求招标代理公司仅对报名的潜在投标人的资质条件、业绩进行资格审查。

开标后发现：

（1）A 投标人的投标报价为 8000 万元，为最低投标价，经评审后推荐其为中标候选人。

（2）B 投标人在开标后又提交了一份补充说明，提出可以降价 5%。

（3）C 投标人提供的银行保函晚于投标截止时间 2h 送达。

（4）D 投标人投标文件的投标函盖有企业及企业法定代表人的印章，但没有加盖项目负责人的印章。

（5）E 投标人与其他投标人组成了联合体投标，附有各方资质证书，但没有联合体共同投标协议书。

（6）F 投标人的投标报价最高，故 F 投标人在开标后第二天撤回了其投标文件。

经过对投标书的评审，A 投标人被确定为中标候选人。发出中标通知书后，招标人和 A 投标人进行合同谈判，希望 A 投标人能再压缩工期、降低费用。经谈判后双方达成一致：不压缩工期，降价 3%。

问题：

1. 分析 A、B、C、D、E 投标人的投标文件是否有效？说明理由。

2. F 投标人的投标文件是否有效？对其撤回投标文件的行为应如何处理？

分析答案见后面【导入案例解析】。

4.1 投标规定

4.1.1 投标人

4.1.1.1 投标人的概念

根据《招标投标法》第二十五条规定，投标人是响应招标、参加投标竞争的法人或者其他组织。依法招标的科研项目允许个人参加投标的，投标的个人适用本法有关投标人的规定。

4.1.1.2 投标人的资格条件

根据《招标投标法》第二十六条规定，投标人应当具备承担招标项目的能力；国家有关规定对投标人资格条件或者招标文件对投标人资格条件有规定的，投标人应当具备规定的资格条件。

投标人应当具备承担招标项目的能力，通常包括下列条件：

（1）与招标文件要求相适应的人力、物力和财力；

（2）招标文件要求的资质证书和相应的工作经验与业绩证明；

（3）法律、法规规定的其他条件。

根据《建筑法》第十三条规定，从事建筑活动的建筑施工企业、勘察单位、设计单位和工程监理单位，按照其拥有的注册资本、专业技术人员、技术装备和已完成的建筑工程业绩等资质条件，划分为不同的资质等级，经资质审查合格，取得相应等级的资质证书后，方可在其资质等级许可的范围内从事建筑活动。

4.1.1.3 对投标人的限制

根据《招标投标法实施条例》第三十四条规定，与招标人存在利害关系可能影响招标公正性的法人、其他组织或者个人，不得参加投标。单位负责人为同一人或者存在控股、管理关系的不同单位，不得参加同一标段投标或者未划分标段的同一招标项目投标。违反前两款规定的，相关投标均无效。限制投标的具体情形表现为：

（1）存在利害关系且影响招标公正性。本条没有一概禁止与招标人存在利害关系的法人、其他组织或者个人参与投标，构成本条规定情形需要同时满足“存在利害关系”和“可能影响招标公正性”两个条件。即使投标人与招标人存在某种“利害关系”，但如果招标投标活动依法进行、程序规范，该“利害关系”并不影响其公正性的，就可以参加投标。

（2）单位负责人为同一人的不同单位不得参加同一标段投标或者未划分标段的同一招标项目投标。单位负责人，是指单位法定代表人或者法律、行政法规规定代表单位行使职权的主要负责人。所谓法定代表人，是指由法律或者法人组织章程规定，代表法人对外行使民事权利、履行民事义务的负责人。如《公司法》规定，公司法定代表人依照公司章程的规定由董事长、执行董事或者经理担任；《中华人民共和国全民所有制工业企业法》规定，厂长是企业的法定代表人；国家机关的最高行政官员是机关法人的法定代表人等。所谓法律、行政法规规定代表单位行使职权的主要负责人，是指除法人以外，法律、行政法规规定的代表单位行使职权的主要负责人。如个人独资企业的负责人，依照《中华人民共和国个人独资企业法》的规定，是指个人独资企业的投资人；代表合伙企业执行合伙企业事务的合伙人等。

（3）存在控股或者管理关系的不同单位不得参加同一标段投标或者未划分标段的同一招标项目投标。所谓控股股东，根据《公司法》第二百一十六条规定，是指其出资额占有限责任公司资本总额百分之五十以上或者其持有的股份占股份有限公司股本总额百分之五十以上的股东；出资额或者持有的股份的比例虽然不足百分之五十，但依其出资额或者持有的股份所享有的表决权已足以对股东会、股东大会的决议产生重大影响的股东。实际控制人，是指虽不是公司的股东，但通过投资关系、协议或者其他安排，能够实际支配公司行为的人。所谓管理关系，是指不具有出资持股关系的其他单位之间存在的管理与被管理关系，如一些事业单位。存在控股或者管理关系的两个单位在同一标段或者同一招标项目中投标，容易发生事先沟通、私下串通等现象，影响竞争的公平，因此有必要加以禁止。

4.1.2 投标组织

工程投标过程竞争十分激烈，想要顺利完成投标工作，需要有专门的机构和人员对投标全过程加以组织和管理，以提高工作效率和中标的可能性，建立一支强有力的、内行的投标工作团队是投标获得成功的根本保证。

不同的建设工程项目，由于其规模、性质等不同，建设单位在择优时可能各有侧重，但整体而言，建设单位主要从以下方面考虑：较低的价格、先进的技术、优良的质量和较短的工期，因而在确定投标工作团队构成及制订投标方案时，必须考虑这几个因素。

投标过程一般在投标组织的负责人带领下成立标书制作、技术支持、投标、资料保管组等组织机构，负责标书编制、编写技术方案并提供招标投标过程中的一切技术支持、购买招标文件、参加开标会、获取中标通知书并签订合同、保存管理公司所有资质原件等工作。

一般由以下几种类型的人员组成。

1. 经营管理类

经营管理类人员是指专门负责工程承包经营管理，制订和贯彻经营方针与规划，负责投标工作的全面筹划和具体决策的人员，这类人员在投标工作团队中起核心作用。经营管理类人员应具备一定的法律知识，掌握大量的调查和统计资料，具备分析和预测等科学手段，有较强的社会活动和公共关系能力。

2. 专业技术类

专业技术类人员主要是指工程及施工中的各类技术人员，诸如建造师、土木工程师、电气工程师、机械工程师等各类专业技术人员。他们应具有较高的学历和技术职称，掌握本学科最新的专业知识，具备较强的实际操作能力，在投标时能从本公司的实际技术水平出发，制订各项实施方案，为本团队的投标工作提供相应的技术保障手段。

3. 商务经济类

商务经济类人员主要是指具有预算、金融、贸易、税法、保险、采购、索赔等专业知识的人员。他们应具有概预算、材料设备采购、财务会计、金融、保险和税务等方面的专业知识。投标报价主要由这类人员进行具体编制。

一个投标工作团队仅做到个体素质良好是不够的，还需要各方人员的共同协作，充分发挥群众的力量，并要保持投标成员的相对稳定，不断提高其整体素质和水平。同时，还应学会采用投标报价相关软件，使投标报价工作更加快速、准确。如果是国际工程（包含境内涉外工程的投标工作），则应配备懂得专业和合同管理的翻译人员。

二维码 4-1

投标组织见二维码 4-1。

4.1.3 投标程序

工程项目投标一般要经过以下几个步骤：投标人了解招标信息，申请投标；向招标人提出投标申请，并提交有关资料；接受招标人的资质审查；购买招标文件及有关技术资料；参加现场踏勘，并对有关疑问提出质疑；编制投标书及报价；参加开标会议；接受中标通知书，与招标人签订合同。

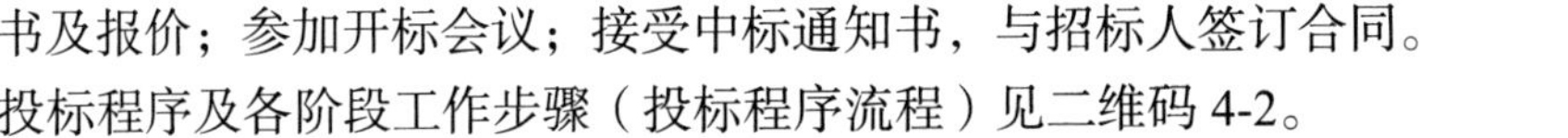

二维码 4-2

投标程序及各阶段工作步骤（投标程序流程）见二维码 4-2。

4.1.3.1 投标的前期工作

（1）查询招标公告，获取招标信息。

（2）到工程交易中心办理交易证（办理交易证的两种形式：准入制、会员制）。

（3）成立投标组织。

公司进行工程投标时，要组织一个强有力的、内行的投标班子，其成员包括经理管理类人才、专业技术人才、商务金融类人才、合同管理类人才。

（4）投标决策。

该投标决策包括两个方面：其一，针对项目招标是投标还是不投标；其二，投标人如何采用策略和技巧。投标决策的正确与否，关系到能否中标和中标后的效益，关系到施工企业发展前景和职工的经济利益。

4.1.3.2 购买资格预审文件

（1）决定投标后，投标人购买资格预审文件。

（2）编制资格预审申请的主要内容：编制资格预审申请函；法定代表人身份证明；授权委托书；申请人基本情况；近年财务状况；近年完成的类似项目的完成情况；正在施工的和新承接的项目情况表；近年发生的诉讼和仲裁情况。

（3）资格预审申请文件的装订、签字。

申请人按资格预审文件的相关要求，编制完整的资格预审申请文件，用不褪色的材料书写或打印，并由申请人的法定代表人或其委托代理人签字或盖单位章。资格预审申请文件中的任何改动之处应加盖单位章或由申请人的法定代表人或其委托代理人签字确认。签字或盖章的具体要求见申请人须知前附表。

资格预审申请文件正本一份，副本份数见申请人须知前附表。正标和副本的封面上应清楚地标记“正本”或“副本”字样。当正本和副本不一致时，以正本为准。

资格预审申请文件正本和副本应分别装订成册，并编制目录，具体装订要求见申请人须知前附表。

4.1.3.3 报送资格预审申请文件

1. 资格预审申请文件的密封和标识

资格预审申请文件的正本和副本应分开包装，加贴封条，并在封套的封口处加盖申请人单位章。在资格预审申请文件的封套上应清楚地标记“正本”或“副本”字样。

2. 资格预审申请文件的递交

（1）申请截止时间：见申请人须知前附表。

（2）申请人递交资格预审申请文件的地点：见申请人须知前附表。

4.1.3.4 获得招标人投标邀请书

二维码 4-3

通过招标人的资格预审后，接受招标人发出的投标邀请书。

投标邀请书见二维码 4-3。

4.1.3.5 购买招标文件，分析招标文件

1. 获取招标文件

（1）招标人（或招标代理）现场发售招标文件。

（2）投标人（被授权人）携带相关资料，在招标公告或资审结果通知规定的时间和地点，购买招标文件。

（3）招标人审核投标人提交的各类资料内容，审核通过后，收取资金，将招标文件发放给投标人，投标人在现场登记表中填写单位信息。

投标人在进行投标报名、购买招标文件时，需要仔细阅读招标公告或资审结果通知的要求，严格按照招标公告或资审结果通知的内容准备相关证件资料；实际投标人在投标报名和购买文件时，因为没有仔细阅读招标公告（或资审结果通知）和检查携带资料是否齐全，经常会丢三落四，导致多次往返现场购买。

2. 投标人须知

招标文件详细说明了投标人在准备和提出报价方面的要求。在投标须知中应特别关注

招标人评标的组织、方法和标准，授予的合同文件。

3. 通用条款和专用条款

因为投标时间一般比较短，不可能熟悉全部的施工合同条件，即无法做到心中有数。所以对于不熟悉的施工合同条件，投标人投标报价要高一些，这种情况下，对通用合同条款和专用合同条款都应全面进行评估，对不清楚的问题进行归纳和统计，待投标预备会或现场踏勘时解决。

4. 技术标准、招标图纸和参考资料

（1）技术标准

技术标准是招标文件和合同文件非常重要的组成部分，是施工过程中承包人控制质量和监理工程师检查验收施工质量的主要依据，是投标人在投标时必不可少的资料，依据这些资料，投标报价时才能进行工程估计和确定标价。

（2）招标图纸和参考资料

招标图纸是招标文件和合同的重要组成部分，是投标人在拟定施工组织方案、确定施工方法以致提出替代方案、计算投标报价时必不可少的资料。投标人在投标时应严格按照招标图纸和工程量清单计算报价，招标图纸中所提供的地质钻孔柱状图、土层分层图等均为投标人的参考资料。

5. 工程量清单

研究招标工程量清单时应注意以下事项：

（1）应当仔细研究招标文件中的工程量清单的编制体系和方法。

（2）结合投标人须知、技术标准和合同文件、工程量清单，注意对不同种类的合同采取不同的方法和策略。

4.1.3.6 踏勘现场，参加投标预备会

1. 踏勘现场

投标文件编制前，要进行现场踏勘，参加人员根据工程情况由主持人确定，并任命行动负责人。现场踏勘主要内容包括：

（1）工程场外运输条件、现场道路、临水、临电、临时设备搭设、交叉作业情况、垂直运输条件、扰民问题等工程环境。

（2）工程基层完成情况及质量状态。工程拆改项目要了解原建筑情况，样板间要进行细致的图纸对比记录等。

（3）主持人应召集现场踏勘人员针对现场情况进行分析，通过现场勘察，发现投标工作中的重点、难点和潜在风险（技术风险、工期风险、隐含的质量问题等给今后的商务洽谈带来的风险），要在《现场踏勘记录表》中写明。

（4）投标人要与技术编制人协商、沟通投标中的技术方案，针对技术方案编制施工措施费用计入报价，对特殊方案要经过总工程师批准。

2. 核实工程量

招标项目的工程量在招标文件的工程量清单中详细说明，但由于种种原因，工程量清单中的工程数量有时候会和图纸中的数量存在不一致的现象。因此，投标人应依据工程招

标图纸和技术标准，对招标工程量清单中各项工程量逐行核对。

3. 招标答疑

仔细阅读招标文件，认真审核招标图纸，对发现的问题结合现场踏勘情况，由相关编制人汇总完成《招标疑问》，经主持人审批后使用公司统一的传真模式按时发出。招标人安排现场答疑时，由投标人安排参加答疑会人员。

4. 获得招标人书面答复和招标补遗书

收到招标人的书面答复和招标补遗书，投标人研究其中存在的问题，根据实际情况同投标组织小组工作人员进行投标策略分析，明确优劣势，确定报价尺度（高、中、低合适价位），针对企业得分的缺项进行弥补，确定技术标中应体现的组织重点、技术难点等注意的问题，分析招标人和其他投标人的情况等。分析会可以采取集中讨论或分头协商的方式。

4.1.3.7　编制投标文件

1. 市场调查

（1）工程专业分包的询价

① 投标管理部和工程核算部分别组织对工程专业分包的询价，项目管理部提供协助。

询价文件应包括：工程量表、图纸及有关设计资料、执行的技术标准、报价要求、返标日期及报价有效期等。

② 一般选 3～5 家单位作为询价对象。

（2）材料设备的询价

材料设备询价由投标管理部牵头组织并协调物资管理部进行，投标管理部负责提供专业的询价单，一般选 3～5 家供应商为询价对象。

对于投标过程中的物资询价工作，物资管理部应提供物资信息和供货商名单，并配合进行物资采购的谈判。各询价责任人对询价工作的准确性承担责任，投标管理部对最终进行投标文件的报价承担责任。

（3）投标人对投标报价负责汇总，对询价返回资料（报价文件）分别进行审查，主要包括：

① 报价是否有重项、漏项；

② 计算是否有误，取费是否合理；

③ 报价中的内容是否与招标文件 / 询价条件相一致；

④ 报价文件中附加条件的合理性等。

2. 编制投标施工组织设计

编制投标施工组织设计是投标文件的重要组成部分，编制的目的是供招标人评价投标人工程建设经验，评价能否顺利完成本合同，以及能否满足招标文件的实质性要求，同时投标人也要依此编制招标项目的投标报价，中标后在此基础上进一步编制实施施工组织设计。

投标人根据以下要点编制施工组织设计：

（1）总体施工组织布置及规划。

（2）施工进度安排（工程进度网络计划图、进度横道图，并明确开竣工日期、关键线路）。

（3）主要工程项目的施工方案、施工方法。

（4）确保工程质量和工期的措施。

（5）重点（关键）和难点工程的施工方案、方法及其措施。

（6）冬期和雨期的施工安排。

（7）质量目标和保证措施及已完工程和设备的保护措施。

（8）安全目标和安全保证体系及措施。

（9）施工环保、水土保持措施。

（10）职业健康安全保障措施。

（11）劳动力组织计划。

（12）主要施工机械设备、试验、质量检测设备配备。

（13）临时用地与施工用电计划。

（14）主要材料供应计划。

（15）合同用款估算。

（16）文明施工、文物保护。

（17）其他应说明的事项。

3. 工程标价计算与确定

投标报价是投标人承包项目工程的总价格。对一般项目合同而言，在能够满足招标文件实质性要求的前提下，招标人以投标人报价作为主要标准来选择中标人。所以投标人成败的关键是确定一个合适的投标价格，也是投标人能否中标和营利的最关键问题。建设项目价格是市场的商业价格，按市场的供求关系即竞争情况定价。应根据招标文件要求计算工程量或进行工程量复核，根据招标文件要求报价。对工程量清单中工程量较大、造价高等对造价影响较大的项目，在报价时对其主要材料的价格要进行询价，并保存相关资料。

4. 确定投标策略

投标人应根据公司自身的条件，结合对竞争者的分析，制订合理的投标策略。投标策略的制订直接影响中标的概率及中标后的工程利润率。在不同的背景情况下，可以采取的中标策略有以下几种方式：

（1）降低预算成本策略

要确定一个低而适度的报价，首先要编制现金合理的施工方案，在此基础上计算出能确保合同工期和质量标准的最低预算成本。从建筑安装工程费用组成情况分析，降低预算成本主要从降低直接工程费用和间接费着手。

（2）确定利润率的策略

适度降低计划利润率，争取低价中标，根据实际情况和潜在风险确定计划利润率。

（3）报价平衡策略

投标单位在有策略地确定了最低预算成本和适度的计划利润以后，得出招标工程项目的初步估价。然而这个报价是否低而适度，仍是要解决的问题。因此在初步估价的基础上进行报价平衡是十分必要的，需要做好两个环节的工作：其一，报价分析，分析报价的合理性与竞争性，根据主要竞争对手的实力、优势和以往类似工程中的报价水平，以及对业主标底的推测，分析企业报价的竞争力，商定一个降低系数，提出必要的措施和对策。其二，降低系数，降低系数是投标单位预先给投标人员的调价权限，投标人员是否动用降低系数，要在投标时随机应变。

（4）单位重分配策略

单价重分配原则上适用于一切分期付款工程合同，但对于单价合同的应用比其他合同更有效。对于单价合同中的工程量清单中的计价细目单价，只要在合理的范围内，通常不会影响评标。

投标策略的制订要与公司的发展战略相一致。投标报价人员和技术人员应根据投标策略，同投标主管领导商议预期利润后，确定投标总价。确定投标总价后要进行调标，调标是为了中标后更好地创造工程利润，根据投标文件的实际情况，进行不平衡报价调整，并做好记录和备份，以便中标后给项目部交底。

5. 投标文件的内容组成

（1）投标函及投标函附录。

投标函是为投标单位填写投标总报价而由业主准备的一份空白文件。投标函主要反映内容、投标单位、投标项目名称、投标总报价及提醒各投标人投标后需注意和遵守的有关规定等。投标人在详细研究招标文件并经现场踏勘和参加投标预备会之后，即可根据所掌握的信息正确确定投标报价策略，然后通过施工预算的单价分析和报价决策，填写工程量清单，并确定该工程的投标总报价。投标函附录一般情况下其数据应该在招标文件发出前由招标人填写，由投标人签署确认。

（2）法定代表人身份证明或者授权委托书。

（3）投标保证金。

（4）已标价工程量清单。

（5）施工组织设计。

（6）项目管理机构。

（7）资格审查资料。

（8）其他资料。

4.1.3.8 递交投标文件，提交投标保证金

1. 投标文件的密封与标记

根据招标文件的要求和规定组织打印、复印、装订投标文件，并包装和密封投标文件。

投标文件的正本与副本应该分开包装，加贴封条，并在封套的封口处加盖投标人单位章（具体密封要求要严格遵守招标文件相关规定）。投标文件的封套上应清楚地标明“正本”或“副本”字样。

2. 投标文件的递交

投标人负责安排将投标文件在招标文件规定的投标截止日期前送（寄）至业主指定的投标地点。投标文件递交后如发现有误需做修改时，应安排在投标截止日期之前按照招标

文件的规定组织有关部门用正式函件更正。

3. 递交投标保证金

投标人在送交投标文件时，应同时按招标文件规定的数额或比例提交投标保证金。投标人可任选下列投标保证金形式：投标银行保函、银行汇票或者招标人同意的其他形式。投标保证金保函在投标有效期满后 28 天内保持有效，招标人若延长了投标有效期，则投标担保的有效期也相应延长。

4.1.3.9 参加开标会，了解竞争对手情况

招标人在规定的时间和地点，在投标人和其他相关人员参加的情况下，当众拆开投标资料，宣布投标人的名称、报价等情况，投标人听标，了解竞争对手的情况。

4.1.3.10 书面答复招标人询问，参加澄清会

评标过程中，评标人以口头或者书面形式向投标人提出问题，在规定的时间内，投标人以书面形式正式答复。澄清和确认的问题须由授权代表正式签字，并声明将其作为投标文件的组成部分，但澄清的文件不允许变更投标价格或对原投标文件进行实质性修改。对其具有某些特点的施工方案作出进一步解释，补充说明其施工能力和经验或对其提出的建议方案作出详细的说明。

4.1.3.11 获得中标通知书，签订合同

中标人确定后，招标人应当向中标人发出中标通知书，并将结果通知所有未中标的投标人。中标人和招标人应当自中标通知书发出之日起 30 日内，按照招标文件和中标人的投标文件订立书面合同。

4.1.3.12 合同谈判

中标人首先与招标人就技术要求、技术标准、施工方案等问题进行进一步的讨论和确认。同时，应特别注意合同中的价格调整条款以及支付条款，要与招标人进行磋商和确认。另外，对于维修期、违约罚金和工期提前的相关奖励、场地移交及技术资料的提供等相关条款也应通过谈判进行明确。

4.1.3.13 交履约担保（如有），签订合同

合同谈判结束后，中标人交履约担保（如有），招标人和中标人签订书面合同。

4.1.4 投标法律责任

4.1.4.1 串通投标的责任

串通招标投标，是指招标人与投标人之间或者投标人与投标人之间采用不正当手段，对招标投标事项进行串通，以排挤竞争对手或者损害招标人利益的行为。

根据《招标投标法》第三十二条规定，投标人不得相互串通投标报价，不得排挤其他投标人的公平竞争，损害招标人或者其他投标人的合法权益。投标人不得与招标人串通投标，损害国家利益、社会公共利益或者他人的合法权益。禁止投标人以向招标人或者评标委员会成员行贿的手段谋取中标。《招标投标法实施条例》第三十九条规定，禁止投标人相互串通投标。有下列情形之一的，属于投标人相互串通投标：（1）投标人之间协商投标报价等投标文件的实质性内容；（2）投标人之间约定中标人；（3）投标人之间约定部分投标人放弃投标或者中标；（4）属于同一集团、协会、商会等组织成员的投标人按照该组织要求协同投标；（5）投标人之间为谋取中标或者排斥特定投标人而采取的其他联合行动。

二维码 4-4

串通投标的责任具体规定见二维码 4-4。

4.1.4.2 骗取中标的责任

根据《招标投标法》第五十四条规定，投标人以他人名义投标或者以其他方式弄虚作假，骗取中标的，中标无效，给招标人造成损失的，依法承担赔偿责任；构成犯罪的，依法追究刑事责任。依法必须进行招标的项目的投标人有前款所列行为尚未构成犯罪的，处中标项目金额千分之五以上千分之十以下的罚款，对单位直接负责的主管人员和其他直接责任人员处单位罚款数额百分之五以上百分之十以下的罚款；有违法所得的，并处没收违法所得；情节严重的，取消其一年至三年内参加依法必须进行招标的项目的投标资格并予以公告，直至由工商行政管理机关吊销营业执照。

197

根据《招标投标法实施条例》第六十八条规定，投标人以他人名义投标或者以其他方式弄虚作假骗取中标的，中标无效；构成犯罪的，依法追究刑事责任；尚不构成犯罪的，依照招标投标法第五十四条的规定处罚。依法必须进行招标的项目的投标人未中标的，对单位的罚款金额按照招标项目合同金额依照招标投标法规定的比例计算。投标人有下列行为之一的，属于招标投标法第五十四条规定的情节严重行为，由有关行政监督部门取消其1年至3年内参加依法必须进行招标的项目的投标资格：（1）伪造、变造资格、资质证书或者其他许可证件骗取中标；（2）3年内2次以上使用他人名义投标；（3）弄虚作假骗取中标给招标人造成直接经济损失30万元以上；（4）其他弄虚作假骗取中标情节严重的行为。投标人自本条第二款规定的处罚执行期限届满之日起3年内又有该款所列违法行为之一的，或者弄虚作假骗取中标情节特别严重的，由工商行政管理机关吊销营业执照。

二维码 4-5

骗取中标的责任具体规定见二维码 4-5。

4.1.4.3 投标无效的责任

1. 投标无效的情形

根据《招标投标法实施条例》第三十四条规定，与招标人存在利害关系可能影响招标公正性的法人、其他组织或者个人，不得参加投标。单位负责人为同一人或者存在控股、管理关系的不同单位，不得参加同一标段投标或者未划分标段的同一招标项目投标。违反前两款规定的，相关投标均无效。第三十七条规定，招标人应当在资格预审公告、招标公告或者投标邀请书中载明是否接受联合体投标。招标人接受联合体投标并进行资格预审的，联合体应当在提交资格预审申请文件前组成。资格预审后联合体增减、更换成员的，其投标无效。联合体各方在同一招标项目中以自己名义单独投标或者参加其他联合体投标的，相关投标均无效。

2. 投标无效的法律责任

所谓无效，是指自始无效。只要存在投标无效情形，不论在何时发现，相关投标均应作无效处理。具体说来，在评标时，评标委员会应当否决其投标；中标公示后，招标人应当取消其中标资格；合同签订后，相关合同无效，应当恢复原状，不能恢复原状的中标人应当赔偿因此造成的损失。

4. 2　投标文件的编制

根据《招标投标法》第二十七条规定，投标人应当按照招标文件的要求编制投标文件。投标文件应当对招标文件提出的实质性要求和条件作出响应。招标项目属于建设施工的，投标文件的内容应当包括拟派出的项目负责人与主要技术人员的简历、业绩和拟用于完成招标项目的机械设备等。对招标文件提出的实质性要求和条件作出响应，是指投标文件的内容应当对于招标文件规定的实质性要求和条件（包括招标项目的技术要求、投标报价要求和评标标准等）一一作出相对应的回答，不能存有遗漏或重大的偏离，否则可能导致被否定或废标，失去中标的可能。

4. 2. 1　投标文件的编制步骤

4. 2. 1. 1　投标文件的编制步骤

（1）研究招标文件，重点是投标人须知、合同条件、技术标准、工程量清单及图纸。

（2）熟悉招标文件、图纸及其他资料。

（3）为编制好投标文件和投标报价，应收集现行定额标准、取费标准及各类标准图集，收集掌握政策性调价文件及材料和设备价格情况。

（4）编制实质性响应条款，包括对合同主要条款、提供资质证明的响应。

（5）依据招标文件和工程技术标准要求，并根据施工现场情况编制施工方案或施工组织设计。

（6）按照招标文件中规定的各种因素和依据计算报价，并仔细核对，确保准确，在此基础上正确运用报价技巧和策略，并用科学方法做出报价决策。

（7）填写各种投标表格。

（8）投标文件的封装。投标文件编写完成后要按招标文件要求的方式封装。

4.2.1.2 投标文件编制前的准备

二维码 4-6

投标文件编制前的准备工作包括获取投标信息与前期投标决策，准备充分后才可能从众多的市场招标信息中确定选取哪个项目作为投标对象。

投标文件编制前的具体准备工作见二维码 4-6。

4.2.2 投标文件的组成

投标文件（标书）是投标人根据招标文件的要求对其所提供的货物、工程或服务做出的价格和其他责任的承诺，它体现了投标人对该项目的兴趣和对该项目执行的能力和计划，是招标人选择和衡量投标人的重要依据。在传统的合同管理模式中，依据“镜子反射原则”，投标人发出的要约文件（投标文件）必须与招标人制订的要约邀请文件（招标文件）相一致；也就是说，投标文件必须全面、充分地反映招标文件中关于法律、商务、技术的条件、条款。通常在投标人须知中规定投标文件必须具备完整性、符合性、响应性，否则将导致其投标被拒绝。

投标文件的组成，也就是投标文件的内容。根据招标项目的不同、地域的不同，投标文件的组成上也会存在一定的区别，但重要的一点是投标文件的组成一定要符合招标文件的要求。一般来说投标文件由商务部分、技术部分和报价部分构成。

商务部分包含公司资质、公司情况介绍等一系列内容，同时也是招标文件要求提供的其他文件等相关内容，包括公司的业绩和各种证件、报告等。

二维码 4-7

技术部分包括工程的描述、设计和施工方案等技术方案，人员配置、图纸、表格等和技术相关的资料。

报价部分包括投标报价说明、投标总价、主要材料价格表等。

具体建设工程施工投标文件可参见二维码 4-7。

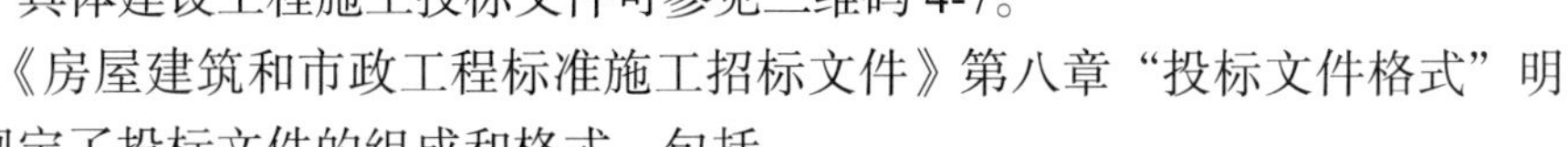
《房屋建筑和市政工程标准施工招标文件》第八章“投标文件格式”明确规定了投标文件的组成和格式，包括：

（1）投标函及投标函附录。

（2）法定代表人身份证明或附有法人代表身份证明的授权委托书。

（3）联合体协议书（如有）。

（4）投标保证金。

（5）已标价工程量清单。

（6）施工组织设计。

（7）项目管理机构。

（8）拟分包项目情况表。

（9）资格审查资料（资格后审项目）。

（10）招标文件规定的其他材料。

实行资格预审的招标项目，其投标文件一般不包含资格证明文件。但在投标截止时间前，如投标人的资格情况发生变化，则投标人应当主动提供资格变化的证明材料；如资格审查资料作为评标因素，投标人应当按照招标文件的要求提供评标所需要的相关证明材料。实行资格后审的招标项目，投标人应当在投标文件中提供完整的资格审查资料。资格审查资料包括投标人基本情况、近年财务状况、近年完成的类似项目情况、正在施工和新承接的项目情况、近年发生的诉讼及仲裁情况等。

投标人必须使用招标文件提供的投标文件表格格式，但表格可以按同样格式扩展。《房屋建筑和市政工程标准施工招标文件》中拟定的供投标人投标时填写的一套投标文件格式，有投标函及投标函附录、法定代表人身份证明、授权委托书、联合体协议书、投标保证金、已标价工程量清单、施工组织设计、项目管理机构、拟分包项目情况表、资格审查资料、其他材料 11 项。

一份完整的投标文件一般包括封面、投标函及投标函附录、正文、附件四部分内容。其中，正文部分可以划分为商务部分与技术部分。标书的附件是对标书正文重要内容的补充和细化，此部分主要以图表、需单列的演算过程、从业资格和企业获奖证书复印件、保函、报价单、资信证明文件、解释说明等形式出现。

在工程投标中，可以根据实际情况，对内容和长度进行调整。编写全新的文件往往费时费力，但在已有的文本上进行修改情况会好很多。全新文本是针对该项目重新编写的部分，通常由投标经理编写，其特点是必须具有相当的说服力；有部分改动的标准文本是以投标人原有的文件资料为基础，根据当前投标项目的特点进行改写而成；标准文本没有改动是指一些标准的投标人文本，可以直接加入标书中，主要是指一些经常更新的投标人的资质资料、投标人的资源设施和过去的业绩等。

典型的总承包项目投标文件结构与篇幅设计可参见二维码 4-8。

二维码 4-8

4.2.3 投标函编制

投标函是指投标人按照招标文件的条件和要求，向招标人提交的有关报价、质量目标等承诺和说明的函件。是投标人为响应招标文件相关要求所做的概括性说明和承诺的函件，一般位于投标文件的首要部分，其内容必须符合招标文件的规定。

投标函部分主要包括下列内容：

（1）投标函。

（2）法定代表人身份证明书。

（3）投标文件签署授权委托书。

（4）投标保证金缴纳成功回执单。

（5）项目管理机构配备情况表。

（6）项目负责人简历表。

（7）项目技术负责人简历表。

（8）项目管理机构配备情况辅助说明资料。

（9）招标文件要求投标人提交的其他投标资料。

投标函范本见二维码 4-9。

二维码 4-9

4.2.4　技术标编制

技术标包括全部施工组织设计内容，用以评价投标人的技术实力和建设经验。技术复杂的项目对技术文件的编写内容及格式均有详细要求，应当认真按照规定填写标书文件中的技术部分，包括技术方案、产品技术资料、实施计划等。对于大中型工程和结构复杂、技术要求较高的工程来说，投标文件技术部分往往是能否中标的关键性因素。投标文件技术部分通常就是一份完整的施工组织设计。

技术标评审办法见二维码 4-10。

二维码 4-10

4.2.4.1　技术标编制内容

（1）确保基础工程的技术、质量、安全及工期的技术组织措施。

（2）各分部分项工程的主要施工方法及施工工艺。

（3）拟投入本工程的主要施工机械设备情况及进场计划。

（4）劳动力安排计划。

（5）主要材料投入计划安排。

（6）确保工程工期、质量及安全施工的技术组织措施。

（7）确保文明施工及环境保护的技术组织措施。

（8）质量通病的防治措施。

（9）季节性施工措施。

（10）计划开竣工日期和施工平面图、施工进度计划横道图及网络图。

4.2.4.2　技术标编制依据

单位工程施工组织设计的编制依据：

（1）建设单位的意图和要求。

（2）工程施工图纸及标准图。

（3）施工组织总设计对本单位工程的工期、质量和成本控制要求。

（4）资源配置情况。

（5）建筑环境、场地条件及地质、气象资料，如工程地质勘察报告、地形图和测量控制等。

（6）有关的标准、规范和法律。

（7）有关技术新成果和类似建设工程项目的资料和经验。

4.2.4.3　编制施工规划

施工项目投标的竞争主要是价格的竞争，而价格的高低与所采用的施工方案及施工组织计划密切相关，所以在确定标价前必须编制好施工规划。

在投标过程中编制的施工规划，其深度和广度都比不上施工组织设计。如果中标，再编制施工组织设计。施工规划一般由投标人的技术负责人制订，内容一般包括各分部分项工程施工方法、施工进度计划、施工机械计划、材料设备计划和劳动力安排计划，以及临时生产、生活设施计划。施工规划的制订应在技术和工期两个方面吸引招标人，对投标人来说还能降低成本，增加利润。制订的主要依据是设计图纸、执行的标准、经复核的工程量、招标文件要求的开竣工日期以及对市场材料、设备、劳动力价格的调查等。

二维码 4-11

具体施工规划编制参考二维码 4-11。

1. 选择和确定施工方法

根据工程类型，研究可以采用的施工方法。对于一般的土方工程、混凝土工程、房屋建筑等比较简单的工程，可结合已有施工机械及工人技术水平来选择实施方法，努力做到节约开支、加快进度。对于大型复杂工程则要考虑几种不同的施工方案，进行综合比较。

2. 选择施工机械和施工设施

一般与研究施工方法同时进行。在工程预算过程中，要不断进行施工机械和施工设施的比较，利用旧设备还是采购新设备，租赁还是购买，在国内采购还是国外采购等。

3. 编制施工进度计划

编制施工进度计划要紧密结合施工方法和施工设备考虑。施工进度计划中应提出各时段应完成的工程量及限定日期。施工进度计划是采用网络进度计划还是横道图线性计划，应根据招标文件要求确定。

4.2.5 商务标编制

4.2.5.1 商务标内容

《房屋建筑和市政工程标准施工招标文件》第八章“投标文件格式”明确规定了投标文件的组成和格式。其中商务标主要包括下列内容：

（1）已标价工程量清单。

（2）项目管理机构。

（3）拟分包项目情况表。

（4）资格审查资料。

（5）投标人须知前附表规定的其他资料。

其中（1）项为经济标，即工程项目的投标报价文件。（2）～（5）项称之为资信标。

4.2.5.2 资信标编制

资信标是对投标企业的资格及信用程度审查的资料内容，主要包括企业的项目管理机构、机械设备情况、人员及财务情况、资格审查资料、业绩及获奖情况等。资信标编制在投标文件编制过程中起到很重要的作用，在采用综合评估法进行评标时占据一定的分值，同时一定程度上能够体现投标人的经济实力及公司运营状况，所以此部分作为评标专家的主要评判内容，需要投标人认真准备相关资料并进行编制，将结果体现在投标文件中。

4. 2. 5. 3 投标报价的编制

在进行投标报价部分的编制时，必须要先做好以下准备工作：

（1）研究招标文件。招标文件是实行工程招标的法律性文件，是确定施工单位的主要依据，是编制投标文件的重要依据。

（2）确定招标范围。

（3）确定材料采购方式。工程项目招标中材料采购方式大多采用甲供材料及设备、甲定乙购材料、乙购材料。

（4）分析和掌握项目的工程特点，了解工程的重点、难点，抓住问题主要方面，提出针对性解决问题的方法，采取相对措施，提高中标率。然后进行有针对性的投标报价编制。

具体如下：

1. 分部分项工程费的编制

分部分项工程中工程量依据招标工程量清单所列内容确定；材料暂估价按招标文件提供的暂估价计入综合单价；综合单价中应包含招标文件所要求的投标人承担的风险费。投标报价以工程量清单项目特征描述为准，确定综合单价的组价；材料暂估价完全依照招标文件编制。根据工程承发包模式考虑投标报价的费用内容和计算深度；以施工方案、技术措施等作为投标报价计算的基本条件；以反映企业技术和管理水平的企业定额作为计算人工、材料和机械台班消耗量的基本依据；充分利用现场踏勘、调研成果、市场价格信息和行情资料，编制基础标价，报价计算方法要科学严谨、简明适用。

（1）分部分项工程单价确定的步骤和方法：

① 确定计算基础。主要包括消耗量的指标和生产要素的单价。

② 分析每一项清单项目的工程内容。确定依据：项目特征描述、施工现场情况、拟定的施工方案、《建设工程工程量清单计价规范》GB 50500—2013 中提供的工程内容、也可能发生规范列表之外的特殊工程内容。

③ 计算工程内容的工程数量与清单单位的含量。每一项工程内容都应根据所选定额的工程量计算规则计算其工程数量。当定额的工程量计算规则与清单的工程量计算规则相一致时，可直接以工程量清单中的工程量作为工程内容的工程数量。

④ 当采用清单单位含量计算人工费、材料费、机械使用费时，还需要计算每一计量单位的清单项目所分摊的工程内容的工程数量，即清单单位含量。将工程量清单五项费用汇总之后，即可得到分部分项工程量清单综合单价。

（2）确定分部分项工程综合单价时的注意事项：

① 以项目特征描述为依据。当招标文件中分部分项工程量清单特征描述与设计图纸不符时，投标人应以分部分项工程量清单的项目特征描述为准。当施工中施工图纸或设计变更与工程量清单项目特征描述不一致时，承发包双方应按实际施工的项目特征，依据合同约定重新确定综合单价。

② 材料暂估价的处理。其他项目清单中的暂估单价材料，应按其暂估的单价计入分部分项工程量清单项目的综合单价中。

③ 应包括承包人承担的合理风险。

2. 措施费、其他费编制

措施费中安全文明施工费按规定标准计取，其他措施项目按措施项目中的工程量列项计价。投标报价时投标人可以根据工程实际情况，结合施工组织设计对招标人所列的措施项目进行增补；安全文明施工费按国家或省级、行业建设行政主管部门规定计价，不得作为竞争费用。暂列金额是指招标人在工程量清单中暂定并包括在合同价款中的一笔款项。由于施工合同签订时尚未确定或者不可预见的所需材料、设备、服务的采购，施工中可能发生工程变更、合同约定调整因素出现时的工程价款调整及发生的索赔、现场签证确认等的费用。暂列金额应根据拟建工程的复杂程度、市场情况由招标人估算列出，并随工程量清单发至投标人。招标控制价（最高投标限价）中暂列金额规范规定为10%～15%作为参考，而投标报价则完全按照招标人列项的金额填写，不允许改动。专业工程暂估价同样按规定数据填报，不可调整。

专业工程暂估价按不同专业进行设定。投标报价时暂估价完全按照招标人设定的价格计入，不能进行调整。

总承包服务费。总承包人为配合协调发包人进行的工程分包自行采购的设备、材料等进行管理、服务以及施工现场管理、竣工资料汇总整理等服务所需的费用。招标人应预计该项费用并按投标人的投标报价向投标人支付该项费用。

对于总承包服务费的一般规定为：总承包服务费应由投标人视招标范围、招标人供应的材料、设备情况、招标人暂估材料、设备价格情况参照下列标准计算：拟建工程如有另行发包的专业工程时，按另行发包的专业工程估算价的3%以内计取；招标人供应材料、设备时，按其供应的材料、设备总价的0.6%以内计取；招标人暂估材料、设备价格时，按暂估材料、设备总价的0.6%以内计取。这两项内容无论在招标控制价（最高投标限价）还是在投标报价中均属于不可竞争的费用，必须按照有关规定计取。

3. 企业管理费和利润

企业管理费和利润应根据企业年度管理费收支和利润标准以及企业的发展要求，同时考虑本项目的投标策略综合确定。随着合理低价中标的逐步推行，市场竞争越发激烈，企业管理费和利润率可在一定范围内进行调整。

4. 基础数据准确性及可竞争性

投标编制人员不但要熟悉业务知识，还要富有管理经验，能够全面理解招标文件内容。基础数据的可竞争性是指报价中所列材料费、人工费、机械费的单价有可竞争性。

5. 投标报价的确定

最终报价的确定是中标与否的关键，是企业中标后获利的关键。中标前期的一切经营成果等于“零”：中标后报价低、利润小，可能出现亏损，给企业增加经济负担。所以投标报价的确定不但是投标报价过程，还是企业决策过程。

6. 报价技巧运用

运用投标报价技巧，根据招标项目的不同特点采取不同的投标报价技巧。对于施工难度高但可操控的项目，可适当抬高报价。施工技术含量低的项目，可以适当降低报价。

4. 2. 5. 4　招标控制价（最高投标报价）与投标报价的区别

招标控制价（最高投标报价）是对招标工程限定的最高工程造价。投标报价主要是投标人对承建工程所要发生的各种费用的计算。同时规范规定，投标价是投标人投标时报出的工程造价。由此可以看出，招标控制价（最高投标报价）是对投标报价的限制价，所以招标控制价又称最高限价，是投标报价的最高上限，如果超过这个控制价，投标报价将被视为废标。

招标控制价（最高投标报价）是招标人为实施招标委托编制的，其内容的准确性、严密性由招标人负责；投标报价则是投标人为进行投标而编制的报价，其内容由投标人负责。

相对而言，招标控制价（最高投标报价）主要依据国家、省级、行业的计价标准和计价办法，而投标报价由投标人自主确定，但必须执行《建设工程工程量清单计价规范》GB 50500—2013 的强制性规定；投标人的投标报价不得低于成本；投标报价要以招标文件中设定的承发包双方责任划分，作为考虑投标报价费用计算的基础，承发包双方的责任划分不同，会导致合同风险的不同分摊，从而导致投标人选择不同的报价。招标控制价（最高投标报价）的编制完全按规范和计价依据的要求，其中的各项费用依据规定不可调整。

总之，招标控制价（最高投标报价）和投标报价无论从编制委托还是编制内容上都是不一样的，招标控制价（最高投标报价）更注重政策及法规要求，而投标报价除了按照现行计价要求，还需从企业的实际情况和施工组织方案出发，但不能突破招标控制价（最高投标报价）。

4. 2. 5. 5　投标报价策略

建设工程投标报价策略与技巧，是建设工程投标活动中另一项重要内容，合理采用一定的策略和技巧，既可以增加投标中标机会，又可以获得较大的期望利润。

当投标人确定要对某一具体工程投标后，就需采取一定的投标报价策略，以达到提高中标机会、中标后又能营利的目的。常见的投标报价策略有以下几种：

1. 靠提高经营管理水平取胜

这主要靠做好施工组织设计，采用合理的施工技术和施工机械，精心采购材料、设备，选择可靠的分包单位，安排紧凑的施工进度，力求节省管理费用等，从而有效地降低工程成本而获得较大的利润。

2. 靠改进设计和缩短工期取胜

这主要靠仔细研究原设计图纸，发现不够合理之处，提出能降低造价的修改设计建议，以提高对发包人的吸引力。另外，靠缩短工期取胜，即比规定的工期有所缩短，帮助发包人达到早投产、早收益的目标，有时甚至标价稍高，对发包人也是很有吸引力的。

3. 低利政策

这主要适用于承包任务不足时，与其坐吃山空，不如以低利承包一些工程，还能维持企业运转。此外，承包人初到一个新的地区，为了打入这个地区的承包市场、建立信誉，也往往采用这种策略。

4. 加强索赔管理

有时虽然报价低，却着眼于施工索赔，还能赚到高额利润。

5. 着眼于发展

为争取将来的优势，而宁愿目前少营利。例如，承包人为了掌握某种有发展前途的工程施工技术（如建造核电站的反应堆或海洋工程等），就可能采用这种策略。这是一种比较有远见的策略。

以上这些策略不是互相排斥的，可根据具体情况综合灵活运用。

投标报价策略与技巧参考二维码 4-12。

二维码 4-12

【案例 1】

某小区商住楼土建项目，某投标单位编制的投标书报价为 1080 万元，递交投标书的时间距投标截止日期尚有 3 天，然后经过各种渠道了解，发现该报价与竞争对手相比没有优势，于是在开标前又递上一封折扣信，在投标书报价的基础上，工程量清单单价与总报价各下降 5%，并最终凭借价格优势拿到了合同。该案例运用了哪种报价策略？

案例解析见二维码 4-13。

二维码 4-13

【案例 2】

某施工企业投标人在投标阶段，根据招标文件要求进行了投标文件的编制，在投标文件递交截止日期前一天，将投标文件报送招标人。次日，在规定的投标截止时间前 1h，该投标人又递交了一份补充材料，将原报价在保证合理的情况下降低了 3%，该做法是否合理？

案例解析见二维码 4-14。

二维码 4-14

【案例 3】

某大型公建项目进行招标，标底为 8050 万元。同时在施工招标文件中规定：本工程采用预付款，数额为合同价款的 10%，在合同签署并生效后 7 日内支付，当进度款支付达合同总价的 60% 时一次性全额扣回，工程进度款按季度支付。

某投标单位的投标报价为 7990 万元，为了能提早收回资金，以便投入新的项目，该投标单位将基础工程和柱墙等项目的单价提高了 15%，装饰装修工程的单价适当下调，做到总报价仍然为 7990 万元，并且在评标时对调整项目单价作了有力的说明，最后中标。在施工过程中，基础工程等施工完成后，该投标单位回收了大量的资金投入到新项目中。该案例运用了哪种报价技巧？

案例解析见二维码 4-15。

二维码 4-15

4.2.6 投标文件编制注意事项

4.2.6.1 编写投标文件注意事项

招标文件通常包括招标邀请函、商务要求部分、技术要求部分、附件和附图等文档，这些文档是编写投标文件的基础。投标小组成员在编写投标文件前，应该仔细、反复阅读招标文件，特别是对投标人的资质要求等内容，投标小组对招标文件进行讨论，找出招标文件中描述不清楚的地方，根据情况向招标人提出质疑，确定项目资质情况、投标以及实施的风险、对手情况、投标的优势及劣势等；制订投标策略；确定投标文件的内容、投标方式；初步编写投标文件大纲。在投标文件编写过程中，应该注意的具体事项见二维码 4-16。

二维码 4-16

4. 2. 6. 2 投标文件格式要求

编制符合条件的投标文件，基本应满足以下条件：

（1）严格按招标文件要求进行编制，各项目逐条响应。

（2）提供详尽的证明、资料、数据、表、样本。

（3）制作精美，字迹清楚。

（4）目录内容详尽，页码清楚，签字及印章齐全。

具体格式要求可参考二维码 4-17，常用评标细则示例见二维码 4-18。

二维码 4-17

二维码 4-18

4. 3 BIM 可视化投标文件的编制

4. 3. 1 BIM 简介

建筑信息模型（Building Information Modeling，简称 BIM）技术通过数字化手段，在计算机中建立出一个虚拟建筑，该虚拟建筑会提供一个单一、完整、包含逻辑关系的建筑信息库。需要注意的是，其中“信息”的内涵不仅是几何形状描述的视觉信息，还包含大量的非几何信息，如材料的耐火等级和传热系数、构件的造价和采购信息等。其本质是一个按照建筑直观物理形态构建的数据库，其中记录了各阶段的所有数据信息。BIM 应用的精髓在于这些数据能贯穿项目的全生命周期，对项目的建造及后期的运营管理持续发挥作用。

BIM 基本特性。BIM 是以建筑工程项目的各项相关信息数据为基础而建立的建筑模型。通过数字信息仿真，模拟建筑物具有的真实信息。BIM 是以从设计、施工到运营协调、项目信息为基础而构建的集成流程，它具有可视化、协调性、模拟性、优化性和可出图性 5 大特点。建筑施工企业通过使用 BIM，可以在整个流程中将统一的项目信息创新、设计和绘制，还可以通过真实模拟和建筑可视化进行更好地沟通，以便让项目各方了解工期、现场实时情况、成本和环境影响等项目基本信息。

4.3.2 BIM 招标投标简介

4.3.2.1 电子化招标投标与 BIM 招标投标业务介绍

电子化招标投标就是在传统招标投标的基础上使用现代信息技术，以数据电文为载体，以此实现招标投标的全过程。通俗地说，就是部分或者全部抛弃纸质文件，借助计算机和网络完成招标投标活动。

1. BIM 招标投标在我国的发展现状

2017 年 2 月 21 日，《国务院办公厅关于促进建筑业持续健康发展的意见》（国办发〔2017〕19 号），明确要求加快推进建筑信息模型（BIM）技术在规划、勘察、设计、施工和运营维护全过程的集成应用，实现工程建设项目全生命周期数据共享和信息化管理，为项目方案优化和科学决策提供依据，促进建筑业提质增效。

2018 年 5 月 16 日 15 点 06 分，全国首个应用 BIM 技术的电子招标投标项目“万宁市文化体育广场－体育广场项目体育馆、游泳馆工程”项目在海南省人民政府政务服务中心顺利完成开评标工作。该项目评标会顺利完成标志着电子招标投标正式进入三维模型时代，即传统纸质招标投标到电子化招标投标变革成功后，又一次取得了革命性的技术成果创新，在评标过程中引入 BIM 技术，实现了从全流程电子化招标投标到可视化、智能化的变革，并为后续的人工智能评标和大数据应用奠定了良好的基础。

2. BIM 招标投标的优势

BIM 技术的推广与应用，能极大地促进招标投标管理的精细化程度和管理水平。在招标投标过程中，招标人根据 BIM 模型可以编制准确的工程量清单，达到清单完整、快速算量、精确算量，有效地避免漏项和错算等情况，最大限度地减少施工阶段因工程量问题而引起的纠纷。投标人根据 BIM 模型快速获取正确的工程量信息，与招标文件的工程量清单相比较，可以制订更好的投标策略。

在招标控制环节，准确和全面的工程量清单是关键核心。工程量计算是招标投标阶段耗费时间和精力最多的重要工作。而 BIM 是一个富含工程信息的数据库，可以真实地提供工程量计算所需要的物理和空间信息。借助这些信息，计算机可以快速对各种构件进行统计分析，从而大大减少根据图纸统计工程量带来的烦琐的人工操作和潜在错误，在效率和准确性上得到显著提高。

在开评标环节，利用 BIM 可视化技术为专家提供直观的方案展示，专家在评审中可以对建筑物外观、内部结构、周围环境、各个专业方案等进行详细分析和对比，并且可以借助BIM方案展示，模拟整个施工过程进度和资金计划，使得评标过程更加科学、全面、高效和准确。

综上所述，利用 BIM 技术可以提高招标投标的质量和效率，有力地保障工程量清单的全面和精确，促进投标报价的科学性、合理性，提升评标质量与评标效率，加强招标投标的精细化管理，减少风险，进一步促进招标投标市场的规范化、市场化、标准化发展。

4.3.2.2　BIM 投标文件编制实施流程（图 4-1）

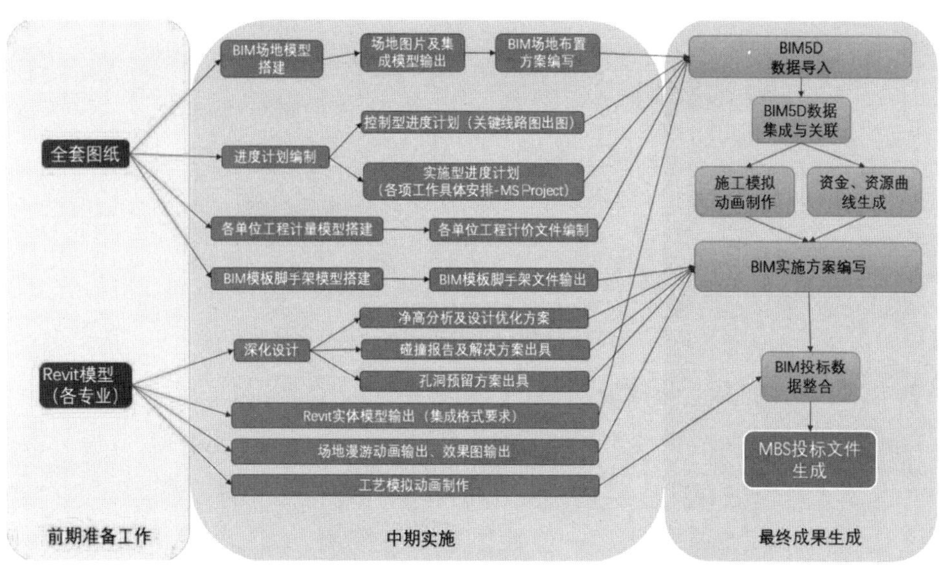

图 4-1　BIM 投标文件编制工作流程图

具体操作流程见二维码 4-19。

二维码 4-19

4.3.3　BIM 可视化投标文件编制

4.3.3.1　新建工程项目

双击桌面图标，启动BIM投标软件，出现如图4-2所示主界面，点击【新建工程】。

图 4-2　BIM 投标软件主界面

在弹出的对话框中选择或新建要存放工程的文件夹（或放置到工程默认文件夹 D: \WorkSpace），并输入工程名“专用宿舍楼 BIM 招标投标项目”，点击【完成】即可进入到系统中，如图 4-3 所示。

图 4-3　新建向导

4.3.3.2　模型文件的导入与集成

1. 数据导入

【数据导入】→【实体模型】→【添加模型】→选择本书提供的模型的igms文件导入（确定目标模型文件正确后点击【导入】，否则【取消】重复该步骤），如图4-4、图4-5所示。

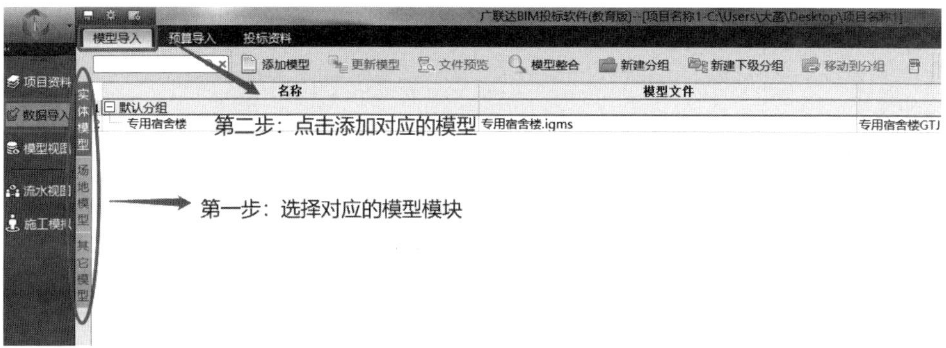

图 4-4　实体模型导入

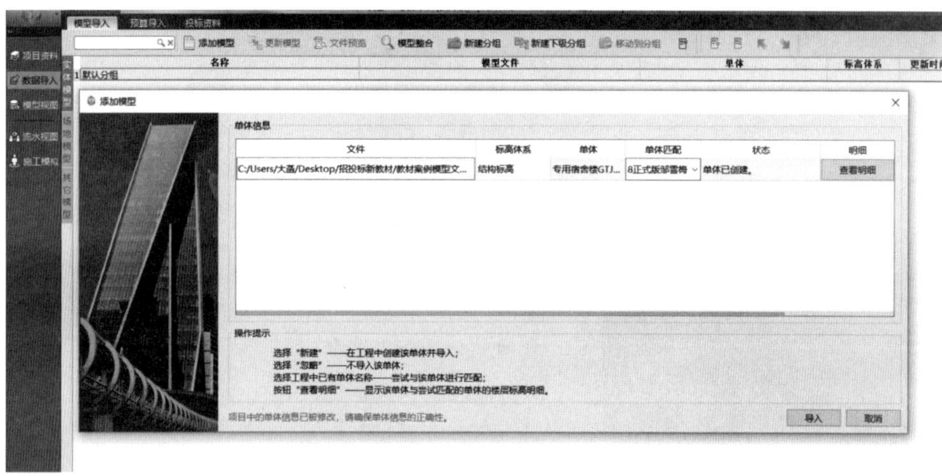

图 4-5　添加模型界面

2. 场地模型导入

【数据导入】→【场地模型】→【添加模型】→依次选择本书提供的场地布置三个阶段的 igms 文件导入，如图 4-6、图 4-7 所示。

图 4-6 添加场地布置模型

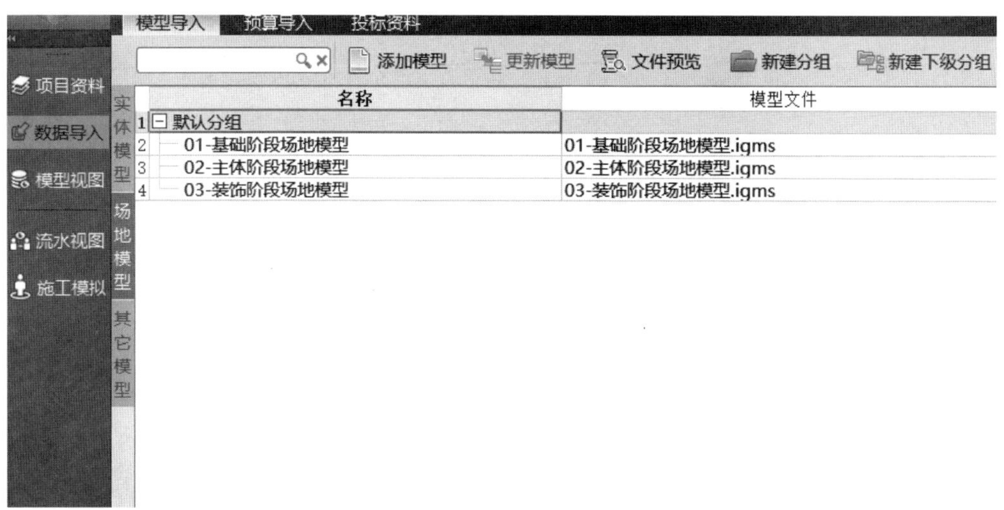

图 4-7 场地模型导入结果界面

3. 模型整合

（1）在数据导入实体模型界面：【模型导入】→【模型整合】。将场地模型与实体模型放置在同一界面，如图 4-8 所示。

图 4-8　模型整合（一）

（2）在模型整合页面，将楼层和专业构件类型全部勾选，这样可以避免后期出现构件缺失的情况。

（3）点击【施工场地】，选择【基础阶段场地模型】，精度为“单体”，如图 4-9 所示。

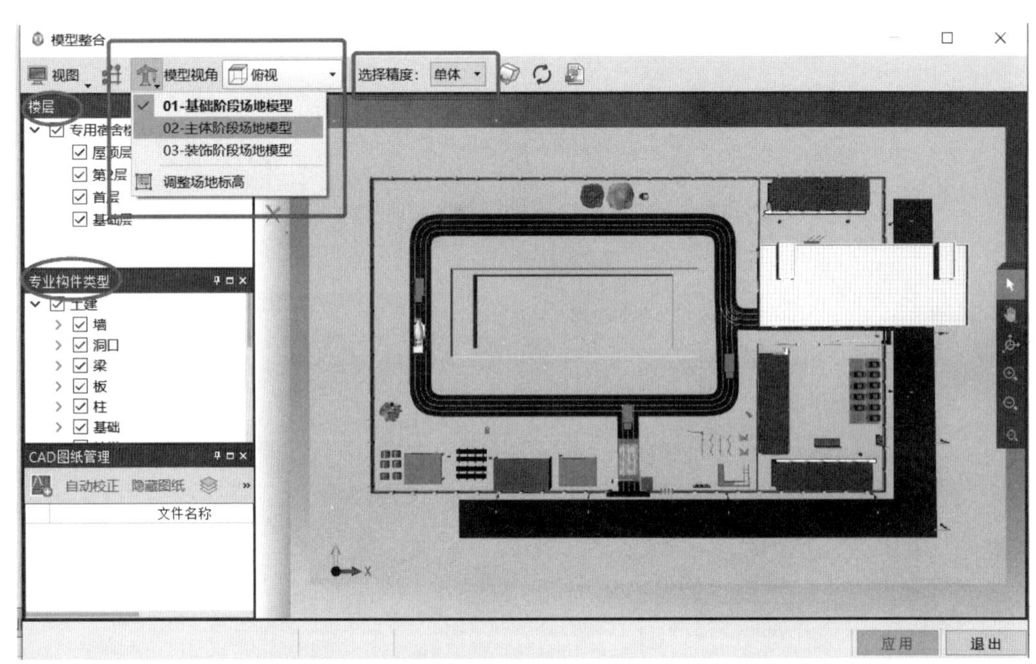

图 4-9　模型整合（二）

（4）点击【平移模型】，在选中模型一点后拖曳到场地模型中，适当地调整让实体模型和场地模型契合。

（5）确认无误后点击【应用】（如出现错误需要更改，点击【退出】重复上一步骤），如图 4-10 所示。

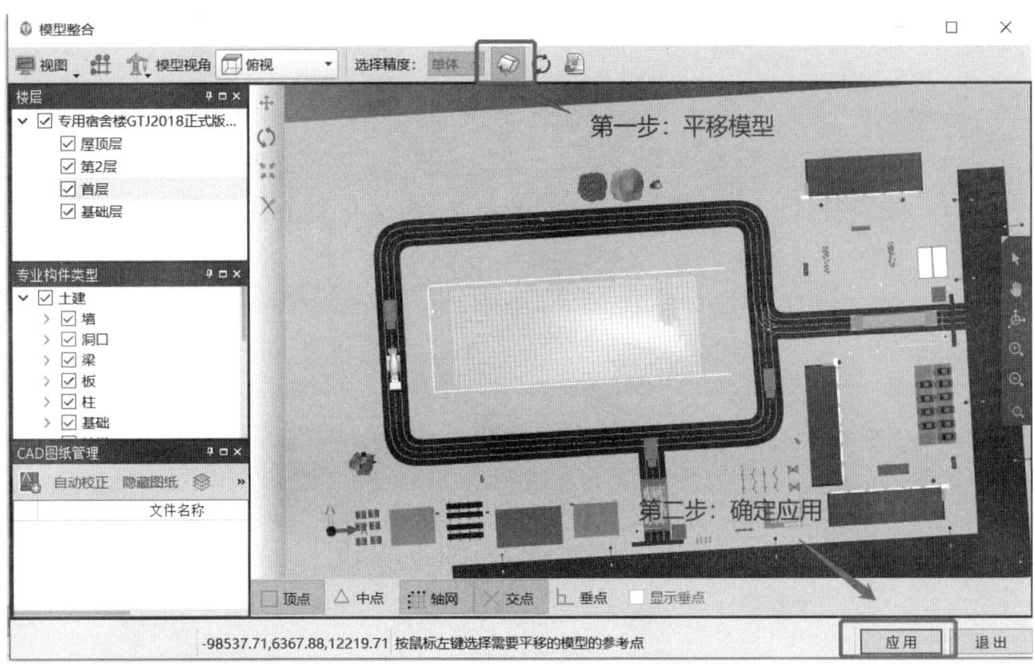

图 4-10　平移模型并应用模型

4.3.3.3　投标预算文件导入与清单匹配

1. 预算文件导入

【预算导入】→【添加预算文件】，添加本书提供的预算文件（或自行编制的投标预算文件），如图 4-11 所示。

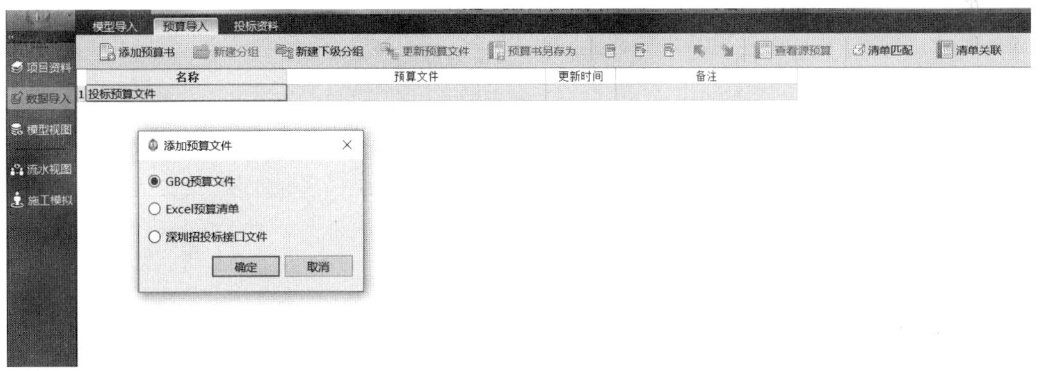

图 4-11　预算文件导入

2. 清单匹配

（1）在数据导入页面选择【清单匹配】，如图 4-12 所示。

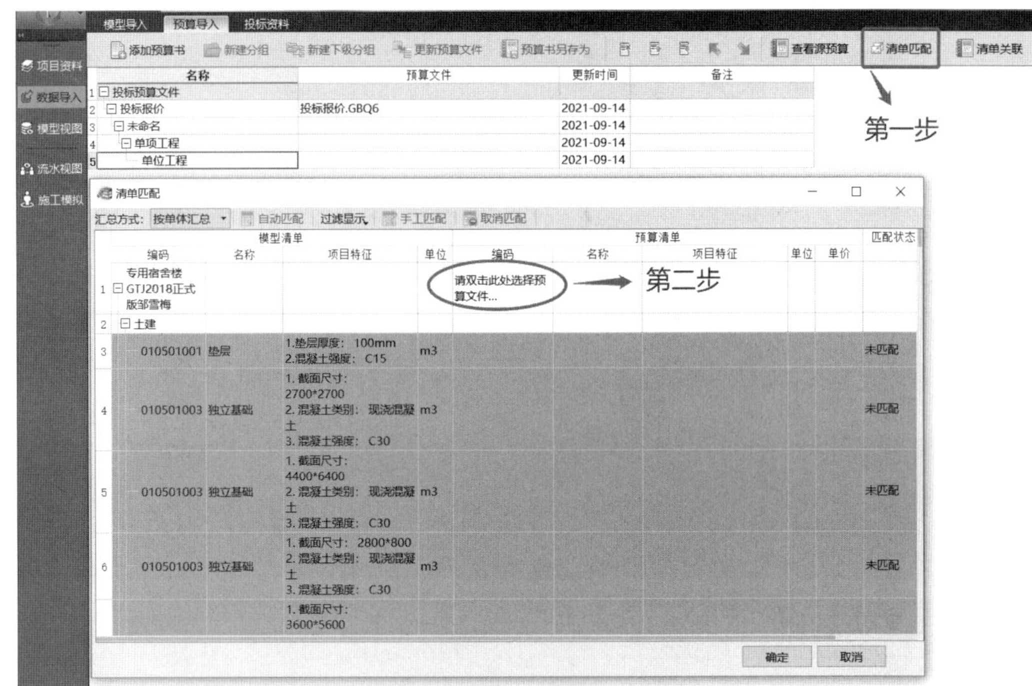

图 4-12　清单匹配

（2）按图 4-26 中表格所示，双击选择预算文件，如图 4-13 所示。

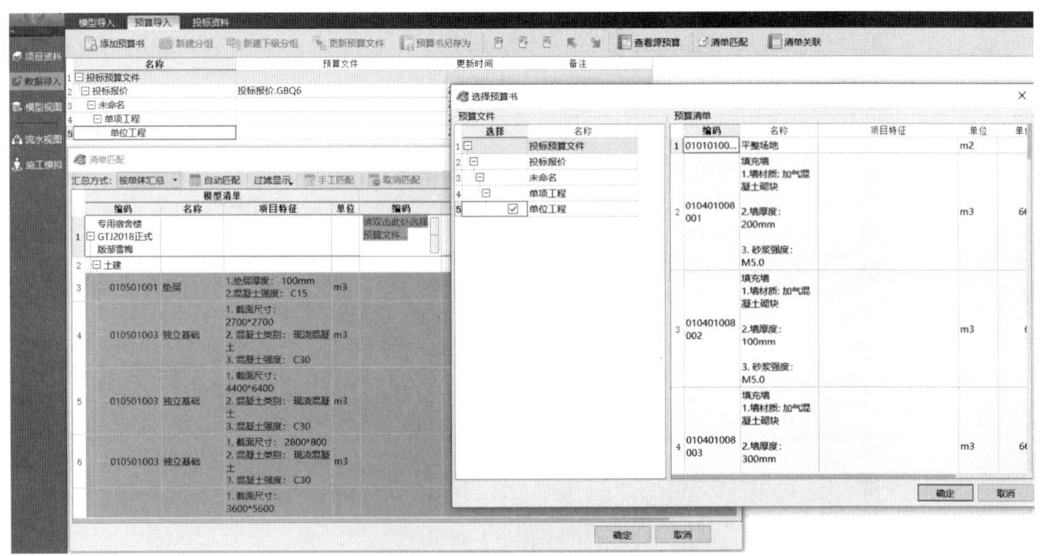

图 4-13　匹配预算文件

（3）自动匹配预算文件，如图 4-14 所示。

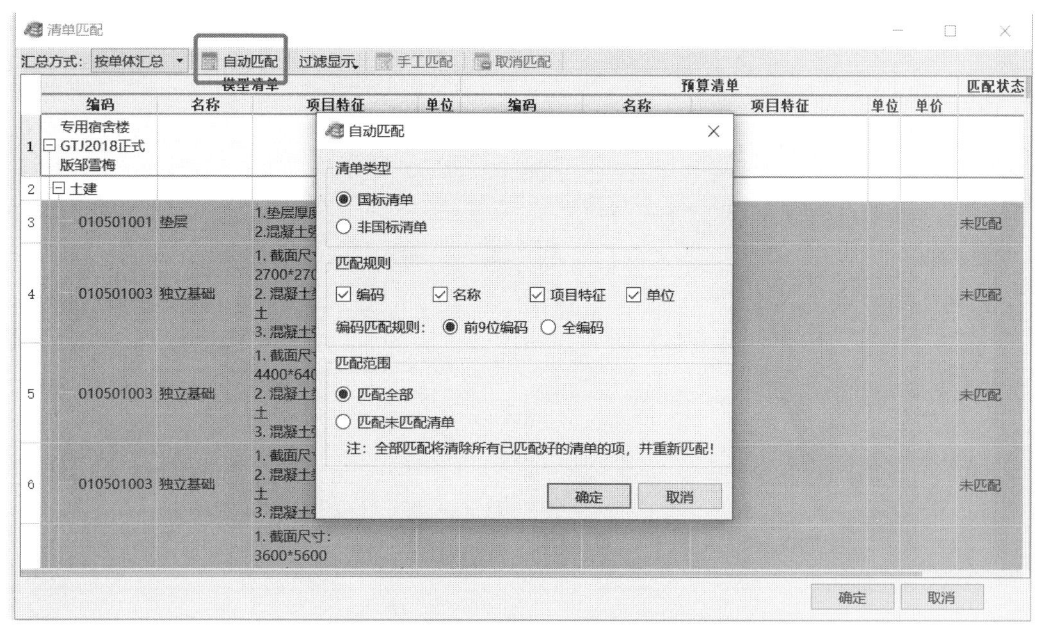

图 4-14　自动匹配预算文件

（4）对于未匹配成功的工程，可进行手工匹配以保证不缺项，如图 4-15 所示。

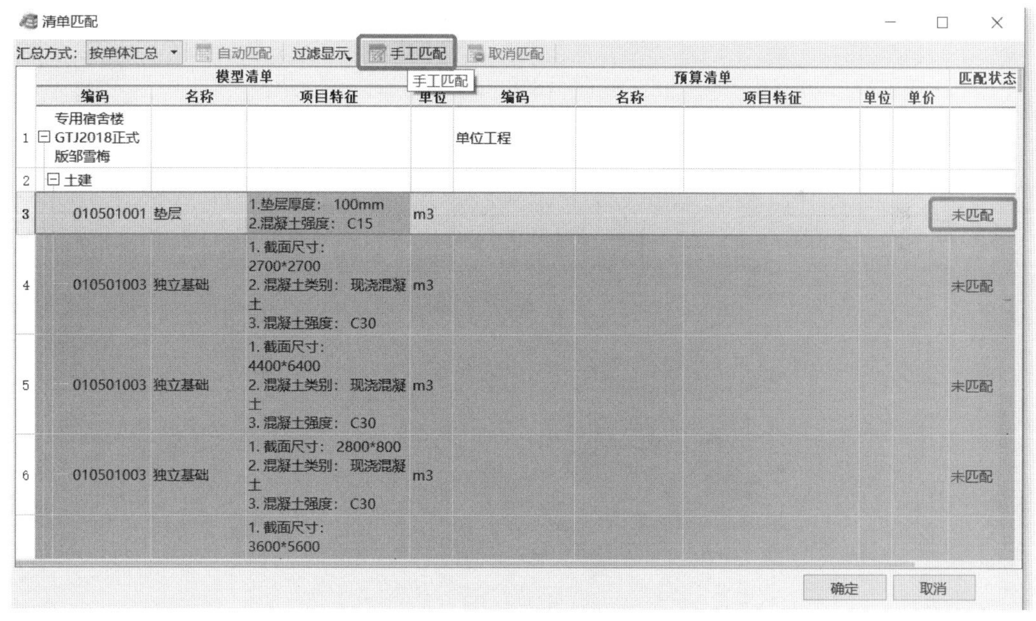

图 4-15　对未匹配工程进行手工匹配（一）

（5）在手工匹配界面，双击需要手动匹配的工程，在下部点击【查询】即可快速找到需要匹配的清单，双击进行匹配，如图 4-16 所示。

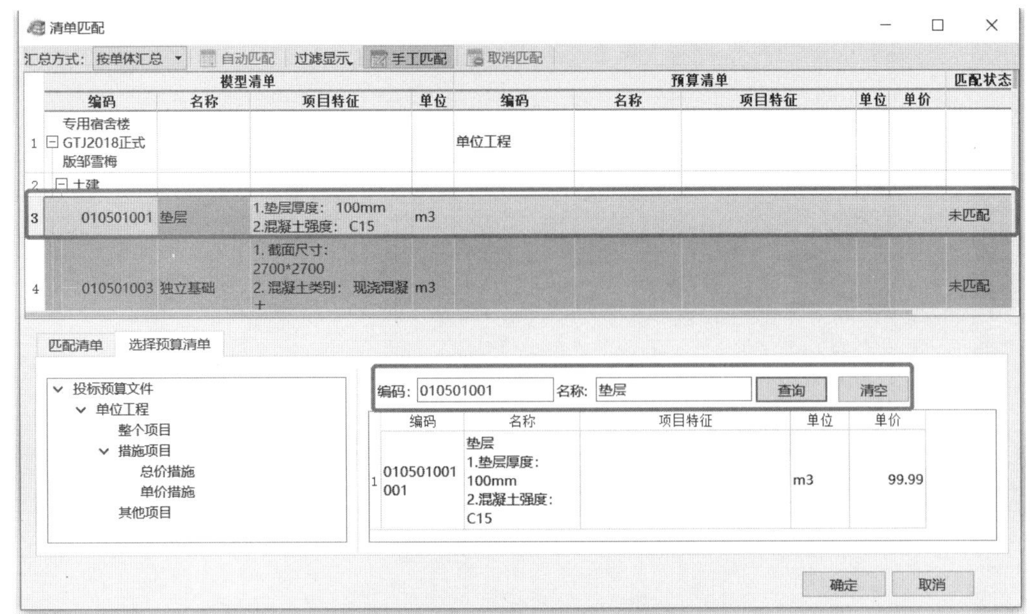

图 4-16　对未匹配工程进行手工匹配（二）

（6）匹配完成后点击【确定】（在匹配完成后记得检查确认是否有漏项）。

4.3.3.4　流水段划分与进度关联

1. 导入进度计划

（1）在施工模拟中，点击【导入进度计划】，如图 4-17 所示。

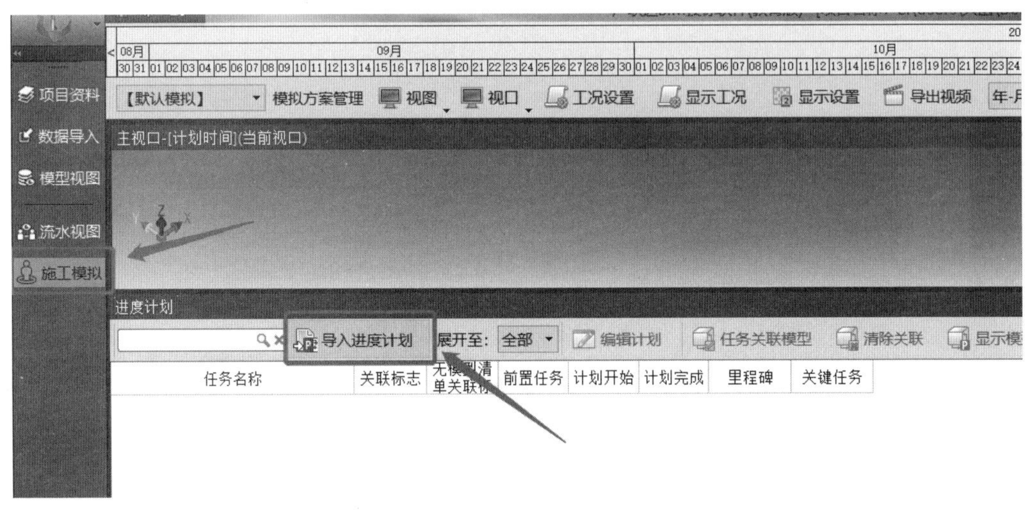

图 4-17　导入进度计划

（2）导入本书提供的进度计划文件（或自行绘制的进度计划图，支持 MS-Project 及斑马梦龙编制成果），如图 4-18、图 4-19 所示。

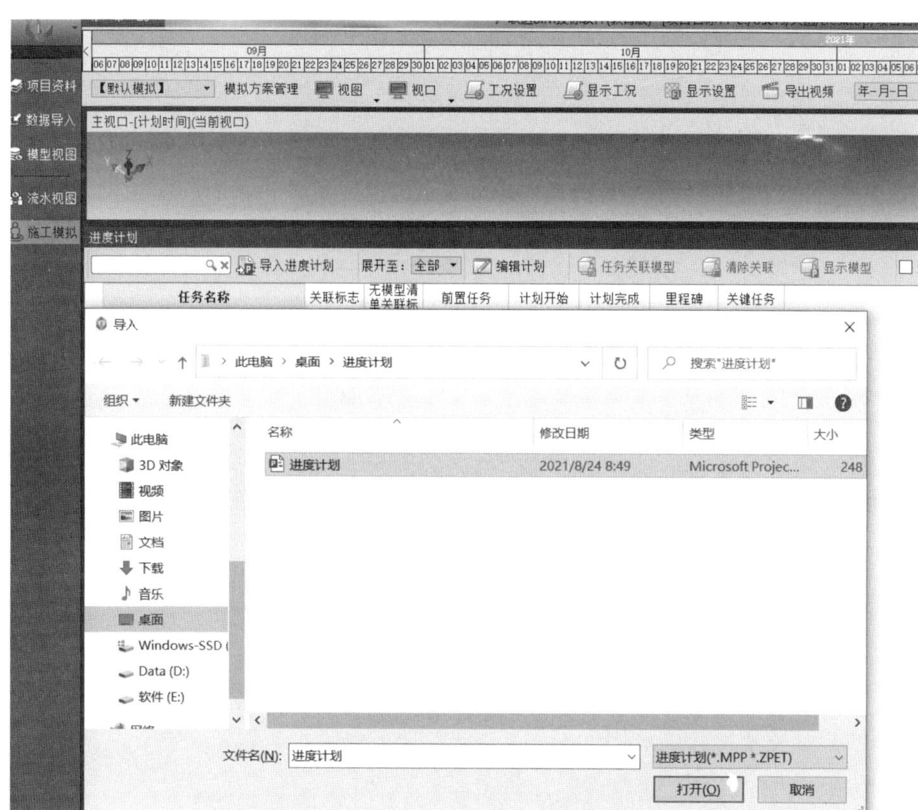

图 4-18　选择进度计划（mpp 格式文件）

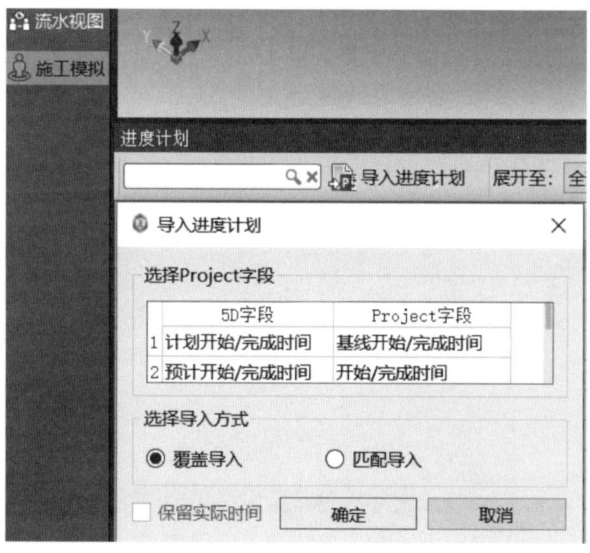

图 4-19　导入 Project

2. 流水段的划分

（1）【流水视图】→【流水段定义】→【新建同级】选择单体→【新建下级】选择专业、楼层，并分类命名，如图 4-20 所示。

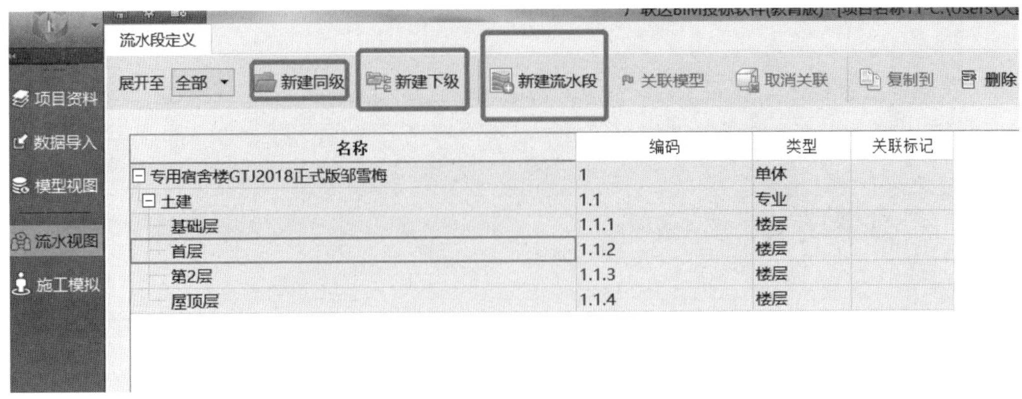

图 4-20　流水视图

（2）根据进度计划中的流水段划分进行流水段的处理，如图 4-21 所示。

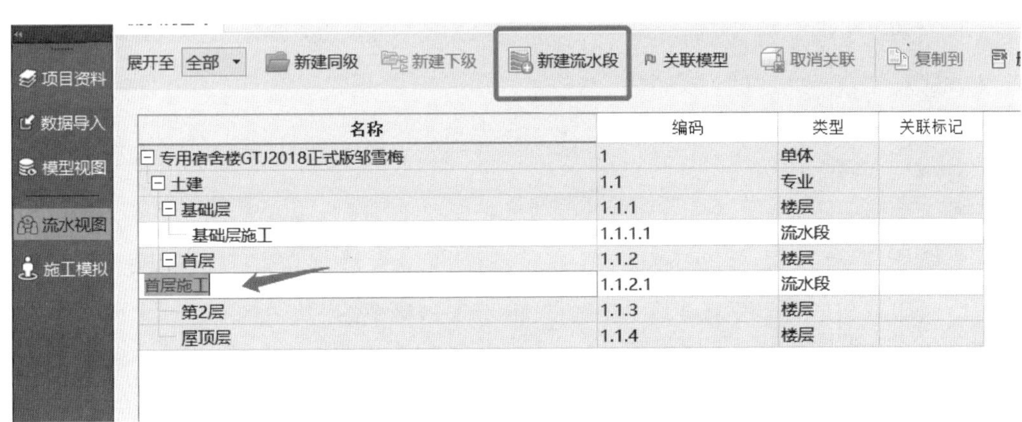

图 4-21　新建流水段

（3）【关联模型】→【显示构件类型】全选→锁上构件（避免构件缺失）→划分流水段→关联，如图 4-22、图 4-23 所示。

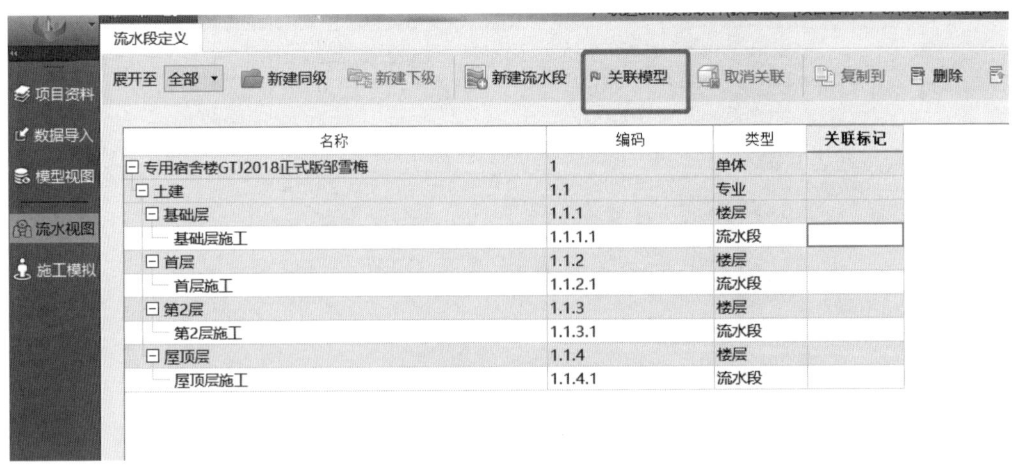

图 4-22　关联模型

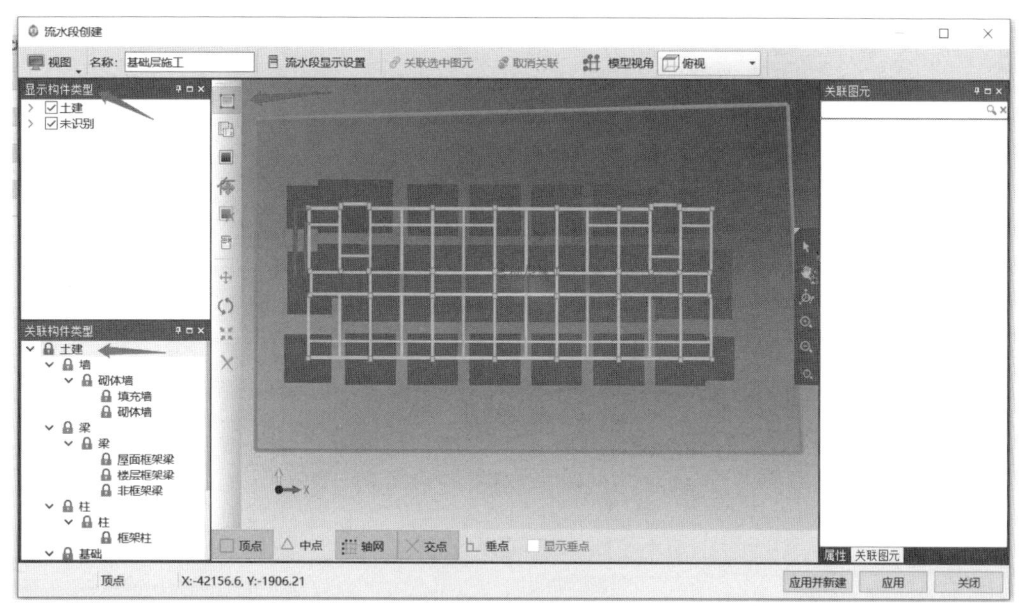

图 4-23　划分流水段

（4）其他楼层的流水段划分可用复制后更改流水段名称即可（注意检查每层在关联时是否选中了全部构件），最后点击【应用】（如需更改，点击【关闭】再重复第三步）。

3. 进度关联

（1）在施工模拟状态下，任意点击一条流水段→【任务关联模型】，如图 4-24 所示。

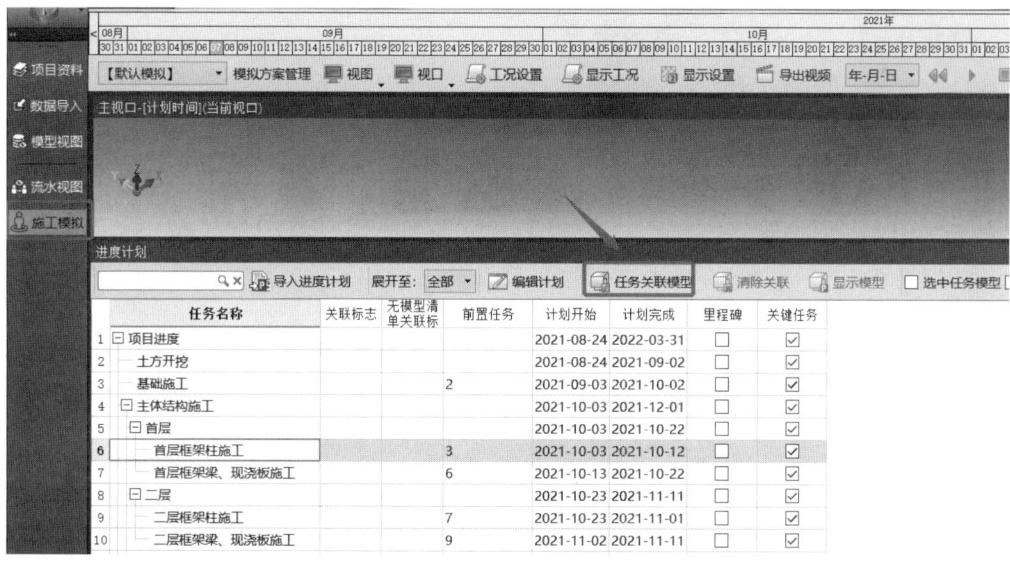

图 4-24　任务关联模型

（2）根据进度计划依次选中楼层、专业、流水段、构件类型、构件类型属性，最后关联，如图 4-25 所示。

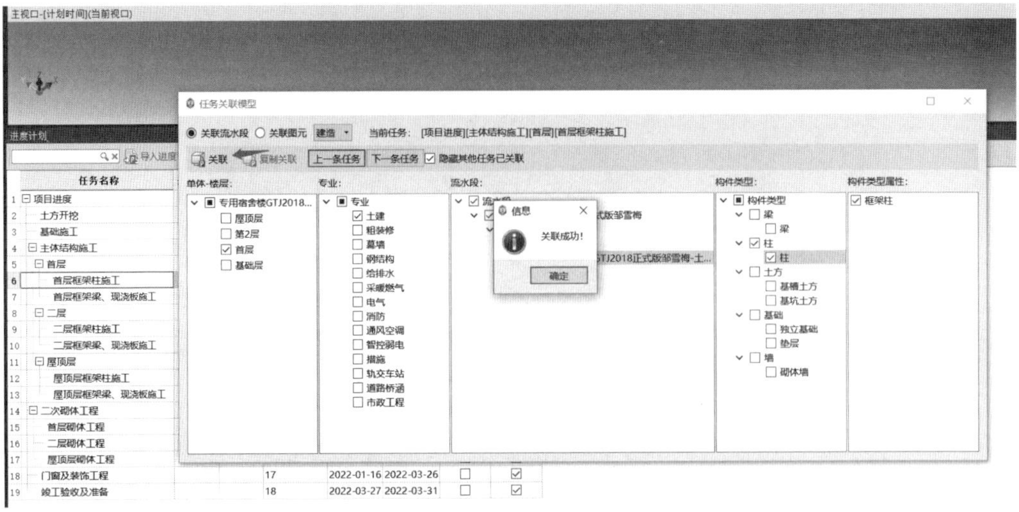

图 4-25　进度关联

4.3.3.5　模拟施工动画制作

（1）在施工模拟窗口点击【模拟方案管理】→【添加】→输入方案名称等信息→【确定】，如图 4-26 所示。

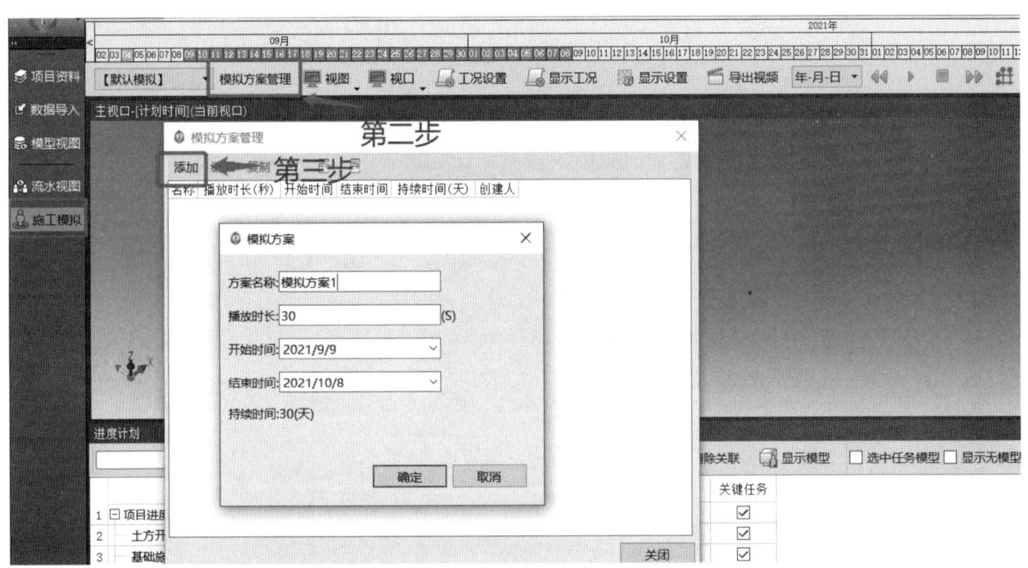

图 4-26　新建模拟方案

（2）点击左下角“动画管理”，如图 4-27 所示。

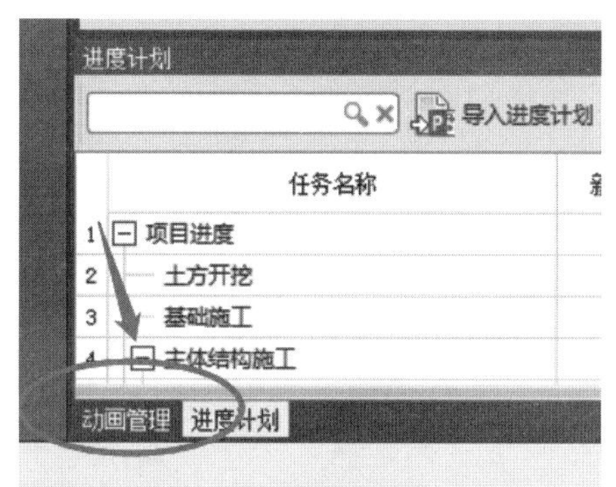

图 4-27　动画管理

（3）如果在主视口未显示模型，可在主视口处单击鼠标右键选择【视口属性】，显示范围中全选，点击【确定】即可显示模型，如图 4-28、图 4-29 所示。

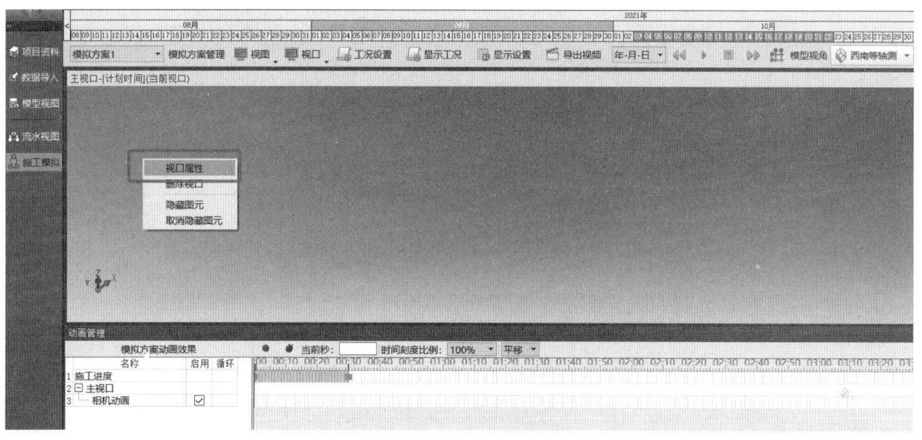

图 4-28　视口属性

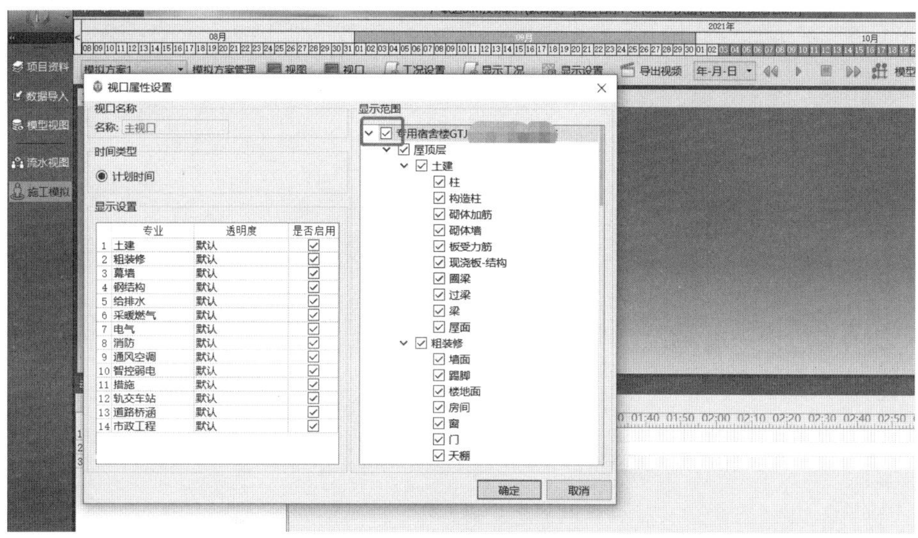

图 4-29　选择视图范围

（4）选中新建的模拟方案→点击【相机动画】→设置关键帧和视角。注意：先拉时间条再设置视角→点击【捕捉关键帧】，如图4-30所示。

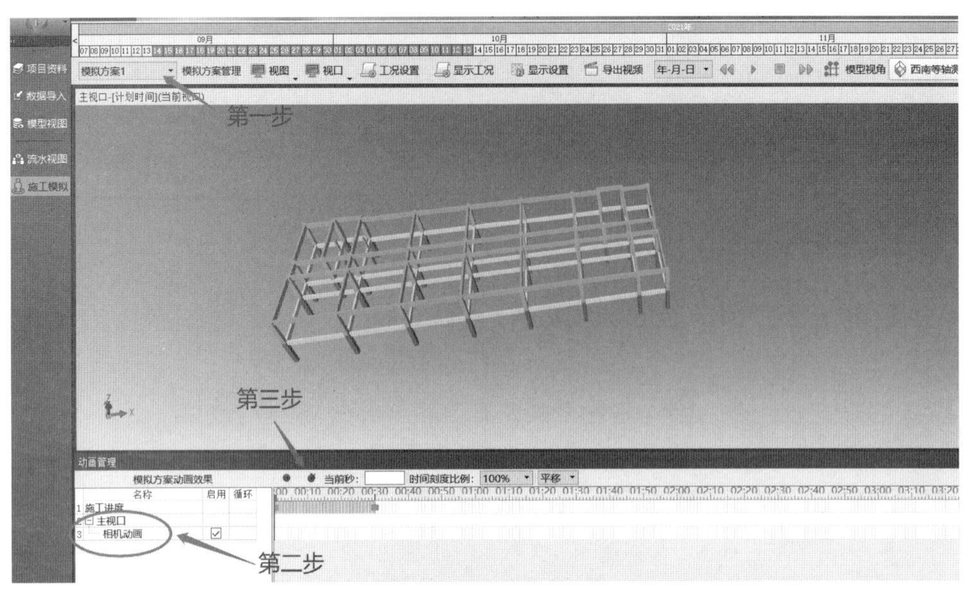

图4-30　制作施工模拟动画

（5）可以在【显示设置】中对模拟效果进行设计，如图4-31所示。

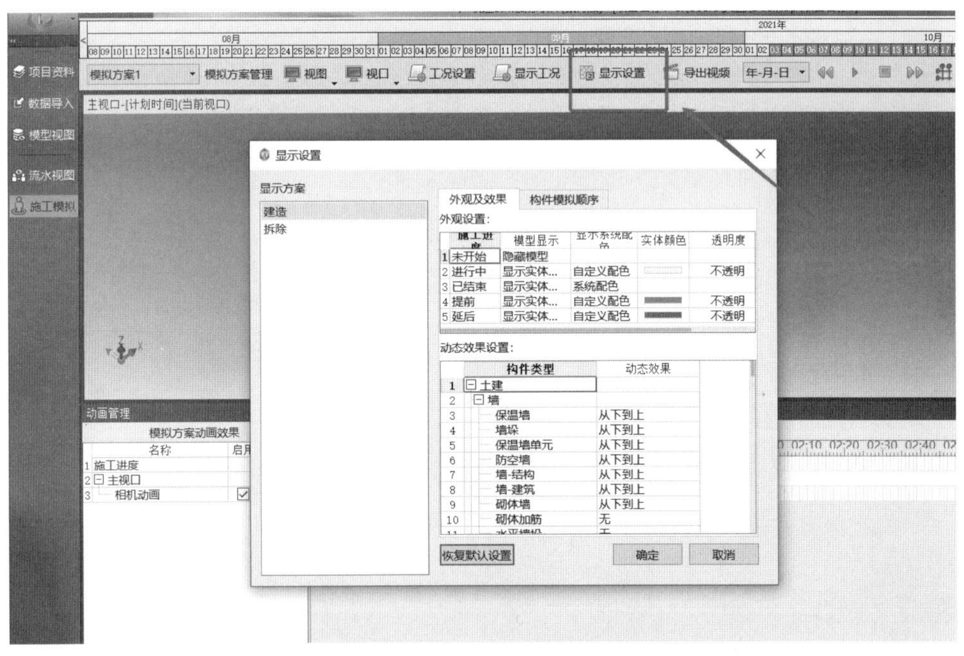

图4-31　显示设置

（6）视频导出。

① 根据需求，可以对视频进行相应的设置和布局的调整，如图4-32所示。

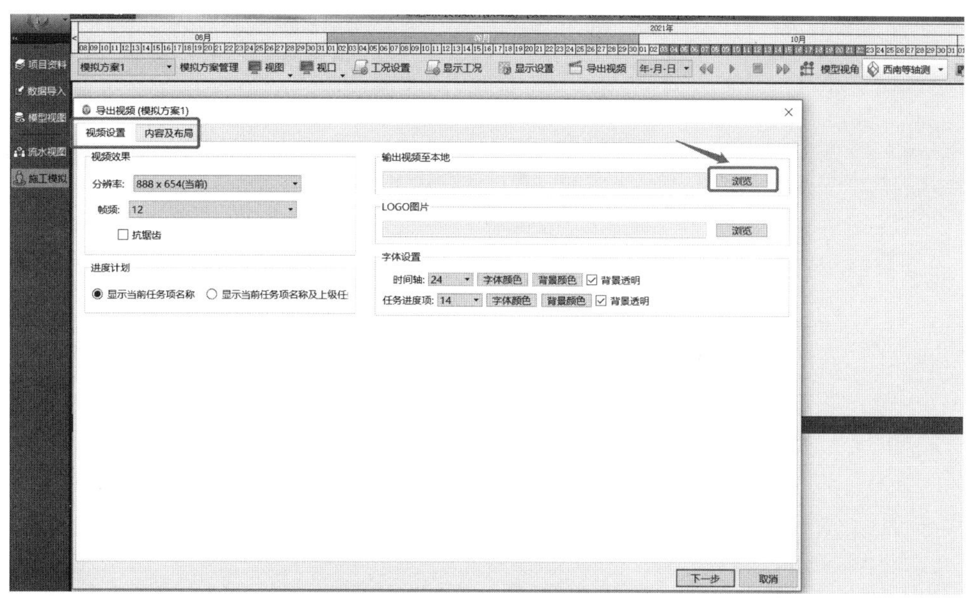

图 4-32　视频设置

② 资金曲线和资源曲线可以在视图中调出，如图 4-33 所示。

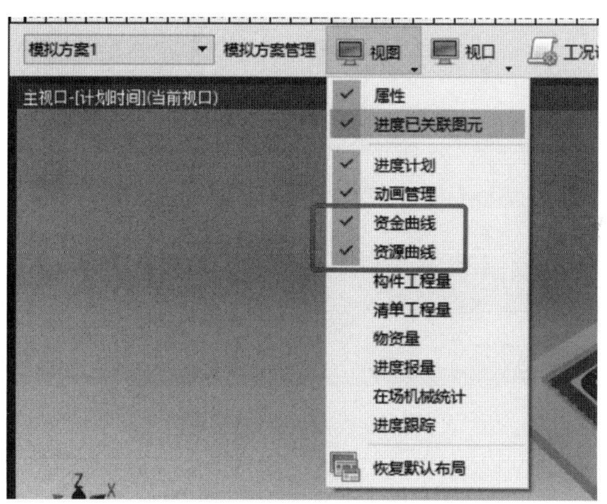

图 4-33　添加资金曲线、资源曲线

③ 资金曲线和资源曲线需要先进行预计算再刷新曲线，如图 4-34 所示。

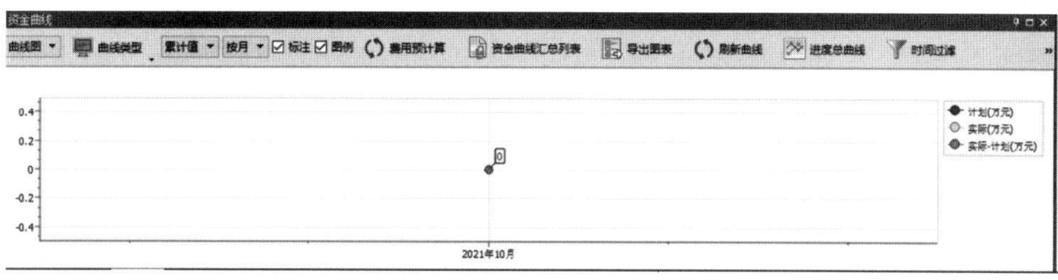

图 4-34　以资金曲线为例

④ 适当的调整视频页面布局，即可导出视频，如图 4-35 所示。

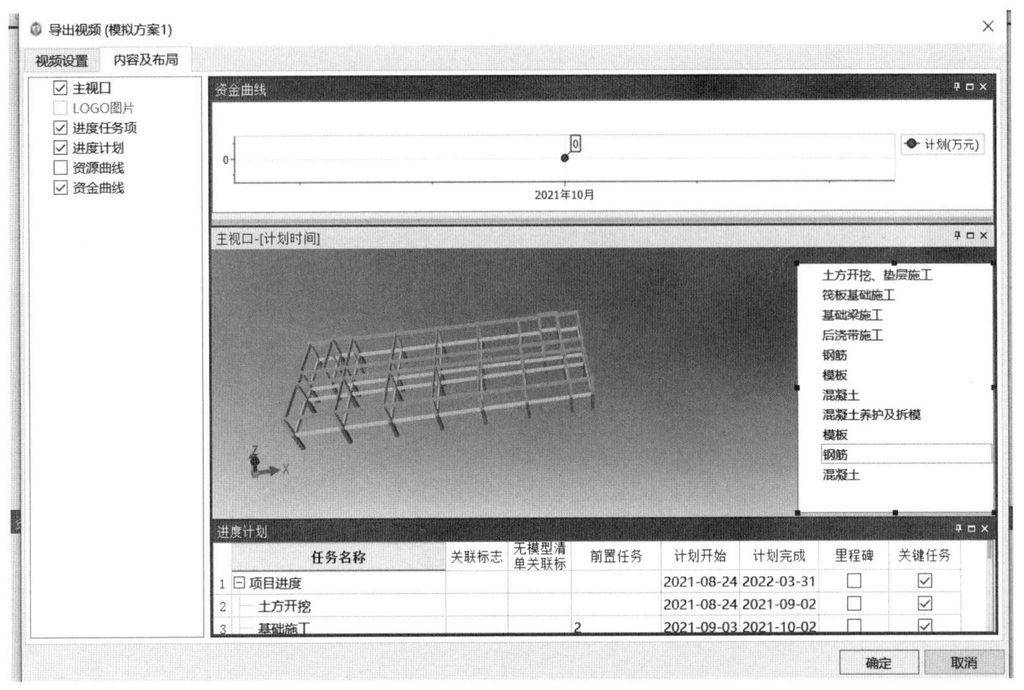

图 4-35 调整视频页面布局

BIM 投标技术标编制见二维码 4-20。

二维码 4-20

4.3.3.6 投标资料导入及 BIM 投标文件输出

（1）在数据导入页面点击【投标资料】→【导入文件】，如图 4-36 所示。

（2）导入本书提供的投标资料。

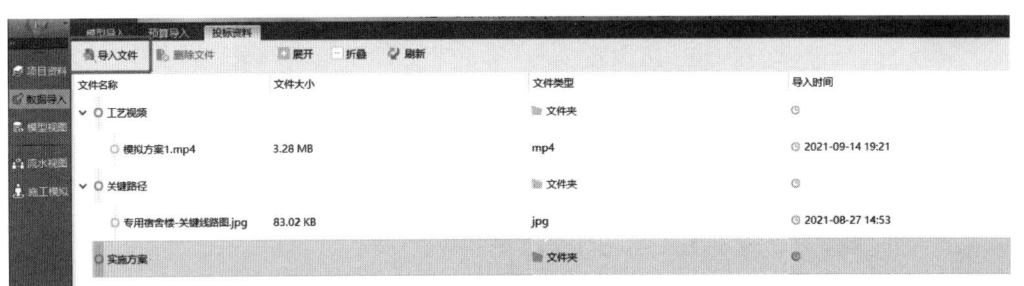

图 4-36 导入投标资料

（3）在主菜单中点击【导出施工模型标书】→选择保存路径→【确定】（导出的施工模型标书为 MBS 格式），如图 4-37 所示。

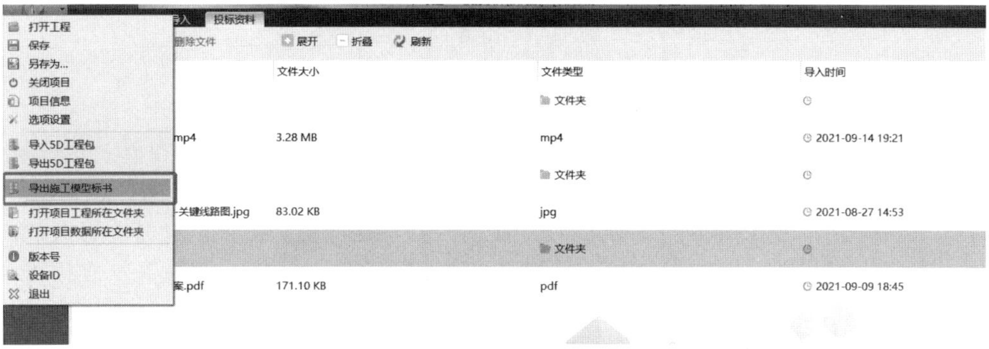

图 4-37 投标文件的输出

4.4 投标文件的递交与修改

4.4.1 投标文件的递交

4.4.1.1 投标文件的装订与密封

（1）投标人应将投标文件按规定密封，并注明项目（标段）名称、投标人名称及投标函名称。

（2）密封袋封口处加盖单位公章和法人代表或委托代理人印章或签字。

（3）投标文件的密封及装订要求详见投标人须知前附表。

4.4.1.2 投标文件的递交

投标人应按投标人须知前附表规定的地点和截止时间前提交投标文件，同时需满足以下要求，否则该投标文件予以拒收：

（1）投标人提交投标文件时同时提交投标保证金。

（2）投标人提交《×× 市建设工程诚信投标承诺书》。

（3）投标人法定代表人或委托代理人（必须出具本工程授权委托书原件）和投标项目负责人必须参加开标会议，经招标人确认身份后（招标人对其身份不明的，须出具身份证原件）再签名报到，以证明其出席开标会议。项目负责人因特殊原因无法到场的，须出具经招标人盖章同意的书面证明。

4.4.1.3 投标截止期

（1）招标人可以补充通知的方式，酌情延长提交投标文件的截止时间。在此情况下，投标人的所有权利和义务以及投标人受制约的截止时间，均以延长后新的投标截止时间为准。

（2）到投标截止时间止，招标人收到的投标文件少于3个的，招标人将依法重新组织招标。

4. 4. 1. 4　投标文件的补充、修改与撤回

《招标投标法》第二十九条规定，投标人在招标文件要求提交投标文件的截止时间前，可以补充、修改或者撤回已提交的投标文件，并书面通知招标人。补充、修改的内容为投标文件的组成部分。《招标投标法实施条例》第三十五条规定，招标人已收取投标保证金的，应当自收到投标人书面撤回通知之日起5日内退还。投标截止后投标人撤销投标文件的，招标人可以不退还投标保证金。

投标文件的补充与修改是指投标人对已经递交的投标文件中遗漏和不足的部分进行增补与修订。撤回是指投标人在投标截止时间前收回已经递交给招标人的投标文件，不再投标，或在规定时间内重新编制投标文件，并在规定时间内送达指定地点重新投标。撤销是指投标人在投标截止时间之后收回已经递交给招标人的投标文件，在这种情况下，招标人可以不退还投标保证金。

《工程建设项目施工招标投标办法》第三十九条和《工程建设项目货物招标投标办法》第三十五条均规定，投标人修改其投标文件的，应书面通知招标人。书面通知应按照招标文件要求签字或盖章，修改的投标文件还应按照招标文件规定进行编制、密封、标记和递交，并标明“修改”字样。

《机电产品国际招标投标实施办法（试行）》第三十九条规定，投标人可以在规定的投标截止时间前通知招标人，对已提交的投标文件进行补充、修改或撤回。补充、修改的内容应当作为投标文件的组成部分。投标人不得在投标截止时间后对投标文件进行补充、修改。

《政府采购货物和服务招标投标管理办法》第三十四条规定，投标人在投标截止时间前，可以对所递交的投标文件进行补充、修改或者撤回，并书面通知采购人或者采购代理机构。补充、修改的内容应当按招标文件要求签署、盖章、密封后作为投标文件的组成部分。

4. 4. 1. 5　递交投标文件注意事项

1. 送达时间

招标文件中通常会明确约定投标文件递交的截止时间，也就是常说的投标截止时间。投标文件必须在招标文件规定的投标截止时间之前送达。在招标文件要求提交投标文件的截止时间后送达的投标文件，招标人应当拒收。

2. 送达方式

投标文件可以是直接送达，即投标人派授权代表直接将投标文件按照规定的时间和地点送达。投标文件也可通过邮寄方式送达，邮寄方式送达应以招标人实际收到时间为准，而不是以邮戳为准。在电子化招标投标系统中运行的招标项目，投标人必须将投标文件加密传输递交至电子化招标投标系统，电子版报价文件作为附件上传，所提供的纸质投标文件只作为存档资料，未通过电子化招标投标系统，递交的投标文件概不接受。在开标现场

进行电子解密，若因投标人原因造成投标文件未解密的，视为撤销其投标文件；因投标人之外的原因造成投标文件未解密的，视为撤回其投标文件；部分投标文件未解密的，其他投标文件的开标可以继续进行。投标人需要在开标现场密封递交使用U盘存储的商务、技术和价格文件，作为投标文件解密失败时的补救措施。递交方式为现场送达，逾期递交U盘，U盘将被拒收。

3. 送达地点

投标文件应严格按照招标文件规定的地址送达。投标人因为递交地点错误而逾期送达投标文件的，将被招标人拒绝接收。

4. 4. 2　投标质疑

投标质疑是指投标人认为招标文件、招标过程和中标结果使自己的权益受到损害的，以书面形式向招标人或招标代理机构提出疑问主张权利的行为。《招标投标法》第六十五条规定，投标人和其他利害关系人认为招标投标活动不符合本法有关规定的，有权向招标人提出异议或者依法向有关行政监督部门投诉。

质疑是招标投标活动经常会遇到的问题，投标人有权提出异议（质疑）或投诉的情况主要包括以下三个方面：

一是因招标文件、资格预审文件违法违规使投标人权益受到损害；

二是因招标过程（含招标、投标、开标、评标、定标和签订合同）违法违规使投标人权益受到损害；

三是因评标结果（工程建设项目）或者中标结果（政府采购项目）违法违规使投标人权益受到损害。

凡是发生上述三种类型的违法违规情形，投标人就可以提出异议（质疑）或投诉，其中，工程建设项目招标中，对于上述三种类型的招标文件（包括资格预审文件）、开标和评标结果有疑问的，投标人还需要先提出异议后才可以投诉；政府采购项目中，投标人对上述三种类型中的任何问题有疑问的，必须先提出质疑后，才能够投诉。

4. 4. 2. 1　可质疑的采购文件

《政府采购法》第四十二条规定，采购文件包括采购活动记录、采购预算、招标文件、投标文件、评标标准、评估报告、定标文件、合同文本、验收证明、质疑答复、投诉处理决定及其他有关文件、资料。《政府采购法实施条例》第五十三条关于供应商应知其权益受到损害之日的认定，其中第一项规定，供应商“对可以质疑的采购文件提出质疑的，为收到采购文件之日或采购文件公告期限届满之日”。根据法律推理，此处所称可以质疑的采购文件，并非采购过程中的任意文件或资料，应具备2个特征：一是供应商可以收到；二是采购人需要公告。综合上述法律法规，通过排除法可以得出，可以质疑的采购文件应指招标文件、谈判文件、磋商文件或询价通知书等。

4.4.2.2 可质疑招标文件的期限规定

具体要看是否在质疑有效期内，如果在知道或者应知其权益受到损害之日起7个工作日内，可以质疑。法律依据为《政府采购质疑和投诉办法》第十条规定，供应商认为采购文件、采购过程、中标或者成交结果使自己的权益受到损害的，可以在知道或者应知其权益受到损害之日起7个工作日内，以书面形式向采购人、采购代理机构提出质疑。采购文件可以要求供应商在法定质疑期内一次性提出针对同意采购程序环节的质疑。

4.4.2.3 可直接驳回质疑

依据《招标投标法实施条例》第六十一条规定，投诉人捏造事实、伪造材料或者以非法手段取得证明材料进行投诉的，行政监督部门应当予以驳回。这是对证据来源的合法性提出了要求，也就是说所附的证据不得涉及招标投标保密信息，否则可以以“证据来源不合法为由”依法予以驳回。《招标投标法》第四十四条规定，评标委员会成员和参与评标的有关工作人员不得透露对投标文件的评审和比较、中标候选人的推荐情况以及与评标有关的其他情况。这里所指的“参与评标的有关工作人员”包括：招标人、招标代理人、监督部门、公证部门、评标专家、参与招标设计、咨询服务的机构的工作人员等。

综上所述，招标投标活动中异议的受理人可以根据上述情形判断是否可以依法不予受理并且直接驳回异议，而无须对异议的实体内容进行审查。

4.4.2.4 投标人如何提出质疑

法律依据《政府采购法》及其实施条例。

（1）质疑条件：提出质疑的供应商应当是参与所质疑项目采购活动的供应商。

（2）质疑函应以书面形式提交，质疑函应当包括以下内容：有明确的质疑对象，有明确的质疑请求，有具体、明确的质疑事项，因质疑事项而受到损害的权益，有合理的事实和依据、必要的法律依据。

（3）应当在法定质疑期内提出，法定质疑期为在知道或应当知道其权益受到损害之日起7个工作日内。应当知道其权益受到损害之日是指：对采购文件的质疑，为采购文件公布之日；对采购过程的质疑，为各采购程序环节结束之日；对中标或者成交结果以及评审委员会、谈判小组、竞价小组组成人员的质疑，为中标或者成交结果公示之日。

（4）提交材料：质疑函、必要的证明材料、营业执照复印件、法定代表人证明书（或授权委托书）、法定代表人（或代理人）身份证明。

（5）答复时限：在收到书面质疑后之日起7个工作日内作出答复。质疑事项需要向有关部门取得证明或者组织专门机构、人员进行检验、检测或者鉴定的，所需时间不计入质疑处理期间。

导入案例解析

（1）分析投标文件的有效性：

① A 投标人的投标文件有效。

② B 投标人的投标文件有效。但补充说明无效，因开标后投标人不能变更（或更改）投标文件的实质性内容。

③ C 投标人的投标文件无效。因为投标保函的有效期应与投标有效期 90 天一致。

④ D 投标人的投标文件有效。

⑤ E 投标人的投标文件无效。因为组成联合体投标的，投标文件应附联合体各方共同投标协议。

（2）F 投标人的投标文件有效。招标人可以没收其投标保证金，给招标人造成损失超过投标保证金的，招标人可以要求其赔偿。

实训任务一　招标文件购买（线下模式）

（一）实训目标

能够熟练获取招标文件。

（二）实训任务

获取招标文件——以现场获取为例。

（三）操作过程

投标人按照资审结果通知或招标公告的要求，准备相关证件资料：

（1）企业及人员证件资料（如果招标公告或资审结果通知有要求）。

（2）填写《授权委托书》。注意：填写完成后，必须盖章才能生效（图 4-38）。

授权委托书

本人 朱××（姓名）系 广联达第一建筑有限公司（投标人名称）的法定代表人，现委托 李××（姓名）为我方代理人。代理人根据授权，以我方名义进行 ××学校教学楼工程（项目名称）× 标段 招标投标 等事宜，其法律后果由我方承担。

委托期限：自 ×× 年 ×× 月 ×× 日 至 ×× 年 ×× 月 ×× 日止。 广联达第一建筑有限公司 。

代理人无转委托权。

投　标　人：广联达第一建筑有限公司（盖单位章）

法定代表人：朱××（签字或盖章）

身份证号码：××××××××××××××××××× 。

委托代表人：李××（签字）

身份证号码：××××××××××××××××××× 。

×× 年 ×× 月 ×× 日

图 4-38　授权委托书

（3）填写《资金、用章审批表》（图 4-39）。

资金、用章审批表

组别：第一组　　　　日期：×× 年 ×× 月 ×× 日

项目名称	资金审批		用章审批	
	金额	用途	公章类型	用途
具体内容			企业公章、法人印章	用于中标通知书与中标结果通知书盖章

填表人：周 ××　　　　审批人：赵 ××

图 4-39　资金、用章审批表

（4）在招标人现场登记表中填写投标人信息（图 4-40）。

________工程________登记（签到）表

序号	单位	递交（退还、签到）时间	联系人	联系方式	传真
		年 月 日 时 分			
		年 月 日 时 分			
		年 月 日 时 分			
		年 月 日 时 分			
		年 月 日 时 分			
		年 月 日 时 分			
		年 月 日 时 分			
		年 月 日 时 分			
		年 月 日 时 分			

招标人或招标代理经办人：（签字）　　　　第 页　　共 页

图 4-40　招标文件领取登记表

招标文件获取方式——线上模式见二维码 4-21。

二维码 4-21

实训任务二　招标文件分析

（一）实训目标

能够对招标文件进行合理性分析。

（二）实训任务

根据工程资料，结合投标单据手册相关单据，完成以下实训任务：

（1）阅读招标文件。

（2）对招标文件重点内容进行分析、记录。

（三）操作过程

1. 阅读招标文件

分小组团队将购买的招标文件进行分析，阅读招标文件。

2. 分析招标文件，响应各类门槛

（1）对招标文件重点内容进行分析、记录。

项目经理带领团队成员，借助单据《招标文件响应分析表》（图 4-41），对领取的招标文件内容进行详细阅读，并对需要重点关注的内容进行分析、记录。

组别：　　　　**招标文件响应分析表**　　　　日期：

序号	招标文件内容	是否响应	
1	投标内容	□ 响应	□ 不响应
2	工期	□ 响应	□ 不响应
3	工程质量	□ 响应	□ 不响应
4	技术标准及要求	□ 响应	□ 不响应
5	权利义务	□ 响应	□ 不响应
6	投标有效期	□ 响应	□ 不响应
7	投标价格	□ 响应	□ 不响应
8	分包计划	□ 响应	□ 不响应
9	已标价工程量清单	□ 响应	□ 不响应

填表人：　　　　会签人：　　　　审批人：

图 4-41　招标文件响应分析表

（2）完成单据《招标文件响应分析表》。

3. 主要内容判定——投标文件构成

对招标文件中主要内容进行判定分析，项目经理带领团队成员，确定投标文件卡册由哪些章节组成，找出投标文件章节目录卡片，插入到卡册中。

4. 主要内容判定——投标函构成、联合体模式等

根据所学专业知识及案例背景资料，完成投标文件中《投标函构成》《联合体合作模式》（图 4-42）内容判定。

需要注意的是，联合体合作模式要根据招标文件要求作出判定。

组别： **投标函构成** 日期：

序号	可供选择内容	内容判定
1	暂列金	
2	投标报价	
3	投标控制价	
4	专业工程暂估价	
5	安全文明施工费	
6	标底	
7	开工日期与工期	
8	质量标准	
9	投标保证金	
10	履约保证金	

填表人： 会签人： 审批人：

（a）

组别： **联合体合作模式** 日期：

序号	内容	要求
1	合作方式	□ 接受联合体投标 □ 不接受联合体投标
2	合作要求	□ 签订联合体合作协议 □ 口头约定 □ 临时起意
3	合作身份	□ 一个投标人身份 □ 两个或两个以上投标人身份
4	资质定位	□ 按照资质等级较高确定 □ 按照资质等级较低确定
5	中标合同签订	□ 一个投标人身份与建设方签订 □ 各参与人分别与建设方签订

填表人： 会签人： 审批人：

（b）

图 4-42 投标函构成和联合体合作模式

（a）投标函构成；（b）联合体合作模式

实训任务三　进行现场踏勘

（一）实训目标

能够模拟角色进行现场踏勘。

（二）实训任务

投标人项目经理派人参加招标人组织的现场踏勘，结合投标单据手册相关单据，完成相关内容。

（三）操作过程

1. 参加现场踏勘

投标人项目经理派人参加招标人组织的现场踏勘。

2. 活动安排：

（1）招标人采用现场向投标人代表提供施工场区现场照片的形式模拟现场踏勘活动。

（2）投标人根据招标人提供的施工场区现场照片，借助单据《施工场区环境分析表》（图 4-43），分析施工场区周边环境和现场环境。

组别：　　　　**施工场区环境分析表**　　　　日期：

项目	周围环境	现场条件
具体内容	□ 高压线	□ 场区内道路交通情况
	□ 加油站	□ 现场水源及排污情况
	□ 特殊机构（医院、学校、消防等）	□ 现场电源情况
	□ 重点文物保护	□ 场区平整情况
	□ 周边道路交通情况	□ 现场通信情况
	□ 地下障碍物及特殊保护	□ 建筑物结构及现状（改造工程）
	□ 周边建筑物情况	

填表人：　　　　会签人：　　　　审批人：

图 4-43　施工场区环境分析表

（3）签字确认：市场经理将分析的结论填写至《施工场区环境分析表》，经项目团队签字确认后，由市场经理将单据置于招标投标沙盘盘面投标人区域的场区分析处。

（4）填写单据《现场踏勘与投标预备会》，了解现场踏勘相关事项（图 4-44）。

组别： **现场踏勘与投标预备会** 日期：

项目	工作内容	时间与地点	任务
现场踏勘	□ 强制进行 □ 不进行 □ 可选择进行		□ 施工现场具备施工的条件
			□ 施工位置、地下水、土质等
			□ 施工现场交通、水电环境、气候、风力等
			□ 业主管理的相关政策法规等
			□ 建筑及安装施工的进度
			□ 竞争对手情况
			□ 施工现场及周边治安

图 4-44 现场踏勘与投标预备会

利用决策币，选出认为正确的团队决策方案。

实训任务四　参加投标预备会

（一）实训目标

能够组织人员模拟角色参加投标预备会。

（二）实训任务

投标人项目经理组织相关人员参加投标预备会。

（三）操作过程

1. 投标预备会注意事项

招标文件规定召开投标预备会的，投标人应按照招标文件规定的时间和地点参加会议，并将研究招标文件后存在的问题，以及在现场踏勘后仍有疑问之处，在招标文件规定的时间前以书面形式将提出的问题送达招标人，由招标人在会议中澄清，并形成书面意见。

招标文件规定不召开投标预备会的，投标人应在招标文件规定的时间前，以书面形式将提出的问题送达招标人，由招标人以书面答疑的方式澄清。书面答复与招标文件具有同样的法律效力。

2. 参加投标预备会

（1）投标人项目经理派人参加招标人组织的投标预备会，按照招标文件规定的时间和地点，携带相关资料参加投标预备会。

（2）会议期间，招标人集中解答投标人提出的各种疑问（招标人由老师指定的学生代表担任）。

（3）投标预备会后，招标人统一整理成书面文件、发放答疑书。

（4）填写单据《现场踏勘与投标预备会》（图 4-44）。

实训任务五 投标文件技术标编制

（一）实训目标

能够合理选用技术方案，熟练进行投标文件技术标的编制。

（二）实训任务

编制投标文件技术标。

（三）操作过程

项目经理将工作任务进行分配，可填写《任务分配单》下发给团队成员，由任务接收人进行签字确认。

任务分配原则为：技术经理负责技术标内容。

1. 确定施工方案

（1）施工方案类卡片共分为 8 类：土方工程、地基与基础、防水工程、钢筋工程、模板工程、混凝土工程、季节性施工、措施性施工（图 4-45）。

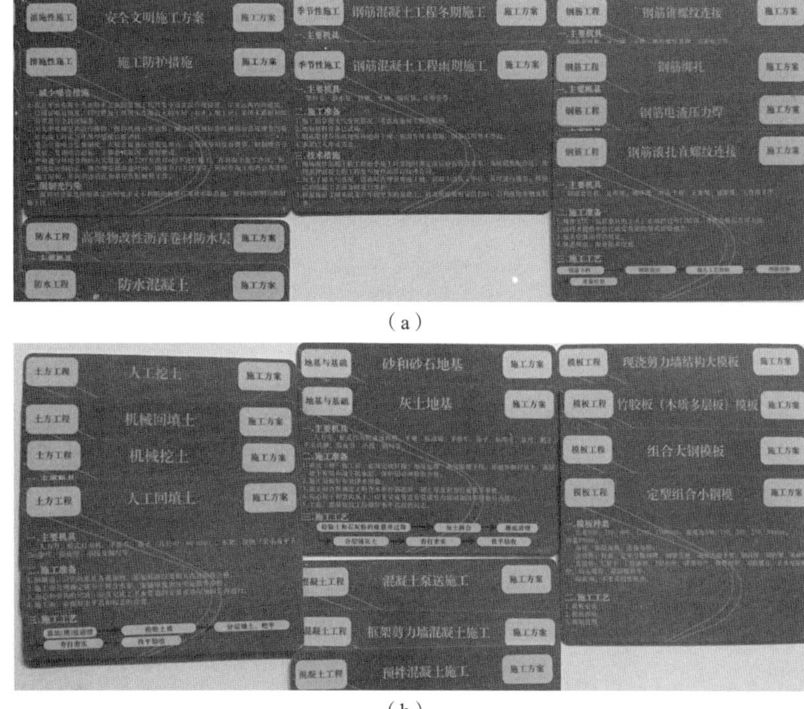

（a）

（b）

图 4-45 施工方案类

（2）技术经理从施工方案类卡片中，结合投标工程的工程概况、招标范围等，选取适用本投标工程的施工方案。

2. 编制施工进度计划

3. 挑选施工机械设备（图 4-46），并完成施工现场平面布置

图 4-46　施工机械类

4. 签字确认

技术经理负责将确定的施工方案、施工机械设备资料卡，提交项目经理进行审查，经团队其他成员和项目经理签字确认。

实训任务六　投标文件商务标编制

（一）实训目标

（1）会进行工程量清单的校核。
（2）能够熟练进行投标文件商务标的编制。

（二）实训任务

1. 校核工程量清单。
2. 编制投标文件商务标内容。

项目经理将工作任务进行分配，可填写《任务分配单》下发给团队成员，由任务接收人进行签字确认。

任务分配原则为：商务经理负责商务标内容。

（三）操作过程

1. 复核工程量清单

投标人商务经理依据施工图纸计算工程量，与招标人下发的招标工程量清单进行对比，如果发现招标人提供的工程量清单发生错误，结合投标单据手册，完成单据《工程量清单复核表》（图 4-47）。

组别：　　　　　　**工程量清单复核表**　　　　　　日期：

序号	项目名称	内容
1	工程量清单复核是否必须进行	□ 是 □ 否
2	工程量清单复核的依据	□ 图纸 □ 合同 □ 投标文件 □ 招标文件
3	工程量清单复核的目的	□ 方便投标人修改 □ 便于准确投标报价 □ 查漏补缺，避免错误 □ 便于评标准确
4	工程量清单复核的方法	□ 随机抽查复核 □ 逐项复核 □ 指标性复核

填表人：　　　　　会签人：　　　　　审批人：

图 4-47　工程量清单复核表

注意：对于工程量清单招标方式，招标文件里包含工程量清单，一般不允许就招标文件做实质性变动，招标文件中已给定的工程量不允许做增减改动，否则有可能因为未实质性响应招标文件而被废标。

2. 确定投标报价

（1）项目经理带领团队成员，结合本投标工程的工程概况、竞争情况及评标办法，从提供的工程投标策略类卡片和工程投标报价技巧类卡片选择，插入到卡册中，结合单据《投标报价决策过程分析表》，确定本投标工程的投标报价（图4-48、图4-49）。

图4-48　投标策略类

组别：　　　　**投标报价决策过程分析表**　　　　日期：

序号	投标报价过程内容	决策顺序	最终投标报价（万元）
1	竞争对手的报价数据分析得出报价区间		
2	确定投标报价趋势的上下限		
3	判断投标下浮系数，结合各类浮动系数，预估投标报价		
4	根据评标办法确定投标报价的走势区间		
5	确定最终投标报价		
6	预估本投标工程的评标基准价		

填表人：　　　　会签人：　　　　审批人：

图4-49　投标报价决策过程分析表

（2）完成单据《投标报价决策过程分析表》。

实训任务七 投标文件的审核与递交

（一）实训目标

能熟练进行投标文件的审核与递交。

（二）任务说明

完成投标文件审核、递交工作。

（三）操作过程

1. 准备投标保证金

（1）市场经理根据招标文件规定的投标保证金的递交方式、时间和地点，填写《资金、用章审批表》，并将单据一同提交项目经理审批。

（2）项目经理审批通过后，将市场经理申请的资金数量交给市场经理。

（3）市场经理按照招标文件的要求，将投标保证金准备好（可使用密封袋将投标保证金进行密封）。

2. 对招标文件作出响应

（1）项目经理组织团队成员共同讨论，根据招标文件的规定，借助单据《投标文件合理性》（图 4-50）与《投标响应性证明文件》（图 4-51），确定是否对招标文件作出响应。

（2）市场经理将分析的结论填写至上述单据，并经过项目团队签字确认。

组别： **投标文件合理性** 日期：

序号	项目名称	情况判定
1	投标报价	□ 高于招标控制价 □ 按最新市场价编制 □ 安全文明施工费合理性判别 □ 暂列金计入投标报价汇总
2	工期承诺	□ 按照投标人意愿进行编制 □ 响应招标文件要求 □ 延期惩罚与提前完工奖励措施
3	项目负责人资格要求	□ 根据投标人情况进行决策 □ 响应招标文件规定要求

填表人： 会签人： 审批人：

图 4-50 投标文件合理性

组别：　　　　投标响应性证明文件　　　　日期：

序号	可供选择内容	内容判定
1	联合体协议书	
2	分包协议	
3	投标保证金函件	
4	授权委托书	
5	项目负责人身份证明	
6	银行贷款证明	
7	法定代表人身份证明	
8	资信证明	
9	质量保修书	

填表人：　　　　会签人：　　　　审批人：

图 4-51　投标响应性证明文件

3. 投标文件递交

（1）方案一：网络递交（网络递交不需要密封装袋）。

使用 CA 锁，在投标工具中进行电子签章，生成电子投标文件。

电子招标投标项目交易管理平台网址：http://gbp.glodonedu.com/G2。

（2）方案二：现场递交。

① 投标人准备两个信封（或密封袋）、封皮、多个密封条、胶水（或双面胶）、印章（企业公章、法人印章）、印泥。

② 投标人将电子标书保存至 U 盘中，并将 U 盘放入信封中。

③ 投标人完成标书密封、盖章与递交。

（3）填写登记（签到）表（图 4-40），用以备案记录。

模块五　开标评标定标

知识目标

1. 掌握开标流程；
2. 掌握评标方法的主要内容；
3. 熟悉评标程序；
4. 掌握评标的相关组织。

能力目标

1. 能够组织开标会；
2. 能够熟练应用评标办法。

素养目标

1. 具有诚信守法意识；
2. 具有积极向上的职业精神和学习态度；
3. 具有顺畅沟通和团队协作能力；
4. 具有信息处理和应用的能力。

驱动问题

1. 开标应遵循怎样的程序及流程？
2. 评标委员会成员应如何构成？
3. 评标方法有哪些？其优缺点分别是什么？
4. 无效投标有哪些情形？
5. 评标的原则是什么？
6. 详细评审的内容是什么？
7. 评标报告包含哪些内容？

建议学时：4～6 学时。

导入案例

某院校计划建设新校区，内有一封闭式操场，为此由后勤部门调动1名部长及4名管理人员，新组建了基建处，负责此项目的筹建工作。本工程通过公开招标，通过资格预审，共有6家承包商参与了投标。各承包商均按规定的投标截止日期递交了投标文件，在投标文件未标明的情况下，在开标时发生了下列事件：

（1）根据工程设计文件，基建处自行编制了招标文件和招标工程量清单。在开标时，由某地招标办公室的工作人员主持开标会议，按投标书到达的时间编了唱标顺序，以最后送达的投标文件为第一开标单位，最早送达的单位为最后唱标单位。

（2）招标文件中明确了投标文件有效的条件，即投标单位的报价在招标单位编制的标底价 ±30% 以内为有效标书，但是6家投标单位的报价均超过上述要求。

（3）在此情况下，招标单位通过评标专家对各家投标单位的经济标和技术标进行综合评审打分，以低价标为原则，选择了价格最低的投标单位为中标单位。

本工程的开标、评标过程是否有不妥之处，请分别说明。

分析答案见后面【导入案例解析】。

5.1 开标

5.1.1 开标概述

开标时间应与招标文件规定的提交投标文件截止时间一致，在有形建筑市场公开进行，并邀请所有投标人代表参加开标会议。开标会议由招标人组织和主持。投标人法定代表人或法定代表人的委托代理人未按时参加开标会议的，将视为本次投标弃权。参加会议的投标人的法定代表人或其委托代理人应携带本人身份证明，委托代理人还应携带参加开标会议的授权委托书（原件），以证明其身份。

开标时，由投标人或者其推选的代表检查投标文件的密封情况，也可以由招标人委托的公证机构检查并公证；经确认无误后，由工作人员当众拆封，宣读投标人名称、投标价格和投标文件的主要内容。招标人在招标文件中要求提交投标文件的截止时间前收到的所有投标文件，开标时都应当众予以宣读。

唱标应按送达投标文件时间的先后顺序进行，唱标内容应做好记录，并请投标人的法定代表人或授权代理人进行签字确认。招标人应对开标过程进行记录，存档备查。

5.1.2 开标规定

开标是指在投标人提交投标文件后，招标人依据招标文件规定的时间和地点，开启投标人提交的投标文件，公开宣布投标人的名称、投标价格及其他主要内容的行为。

5.1.2.1 开标参加人

根据《招标投标法》第三十五条规定，开标由招标人主持，邀请所有投标人参加。开标活动应当向所有提交投标文件的投标人公开，应当使所有提交投标文件的投标人到场参加开标。招标人有邀请所有投标人参加开标会的义务，投标人有放弃参加开标会的权利。招标人在招标文件中规定投标人必须出席开标会的，投标人应当委派代表出席。

根据《招标投标法实施条例》第四十四条规定，招标人应当按照招标文件规定的时间、地点开标。投标人少于 3 个的，不得开标；招标人应当重新招标。投标人对开标有异议的，应当在开标现场提出，招标人应当当场作出答复，并制作记录。《招标投标法》第二十八条规定，投标人少于三个的，招标人应当依照本法重新招标。

5.1.2.2 开标的时间和地点

根据《招标投标法》第三十四条规定，开标应当在招标文件确定的提交投标文件截止时间的同一时间公开进行；开标地点应当为招标文件中预先确定的地点。

（1）开标时间应当在提供给每一个投标人的招标文件中事先确定，以使每一个投标人都能事先知道开标的准确时间，以便届时参加，确保开标过程的公开、透明。

（2）开标时间应与提交投标文件的截止时间一致。将开标时间规定为提交投标文件截止时间的同一时间，目的是防止招标人或者投标人利用提交投标文件的截止时间以后与开标时间之前的一段时间间隔做手脚，进行“暗箱操作”。比如，有些投标人可能会利用这段时间与招标人或招标代理机构串通，对投标文件的实质性内容进行更改等。关于开标的具体时间，实践中可能会有两种情况，如果开标地点与接受投标文件的地点一致，则开标时间与提交投标文件的截止时间应一致；如果开标地点与提交投标文件的地点不一致，则开标时间与提交投标文件的截止时间应有一个合理的间隔。《招标投标法》关于开标时间的规定，与国际通行做法大体一致。世界银行招标采购指南规定，开标时间应该和招标通告中规定的截标时间相一致或随后马上宣布。其中“马上”的含义可理解为需留出合理的时间把投标书运到公开开标的地点。

（3）为了使所有投标人都能事先知道开标地点，并能够按时到达，开标地点应当在招标文件中事先确定，以便使每一个投标人都能事先为参加开标活动做好充分的准备，如根据情况选择适当的交通工具，并提前做好机票、车票的预订工作等。招标人如果确有特殊原因，需要变动开标地点，则应当按照《招标投标法》第二十三条的规定对招标文件作出修改，作为招标文件的补充文件，书面通知每一个提交投标文件的投标人。

5.1.2.3 开标方式

根据《招标投标法》第三十六条规定，开标时，由投标人或者其推选的代表检查投标文件的密封情况，也可以由招标人委托的公证机构检查并公证；经确认无误后，由工作人员当众拆封，宣读投标人名称、投标价格和投标文件的其他主要内容。招标人在招标文件要求提交投标文件的截止时间前收到的所有投标文件，开标时都应当当众予以拆封、宣读。开标过程应当记录，并存档备查。

拆封以后，现场的工作人员应当高声唱读投标人的名称、每一个投标的投标价格以及投标文件中的其他主要内容。其他主要内容主要是指投标报价有无折扣或者价格修改等。如果要求或者允许报替代方案的话，还应包括替代方案投标的总金额。比如建设工程项目，其他主要内容还应包括工期、质量、投标保证金等。这样做的目的在于，使全体投标人了解各家投标人的报价和自己在其中的顺序，了解其他投标人的基本情况，以充分体现公开开标的透明度。

5.1.2.4 开标异议处理

根据《招标投标法实施条例》第四十四条规定，投标人对开标有异议的，应当在开标现场提出，招标人应当当场作出答复，并制作记录。

开标现场可能出现对投标文件提交、截标时间、开标程序、投标件密封检查和开封、唱标内容、标底价格的合理性、开标记录、唱标顺序等的争议，以及投标人和招标人或者投标人相互之间是否存在《招标投标法实施条例》第三十四条规定的利益冲突的情形，这些争议和问题如不及时加以解决，将影响招标投标的有效性以及后续评标工作，事后纠正存在困难或者无法纠正。因此，《招标投标法实施条例》规定，对于开标中的问题，投标人认为不符合有关规定的，应当在开标现场提出异议。异议成立的，招标人应当及时采取纠正措施，或者提交评标委员会评审确认；投标人异议不成立的，招标人应当当场给予解释说明。异议和答复应记入开标会记录或者制作专门记录以备查。招标人不及时纠正的，投标人可以根据《招标投标法实施条例》第六十条规定及时向有关行政监督部门投诉。

5.1.3 开标会议流程

开标会是指在招标投标活动中，由招标人主持、邀请所有投标人和行政监督部门或公证机构人员参加的情况下，在招标文件预先约定的时间和地点当众对投标文件进行开启的法定流程。开标会的具体流程如下：

（1）主持人宣布开标会议开始。

（2）介绍参加本次开标会议的各方单位和人员名单。

（3）宣布监标、唱标、记录人员名单。

（4）重申评标原则、评标办法。

（5）检查投标人提交的投标文件的密封情况，并宣读核查结果。

（6）宣读投标人的投标报价、工期、质量、主要材料用量、投标保证金或者投标保函、优惠条件等。

（7）宣读评标期间的有关事项。

（8）监标人宣布工程标底价格（仅针对设有标底的）。

（9）宣布开标会结束，进入评标阶段。

5.1.3.1　招标人签收投标人递交的投标文件

在开标当日且在开标地点递交的投标文件的签收应当填写投标文件报送签收一览表，招标人专人负责接收投标人递交的投标文件。提前递交的投标文件也应当办理签收手续，由招标人携带至开标现场。在招标文件规定的投标文件递交截止时间后递交的投标文件不得接收，由招标人原封退还给有关投标人。在投标文件递交截止时间前递交投标文件的投标人少于三家的，招标无效，开标会即告结束，招标人应当依法重新组织招标。

5.1.3.2　投标人出席开标会的代表签到

投标人授权出席开标会的代表本人填写开标会签到表，招标人专人负责核对签到人身份，应与签到内容一致。

5.1.3.3　开标会主持人宣布开标会开始

主持人介绍开标人、唱标人、记录人和监督人员。主持人一般为招标人代表，也可以是招标人指定的招标代理机构的代表。开标人一般为招标人或招标代理机构的工作人员，唱标人可以是投标人的代表或者招标人或招标代理机构的工作人员，记录人由招标人指派，有形建筑市场工作人员同时记录唱标内容，行政监督部门监管人员或行政监督部门授权的有形建筑市场工作人员进行监督。记录人按开标会记录的要求开始记录。

5.1.3.4　开标会主持人介绍主要与会人员

主要与会人员包括到会的招标人代表、招标代理机构代表、各投标人代表、公证机构公证人员、见证人员及监督人员等。

5.1.3.5　主持人宣布开标会程序、开标会纪律和当场拒收的条件

开标会纪律一般包括：场内严禁吸烟；凡与开标无关人员不得进入开标会场；参加会议的所有人员应关闭寻呼机、手机等，开标期间不得高声喧哗；投标人代表有疑问应举手发言，参加会议人员未经主持人同意不得在场内随意走动。

投标文件有下列情形之一的，应当场拒收：逾期送达的或未送达指定地点的；未按招标文件要求密封的。

5.1.3.6　核对投标人授权代表的相关资料

核对投标人授权代表的身份证件、授权委托书及出席开标会人数。招标人代表出示法定代表人委托书和有效身份证件，同时招标人代表当众核查投标人授权代表的授权委托书和有效身份证件，确认授权代表的有效性，并留存授权委托书和身份证件的复印件。法定

代表人出席开标会的要出示其有效证件。主持人还应当核查各投标人出席开标会代表的人数，无关人员应当退场。

5.1.3.7 主持人介绍招标文件情况，投标人确认

主持人介绍招标文件、补充文件或答疑文件的组成和发放情况，投标人确认。主要介绍招标文件组成部分、发标时间、答疑时间、补充文件或答疑文件组成，发放和签收情况。可以同时强调主要条款和招标文件中的实质性要求。

5.1.3.8 主持人宣布投标文件截止和实际送达时间

宣布招标文件规定的递交投标文件的截止时间和各投标单位实际送达时间。在截标时间后送达的投标文件应当场拒收。

5.1.3.9 代表共同检查各投标文件密封情况

招标人和投标人的代表共同（或公证机关）检查各投标文件密封情况。密封不符合招标文件要求的投标文件应如实记录在开标记录中，开标现场不做评判。密封不符合招标文件要求的，招标人应当通知行政监督部门监管人员到场见证。

5.1.3.10 主持人宣布开标和唱标顺序，并唱标

一般按投标文件送达时间逆顺序开标、唱标。唱标人依唱标顺序依次开标并唱标。开标由指定的开标人在监督人员及与会代表的监督下当众拆封，拆封后应当检查投标文件组成情况并记入开标会记录，开标人应将投标文件和投标文件附件以及招标文件中可能规定需要唱标的其他文件交唱标人进行唱标。唱标内容一般包括投标报价、工期和质量标准、质量奖项等方面的承诺、替代方案报价、投标保证金、主要人员等，在递交投标文件截止时间前收到的投标人对投标文件的补充、修改同时宣布，在递交投标文件截止时间前收到投标人撤回其投标的书面通知的投标文件不再唱标，但须在开标会上说明。

5.1.3.11 开标会记录签字确认

开标会记录应当如实记录开标过程中的重要事项，包括开标时间、开标地点、出席开标会的各单位及人员、唱标记录、开标会程序、开标过程中出现的需要评标委员会评审的情况，有公证机构出席公证的还应记录公证结果，投标人的授权代表应当在开标会记录上签字确认，投标人对开标有异议的，应当当场提出，招标人应当当场予以答复，并作好记录。投标人基于开标现场事项投诉的，应当先行提出异议。

5.1.3.12 公布标底

招标人设有标底的，标底必须公布。唱标人公布标底。

5.1.3.13 送封闭评标区封存

投标文件、开标会记录等送封闭评标区封存。实行工程量清单招标的，招标文件约定

在评标前先进行清标工作的，封存投标文件正本，副本可用于清标工作。

5.1.3.14　主持人宣布开标会结束

5.1.4　无效投标文件

投标文件是否无效，评判标准是招标文件中的相关规定。通常当投标文件出现下列情形之一的，应作为无效投标文件处理：

（1）投标文件未按规定标识进行密封、盖章的。

（2）投标文件未按招标文件的规定加盖投标人印章或未经法定代表人或其委托代理人签字或盖章，委托代表人签字或盖章但未提供有效的授权委托书原件的。

（3）投标文件未按招标文件规定的格式、内容和要求填报，投标文件的关键内容字迹模糊、无法辨认的。

（4）投标人在投标文件中对同一招标项目报有两个或多个报价，且未书面声明以哪个报价为准的。

（5）投标人未按照招标文件的要求提供投标保证金或者投标保函的。

（6）组织联合体投标的，投标文件未附联合体各方共同投标协议的。

（7）投标人与通过资格审查的投标申请人在名称和法人地位发生实质性改变的。

开标现场出现招标文件中规定的无效投标文件情形的，由开标记录员如实记录在开标记录中，开标现场不做评判。

5.2　评标

5.2.1　评标

工程投标文件评审与中标人的确定，是招标投标工作的关键，也是招标投标程序的重要步骤。

依照《招标投标法》及相关法规，依法必须招标的项目，其评标活动应遵循公平、公正、科学、择优的原则。评标活动依法进行，任何单位和个人不得非法干预或者影响评标的过程和结果。招标人应当采取必要措施，保证评标活动在严格保密的情况下进行。评标活动及其当事人应当接受依法实施的监督。

5.2.2　评标规定

《招标投标法》第三十七条规定，评标由招标人依法组建的评标委员会负责。依法必须进行招标的项目，其评标委员会由招标人的代表和有关技术、经济等方面的专家组成，成员人数为五人以上单数，其中技术、经济等方面的专家不得少于成员总数的三分之二。前款专家应当从事相关领域工作满八年并具有高级职称或者具有同等专业水平，由招标人从国务院有关部门或者省、自治区、直辖市人民政府有关部门提供的专家名册或者招标代理机构的专家库内的相关专业的专家名单中确定；一般招标项目可以采取随机抽取方式，特殊招标项目可以由招标人直接确定。与投标人有利害关系的人不得进入相关项目的评标委员会；已经进入的应当更换。

5.2.3 评标组织

5.2.3.1 评标委员会

《评标委员会和评标方法暂行规定》对依法必须招标项目的评标委员会组建和职责等进行了规定。

评标委员会依法组建，负责评标活动，向招标人推荐中标候选人或者根据招标人的授权直接确定中标人。

评标委员会由招标人负责组建。评标委员会成员名单一般应于开标前确定，评标委员会的专家成员应当从依法组建的专家库内的相关专家名单中确定。评标委员会成员的名单在中标结果确定前应当保密。

评标委员会成员，对于一般项目，可以采取随机抽取的方式；技术特别复杂、专业性要求特别高或者国家有特殊要求的招标项目，若采取随机抽取方式确定专家，但专家又难以胜任的，可以由招标人直接确定。

评标委员会设负责人的，评标委员会负责人由评标委员会成员推举产生或者由招标人确定。评标委员会负责人与评标委员会的其他成员有同等的表决权。

评标委员会成员应当客观、公正地履行职责，遵守职业道德，对所提出的评审意见承担个人责任。评标委员会成员不得与任何投标人或者招标结果有利害关系的人进行私下接触，不得收受投标人、中介人、其他利害关系人的财物或者其他好处。

评标委员会成员和与评标活动有关的工作人员不得透露对投标文件的评审和比较、中标候选人的推荐情况以及评标有关的其他情况。根据《招标投标法》第四十条规定，评标委员会应当按照招标文件确定的评标标准和方法，对投标文件进行评审和比较；设有标底的，应当参考标底。评标委员会完成评标后，应当向招标人提出书面评标报告，并推荐合格的中标候选人。招标人根据评标委员会提出的书面评标报告和推荐的中标候选人确定中标人。招标人也可以授权评标委员会直接确定中标人。国务院对特定招标项目的评标有特别规定的，从其规定。

5.2.3.2 评标专家

《评标专家和评标专家库管理暂行办法》对评标专家的资格认定、入库及评标专家库的组建、使用、管理活动等作了规定。

1. 评标专家库组建

评标专家库由省级（含，下同）以上人民政府有关部门或者依法成立的招标代理机构依照《招标投标法》《招标投标法实施条例》以及国家统一的评标专家专业分类标准和管理办法的规定自主组建。评标专家库的组建活动应当公开，接受公众监督。省级人民政府、省级以上人民政府有关部门、招标代理机构应当加强对其所建评标专家库及评标专家的管理，但不得以任何名义非法控制、干预或者影响评标专家的具体评标活动。

政府投资项目的评标专家，必须从政府或者政府有关部门组建的评标专家库中抽取。一般项目，可以采取随机抽取的方式；技术特别复杂、专业性要求特别高或者国家有特殊要求的招标项目，若采取随机抽取按方式确定专家，但专家又难以胜任的，可以由招标人直接确定。

2. 评标专家资格条件

评标专家应符合：从事相关专业领域工作满八年并具有高级职称或同等专业水平；熟悉有关招标投标的法律法规；能够认真、公正、诚实、廉洁地履行职责；身体健康，能够承担评标工作；法规规章规定的其他条件。

3. 评标专家库条件

评标专家库应当具备的条件：具有符合《评标专家和评标专家库管理暂行办法》第七条规定条件的评标专家，专家总数不得少于 500 人；有满足评标需要的专业分类；有满足异地抽取、随机抽取评标专家需要的必要设施和条件；有负责日常维护管理的专门机构和人员。

4. 评标专家的权利和义务

评标专家享有的权利：接受招标人或其委托的招标代理机构聘请，担任评标委员会成员；依法对投标文件进行独立评审，提出评审意见，不受任何单位或者个人的干预；接受参加评标活动的劳务报酬；国家规定的其他权利。

评标专家应负有的义务：有《招标投标法》第三十七条、《招标投标法实施条例》第四十六条和《评标委员会和评标方法暂行规定》第十二条规定情形之一的，应当主动提出回避；遵守评标工作纪律，不得私下接触投标人，不得收受投标人或者其他利害关系人的财物或者其他好处，不得透露对投标文件的评审和比较、中标候选人的推荐情况以及与评标有关的其他情况；客观公正地进行评标；协助、配合有关行政监督部门的监督、检查；国家规定的其他义务。

5. 评标专家库和专家的管理规定

评标专家有下列情形之一的，由有关行政监督部门责令改正；情节严重的，禁止其在一定期限内参加依法必须进行招标的项目的评标；情节特别严重的，取消其担任评标委员会成员的资格：

（1）应当回避而不回避；

（2）擅离职守；

（3）不按照招标文件规定的评标标准和方法评标；

（4）私下接触投标人；

（5）向招标人征询确定中标人的意向或者接受任何单位或者个人明示或者暗示提出的

倾向或者排斥特定投标人的要求；

（6）对依法应当否决的投标不提出否决意见；

（7）暗示或者诱导投标人作出澄清、说明或者接受投标人主动提出的澄清、说明；

（8）其他不客观、不公正履行职务的行为。

评标委员会成员收受投标人的财物或者其他好处的，评标委员会成员或者与评标活动有关的工作人员向他人透露对投标文件的评审和比较、中标候选人的推荐以及与评标有关的其他情况的，给予警告，没收收受的财物，可以并处三千元以上五万元以下的罚款；对有所列违法行为的评标委员会成员取消担任评标委员会成员的资格，不得再参加任何依法必须进行招标项目的评标；构成犯罪的，依法追究刑事责任。

组建评标专家库的政府部门或者招标代理机构有下列情形之一的，由有关行政监督部门给予警告；情节严重的，暂停直至取消招标代理机构相应的招标代理资格：

（1）组建的评标专家库不具备《评标专家和评标专家库管理暂行办法》规定条件的；

（2）未按《评标专家和评标专家库管理暂行办法》规定建立评标专家档案或对评标专家档案作虚假记载的；

（3）以管理为名，非法干预评标专家的评标活动的。

法律法规对前款规定的行为处罚另有规定的，从其规定。

依法必须进行招标的项目的招标人不按照规定组建评标委员会，或者确定、更换评标委员会成员违反《招标投标法》和《招标投标法实施条例》规定的，由有关行政监督部门责令改正，可以处十万元以下的罚款，对单位直接负责的主管人员和其他直接责任人员依法给予处分；违法确定或者更换的评标委员会成员作出的评审结论无效，依法重新进行评审。

政府投资项目的招标人或其委托的招标代理机构不从政府或者政府有关部门组建的评标专家库中抽取专家的，评标无效；情节严重的，由政府有关部门依法给予警告。

5.2.3.3 评标的原则

1. 公平竞争、机会均等的原则

制订评标定标办法时，对各投标人应一视同仁，不得存在对某一方有利或不利的条款。在定标结果正式出来之前，中标的机会是均等的，不允许针对某一特定的投标人在某一方面的优势或弱势而在评标定标具体条款中带有倾向性。

2. 客观公正、科学合理的原则

对投标文件的评价、比较和分析要客观公正，不以主观好恶为标准。对评审指标的设置和评分标准的具体划分，都要在充分考虑招标项目的具体特点和招标人合理意愿的基础上，尽量避免人为因素，做到科学合理。

3. 实事求是、择优定标的原则

对投标文件的评审，要从实际出发，实事求是。评标定标活动既要全面，也要有重点，不能泛泛进行。

【案例1】

在某地区某项目施工总承包公开招标中，有A、B、C、D、E、F、G、H 8家单位报名参与本项目投标，经资格预审 8 家单位均符合招标文件资质要求，但招标人以 A 单位是外地企业为由不同意其参加投标，并于开标现场拒收 A 单位的投标文件。评标委员会由 5 人组成，其中当地建设行政管理部门的招标投标管理办公室主任 1 人、建设单位代表 1 人、政府提供的专家库中抽取的技术、经济专家 3 人。

评标时发现，B 单位投标报价明显低于其他投标单位报价且未能提供合理解释；D 单位投标文件中，报价的大写金额与小写金额不一致；F 单位投标文件提供的检验标准和方法不符合招标文件的要求；H 单位投标文件中某分项工程的报价有个别漏项；其他施工单位的投标文件均符合招标文件要求。

问题：

（1）在施工招标资格预审中，招标人认为 A 单位没有资格参加投标是否正确？说明理由。

（2）指出施工招标评标委员会组成的不妥之处，说明理由，并写出正确做法。

二维码 5-1

（3）判别 B、D、F、H 4 家单位的投标是否有效？说明理由。

案例解析见二维码 5-1。

5.2.3.4　评标的保密

根据《招标投标法》第三十八条规定，招标人应当采取必要的措施，保证评标在严格保密的情况下进行。招标应当采取必要保密措施通常可包括：

（1）评标委员会成员的名单在中标结果确定前应当保密，以避免某些投标人在得知评标委员会成员的名单以后，采取不正当手段对评标委员会的成员施加影响，造成评标结果的不公正。

（2）在可能和必要的情况下，为评标委员会评标工作提供比较安静、不易受外界干扰的评标地点，并对该评标地点保密。目的在于不给某些企图以不正当手段影响评标结果的投标人以可乘之机，为评标委员会成员公正、客观和高效地进行评标工作创造较好的客观条件。

5.2.4　评标程序

5.2.4.1　召开评标会

开标结束后，开评标工作组成员整理开标资料，将开标资料转移至评标会地点并分发到评标专家组工作室，安排评标委员会成员报到。评标委员会报到后，由评标组织负责人召开第一次全体会议，宣布评标会开始。

首次全体会议一般由招标人或其主持人主持，评标会监督人员开启并宣布评标委员会名单和评标纪律，评标委员会主任委员宣布专家分组情况、评标原则和评标办法、日程安排和注意事项。招标人代表届时将为各位参会人员介绍项目基本情况，招标机构介绍项目招标和开标情况。如设有入围条件，招标人应按评标办法当众确定入围投标人名单；如设有标底，则需要介绍标底设置情况，也可由工作组在评标会监督人员的监督下当众计算评标标底。同时，工作组可按评审项目及评标表格整理投标人的对比资料，分发到评标委员会，由评标委员会进行确认。

5.2.4.2 资格复审或后审

为确保投标人资格条件与投标预审结果相符，应对采用资格预审的招标项目投标人资格条件进行二次审查；对于采用资格后审的项目，可以在此阶段进行资格审查，淘汰不符合资格条件的投标人。

5.2.4.3 投标文件的澄清、说明或补正

对于投标文件中含义不明确易产生歧义的、同类问题表述不一致或者有明显文字和计算错误的内容，评标委员会可要求投标人以书面方式做必要的澄清、说明或者补正，但不得超出投标文件的范围或者改变投标文件的实质性内容。

开标后，投标人对价格、工期、质量等级等实质性内容提出的任何修正声明或者附加优惠条件，一律不得作为评标委员会评标的依据。所需要澄清和确认的问题，应当以书面形式，经招标人和投标人双方签字后，作为投标文件的组成部分，列入评标依据范围中。

（1）细微偏差的认定。细微偏差是指投标文件在实质上响应招标文件要求，但在个别地方存在漏项或者提供了不完整的技术信息和数据等情况，并且补正这些遗漏或者不完整不会对其他投标人造成不公平的结果。细微偏差不影响投标文件的有效性。

评标委员会应书面要求存在细微偏差的投标人在评标结束前予以补正。拒不补正的，在详细评审时可以对细微偏差做不利于该投标人的量化，量化标准应当在招标文件中规定。

（2）算术错误的处理。在详细评标前，若出现错误算术错误，按下述原则进行纠正或处理。

① 当以数字表示的金额与文字表示的金额有差异时，以文字表示的金额为准。

② 当单价与数量相乘不等于总价时，以单价计算为准。

③ 如果单价有明显的小数点差错，应以标出的总价为准，同时对单价予以修正。

④ 当各细目的合价累计不等于总价时，应以各细目合价累计数为准，修正总价。

按上述方法修正算术错误后，投标金额要相应调整。经投标人同意，修正和调整后的金额同样对投标人有约束作用。如果投标人不接受修正后的金额，其投标书将被拒绝，其投标保证金也要被没收。

5.2.4.4 投标文件的初步评审

1. 熟悉招标文件和评标方法

（1）招标的目标。

（2）招标项目的范围和性质。

（3）招标文件中规定的主要技术要求、标准和商务条款。

（4）招标文件规定的评标标准、评标方法和评标过程中考虑的相关因素。

2. 鉴定投标文件的响应性

（1）评标委员会审阅各个投标文件，主要检查确认投标文件是否从实质上响应招标文件的要求。

（2）投标文件正本、副本之间的内容是否一致。

（3）投标文件是否按招标文件的要求提交了完整的资料，是否有重大漏项、缺项。

（4）投标文件是否提出了招标人不能接受的保留条件等，并分别列出各投标文件中的偏差。

3. 废标

（1）违规标。如投标人以他人的名义投标、串通投标、以行贿手段谋取中标或者以其他弄虚作假方式投标的，该投标人的投标应作废标处理。

（2）报价明显低于标底。如投标人报价明显低于其他投标报价或者在设有标底时明显低于标底，使得其投标报价可能低于其个别成本的，投标人又不能以书面形式合理说明或者不能提供相关证明材料的，评标委员会可认定该投标人以低于成本报价竞标，其投标应作废标处理。

（3）投标人不具备资格。投标人资格条件不符合国家有关规定和招标文件要求的，或者拒不按照要求对投标文件进行澄清、说明或者补正的，评标委员会可以否决其投标。

（4）出现重大偏差。根据评标定标办法的规定，投标文件出现重大偏差，评标委员会可以否决其投标。

评标机构在对各投标人递交的标书进行初步审查后，根据评标委员会的评审意见，将确定详细评审的名单。

接下来将进入详细审查阶段。

5.2.4.5　投标文件的详细评审

在投标文件详细评审这一阶段，评标委员会根据招标文件确定的评标标准和方法，对各投标文件的技术部分和商务部分做进一步的评审和比较，并向招标人提交书面详细评审意见。

（1）技术评审的内容。技术评审的目的是确认和比较投标人完成投标工程的技术能力，以及他们施工方案的可靠性。技术评审的主要内容如下：

① 施工方案的可行性。主要从各分部分项工程的施工工艺工法、施工人员和施工机械设备的配备、施工现场的布置和临时设施的规划、施工工序及其相互衔接等方面进行评审。应特别注意对该项目关键工序的技术难点、重点难点工程部位的施工工艺、施工方法实施可行性和先进性进行论证，要求施工方案的合理性和经济性相统一。

② 施工进度计划的可靠性。主要审查施工进度计划及措施（如施工机具、劳务班组的安排）是否满足计划工期的时间要求，是否科学合理，是否具备实际指导意义。

③ 施工质量保证体系。审查投标文件中提出的质量控制和管理措施，如对质量管理人员的配备、检验仪器的配备和质量管理制度进行审查。

④ 工程材料和机器设备的技术性能符合设计技术要求。审查投标文件中关于主要材料和设备的样本、型号、规格和制造厂家的名称、地址等，判断其技术性能是否达到设计

所要求的标准。

⑤ 分包商的技术能力和施工经验。如果投标人拟在中标后将中标项目的部分工作分包给他人完成，应当在投标文件中载明。主要应审查确定拟分包的工作是否为非主体、非关键性工作或其他不允许进行分包的部分；分包人是否具备招标文件规定的资格条件和完成相应工作的能力和经验等。

⑥ 建议方案的技术评审。如果招标文件中规定可以提交建议方案，则应对投标文件中的建议方案的技术可靠性与优缺点进行评审，并与原投标方案进行对比分析。

（2）商务评审。商务评审是指就投标报价的准确性、合理性、经济效益和风险性，从工程成本、财务和经济分析等方面进行评审，比较授标给不同投标人产生的不同后果。商务评审在整个评标工作中通常占有重要地位。商务评审的主要内容如下：

① 审查全部报价数据计算的正确性。主要审核投标文件是否有计算上或累计上的算术错误，如有，则按投标人须知中的相应规定进行改正和处理。

② 分析报价构成的合理性。判断报价是否合理，应主要分析报价中直接费、间接费、利润和其他费用的比例关系、主体工程各专业工程价格的比例关系等。同时还应审查工程量清单中的单价有无脱离实际的不平衡报价，计日工劳务和机械台班（时）报价是否合理等。

（3）资信标评审。资信标主要是对投标企业的信誉、业绩、项目经理和项目部成员配备情况进行评审。评审内容一般包括：

① 投标人情况简介。

② 投标人企业资质资历情况。企业营业执照、建筑资质、安全生产许可证、投标手册等。

③ 投标人类似工程业绩。证明材料为《工程竣工验收证明书》（或完工证明书），施工合同提供与规模、造价、签字盖章有关的页面复印件或扫描件。

④ 不良行为记录。此项无须投标人递交资料。以市场诚信评价系统中的不良诚信记录为准。

⑤ 其他人员的相关资格证明。包括但不限于项目经理、副经理、技术负责人、安全员、质检人员、工长、资料员、试验员、预算员、财务人员等。

（4）对投标文件进行综合评价与比较。通过技术评审和商务评审，再按照招标文件确定的评标标准和方法，对投标人的报价、工期、质量、主要材料用量、施工方案及施工组织设计、以往业绩和合同履行情况、社会信誉、优惠条件等方面进行综合评价和比较，并与标底进行对比分析（如有），最终择优选定中标候选人，以评标报告的形式向招标人排序推荐不超过3名候选中标人。

5.2.4.6 形成评标报告

根据《招标投标法》规定，评标委员会完成评标后，应当向招标人提出书面评标报告，并向招标人推荐合格的中标候选人。在评标报告中，应当如实记载以下内容：

（1）评标基本情况和评标数据表。

（2）参与评标委员会的成员名单。

（3）开标记录。

（4）符合要求的投标一览表。

（5）废标单位名单及废标情况说明。

（6）评标标准、评标方案或者评标因素一览表。

（7）经评审的价格或者评分比较一览表。

（8）经评审的投标人排序。

（9）推荐的中标候选人名单与签订合同前要处理的事宜。

（10）澄清、说明、补正事项纪要。

另外，评标报告还应包括评标委员会对各投标人的技术方案评价、技术、经济分析、详细的比较意见，以及针对中标候选人的方案优势和推荐意见。评标报告由评标委员会全体成员签字。

对评标结论尚持有异议的评标委员会成员可以通过书面方式阐释其不同意见和理由。但评标委员会成员拒绝在评标报告上签字且不陈述其不同意见和理由的，视为同意评标结论。评标委员会应当对上述情况做出书面说明并记录在案。向招标人提交书面评标报告后，评标委员会即告解散。评标过程中使用的文件、表格及其他资料应当及时归还招标人进行留底存档。

根据《评标委员会和评标方法暂行规定》规定，评标程序如下。

5.2.4.7　评标结果公示

根据《招标投标法实施条例》第五十四条规定，依法必须进行招标的项目，招标人应当自收到评标报告之日起 3 日内公示中标候选人，公示期不得少于 3 日。投标人或者其他利害关系人对依法必须进行招标的项目的评标结果有异议的，应当在中标候选人公示期间提出。招标人应当自收到异议之日起 3 日内作出答复；作出答复前，应当暂停招标投标活动。

1. 中标候选人公示

公示中标候选人的项目范围限于依法必须进行招标的项目。公示中标候选人符合公开原则，有利于进一步加强社会监督，保证评标结果的公正和公平。本条将需要公示中标候选人的项目范围限定在依法必须进行招标的项目，其他招标项目是否公示中标候选人由招标人自主决定，体现了《招标投标法实施条例》对招标项目实行差别化管理，以突出监管重点的立法精神。

全部中标候选人均应当进行公示。除非因异议、投诉等改变了中标候选人名单或者排名次序，全部中标候选人同时公示而不是公示排名第一的中标候选人，对于国有资金投资占控股或者主导地位的项目尤其重要，可以避免出现《招标投标法实施条例》第五十五条规定的情形时重复公示，以兼顾效率。相应地，投标人和其他利害关系人对评标结果有异议的，其异议应当针对全部中标候选人，而不能仅针对排名第一的中标候选人，否则将可能丧失针对排名第二、第三的中标候选人提出异议和投诉的权利。

公示的起始时间为收到评标报告之日起 3 日内。公示与公告均是为了更好地发挥社会监督作用，两者区别在于向社会公开相关信息的时间点不同，前者是在最终结果确定前，后者是最终结果确定后。根据《招标投标法》第四十五条和第四十六条规定，招标人确定中标人后就应当向中标人发出中标通知书，中标通知书发出后，除非出现法定的中标无效情形，即对招标人和中标人产生法律约束力。因此，在确定中标人前公示中标候选人更有利于保障社会监督效果。本条规定的是中标候选人的公示，表明该公示的时间点必定是在中标候选人确定后和中标人确定前。招标人收到评标报告时中标候选人已经确定，即应具备公示的条件。为提高效率，本条规定公示的起始时间为招标人收到评标报告后 3 日内。需要说明的是，招标人安排评标时间时应注意避免收到评标报告的时间恰好是法定节假日前或者法定节假日中，否则可能会出现指定媒介或者其他合法的公示媒介不能及时安排公示的问题。

公示期限不得少于 3 日。这一公示期限是折中规定，既确保一定程度的公开，充分发挥社会监督作用，又兼顾效率，确保招标周期不会过长。本条规定的公示期限同样是一个低限规定，具体公示期限应当综合考虑公示媒介、节假日、交通和通信条件以及潜在投标人的地域范围等情况合理确定，以保证公示效果。

2. 评标结果异议的处理

对依法必须进行招标的项目的评标结果的异议应当在中标候选人公示期间提出。中标候选人公示后，投标人或者其他利害关系人能够根据招标文件规定的评标标准和方法、开标情况等，作出评标结果是否符合有关规定的判断，如评标结论是否符合招标文件规定的评标标准和方法等。因此，投标人或者其他利害关系人对评标结果的异议应当在公示期间提出，以便招标人及时采取措施予以纠正。招标人拒绝自行纠正或者无法自行纠正的，投标人、招标人或者其他利害关系人均可根据《招标投标法实施条例》第六十条规定向行政监督部门提出投诉，以维护自己的合法权益。

招标人应当自收到异议之日起 3 日内作出答复。招标人对异议作出答复前应当暂停招标投标活动。

项目技术标评标细则和项目 BIM 技术标评标细则见二维码 5-2、二维码 5-3。

二维码 5-2

二维码 5-3

5.3 定标

5.3.1 定标概述

评标委员会需要在评标完成后，向招标人推荐至少 1 名中标候选人，中标候选人应当限定在 1～3 人，并按评标得分或推荐顺序进行排序。招标人根据评标委员会提出的书面评标报告和推荐的中标候选人来确定最终的中标人，也可授权评标委员会直接定标。

定标程序与所选用的评标定标方法有直接关系。一般来说，采用直接定标法的（即以评标委员会的评审意见直接确定中标人），没有独立的定标程序；采用间接定标法的（或称复议定标法，指以评标委员会的评标意见为基础，再由定标组织进行评议，从中选择确定中标人），才有相对独立的定标程序。

总体来说，定标程序主要有以下几个环节：

（1）由定标组织对评标报告进行审议，审议方式可以是直接进行书面审查，也可以采用类似评标会的方式召开定标会进行审查。

（2）定标组织形成定标意见。

（3）将定标意见报建设工程招标投标管理机构核准。

（4）按经核准的定标意见发出中标通知书。

至此，定标程序结束。

中标人的投标文件至少应符合下列条件之一：

（1）能够最大限度地满足招标文件中规定的各项综合评价标准。

（2）能够满足招标文件的实质性要求，并且经评审的投标价格最低，但是投标价格低于成本价的除外。该中标条件适用于具有通用技术、性能标准或者招标人对其技术、性能没有特殊要求的招标项目。

在确定中标人之前，招标人不得与投标人就投标价格、投标方案等实质性内容进行谈判。

招标人应以评标委员会提出的书面评标报告为依据，对评标委员会推荐的中标候选人进行比较，从中择优确定中标人。招标人也可以授权评标委员会直接确定中标人，或者在招标文件中规定排名第一的中标候选人为中标人，并且排名第一的中标候选人不能作为中标人的情形和相关处理规则。依法必须进行招标的项目，招标人根据评标委员会提出的书面评标报告和推荐的中标候选人自行确定中标人的，应当在向有关行政监督部门提交的招标投标情况书面报告中，说明其确定中标人的理由（《中华人民共和国招标投标法实施条例》征求意见稿）。

经评标委员会论证，认定某投标人的报价低于其企业成本的，不能推荐其为中标候选人或者中标人。

招标人应当自订立书面合同之日起 15 日内，向有关行政监督部门提交招标投标和合同订立情况的书面报告及合同副本。

5.3.2　签订合同

根据《招标投标法实施条例》第五十七条、《评标委员会和评标方法暂行规定》第四十九～第五十二条规定，中标人确定后，招标人应当向中标人发出中标通知书，同时通知未中标人，并与中标人在投标有效期内以及中标通知书发出之日起 30 日内签订合同。中标通知书对招标人和中标人具有法律约束力。中标通知书发出后，招标人改变中标结果或者中标人放弃中标的，应当承担法律责任。招标人和中标人应当依照《招标投标法》和《招标投标法实施条例》的规定签订书面合同，合同的标的、价款、质量、履行期限等主要条款应当与招标文件和中标人的投标文件的内容一致。招标人和中标人不得再行订立背离合同实质性内容的其他协议。招标人最迟应当在书面合同签订后5日内向中标人和未中标的投标人退还投标保证金及银行同期存款利息。

签订合同的具体法律规定见二维码5-4。

二维码5-4

5.3.3 相关法律责任

1. 不依法确定中标人的责任

根据《招标投标法实施条例》第七十三条规定，依法必须进行招标的项目的招标人有下列情形之一的，由有关行政监督部门责令改正，可以处中标项目金额10‰以下的罚款；给他人造成损失的，依法承担赔偿责任；对单位直接负责的主管人员和其他直接责任人员依法给予处分：（1）无正当理由不发出中标通知书；（2）不按照规定确定中标人；（3）中标通知书发出后无正当理由改变中标结果；（4）无正当理由不与中标人订立合同；（5）在订立合同时向中标人提出附加条件。

2. 招标人在中标候选人之外确定中标人的责任

根据《招标投标法》第五十七条规定，招标人在评标委员会依法推荐的中标候选人以外确定中标人的，依法必须进行招标的项目在所有投标被评标委员会否决后自行确定中标人的，中标无效。责令改正，可以处中标项目金额千分之五以上千分之十以下的罚款；对单位直接负责的主管人员和其他直接责任人员依法给予处分。

3. 中标人不签订合同的责任

根据《招标投标法实施条例》第七十四条规定，中标人无正当理由不与招标人订立合同，在签订合同时向招标人提出附加条件，或者不按照招标文件要求提交履约保证金的，取消其中标资格，投标保证金不予退还。对依法必须进行招标的项目的中标人，由有关行政监督部门责令改正，可以处中标项目金额10‰以下的罚款。

4. 违法签订合同的责任

根据《招标投标法》第五十九条规定，招标人与中标人不按照招标文件和中标人的投标文件订立合同的，或者招标人、中标人订立背离合同实质性内容的协议的，责令改正；可以处中标项目金额千分之五以上千分之十以下的罚款。

5. 中标人不履行合同或不按合同履行义务的责任

根据《招标投标法》第六十条规定，中标人不履行与招标人订立的合同的，履约保证金不予退还，给招标人造成的损失超过履约保证金数额的，还应当对超过部分予以赔偿；没有提交履约保证金的，应当对招标人的损失承担赔偿责任。

中标人不按照与招标人订立的合同履行义务，情节严重的，取消其二年至五年内参加依法必须进行招标的项目的投标资格并予以公告，直至由工商行政管理机关吊销营业执照。

因不可抗力不能履行合同的，不适用前两款规定。

6. 中标人违法转包、分包的责任

根据《招标投标法》第五十八条和《招标投标法实施条例》第七十六条规定，中标人将中标项目转让给他人的，将中标项目支解后分别转让给他人的，违反法规规定将中标项目的部分主体、关键性工作分包给他人的，或者分包人再次分包的，转让、分包无效，处转让、分包项目金额千分之五以上千分之十以下的罚款；有违法所得的，并处没收违法所得；可以责令停业整顿；情节严重的，由工商行政管理机关吊销营业执照。

【案例 2】

某土建工程项目确定采用公开招标的方式招标，造价工程师测算确定该工程标底价为 4000 万元，定额工期 540 天。在本工程招标的资格预审中规定投标单位应满足以下条件：① 取得营业执照；② 一级资质以上的施工企业；③ 有两项以上同类工程的施工经验；④ 本专业系统隶属企业；⑤ 近三年内没有违约被起诉历史；⑥ 技术、管理人员满足工程施工要求；⑦ 技术装备满足工程施工要求；⑧ 具有不少于合同价 20% 的可为业主垫资的资金。

经招标小组研究后确定采用综合评分法评标，评分办法计算如下：

（1）投标报价满分为 100 分，按照表 5-1 标准评分：

投标报价的评分标准　　表 5-1

报价与标底偏差程度	−5%～−2.5%	−2.4%～0%	0.1%～2.4%	2.5%～5%
得分 / 分	50	70	60	40

（2）报价费用组成的合理性为 30 分。

（3）施工组织与管理能力满分为 100 分，其中工期为 40 分，按以下方法评定：投标人所报工期比定额工期提前 30 天及 30 天以上者为满分，以比定额工期提前 30 天为准，工期每增加 1 天，扣减 1 分。

（4）业绩与信誉满分为 100 分。评标方法中还规定，以上三个方面的得分值均不得低于 60 分，否则淘汰。进行综合评分时，投标报价的权重为 0.5，施工组织为 0.3，业绩信誉为 0.2。表 5-2 为投标单位的报价和工期的情况。

投标单位报价与工期的情况　　表 5-2

项目 / 单位	A	B	C	D	E
报价（万元）	4120	4080	3980	3900	4200
工期（天）	510	530	520	540	510

各单位的得分如表 5-3 所示。

投标单位得分记录　　表 5-3

各项得分 / 单位		A	B	C	D	E
投标报价（100 分）	报价（70 分）					
	合理性（30 分）	20	28	25	20	25
施工组织与管理能力（100 分）	工期（40 分）					
	施工组织方案（30 分）	25	28	26	20	25

续表

各项得分 / 单位		A	B	C	D	E
施工组织与管理能力（100分）	质量保证体系（20分）	18	18	16	15	15
	安全管理（10分）	8	7	7	8	8
业绩与信誉（100分）	企业信誉（40分）	35	35	36	38	34
	施工业绩（40分）	35	32	37	35	37
	质量回访（20分）	17	18	19	15	18

问题：

（1）资格预审中规定条件中哪几项是不正确的？

（2）计算各投标单位报价偏差得分值。

（3）计算各投标单位工期得分值。

（4）用综合评分法确定中标单位。

案例 2 解析见二维码 5-5。

二维码 5-5

导入案例解析

本工程的开标过程存在下列不妥之处：

（1）开标会议由招标办公室的工作人员主持不妥，应由招标人主持。

（2）选择了价格最低的投标单位为中标单位不妥，因为六家投标单位的报价均超过有效标的要求，招标人应当依照《招标投标法》规定重新招标，而不应该由评标专家从六家投标单位中选择一家作为中标单位。

实训任务一　开标

（一）任务道具介绍

本实训任务中需要准备的相关道具（卡片、图表、票据等）如下：

1. 单据

（1）《授权委托书》

（2）《登记（签到）表》

（3）《资金、用章审批表》

（4）《中标价预估表》

（5）《中标结果通知书》

（6）《中标通知书》

2. 人员资格证书资料

（1）建造师执业资格证书

（2）建造师注册证书

（3）安全生产考核合格证

3. 企业证书资料

（1）企业营业执照

（2）开户许可证

（3）安全生产许可证

（4）企业资质证书

4. 桌签（图 5-1）

图 5-1　开标环节各参与方桌签

（二）任务角色描述

1. 招标人

（1）招标人即建设单位或项目归属方，由老师临时客串。

（2）对招标代理提出的疑难问题进行解答。

（3）作为招标人代表，参加开标会。

2. 招标代理

（1）由老师指定或大家推举2～4名学生担任招标代理人员。

（2）组织开标会、评标专家评审等工作。

3. 投标人

（1）每个学生小组都是一个投标单位。

（2）作为投标人参加开标会。

4. 行政监管人员

（1）每个学生团队中由项目经理任命一名成员，担任本团队的行政监管人员。

（2）负责工程交易管理服务平台中相应业务的审批。

5. 开标会人员

（1）由老师指定相关学生担任或者某个小组担任。

（2）担任开标会现场的各个岗位工作。

（3）具体岗位：主持人、唱标人、记录员、监督人、监标人、招标人。

小贴士

如项目招标由招标人自行完成，则不设招标代理角色，其相关工作由招标人完成，并由学生团队担任。

（三）任务实施

1. 任务说明

（1）完成开标场区、人员准备工作。

（2）完成投标文件、投标保证金的现场递交工作。

（3）完成开标签到工作。

2. 操作过程

（1）完成开标场区布置、摆桌以及人员准备工作。

1）开标会会场布置。

① 桌签准备：开标会需要用到的桌签有：主持人、唱标人、记录员、监督人、监标人、招标人、投标人（图5-2）。

② 会场准备。招标人（或招标代理）将开标会现场的桌椅，按照如图5-3所示的方式进行摆放，并将桌签摆放到对应的位置上。

图 5-2　开标现场布置图（一）

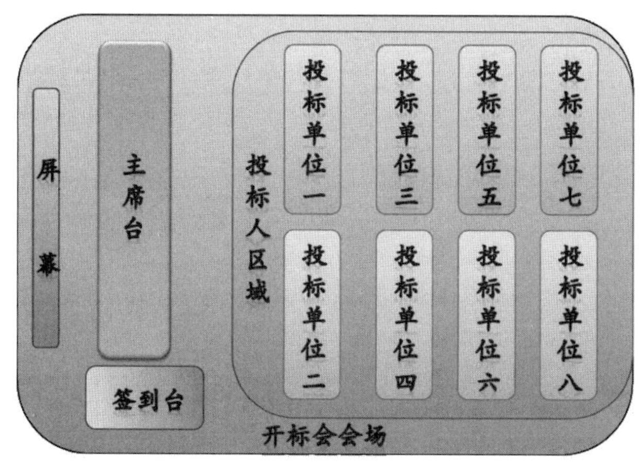

图 5-3　开标现场布置图（二）

2）开标人员准备工作。

① 主持人。主持人是开标现场中最重要的角色。招标现场要求主持人对开标现场有准确的把握，有效掌控现场节奏和状况，要求主持人能处理好开标现场的问题，因此开标现场对主持人的能力有较高要求。

担任主持人，首先要求对招标投标及工程建设相关法律法规熟悉，对法律法规熟悉程度直接关系到开标主持是否成功；其次熟悉本次招标的招标文件，对招标文件的熟悉是应对现场问题的必要条件。

二维码 5-6

在开标过程中会出现很多问题，需要主持人有相应的应对方法，具体见二维码 5-6。

主持是一个与法律法规紧密相关的工作，又是在所有参与招标投标的参与人监督下工作，在开标现场所说的每一句话都是要负法律责任的。首先要保证程序的合法性，其次要符合本项目要求，再次要符合当地监督机构的管理要求。

② 监标人、监督人。在开标整个过程中，工作繁忙又无声无息的应该是监标人、监督人，这是其工作性质决定的。

小贴士

监督人与监标人工作内容和工作性质的区别：

监督人，是对开标、评标全过程中进行监督的人员，由项目所属行业、所属地区的政府行政主管部门针对本地区开展的市场活动所委派的监督机构人员。所负责的监督工作是开标、评标过程是否符合法律法规要求，监察有无违法违规行为，以及发现违法违规行为及时进行现场阻止和处理后事妥当。工作性质是执法，工作内容是监督。一般来说，建设行政主管部门的"招标投标管理办公室"（简称招标办），负责监督项目招标投标全过程（含开标现场派员监督），项目招标开标具体程序中的事情，以及监标人的工作内容，监督人不参与、不干预。

监标人，一般由招标代理机构工作人员担任，负责对开标、唱标的文件进行初步审核，对开标、唱标准确度进行检查等，其具体工作包括：

① 协助监督人对投标人资格进行审查登记。

② 在不损坏投标文件内页的情况下，对密封合格的投标文件进行拆封和整理。

③ 对投标函进行检查：在拆封和整理过程中，实际还要检查投标函上投标人名称、印鉴等是否符合招标文件要求，对投标函是否符合要求，以及其完整性、合法性进行检查。

④ 负责审核唱标员所唱内容的准确性，随时帮助唱标员确定唱标内容；并对唱标员的唱标内容进行检查，如有错误，及时纠正。

⑤ 有问题随时与监督人、主持人协商。

⑥ 现场如需资质检查，应考虑资质检查中可能出现的情况以及出现情况后应如何应对。

在开标时，监标人一般由招标代理机构负责该项目的项目经理担任。

③ 唱标人（员）

唱标人（员）需要对所有投标人一视同仁，唱标时应保持语速均匀、语调稳定，唱标过程中所有词句的间隔应一致。

唱标人（员）要求，口齿清楚、普通话标准，并且需要具备开标现场随机应变的能力，唱标前应检查仔细投标文件或投标函，如大小写不一致、名称有误等。检查结束后进行唱标，唱标前应将唱标内容梳理一遍，各标段、逐家投标单位唱出。唱标语速应该一致，报价部分阿拉伯数字应该吐字清楚，一个一个唱。

④ 记录员

负责将开标过程进行记录。

（2）递交投标文件、投标保证金

① 投标人按照招标文件规定的时间、地点，携带投标文件和身份证明准时参加开标会。

② 投标人（被授权人）在开标会现场将投标文件、投标保证金、授权委托书等提交招标人；招标人检查无误后，收取投标文件、投标保证金，投标人在《登记（签到）表》

上登记企业信息。

3. 开评标系统——开标操作

开标操作见二维码 5-7。

二维码 5-7

实训任务二　定标

（一）任务说明

（1）完成中标候选人备案工作。

（2）完成中标公示备案工作。

（二）操作过程

完成中标候选人备案工作：

（1）招标人根据评标专家提交的评标报告，确定中标人。

（2）填写中标通知书。

① 招标人根据评标报告确定中标人后，填写《中标通知书》（图 5-4）、《中标结果通知书》（图 5-5）。

中标通知书

×××施工企业（中标人名称）：

你方于××年××月××日（投标日期）所递交的×××工程（项目名称）　/　标段施工投标文件已被我方接受，被确定为中标人。

工程名称	×××工程		建设规模	3000m²
建设地点	北京市东城区			
中标范围	图纸所示范围内的全部土建工程			
中标价格	小写：20000000.00 元　　大写：贰仟万元整			
中标工期	200 日历天	计划开工日期	××年××月××日	
		计划竣工日期	××年××月××日	
工程质量	合格			
项目经理	×××	注册建造师执业资格	一级建造师	
备注				

请你方在接到本通知书后 3 天内到 北京市东城区××大厦（指定地点）与我方签订施工承包合同，在此之前按招标文件第二章“投标人须知”第 7.3 款规定向我方提交履约担保。

随附的澄清、说明、补正事项纪要（如果有），是本中标通知书的组成部分。

特此通知。

附：澄清、说明、补正事项纪要

招标人：×××××公司（盖单位章）

法定代表人：　××　（签字）

××年××月××日

图 5-4　中标通知书

中标结果通知书

××施工企业（未中标人）

我方已接受××建设集团（中标人名称）于××（投标日期）所递交的×××（项目名称）＿＿＿＿标段施工投标文件，确定××建设集团（中标人名称）为中标人。

感谢你单位对我们工作的大力支持！

招标人：××有限公司（盖单位章）
代表人：刘××（签字或盖章）

××年××月××日

图 5-5　中标结果通知书

② 招标人根据《中标通知书》《中标结果通知书》所需的印章类型，填写《资金、用章审批表》（图 5-6），提交项目经理进行审批；项目经理审批通过后，将招标人申请的印章交给招标人；招标人拿到印章后，在《中标通知书》《中标结果通知书》上盖章、签字。

项目经理将《资金、用章审批表》置于招标投标沙盘盘面招标人区域的团队管理处。

（3）发放中标通知书。

① 招标代理将招标人填写的《中标通知书》《中标结果通知书》发放给投标人。

② 投标人签收《中标通知书》《中标结果通知书》，并在单据《登记（签到）表》上登记企业信息。

资金、用章审批表

组别：　　　　　　　　　　　　　　　　日期：

项目名称	资金审批		用章审批	
	金额	用途	公章类型	用途
具体内容			企业公章、法人印章	用于中标通知书与中标结果通知书盖章

填表人：　　　　　　　　　　　　　　　　审批人：

图 5-6　资金、用章审批表

模块六　建设工程合同与索赔

知识目标

1. 了解合同的类型；
2. 熟悉合同条款的拟定；
3. 熟悉合同的支付条款、图纸、招标投标文件；
4. 熟练掌握支付审批流程；
5. 熟悉施工合同主要内容；
6. 熟悉索赔程序与索赔策略。

能力目标

1. 能进行成本目标编制及分解；
2. 会根据合同进行进度价款管理；
3. 能对施工单位的成本进行控制；
4. 能恰当地进行合同变更；
5. 能对施工合同进行管理，能进行合同履约评价；
6. 会调解施工单位与建设单位的合同争议，正确处理工程索赔。

素养目标

1. 沟通原理与技巧；
2. 计算分析能力；
3. 商务谈判能力；
4. 自主学习能力；
5. 发现问题和解决问题能力；
6. 团队合作能力。

驱动问题

1. 施工合同文件组成与主要条款有哪些？

2. 合同文件的组成和解释顺序是怎样的?
3. 工期可以顺延的原因有哪些?
4. 如何处理工程变更价款?
5. 如何计算工、料、机索赔费用?

建议学时：4～6 学时。

导入案例

某施工单位（乙方）和某建设单位（甲方）签订了某项工业建筑的地基强夯处理和基础工程施工合同。由于工程量无法准确确定，根据施工合同专用条款的规定，按施工图预算方式计价，乙方必须严格按照施工图及施工合同规定的内容及技术要求施工。乙方的分项工程首先向监理工程师申请质量认证，取得质量认证后，向造价工程师提出计量申请和支付工程款。工程开工前，乙方提交了施工组织设计并得到批准。

问题：

1. 在工程施工过程中，当进行到施工图规定的处理范围边缘时，乙方在取得在场监理工程师认可的情况下，为了使夯击质量得到保证，将夯击范围适当扩大。施工完成后，乙方将扩大范围内的施工工程量向造价工程师提出计量付款的要求，但遭到拒绝。试问造价工程师拒绝承包商的要求是否合理？为什么？

2. 在工程施工过程中，乙方根据监理工程师指示就部分工程进行了变更施工。试问变更部分合同价款应根据什么原则确定?

3. 在土方开挖过程中，有两项重大事件使工期发生较大的拖延：一是土方开挖时遇到了一些工程地质勘察没有探明的孤石，排除孤石拖延了一定的时间；二是施工过程中遇到数天季节性大雨后又转为特大暴雨引起山洪暴发，造成现场临时道路、管网和施工用房等设施以及已施工的部分基础被冲坏，施工设备损坏，运进现场的部分材料被冲走，乙方数名施工人员受伤，大雨后乙方用了很多工时清理现场和恢复施工条件。为此乙方按照索赔程序提出了延长工期和费用补偿要求。试问造价工程师应如何审理?

分析答案见后面【导入案例解析】。

6.1　建设工程合同

6.1.1　合同概述

《民法典》于 2020 年 5 月 28 日第十三届全国人民代表大会第三次会议通过，并于 2021 年 1 月 1 日正式实施。2020 年 12 月 25 日，最高人民法院审判委员会第 1825 次会议通过了《最高人民法院关于审理建设工程施工合同纠纷案件适用法律问题的解释（一）》（法释〔2020〕25号）（以下简称法释〔2020〕25号建工合同司法解释），并于2021年1月1日起正式施行。《民法典》第三编合同中专门设置了“建设工程合同”一章（第三编第十八章），为保护建设工程合同双方当事人的合法权益、规范交易双方的市场行为，提供了法律保证。

6.1.1.1　建设工程合同概念

《民法典》第七百八十八条规定，建设工程合同是承包人进行工程建设，发包人支付价款的合同。建设工程合同包括工程勘察、设计、施工合同。

建设工程合同，是指承包人进行工程建设，发包人支付价款的合同。建设工程合同的客体是工程。这里的工程是指土木建筑工程和建筑范围内的线路、管道、设备安装工程的新建、扩建、改建及大型的建筑装饰装修活动，主要包括房屋、铁路、公路、机场、港口、桥梁、矿井、水库、电话、商讯线路等。建设工程的主体是发包人和承包人。承包人的基本义务是按质按期地进行工程建设，包括工程勘察、设计和施工。工程勘察、设计、施工是专业性很强的工作，所以一般应当由专门的具有相应资质的工程单位来完成。发包人的基本义务就是按照约定支付价款。

6.1.1.2　建设工程合同类型（表6-1）

建设工程合同分类表　　表6-1

序号	分类条件	建设合同名称
1	根据承包的内容不同	建设工程勘察合同
		建设工程设计合同
		建设工程施工合同
2	根据合同联系结构不同	总承包合同与分别承包合同
		总包合同与分包合同
3	根据项目管理模式与参与者关系不同	传统模式条件下的合同
		设计－建造/EPC/交钥匙模式条件下的合同
		施工管理模式条件下的合同
		BPT模式条件下的合同

1. 根据承包的内容不同分类

建设工程一般包括勘察、设计和施工等一系列过程，因此建设工程合同通常包括工程勘察、设计、施工合同。

① 建设工程勘察合同。是承包方进行工程勘察，发包人支付价款的合同。建设工程勘察单位称为承包方，建设单位或者有关单位称为发包方（也称为委托方）。建设工程勘察合同的标的是为建设工程需要而作的勘察成果。工程勘察是工程建设的第一个环节，也

是保证建设工程质量的基础环节。为了确保工程勘察的质量，勘察合同的承包方必须是经国家或省级主管机关批准，持有勘察许可证，具有法人资格的勘察单位。建设工程勘察合同必须符合国家规定的基本建设程序，建设工程勘察合同由建设单位或有关单位提出委托，经与勘察部门协商，双方取得一致意见，即可签订，任何违反国家规定的建设程序的勘察合同均是无效的。

② 建设工程设计合同。是承包方进行工程设计，委托方支付价款的合同。建设单位或有关单位为委托方，建设工程设计单位为承包方。建设工程设计合同是为建设工程需要而作的设计成果。工程设计是工程建设的第二个环节，是保证建设工程质量的重要环节。建设工程设计合同的承包方必须是经国家或省级主要机关批准，持有设计许可证，具有法人资格的设计单位。只有具备了上级批准的设计任务书，建设工程设计合同才能订立；小型单项工程必须具有上级机关批准的文件方能订立。如果单独委托施工图设计任务，应当同时具有经有关部门批准的初步设计文件方能订立。

③ 建设工程施工合同。是工程建设单位与施工单位，也就是发包方与承包方以完成商定的建设工程为目的，明确双方相互权利义务的协议。在建设领域，习惯于将施工合同的当事人称为发包人和承包人。对合同范围内的工程实际建设时，发包人必须具备组织协调能力或委托给具备相应资质的监理单位承担；承包人必须具备有关部门核定的资质等级并持有营业执照等证明文件。依照施工合同，承包人应完成一定的建筑、安装工程任务，发包人应提供必要的施工条件并支付工程价款。施工合同是建设工程合同的一种，它与其他建设工程合同都是一种双务合同，在订立时也应遵守自愿、公平、诚实信用等原则。

2. 根据合同联系结构不同分类

建设工程合同可分为总包合同与分包合同，还可分为总承包合同与分别承包合同。

① 总包合同与分包合同。总包合同，是指发包人与总承包人或者勘察人、设计人、施工人就整个建设工程或者建设工程的勘察、设计、施工工作所订立的承包合同。总包合同包括总承包合同与分别承包合同，总承包人和承包人都直接对发包人负责。分包合同，是指总承包人或者勘察人、设计人、施工人经发包人同意，将其承包的部分工作承包给第三人所订立的合同。分包合同与总包合同是不可分离的。分包合同的发包人就是总包合同的总承包人或者承包人（勘察人、设计人、施工人）。分包合同的承包人即分包人，就其承包的部分工作与总承包人或者勘察、设计、施工承包人向总包合同的发包人承担连带责任。

② 总承包合同与分别承包合同。总承包合同，是指发包人将整个建设工程承包给一个总承包人而订立的建设工程合同。总承包人就整个工程对发包人负责。分别承包合同，是指发包人将建设工程的勘察、设计、施工工作分别承包给勘察人、设计人、施工人而订立的勘察合同、设计合同、施工合同。勘察人、设计人、施工人作为承包人，就其各自承包的工程勘察、设计、施工部分，分别对发包人负责。

上述几种承包方式，均为我国法律所承认和保护。但对于建设工程的支解承包、转包以及再分包这几种承包方式，均为我国法律所禁止。

3. 根据项目管理模式与参与者关系分类

建设工程合同分为传统模式、设计－建造 /EPC/ 交钥匙模式、施工管理模式、BPT

模式等不同模式条件下的合同。

① 建设工程传统模式的合同。在建设工程传统模式下，业主与不同承包人之间的主要合同包括咨询服务合同、勘察合同、设计合同、施工承包合同、设备安装合同、材料设备供应合同、监理合同、造价咨询合同、保险合同等。此外，还包括各承包人与分包人之间签订的大量的分包合同。

② 设计－建造/EPC/交钥匙模式的合同。此外，还包括工程项目承包人与其他分包人之间签订的大量的分包合同。

③ 施工管理模式的合同。在建设工程项目施工管理模式下，施工管理人作为独立的咨询服务合同、勘察合同、设计合同、施工管理合同、施工承包合同、设备安装合同、材料设备供应合同等的承包方。此外，还包括各承包人与分包人之间签订的大量的分包合同。

④ 建设工程其他模式下的合同：在建设工程项目中还存在许多其他模式，如PPP模式、BOT模式、简单模式等，业主与不同参与者之间签订不同的合同。

4. 按合同计价方式进行分类

（1）单价合同

是指整个合同期间执行同一合同单价，而工程量则按实际完成的数量进行计算的合同。包括固定单价合同和可调单价合同。

（2）总价合同

总价合同要求投标人按照招标文件的要求，对工程项目报总价，包括固定总价合同和可调总价合同。采用这一合同形式，要求在招标时能详细而全面地准备好设计图纸和说明书，以便投标人能准确地计算工程量，它主要适用于工程风险和工程规模都不太大的工程项目。

（3）成本加酬金合同

又称成本补偿合同。是由建设单位向施工企业支付工程项目的实际成本，并按事先约定的某一种方式支付酬金的合同类型。常用于工程特别复杂和时间特别紧迫的工程，如抢险、救灾工程。

对业主而言，成本加酬金合同的优点：可以通过分段施工缩短工期；可以减少承包商的对立情绪；可以利用承包商的施工技术专家，帮助改进或弥补设计中的不足；业主也可以根据自身力量和需要，较深入地介入和控制工程施工和管理；也可以通过确定最大保证价格约束工程成本不超过某一限值。

对承包商来说，这种合同比固定总价合同的风险低，利润比较有保证，因而比较有积极性。其缺点是合同的不确定性大，由于设计未完成，无法准确确定合同的工程内容、工程量以及合同的终止时间，有时难以对工程计划进行合理安排。

成本加酬金合同有以下七种形式：成本加固定费用合同、成本加定比费用合同、成本加奖金合同、成本加固定最大酬金合同、成本加保证最大酬金合同、成本补偿加费用合同、工时及材料补偿合同。在这类合同中，建设单位需承担工程建设实际发生的一切费用，因此也就承担了项目的全部风险。具体见二维码6-1。

二维码 6-1

6.1.1.3 建设工程合同特征

1. 合同标的的特殊性

合同的标的是各类建筑产品。建筑产品是不动产，其基础部分与大地相连，不能移动。这就决定了每个施工合同的标的都是特殊的，相互间具有不可替代性。还决定了施工生产的流动性。建筑物所在地就是施工生产场地，施工队伍、施工机械必须围绕建筑产品不断移动。另外，建筑产品的类别庞杂，其外观、结构、使用目的、使用人都各不相同，这就要求每一个建筑产品都需单独设计和施工（即使可重复利用标准设计或重复使用图纸，也应采取必要的设计修改才能施工），即建筑产品是单体性生产，这也决定了施工合同标的的特殊性。

2. 合同主体资格的合法性

建设工程合同主体就是建设工程合同的当事人，即建设工程合同发包人和承包人。不同种类的建设工程合同具有不同的合同当事人。由于建设工程活动的特殊性，我国建设法律法规对建设工程合同的主体有非常严格的要求：所有建设工程合同主体资格必须合法，必须为法人单位，并且必须具备相应的资质。

3. 合同形式的书面性

虽然我国《民法典》规定合法的合同可以是书面形式、口头形式和其他形式，但我国相关法律均规定建设工程合同应当采用书面形式。由于建设工程合同一般具有合同标的数额大、合同内容复杂、履行期较长等特点，以及在工程建设中经常会发生影响合同履行的纠纷，因此，建设工程合同应当采用书面形式。建设工程合同采用书面形式也是国家工程建设进行监督管理的需要。

4. 合同交易的特殊性

建设工程合同，以施工承包合同为主，在签订合同时确定的价格一般为暂定的合同价格，等合同履行工程全部结束并结算后才最终确定合同的实际价格。建设工程合同交易具有多次性、渐进性，与其他一次性交易合同有很大不同。即使低于成本价格的合同初始价格，在工程合同履行期间，通过工程变更、索赔和价格调整，承包人仍然可能获得可观的利润。

5. 合同的行政监督性

建设工程合同的行政监督性主要表现在，我国建设工程合同的订立、履行和结束等全过程都必须符合基本建设程序，接受国家相关行政主管部门的监督和管理。行政监督既涉及工程项目建设的全过程，如工程建设立项、规划设计、初步设计、施工图纸、土地使用、招标投标、施工、竣工验收等，也涉及工程项目的参与者，如参与者的资质等级、分包和转包、市场准入等。

6. 合同履行的地域性

由于建设工程具有产品的固定性，工程合同履行需围绕固定的工程展开，同时工程咨询服务合同也应尽可能在工程所在地履行。因此，建设工程合同履行具有明显的地域性，这一特性影响合同履行效果、合同纠纷的解决方式。

6.1.1.4 建设工程中的主要合同关系

1. 工程项目合同体系

业主为了实现工程项目总目标，按照项目任务的结构分解，签订不同层次、不同种类的合同，共同构成该项目的合同体系，如图 6-1 所示。

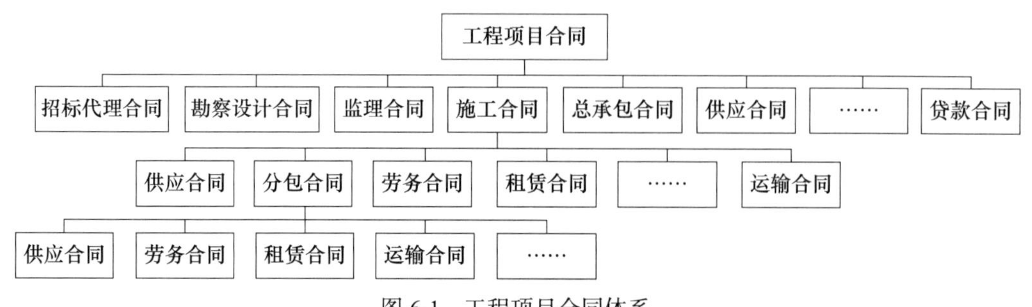

图 6-1 工程项目合同体系

从宏观上讲，项目的合同体系（或称为合同网络）就是由这些合同构成的；从微观上讲，每个合同都定义并安排了一些项目活动，这些项目活动共同构成项目的实施过程。在相关的同级合同之间，以及主合同与分合同之间存在着复杂的联系。

在合同网络中，最具代表性的合同是施工（总承包）合同，它在工程项目合同体系中处于主导地位，是整个项目合同管理的重点。无论是业主、监理工程师，还是承包商，都将它作为合同管理的主要对象。因此，要了解整个项目合同体系或者加深对其他合同的理解，则必须深刻了解施工（总承包）合同。

一般工程项目的建设程序主要包括：项目建议书阶段、可行性研究阶段、设计阶段、建设准备阶段、建设实施阶段、竣工验收阶段和后评价阶段，而相关的合同可能有几份、几十份、几百份，甚至上千份。它们之间有非常复杂的内部联系，形成了一个复杂的合同网络。其中，业主和承包商是两个最主要的节点。

2. 业主的主要合同关系

业主作为工程、货物或服务的买方，可能是政府、国营或民营企业、其他投资者。业主根据对工程的需求，确定工程项目的总体目标——所有相关合同的核心。要实现项目目标，业主必须将工程项目的咨询、勘察、设计、施工、设备和材料供应等工作委托出去，必须与有关单位签订合同，其主要合同关系如图 6-2 所示。

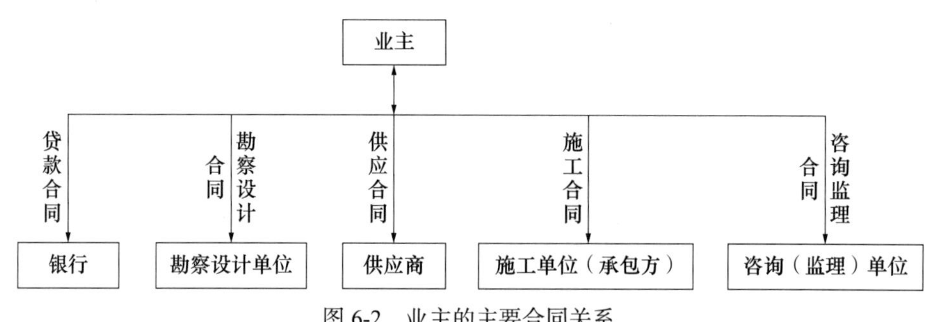

图 6-2 业主的主要合同关系

3. 承包商的主要合同关系

承包商是工程施工的具体实施者。承包商通过投标接受业主的委托，签订工程施工（总承包）合同。承包商要履行合同义务（由工程量表所确定的工程范围的施工、竣工和保修，为完成工程提供劳动力、施工设备、材料，有时也包括设计），其主要合同关系如图 6-3 所示。

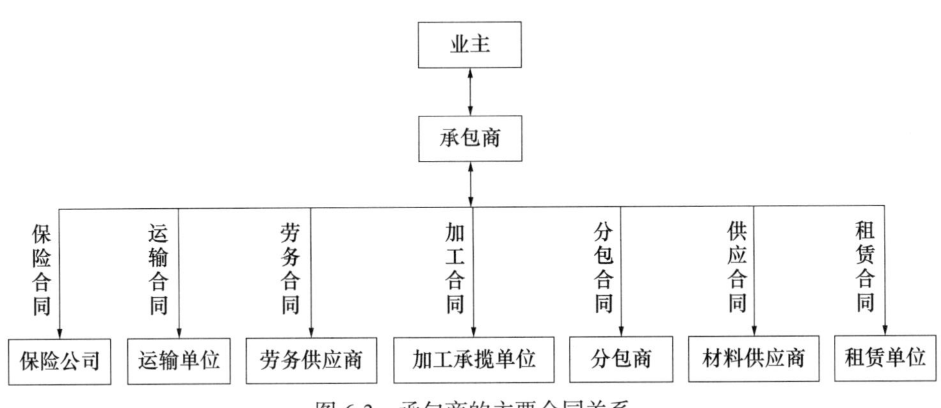

图 6-3　承包商的主要合同关系

6.1.2　合同订立

6.1.2.1　订立工程合同应具备的条件

（1）初步设计已经批准。

（2）工程项目已经列入年度建设计划。

（3）有能够满足施工需要的设计文件和有关技术资料。

（4）建设资金和主要建筑材料设备来源已经落实。

（5）招标投标工程，中标通知书已经下达。

除此之外，承发包双方签订施工合同，必须具备相应资质条件和履行施工合同的能力。承办人员签订合同，应取得法定代表人的授权委托书。

6.1.2.2　订立工程合同应遵守的原则

1. 遵守国家的法律、法规和国家计划的原则

订立施工合同，必须遵守国家的法律、法规，以及国家的建设计划和其他计划（如贷款计划等）。特别需要说明的是，签订施工合同，必须按照《施工合同示范文本》的“合同条件”，明确约定合同条款。根据《民法典》第七百九十二条规定，国家重大建设工程合同，应当按照国家规定的程序和国家批准的投资计划、可行性研究报告等文件订立。一般在实践中，国家重大建设工程事先应当进行可行性研究，对工程的投资规模、建设效益进行论证分析，并编制可行性研究报告，然后申请立项。立项经批准后，再根据立项制订投资计划并报国家有关主管部门批准。投资计划经批准后，有关建设单位根据工程的可行性研究报告和国家批准的投资计划，遵照国家规定的程序进行发包，与承包人订立建设工程合同。

2. 平等互利、协商一致的原则

签订建设工程合同的当事人双方，都具有平等的法律地位，任何一方都不得强迫对方接受不平等的合同条件。合同的内容应当是互利的，不能单纯损害一方的利益。协商一致则要求建设工程合同必须是双方协商一致达成的协议，并且应当是当事人双方真实意思的表示。

3. 订立建设工程合同的程序合法原则

建设工程合同作为经济合同的一种，其订立也应经过要约和承诺两个阶段。如果没有特殊的情况，工程建设的施工都应通过招标、投标确定施工企业。中标通知书发出后，中标的施工企业应当与建设单位及时签订合同。根据《房屋建筑和市政基础设施工程施工招标投标管理办法》的规定，中标通知书发出30天内，中标单位应与建设单位依据招标文件、投标书等签订工程承发包合同。签订合同的必须是中标的施工企业，投标书中已确定的合同条款在签订时不得更改，合同价应与中标价相一致。如果中标的施工企业拒绝与建设单位签订合同，则建设单位将不再返还其投标保证金，建设行政主管部门或其授权机构还可给予一定的行政处罚。

6.1.3 合同效力

6.1.3.1 合同生效

合同生效，是指合同具备一定的要件后，便能产生法律效力。换句话说，只要是符合法定生效要件的合同，便可以受到法律的保护，并能够产生合同当事人所预期的法律效果。合同生效与合同成立是两个不同的概念，两者既有联系又有区别。它们之间的联系在于：合同成立是合同生效的前提，而且依法成立的合同自成立时生效，这是合同生效的一般原则。但它们之间的区别也是明显的。

合同生效与合同成立在《民法典》第五百零二条中规定，依法成立的合同，自成立时生效，但是法律另有规定或者当事人另有约定的除外。也就是说，合同的生效，原则上与合同的成立是一致的，合同成立就产生效力。此外，《民法典》第五百零二条规定，依照法律、行政法规的规定，合同应当办理批准等手续的，依照其规定。这属于合同生效的特别要件。《民法典》第五百零二条还规定，依照法律、行政法规的规定，合同的变更、转让、解除等情形应当办理批准等手续的，适用前款规定。

合同的一般生效要件，是指合同发生法律效力普遍应具备的条件。合同是双方或多方的民事行为，有效合同是合法的民事行为即民事法律行为，因此民事法律行为应具备的条件，也就是合同生效的一般条件。根据《民法典》第一百四十三条、第一百五十八条、第一百六十条规定，合同生效应当具备以下条件：（1）签订合同的双方具有相应的民事行为能力；（2）签订合同的双方意思表示真实；（3）该合同不违反法律、行政法规的强制性规定，且不违背公序良俗。除此之外，附条件的合同，满足条件时生效；附生效期限的合同，自期限届至时生效。

6.1.3.2　合同效力的定义

合同效力，指依法成立受法律保护的合同，对合同当事人产生的必须履行其合同的义务，不得擅自变更或解除合同的法律拘束力，即法律效力。这个“法律效力”不是说合同本身是法律，而是说由于合同当事人的意志符合国家意志和社会利益，国家赋予当事人的意志以拘束力，要求合同当事人严格履行合同，否则即依靠国家强制力，要当事人履行合同并承担违约责任。合同的效力，有狭义概念与广义概念之分。

狭义的合同效力，是指有效成立的合同，依法产生了当事人预期的法律效果。依《民法典》第三编的建构逻辑，合同的订立是规范缔约当事人之间如何达成合意，合同的效力则是进一步规范当事人的合意应具有怎样的法律效力。合同自由是《民法典》第三编的基本原则和灵魂，只要当事人间的合意不违反国家法律的规定，当事人的意志即发生法律效力。一般而言，所讲的合同效力通常指的是狭义的效力概念。

广义的合同效力，则是泛指合同所产生的所有司法效果。在《民法典》第三编上，不仅有效成立的合同能产生一定的法律效果，无效的合同、效力待定的合同、可撤销的合同，也会产生一定的法律效果，附条件或附期限的合同在条件或期限成就前也具有一定的法律效力。广义的合同效力，还可以包括有效的合同违反时所产生的法律效果。依法成立的合同对当事人具有法律拘束力，当事人应当履行其所承担的义务，如果当事人不履行其义务，应依法承担民事责任。此一责任的产生虽然不是当事人所预期的效果，但也是基于合同所产生的，应属于广义的合同效力的范畴。

6.1.3.3　合同效力的内容和特征

1. 合同效力内容

（1）从权利上来说，当事人的权利依法受到保护。

（2）从义务上来说，当事人应按合同约定履行合同义务，否则要承担违约责任。

（3）在一定条件下对第三人的拘束力。

2. 合同效力特征

（1）只有依法成立的合同才具有效力，才受法律保护。

（2）合同效力表现为对特定主体的约束力和强制力。但在一定的条件下涉及第三人。

（3）合同的效力是法律赋予的，是法律效力的体现。

6.1.3.4　合同效力的类型

合同效力可分为四大类，即有效合同、无效合同、效力待定合同、可变更和可撤销合同。

1. 有效合同

所谓有效合同，是指依照法律规定成立并在当事人之间产生法律约束力的合同。从目前现有的法律规定来看，都没有对合同有效规定统一的条件。但是从现有法律的一些规定还是可以归纳出作为一个有效合同所应具有的共同特征。根据《民法典》第一百四十三条对“民事法律行为有效的条件”规定来看，主要应具有以下条件：（1）行为人具有相应的民事行为能力；（2）意思表示真实；（3）不违反法律、行政法规的强制性规定，不违背公序良俗。因为上述三个条件是民事行为能够合法的一般准则，当然也应适用于当事人签订合同这种民事行为。所以，合同有效的条件也应当具备上述三个条件。同时结合《民法典》第四百九十六条等规定来看，有些合同的生效或有效还要求合同必须具备某一特定的形式。因此，以上四个条件也就是合同有效的要件。从《民法典》第五百零二条来看，就是要“合法”。当然以上四个条件也都是《民法典》的相关具体规定，只有符合这些条件，合同才能“合法”，也才会有“有效”的可能。

合同如果成立后生效，则会在合同当事人之间产生法律约束力。我国《民法典》第四百六十五条规定，依法成立的合同，受法律保护。依法成立的合同，仅对当事人具有法律约束力，但是法律另有规定的除外。当事人应当按照约定履行自己的义务，不得擅自变更或者解除合同。如果一方当事人不履行合同义务，另一方当事人可依照本条规定及合同的具体内容要求对方履行或承担违约责任。由于目前我国还没有建立第三人侵害债权制度，所以如果第三人侵害合同债权时，另一方当事人只能依据《民法典》第五百九十三条的规定要求违约方承担违约责任，当事人一方因第三人的原因造成违约的，应当依法向对方承担违约责任。当事人一方和第三人之间的纠纷，依照法律规定或者按照约定处理。也就是说根据合同的相对性原则和现有的法律规定，有效合同的法律约束力仅限于合同当事人之间，对当事人之外的第三人并无法律约束力，没有为守约方或受害方提供更加全面、有力的保护，有待进一步的修改和完善。

2. 无效合同

所谓无效合同，是指合同虽然已经成立（并不一定“依法”），但由于其不符合法律或行政法规规定的特定条件或要求并违反了法律、行政法规的强制性规定而被确认为无效的合同。其特征为：（1）合同已经成立，没有成立的合同当然无法进行讨论是否生效的问题；（2）合同无效的效力表现在合同自始无效，也就是具有溯及既往的效力；（3）合同无效的原因在于其违法性，而且是违反了法律、行政法规的强制性规定，主要是指义务性规定和禁止性规定。其中包括合同的主体、客体及内容等方面。但根据《民法典》第一百四十七条规定，基于重大误解实施的民事法律行为，行为人有权请求人民法院或者仲裁机构予以撤销。无效的请求应为当事人的一项权利，国家不应主动干预。

二维码 6-2

无效合同的认定和后果见二维码 6-2。

3. 效力待定合同

所谓效力待定合同，是指合同虽然已经成立，但因其不完全符合法律有关生效要件的规定，因此其发生效力与否尚未确定，一般须经所有权人表示承认或追认才能生效。主要包括三种情况：一是无行为能力人订立的和限制行为能力人依法不能独立订立的合同，必须经其法定代理人的承认才能生效；二是无权代理人以本人名义订立的合同，必须经过本人追认，才能对本人产生法律拘束力；三是无处分权人处分他人财产权利而订立的合同，未经权利人追认，合同无效。

《民法典》规定了以下具体体现：

第一百四十五条规定，限制民事行为能力人实施的纯获利益的民事法律行为或者与其年龄、智力、精神健康状况相适应的民事法律行为有效；实施的其他民事法律行为经法定代理人同意或者追认后有效。相对人可以催告法定代理人自收到通知之日起三十日内予以追认。法定代理人未作表示的，视为拒绝追认。民事法律行为被追认前，善意相对人有撤销的权利。撤销应当以通知的方式作出。

第一百六十八条规定，代理人不得以被代理人的名义与自己实施民事法律行为，但是被代理人同意或者追认的除外。代理人不得以被代理人的名义与自己同时代理的其他人实施民事法律行为，但是被代理的双方同意或者追认的除外。

第一百六十九条规定，代理人需要转委托第三人代理的，应当取得被代理人的同意或者追认。转委托代理经被代理人同意或者追认的，被代理人可以就代理事务直接指示转委托的第三人，代理人仅就第三人的选任以及对第三人的指示承担责任。转委托代理未经被代理人同意或者追认的，代理人应当对转委托的第三人的行为承担责任；但是，在紧急情况下代理人为了维护被代理人的利益需要转委托第三人代理的除外。

第一百七十一条规定，行为人没有代理权、超越代理权或者代理权终止后，仍然实施代理行为，未经被代理人追认的，对被代理人不发生效力。相对人可以催告被代理人自收到通知之日起三十日内予以追认。被代理人未作表示的，视为拒绝追认。行为人实施的行为被追认前，善意相对人有撤销的权利。撤销应当以通知的方式作出。行为人实施的行为未被追认的，善意相对人有权请求行为人履行债务或者就其受到的损害请求行为人赔偿。但是，赔偿的范围不得超过被代理人追认时相对人所能获得的利益。相对人知道或者应当知道行为人无权代理的，相对人和行为人按照各自的过错承担责任。

4. 可变更、可撤销合同

可撤销合同，是指当事人在订立合同的过程中，由于意思表示不真实，或者出于重大误解从而作出错误的意思表示，依照法律规定可予以撤销的合同。一般认为，可撤销合同的主要原因是：

（1）因重大误解订立的。根据《民法典》第一百四十七条规定，基于重大误解实施的民事法律行为，行为人有权请求人民法院或者仲裁机构予以撤销。

（2）在订立合同时显失公平的。《民法典》第一百四十八条规定，一方以欺诈手段，使对方在违背真实意思的情况下实施的民事法律行为，受欺诈方有权请求人民法院或者仲裁机构予以撤销。第一百四十九条规定，第三人实施欺诈行为，使一方在违背真实意思的情况下实施的民事法律行为，对方知道或者应当知道该欺诈行为的，受欺诈方有权请求人民法院或者仲裁机构予以撤销。第一百五十条规定，一方或者第三人以胁迫手段，使对方在违背真实意思的情况下实施的民事法律行为，受胁迫方有权请求人民法院或者仲裁机构予以撤销。第一百五十一条规定，一方利用对方处于危困状态、缺乏判断能力等情形，致使民事法律行为成立时显失公平的，受损害方有权请求人民法院或者仲裁机构予以撤销。

（3）没有被追认的限制民事行为能力人订立的合同。《民法典》第一百四十五条规定，限制民事行为能力人实施的纯获利益的民事法律行为或者与其年龄、智力、精神健康状况相适应的民事法律行为有效；实施的其他民事法律行为经法定代理人同意或者追认后有效。相对人可以催告法定代理人自收到通知之日起三十日内予以追认。法定代理人未作表示的，视为拒绝追认。民事法律行为被追认前，善意相对人有撤销的权利。撤销应当以通知的方式作出。

（4）情势变更。《民法典》第五百三十三条规定，合同成立后，合同的基础条件发生了当事人在订立合同时无法预见的、不属于商业风险的重大变化，继续履行合同对于当事人一方明显不公平的，受不利影响的当事人可以与对方重新协商；在合理期限内协商不成的，当事人可以请求人民法院或者仲裁机构变更或者解除合同。

合同是否撤销必须由享有撤销权的一方当事人提出主张时，人民法院或仲裁机构才能予以撤销，人民法院或仲裁机构一般是不能依职权主动予以撤销的。这一点似乎更有强调的必要。撤销权是享有撤销权的当事人一方的一项权利，该当事人既可以依法主张，也可以依法予以放弃，这也充分地体现了当事人的意愿。

合同在撤销前应为有效。与合同解除不同，《民法典》第五百六十五条规定，当事人一方依法主张解除合同的，应当通知对方。合同自通知到达对方时解除；通知载明债务人在一定期限内不履行债务则合同自动解除，债务人在该期限内未履行债务的，合同自通知载明的期限届满时解除。对方对解除合同有异议的，任何一方当事人均可以请求人民法院或者仲裁机构确认解除行为的效力。当事人一方未通知对方，直接以提起诉讼或者申请仲裁的方式依法主张解除合同，人民法院或者仲裁机构确认该主张的，合同自起诉状副本或者仲裁申请书副本送达对方时解除。也就是说合同解除的意思表示只要到达了对方即告解除，所以很多学者认为合同的解除权应属形成权。但合同的撤销却在人民法院或仲裁机构依法作出认定后才能发生法律效力，所以，合同撤销权不是一种形成权，而是认为其应属于一种请求权，只有享有撤销请求权的当事人主张或行使这一权利时，人民法院或仲裁机构才可对此请求作出判断、认定和处理。

6.1.4 合同责任

6.1.4.1 因施工人原因承担的责任

1. 施工人对建设工程质量承担的民事责任

根据《民法典》第八百零一条规定，因施工人的原因致使建设工程质量不符合约定的，发包人有权请求施工人在合理期限内无偿修理或者返工、改建。经过修理或者返工、改建后，造成逾期交付的，施工人应当承担违约责任。

凡是因施工原因造成的工程质量问题，都要由施工人承担责任。这些责任包括：由施工人对存在质量问题的工程进行修理、返工或改建，并承担赔偿损失责任等民事责任；由有关行政机关对违法施工人依法给予行政处罚的行政责任；对造成重大质量事故、构成犯罪的，由司法机关依照《刑法》的规定追究刑事责任。

2. 合理使用期限内质量保证责任

根据《民法典》第八百零二条规定，因承包人的原因致使建设工程在合理使用期限内造成人身损害和财产损失的，承包人应当承担赔偿责任。

也就是说，承包人对整个工程质量负责，当然也应当对建设工程在合理使用期间的质量安全承担责任。根据本条规定，承包人承担损害赔偿责任应当具备以下条件：

（1）因承包人的原因引起建设工程对他人人身、财产的损害。

（2）人身、财产损害发生在建设工程合理使用期限内。

（3）造成人身和财产损害。

这里的受损害方不仅指建设工程合同的对方当事人即发包人，也包括建设工程的最终用户以及因该建设工程而受到损害的其他人。如果造成发包人的人身或者财产损害的，发包人可以选择请求承包人承担违约责任或者侵权责任。

6.1.4.2　因发包人原因承担的责任

1. 发包人未按约定的时间和要求提供相关物资的违约责任

根据《民法典》第八百零三条规定，发包人未按照约定的时间和要求提供原材料、设备、场地、资金、技术资料的，承包人可以顺延工程日期，并有权请求赔偿停工、窝工等损失。

2. 因发包人原因造成工程停建、缓建所应承担的责任

根据《民法典》第八百零四条规定，因发包人的原因致使工程中途停建、缓建的，发包人应当采取措施弥补或者减少损失，赔偿承包人因此造成的停工、窝工、倒运、机械设备调迁、材料和构件积压等损失和实际费用。

3. 因发包人原因造成勘察、设计的返工、停工或者修改设计所应承担的责任

根据《民法典》第八百零五条规定，因发包人变更计划，提供的资料不准确，或者未按照期限提供必需的勘察、设计工作条件而造成勘察、设计的返工、停工或者修改设计，发包人应当按照勘察人、设计人实际消耗的工作量增付费用。

4. 发包人未支付工程价款的责任

根据《民法典》第八百零七条规定，发包人未按照约定支付价款的，承包人可以催告发包人在合理期限内支付价款。发包人逾期不支付的，除根据建设工程的性质不宜折价、拍卖外，承包人可以与发包人协议将该工程折价，也可以请求人民法院将该工程依法拍卖。建设工程的价款就该工程折价或者拍卖的价款优先受偿。

6.2　建设工程施工合同管理

6.2.1　施工合同概述

6.2.1.1　施工合同的概念

建设工程施工合同是发包人与承包人就完成具体工程项目的建设施工、设备安装、设备调试、工程保修等工作内容，明确合同双方当事人权利和义务的协议。建设工程施工合同是建设工程合同中的主要合同类型，是工程建设投资控制、质量控制、进度控制的主要依据。

6.2.1.2　施工合同的特点

根据法律法规的规定和实践的总结，建设工程施工合同通常具有以下特点：

1. 建设工程施工合同应当采用书面形式

建设工程施工合同涉及的标的通常较大，履行期限较长，涉及内容也较多，采用书面形式可以明确合同各方的权利义务，防止当事人之间因分歧、变化或其他履行事项发生争议，导致合同履行困难。《民法典》第七百八十九条规定，建设工程合同应当采用书面形式，体现了建设工程施工合同的要式性。

2. 建设工程施工合同主体资格的特殊要求

（1）发包人主体资格要求

现行法律法规对建设工程施工合同的发包人并没有作出直接的资格规定，因此，法人或其他组织及自然人均可以作为发包人，同时根据《招标投标法》第八条规定，招标人是依照本法规定提出招标项目、进行招标的法人或者其他组织。故招标人须是法人或其他组织。

尽管法律并未对发包人主体资格作出特定要求，但须强调的是，发包人从事房地产开发经营的，应当取得房地产开发资质等级证书。

（2）承包人主体资格要求

现行法律法规对于建设工程施工合同的承包人规定了特别资质要求，作为建设工程施工合同的承包人应具备相应的资质等级，并在其资质等级许可的范围内从事建筑活动。

《建筑法》第十三条规定，从事建筑活动的建筑施工企业、勘察单位、设计单位和工程监理单位，按照其拥有的注册资本、专业技术人员、技术装备和已完成的建筑工程业绩等资质条件，划分为不同的资质等级，经资质审查合格，取得相应等级的资质证书后，方可在其资质等级许可的范围内从事建筑活动。建设工程施工合同的承包人未取得建筑施工企业资质或超越资质等级订立建设工程施工合同无效。

（3）建设工程施工合同订立和履行受到监管

建设工程施工合同属于《民法典》规定的有名合同，其订立和履行必然应当同时符合《民法典》所确立的原则及规则，如平等自愿原则、公平原则、诚实信用原则以及若干具体的合同订立及履行规则等。此外，建设工程施工合同的订立和履行还受到较多的管理和监督，该管理和监督不仅体现为违法将导致建设工程施工合同的无效，也体现为违反相应的行政管理制度将承担行政责任。

3. 发包人选择承包人应当符合《招标投标法》等法律法规的规定

如发包项目属于《招标投标法》规定的依法必须招标的项目，则发包人应按照法律规定的招标程序组织招标，以确定中标人。同时，根据《招标投标法实施条例》第八十一条规定，依法必须进行招标的项目的招标投标活动违反招标投标法和本条例的规定，对中标结果造成实质性影响，且不能采取补救措施予以纠正的，招标、投标、中标无效，应当依法重新招标或者评标。

违反招标投标相关规定的责任并不限于民事责任，《招标投标法》第四十九条规定，将必须进行招标的项目化整为零或者以其他任何方式规避招标的，责令限期改正，可以处项目合同金额千分之五以上千分之十以下的罚款；对全部或者部分使用国有资金的项目，可以暂停项目执行或者暂停资金拨付；对单位直接负责的主管人员和其他直接责任人员依法给予处分。因此，违法招标和规避招标的，相关责任人还将承担行政处罚。此外，我国《刑法》中也有对招标投标活动的专门规定，相关当事人违反招标投标制度的，情节严重的，还将受到刑法制裁。

4. 建设工程施工合同的履行受到行政规范的约束

鉴于建设工程项目涉及土地使用权、城乡规划、公共安全等方面的法律规定，施工合同签订前，应当严格按照项目立项法规《中华人民共和国城乡规划法》《中华人民共和国土地管理法》等法律法规，完成建设工程项目的立项、用地规划、工程规划等行政审批或许可工作，项目开工建设前，还应当取得施工许可证。因工程建设的质量关系到社会公共安全，因此，建设工程合同在履行中必须严格遵守《建设工程质量管理条例》、国家及行业质量标准，施工过程中还应当接受工程质量监管部门的质量监督和管理。如工程质量不合格，该工程无法进行使用和竣工验收备案。除此之外，安全监管也是建设工程施工合同履行中行政监管的重点内容，发包人、承包人在项目建设中应当遵守《中华人民共和国安全生产法》《建设工程安全生产管理条例》等法律法规的规定，采取有力措施避免安全事故的发生，如果承发包双方未尽到法律规定的安全生产责任，将会受到行政处罚，造成严重后果的，相关责任人还可能承担刑事责任。

5. 建设工程施工合同的履行具有长期性及复杂性

建设工程施工合同的标的物与一般工业产品相比，通常结构复杂、体积大、建筑材料类型多、工作量大，建设工程施工合同的履行体现出较为明显的长期性及复杂性。在建设工程施工合同履行中，市场价格的浮动、法律政策的变化、不可抗力、政府行为等因素均会对合同履行产生影响，进而对工期、造价等施工合同重要因素产生重大影响。建设工程施工合同的当事人虽然只有发包人和承包人两方，但在实际履行过程中涉及的关联主体却较多，需考虑与其他相关合同如设计合同、供货合同、分包合同等的配合和协调。

6.2.1.3 施工合同示范文本

根据工程建设施工的相关法律法规，结合我国工程建设施工的实际情况，为规范建筑市场秩序，维护建设工程施工合同当事人的合法权益，2017 年 9 月 22 日，住房和城乡建设部、国家工商行政管理总局颁布了《建设工程施工合同（示范文本）》GF—2017—0201（以下简称《17 版施工合同》），该文本自 2017 年 10 月 1 日起执行。

1.《17 版施工合同》的组成

《17 版施工合同》由合同协议书、通用合同条款和专用合同条款三部分组成，并附有 11 个附件。

（1）合同协议书

《17 版施工合同》合同协议书共计 13 条，主要包括：工程概况、合同工期、质量标准、签约合同价和合同价格形式、项目经理、合同文件构成、承诺以及合同生效条件等重要内容，集中约定了合同当事人基本的合同权利义务。

（2）通用合同条款

通用合同条款是合同当事人根据《建筑法》《民法典》等法律法规的规定，就工程建设的实施及相关事项，对合同当事人的权利义务作出的原则性约定。

通用合同条款共计 20 条，具体条款分别为：一般约定、发包人、承包人、监理人、工程质量、安全文明施工与环境保护、工期和进度、材料与设备、试验与检验、变更、价格调整、合同价格、计量与支付、验收和工程试车、竣工结算、缺陷责任与保修、违约、不可抗力、保险、索赔和争议解决。前述条款安排既考虑了现行法律法规对工程建设的有关要求，也考虑了建设工程施工管理的特殊需要。

（3）专用合同条款

专用合同条款是对通用合同条款原则性约定的细化、完善、补充、修改或另行约定的条款。合同当事人可以根据不同建设工程的特点及具体情况，通过双方的谈判、协商对相应的专用合同条款进行修改补充。

（4）附件

《17 版施工合同》包括：协议书附件《承包人承揽工程项目一览表》和专用合同条款附件《发包人供应材料设备一览表》《工程质量保修书》《主要建设工程文件目录》等 11 个附件。是对施工合同当事人权利义务的进一步明确，并且使得施工合同当事人对有关工作一目了然，便于执行和管理。

2.《17 版施工合同》的性质和适用范围

《17 版施工合同》为非强制性使用文本。《17 版施工合同》适用于房屋建筑工程、土木工程、线路管道和设备安装工程、装饰装修工程等建设工程的施工承发包活动，合同当事人可结合建设工程具体情况，根据《17 版施工合同》订立合同，并按照法律法规规定和合同约定承担相应的法律责任及合同权利义务。

3. 词语定义与解释

除专用条款另有约定外，《17 版施工合同》所赋予的定义具体见二维码 6-3。

二维码 6-3

6.2.1.4 八项合同管理新制度

《17 版施工合同》借鉴国际 FIDIC 合同创设的八项合同管理新制度，包括：

（1）通用条款第 2.5、第 3.7 款确定承发包双方的双方互为担保制度。

（2）通用条款第 11.1 款确定价格市场波动的合理调价制度。

（3）通用条款第 14.4 款确定逾期付款的违约双倍赔偿制度。

（4）通用条款第 13.2、第 15.2 款规定两项工程移交证书制度。

（5）通用条款第 15.2 款规定保修金返还的缺陷责任定期制度。

（6）通用条款第 18 条确定风险防范的工程系列保险制度。

（7）通用条款第 19.1、第 19.3 款规定的索赔过期作废制度。

（8）通用条款第 20.3 款规定前置程序的争议过程评审制度。

施工合同示范文本见二维码 6-4。

二维码 6-4

6. 2. 2　施工合同的订立和履行

6. 2. 2. 1　施工合同的订立

施工合同的通用合同条款和专用合同条款尽管在招标投标阶段已作为招标文件的组成部分，但在合同订立过程中有些问题还需要明确或细化，以保证合同的权利和义务界定清晰。

1. 合同文件

（1）合同文件的组成

“合同”是指构成对发包人和承包人履行约定义务过程中，有约束力的全部文件体系的总称。标准施工合同的通用条款中规定，合同的组成文件包括：

① 合同协议书；

② 中标通知书；

③ 投标函及投标函附录；

④ 专用合同条款；

⑤ 通用合同条款；

⑥ 技术标准和要求；

⑦ 图纸；

⑧ 已标价的工程量清单；

⑨ 其他合同文件一经合同当事人双方确认构成合同的其他文件。

（2）合同文件的优先解释顺序

组成合同的各文件中出现含义或内容的矛盾时，如果专用合同条款没有另行约定，以上合同文件序号为优先解释的顺序。

标准施工合同条款中未明确由谁来解释文件之间的歧义，但可以结合监理工程师职责中的规定，总监理工程师应与发包人和承包人进行协商，尽量达成一致。不能达成致时，总监理工程师应认真研究后审慎确定。

（3）几个文件的含义

① 中标通知书。

中标通知书是招标人接受中标人的书面承诺文件，具体写明承包的施工标段、中标价、工期、工程质量标准和中标人的项目经理名称。中标价应是在评标过程中对报价的计算或书写错误进行修正后，作为该投标人评标的基准价格。项目经理的名称是中标人的投标文件中说明并已在评标时作为量化评审要素的人选，要求履行合同时必须到位。

② 投标函及投标函附录。

标准施工合同文件组成中的投标函，不同于《建设工程施工合同（示范文本）》GF—2017—0201 规定的投标书及其附件，仅是投标人置于投标文件首页的保证中标后与发包人签订合同、按照要求提供履约担保、按期完成施工任务的承诺文件。

投标函附录是投标函内承诺部分主要内容的细化，包括项目经理的人选、工期、缺陷责任期、分包的工程部位、公式法调价的基数和系数等的具体说明。因此承包人的承诺文件作为合同组成部分，并非指整个投标文件。也就是说投标文件中的部分内容在订立合同后允许进行修改或调整，如施工前应编制更为详尽的施工组织设计、进度计划等。

③ 其他合同文件。

其他合同文件包括的范围较宽，主要针对具体施工项目的行业特点、工程的实际情况、合同管理需要而明确的文件。签订合同协议书时，需要在专用合同条款中对其他合同文件的具体组成予以明确。

2. 订立合同时需要明确的内容

针对具体施工项目或标段的合同需要明确约定的内容较多，有些招标时已在招标文件的专用合同条款中作出了规定，另有一些还需要在签订合同时具体细化相应内容。

（1）施工现场范围和施工临时占地

发包人应明确说明施工现场永久工程的占地范围并提供征地图纸，以及属于发包人施工前期配合义务的有关事项，如从现场外部接至现场的施工用水、用电、用气的位置等，以便承包人进行合理的施工组织。

项目施工如果需要临时用地（招标文件中已说明或承包人投标书内提出要求），也需明确占地范围和临时用地移交承包人的时间。

（2）发包人提供图纸的期限和数量

标准施工合同适用于发包人提供设计图纸，承包人负责施工的建设项目。由于初步设计完成后即可进行招标，因此订立合同时必须明确约定发包人陆续提供施工图纸的期限和数量。

如果承包人有专利技术且有相应的设计资质，可能约定由承包人完成部分施工图设计。此时也应明确承包人的设计范围，提交设计文件的期限、数量，以及监理人签发图纸修改的期限等。

（3）发包人提供的材料和工程设备

对于包工部分包料的施工承包方式，往往设备和主要建筑材料由发包人负责提供，需明确约定发包人提供的材料和设备分批交货的种类、规格、数量、交货期限和地点等，以便明确合同责任。

（4）异常恶劣的气候条件范围

施工过程中遇到不利于施工的气候条件直接影响施工效率，甚至被迫停工。气候条件对施工的影响是合同管理中一个比较复杂的问题，“异常恶劣的气候条件”属于发包人的责任，“不利气候条件”对施工的影响则属于承包人应承担的风险，因此应当根据项目所在地的气候特点，在专用条款中明确界定不利于施工的气候和异常恶劣的气候条件之间的界限。如多少毫米以上的降水，多少级以上的大风，多少温度以上的超高温或超低温天气等，以明确合同双方对气候变化影响施工的风险责任。

（5）物价浮动的合同价格调整

① 基准日期。

通用合同条款规定的基准日期指投标截止时间前第 28 天，规定基准日期的作用是划分该日后由于政策法规的变化或市场物价浮动对合同价格影响的责任。承包人投标阶段在基准日后不再进行此方面的调研，进入编制投标文件阶段，因此通用合同条款在两个方面作出规定：承包人以基准日期前的市场价格编制工程报价，长期合同中调价公式中的可调因素价格指数来源于基准日的价格；基准日期后，因法律法规、标准等的变化，导致承包人在合同履行中所需要的工程成本发生约定以外的增减时，相应调整合同价款。

② 调价条款。

合同履行期间市场价格浮动对施工成本造成的影响是否允许调整合同价格，要视合同工期的长短来决定。

简明施工合同的规定：适用于工期在 12 个月以内的简明施工合同的通用合同条款没有调价条款，承包人在投标报价中合理考虑市场价格变化对施工成本的影响，合同履行期间不考虑市场价格变化调整合同价款。

标准施工合同的规定：工期 12 个月以上的施工合同，由于承包人在投标阶段不可能合理预测一年以后的市场价格变化，因此应设有调价条款，由发包人和承包人共同分担市场价格变化的风险。标准施工合同通用合同条款规定用公式法调价，但调整价格的方法仅适用于工程量清单中按单价支付部分的工程款，总价支付部分不考虑物价浮动对合同价格的调整。

③ 公式法调价。

调价公式。施工过程中每次支付工程进度款时，用公式（6-1）综合计算本期内因市场价格浮动应增加或减少的价格调整值。

$$\Delta P = P_0\left[A + \left(B_1\times\frac{F_{t1}}{F_{01}} + B_2\times\frac{F_{t2}}{F_{02}} + B_3\times\frac{F_{t3}}{F_{03}} + \cdots + B_n\times\frac{F_{tn}}{F_{0n}}\right) - 1\right] \tag{6-1}$$

式中，ΔP——需要调整的价格差额；

P_0——付款证书中承包人应得到的已完成工程量的金额，不包括价格调整、质量保证金的扣留、预付款的支付和扣回；变更及其他金额已按现行价格计价的，也不计在内；

A——定值权重（即不调部分的权重）；

B_1，B_2，B_3，…，B_n——各可调因子的变值权重（即可调部分的权重）为各可调因子在投标函投标总报价中所占的比例；

F_{t1}，F_{t2}，F_{t3}，…，F_{tn}——各可调因子的现行价格指数，指约定的付款证书相关周期最后一天的前 42 天的各可调因子的价格指数；

F_{01}，F_{02}，F_{03}，…，F_{0n}——各可调因子的基本价格指数，指基准日期的各可调因子的价格指数。

调价公式的基数。价格调整公式中的各可调因子、定值和变值权重，以及基本价格指数及其来源在投标函附录价格指数和权重表中约定，以基准日的价格为准，因此应在合同调价条款中予以明确。

价格指数应首先采用工程项目所在地有关行政管理部门提供的价格指数，缺乏上述价格指数时，也可采用有关部门提供的价格代替。用公式法计算价格的调整，既可以用支付工程进度款时的市场平均价格指数或价格计算调整值，而不必考虑承包人具体购买材料的价格高低，又可以避免采用票据法调整价格时，每次中期支付工程进度款前去核承包人购买材料的发票或单证后，再计算调整价格的烦琐程序。通用合同条款给出的基准价格指数约定如表 6-2 所示。

价格指数（或价格）与权重　　表 6-2

<table>
<tr><th colspan="2" rowspan="2">名称代号</th><th colspan="2">基本价格指数（或基本价格）</th><th colspan="3">权重</th><th rowspan="2">价格指数来源（或价格来源）</th></tr>
<tr><th>代号</th><th>指数值</th><th>代号</th><th>允许范围</th><th>投标单位建议值</th></tr>
<tr><td colspan="2">定值部分</td><td></td><td></td><td>A</td><td>_至_</td><td></td><td></td></tr>
<tr><td rowspan="5">变值部分</td><td>人工费</td><td>F_{01}</td><td></td><td>B_1</td><td>_至_</td><td></td><td></td></tr>
<tr><td>水泥</td><td>F_{02}</td><td></td><td>B_2</td><td>_至_</td><td></td><td></td></tr>
<tr><td>钢筋</td><td>F_{03}</td><td></td><td>B_3</td><td>_至_</td><td></td><td></td></tr>
<tr><td>……</td><td></td><td></td><td>……</td><td></td><td></td><td></td></tr>
<tr><td></td><td></td><td></td><td></td><td></td><td></td><td></td></tr>
<tr><td>合计</td><td></td><td></td><td></td><td></td><td></td><td>1.0</td><td></td></tr>
</table>

3. 明确保险责任

（1）工程保险和第三者责任保险

① 办理保险的责任。

承包人办理保险。标准施工合同和简明施工合同的通用合同条款中考虑到承包人是工程施工的最直接责任人。因此均规定由承包人负责投保“建筑工程一切险”“安装工程一切险”和“第三者责任保险”，并承担办理保险的费用。具体的投保内容、保险金额、保险费率、保险期限等有关内容在专用合同条款中约定。

承包人应在专用合同条款约定的期限内向发包人提交各项保险生效的证据和保险单副本，保险单必须与专用合同条款约定的条件一致。承包人需要变动保险合同条款时，应事先征得发包人同意，并通知监理人。保险人做出保险责任变动的，承包人应在收到保险人通知后立即通知发包人和监理人。承包人应与保险人保持联系，使保险人能够随时了解工程实施中的变动，并确保按保险合同条款要求持续保险。

发包人办理保险。如果一个建设工程项目的施工采用平行发包的方式分别交由多个承包人施工，由几家承包人分别投保的话，有可能产生重复投保或漏保，此时由发包人投保为宜。双方可在专用合同条款中约定，由发包人办理工程保险和第三者责任保险。

无论是由承包人还是发包人办理工程险和第三者责任保险，均必须以发包人和承包人的共同名义投保，以保障双方均有出现保险范围内的损失时，可从保险公司获得赔偿。

② 保险金不足的补偿。

如果投保“建设工程一切险”“安装工程一切险”的保险金额少于工程实际价值，工程受到保险事件的损害时，不能从保险公司获得实际损失的全额赔偿，则损失赔偿的不足部分按合同相应条款的约定，由该事件的风险责任方负责补偿。某些大型工程项目经常因工程投资额巨大，为了减少保险费的支出，采用不足额投保方式，即以建安工程费的60%～70%作为投保的保险金额，因此受到保险范围内的损害后，保险公司按实际损失的相应百分比予以赔偿。

标准施工合同要求在专用合同条款具体约定保险金不足以赔偿损失时，承包人和发包人应承担的责任。如永久工程损失的差额由发包人补偿，临时工程、施工设备等损失由承包人负责。

③ 未按约定投保的补偿。

如果负有投保义务的一方当事人未按合同约定办理保险，或未能使保险持续有效，另一方当事人可代为办理，所需费用由对方当事人承担。

当负有投保义务的一方当事人未按合同约定办理某项保险，导致受益人未能得到保险人的赔偿，原应从该项保险得到的保险赔偿应由负有投保义务的一方当事人支付。

（2）人员工伤事故保险和人身意外伤害保险

发包人和承包人应按照相关法律规定为履行合同的本方人员缴纳工伤保险费，并分别为自己现场项目管理机构的所有人员投保人身意外伤害保险。

（3）其他保险

① 承包人的施工设备保险。承包人应以自己的名义投保施工设备保险，作为工程一切险的附加保险，因为此项保险内容发包人没有投保。

② 进场材料和工程设备保险。由当事人双方具体约定，在专用条款内写明。通常情况下，应是谁采购的材料和工程设备，由谁办理相应的保险。

6.2.2.2　施工合同的履行

1. 发包人的义务

为了保障承包人按约定的时间顺利开工，发包人应按合同约定的责任完成满足开工的准备工作。

（1）提供施工场地

① 施工现场。发包人应及时完成施工场地的征用、移民、拆迁工作，按专用合同条款约定的时间和范围向承包人提供施工场地。施工场地包括永久工程用地和施工临时占地，施工场地的移交可以一次完成，也可以分次移交，以不影响单位工程的开工为原则。

② 地下管线和地下设施的相关资料。发包人应按专用合同条款约定及时向承包人提供施工场地范围内地下管线和地下设施等有关资料。地下管线包括供水、排水、供电、供气、供热、通信、广播电视等的埋设位置，以及地下水文、地质等资料。发包人应保证资料的真实、准确、完整，但不对承包人据此判断、推论错误导致编制施工方案的后果承担责任。

③ 现场外的道路通行权。发包人应根据合同工程的施工需要，负责办理取得出入施工场地的专用和临时道路的通行权，以及取得为工程建设所需修建场外设施的权利，并承担有关费用。

（2）组织设计交底

发包人应根据合同进度计划，组织设计单位向承包人和监理人对提供的施工图纸和设计文件进行交底，以便承包人制订施工方案和编制施工组织设计。

（3）约定开工时间

考虑到不同行业和项目的差异，标准施工合同的通用合同条款中没有将开工时间作为合同条款，具体工程项目可根据实际情况在合同协议书或专用合同条款中约定。

2. 承包人的义务

（1）现场踏勘

承包人在投标阶段仅依据招标文件中提供的资料和较概略的图纸编制了供评标的施工组织设计或施工方案。签订合同协议书后，承包人应对施工场地和周围环境进行查勘，核对发包人提供的有关资料，并进一步收集相关的地质、水文、气象条件、交通条件、风俗以及其他为完成合同工作有关的当地资料，以便编制施工组织设计和专项施工方案。在全部合同施工过程中，应视为承包人已充分估计了应承担的责任和风险，不得再以不了解现场情况为由而推脱合同责任。

对现场查勘中发现的实际情况与发包人提供资料有重大差异之处，应及时通知监理人，由其做出相应的指示或说明，以便明确合同责任。

（2）编制施工实施计划

① 施工组织设计。承包人应按合同约定的工作内容和施工进度要求，编制施工组织设计和施工进度计划，并对所有施工作业和施工方法的完备性、安全性、可靠性负责。按照《建设工程安全生产管理条例》规定，在施工组织设计中应针对深基坑工程、地下暗挖工程、高大模板工程、高空作业工程、深水作业工程、大爆破工程的施工编制专项施工方案。对于前 3 项危险性较大的分部分项工程的专项施工，还需经 5 人以上专家论证方案的安全性和可靠性。施工组织设计完成后，按专用合同条款的约定，将施工进度计划和施工方案说明报送监理人审批。

② 质量管理体系。承包人应在施工场地设置专门的质量检查机构，配备专职质量检查人员，建立完善的质量检查制度。在合同约定的期限内，提交工程质量保证措施文件，包括质量检查机构的组织和岗位责任、质检人员的组成、质量检查程序和实施细则等，报送监理人审批。

③ 环境保护措施计划。承包人在施工过程中，应遵守有关环境保护的法律法规，履行合同约定的环境保护义务，按合同约定的环境保护工作内容，编制施工环境保护措施计划，报送监理人审批。

（3）施工现场内的交通道路和临时工程

承包人应负责修建、维修、养护和管理施工所需的临时道路，以及开始施工所需的临时工程和必要的设施，满足开工的要求。

（4）施工控制网

承包人依据监理人提供的测量基准点、基准线和水准点及其书面资料，根据国家测绘基准、测绘系统和工程测量技术标准以及合同中对工程精度的要求，测设施工控制网，并将施工控制网点的资料报送监理人审批。

承包人在施工过程中负责管理施工控制网点，对丢失或损坏的施工控制网点应及时修复，并在工程竣工后将施工控制网点移交发包人。

（5）提出开工申请

承包人的前期准备工作满足开工条件后，向监理人提交工程开工报审表。开工报审表应详细说明按合同进度计划正常施工所需的施工道路、临时设施、材料设备、施工人员等施工组织措施的落实情况以及工程的进度安排。

3. 监理人的职责

（1）审查承包人的实施方案

① 审查的内容。监理人对承包人报送的施工组织设计、质量管理体系、环境保护措施进行认真地审查，批准或要求承包人对不满足合同要求的部分进行修改。

② 审查进度计划。监理人对承包人的施工组织设计中的进度计划审查，不仅要看施工阶段的时间安排是否满足合同要求，更应评审拟采用的施工组织、技术措施能否保证计划的实现。监理人审查后，应在专用合同条款约定的期限内，批复或提出修改意见，否则该进度计划视为已得到批准。经监理人批准的施工进度计划称为合同进度计划。

监理人为了便于工程进度管理，可以要求承包人在合同进度计划的基础上编制并提交分阶段和分项的进度计划，特别是合同进度计划关键线路上的单位工程或分部工程的详细施工计划。

③ 合同进度计划。合同进度计划是控制合同工程进度的依据，对承包人、发包人和监理人均有约束力，不仅要求承包人按计划施工，还要求发包人的材料供应、图纸发放等不应造成施工延误，以及监理人应按照计划进行协调管理。合同进度计划的另一个重要作用是，施工进度受到非承包人责任原因的干扰后，判定是否应给承包人顺延合同工期的主要依据。

（2）开工通知

① 发出开工通知的条件。当发包人的开工前期工作已完成且临近约定的开工日期时，应委托监理人按专用合同条款约定的时间向承包人发出开工通知。如果约定的开工已届至但发包人应完成的开工配合义务尚未完成（如现场移交延误），由于监理人不能按时发出开工通知，则要顺延合同工期并赔偿承包人的相应损失。

如果发包人开工前的配合工作已完成且约定的开工日期已届至，但承包人的开工准备还不满足开工条件，监理人仍应按时发出开工的指示，合同工期不予顺延。

② 发出开工通知的时间。监理人征得发包人同意后，应在开工日期 7 天前向承包人发出开工通知，合同工期自开工通知中载明的开工日起计算。

4. 竣工阶段合同的履行

（1）单位工程验收

① 单位工程验收的情况。合同工程全部完工前进行单位工程验收和移交，可能涉及以下三种情况：一是专用合同条款内约定了某些单位工程分部移交；二是发包人在全部工程竣工前希望使用已经竣工的单位工程，提出单位工程提前移交的要求，以便获得部分工程的运行收益；三是承包人从后续施工管理的角度出发而提出单位工程提前验收的建议，并经发包人同意。

② 单位工程验收后的管理。验收合格后，由监理人向承包人出具经发包人签认的单位工程验收证书。单位工程的验收成果和结论作为全部工程竣工验收申请报告的附件。移交后的单位工程由发包人负责照管。

除了合同约定的单位工程分部移交的情况外，如果发包人在全部工程竣工前，使用已接收的单位工程运行影响了承包人的后续施工，发包人应承担由此增加的费用和（或）工期延误，并支付承包人合理利润。

（2）施工期运行

施工期运行是指合同工程尚未全部竣工，其中某项或某几项单位工程已竣工或工程设备安装完毕，需要投入施工期的运行时，须经检验合格且确保安全后，才能在施工期投入运行。

除了专用合同条款约定由发包人负责试运行的情况外，承包人应负责提供试运行所需的人员、器材和必要的条件，并承担全部试运行费用。施工期运行中发现工程或工程设备损坏或存在缺陷时，由承包人进行修复，并按照缺陷原因由责任方承担相应的费用。

（3）合同工程的竣工验收

1）承包人提交竣工验收申请报告。当工程具备以下条件时，承包人可向监理人报送竣工验收申请报告：

① 除监理人同意列入缺陷责任期内完成的尾工（甩项）工程和缺陷修补工作外，承包人的施工已完成合同范围内的全部单位工程以及有关工作，包括合同要求的试验、试运行以及检验和验收均已完成，并符合合同要求；

② 已按合同约定的内容和份数备齐了符合要求的竣工资料；

③ 已按监理人的要求编制了在缺陷责任期内完成的尾工（甩项）工程和缺陷修补工作清单以及相应施工计划；

④ 监理人要求在竣工验收前应完成的其他工作；

⑤ 监理人要求提交的竣工验收资料清单。

2）监理人审查竣工验收报告。监理人审查申请报告的各项内容，认为工程尚不具备竣工验收条件时，应在收到施工验收申请报告后的28天内通知承包人，指出在颁发接收证书前承包人还需进行的工作内容。承包人完成监理人通知的全部工作内容后，应再次提交竣工验收申请报告，直至监理人同意为止。

监理人审查后认为已具备竣工验收条件，应在收到竣工验收申请报告后的28天内提请发包人进行工程验收。

3）竣工验收。竣工验收合格，监理人应在收到竣工验收申请报告后的56天内，向承包人出具经发包人签认的工程接收证书。以承包人提交竣工验收申请报告的日期为实际竣工日期，并在工程接收证书中写明。实际竣工日用以计算施工期限，与合同工期对照判定承包人是提前竣工还是延误竣工。

竣工验收基本合格但提出了需要整修和完善要求时，监理人应指示承包人限期修好，并缓发工程接收证书。经监理人复查整修和完善工作达到要求，再签发工程接收证书，竣工日仍为承包人提交竣工验收申请报告的日期。

竣工验收不合格，监理人应按照验收意见发出指示，要求承包人对不合格工程认真返工重做或进行补救处理，并承担由此产生的费用。承包人在完成不合格工程的返工重做或补救工作后，应重新提交竣工验收申请报告。重新验收如果合格，则工程接收证书中注明的实际竣工日，应为承包人重新提交竣工验收报告的日期。

4）延误进行竣工验收。发包人在收到承包人竣工验收申请报告 56 天后未进行验收，视为验收合格。实际竣工日期以提交竣工验收申请报告的日期为准，但发包人由于不可抗力不能进行验收的情况除外。

（4）竣工结算

①承包人提交竣工付款申请单。工程进度款的分期支付是阶段性的临时支付，因此在工程接收证书颁发后，承包人应按专用合同条款约定的份数和期限向监理人提交竣工付款申请单，并提供相关证明材料。付款申请单应说明竣工结算的合同总价、发包人已支付承包人的工程价款、应扣留的质量保证金、应支付的竣工付款金额。

② 监理人审查。竣工结算的合同价格，应为通过单价乘以实际完成工程量的单价子目款、采用固定价格的各子项目包干价、依据合同条款进行调整（变更、索赔、物价浮动调整等）构成的最终合同结算价。

监理人对竣工付款申请单如果有异议，有权要求承包人进行修正和提供补充资料。监理人和承包人协商后，由承包人向监理人提交修正后的竣工付款申请单。

③ 签发竣工付款证书。监理人在收到承包人提交的竣工付款申请单后的 14 天内完成核查，将核定的合同价格和结算尾款金额提交发包人审核并抄送承包人。发包人应在收到后 14 天内审核完毕，由监理人向承包人出具经发包人签认的竣工付款证书。

监理人未在约定时间内核查，又未提出具体意见的，视为承包人提交的竣工付款申请单已经监理人核查同意。

发包人未在约定时间内审核又未提出具体意见，监理人提出发包人到期应支付给承包人的结算尾款视为已经发包人同意。

④ 支付。发包人应在监理人出具竣工付款证书后的 14 天内，将应支付款支付给承包人。发包人不按期支付，还应加付逾期付款的违约金。如果承包人对发包人签认的竣工付款证书有异议，发包人可出具竣工付款申请单中承包人已同意部分的临时付款证书，存在争议的部分，按合同约定的争议条款处理。

（5）竣工清场

① 承包人的清场义务。工程接收证书颁发后，承包人应对施工场地进行清理，直至监理人检验合格为止。

施工场地内残留的垃圾已全部清除出场；临时工程已拆除，场地已按合同要求进行清理、平整或复原；按合同约定应撤离的承包人设备和剩余的材料，包括废弃的施工设备和材料，已按计划撤离施工场地；工程建筑物周边及其附近道路、河道的施工堆积物，已按监理人指示全部清理；监理人指示的其他场地清理工作已全部完成。

② 承包人未按规定完成的责任。承包人未按监理人的要求恢复临时占地，或者场地清理未达到合同约定，发包人有权依照建设工程施工合同管理权委托其他人恢复或清理，所发生的金额从拟支付给承包人的款项中扣除。

6.2.2.3 施工合同的变更

施工过程中出现的变更包括监理人指示的变更和承包人申请的变更两类。监理人可按通用合同条款约定的变更程序向承包人做出变更指示，承包人应遵照执行。没有监理人的变更指示，承包人不得擅自变更。

1. 变更的范围和内容

标准施工合同通用合同条款规定的变更范围包括：

① 取消合同中任何一项工作，但被取消的工作不能转由发包人或其他人实施；

② 改变合同中任何一项工作的质量或其他特性；

③ 改变合同工程的基线、标高、位置或尺寸；

④ 改变合同中任何一项工作的施工时间或改变已批准的施工工艺或顺序；

⑤ 为完成工程需要追加的额外工作。

2. 监理人指示变更

监理人根据工程施工的实际需要或发包人要求实施的变更，可以进一步划分为直接指示的变更和通过与承包人协商后确定的变更两种情况。

1）直接指示的变更

直接指示的变更属于必须实施的变更，如按照发包人的要求提高质量标准、设计错误需要进行的设计修改、协调施工中的交叉干扰等情况。此时不需征求承包人意见，监理人经过发包人同意后发出变更指示，要求承包人完成变更工作。

2）与承包人协商后确定的变更

此类情况属于可能发生的变更，与承包人协商后再确定是否实施变更，如增加承包范围外的某项新增工作或改变合同文件中的要求等。

① 监理人首先向承包人发出变更意向书，说明变更的具体内容、完成变更的时间要求等，并附必要的图纸和相关资料。

② 承包人收到监理人的变更意向书后，如果同意实施变更，则向监理人提出书面变更建议。建议书的内容包括提交拟实施变更工作的计划、措施、竣工时间等内容的实施方案以及费用和（或）工期要求。若承包人收到监理人的变更意向书后认为难以实施此项变更，也应立即通知监理人，说明原因并附详细依据。如不具备实施变更项目的施工资质、无相应的施工机具等原因或其他理由。

③ 监理人审查承包人的建议书。承包人根据变更意向书要求提交的变更实施方案可行并经发包人同意后，发出变更指示。如果承包人不同意变更，监理人与承包人和发包人协商后确定撤销、改变或不改变变更意向书。

3. 承包人申请变更

承包人提出的变更可能涉及建议变更和要求变更两类。

1）承包人建议变更

承包人对发包人提供的图纸、技术要求以及其他方面，提出了可能降低合同价格、缩短工期或者提高工程经济效益的合理化建议，均应以书面形式提交监理人。合理化建议书的内容应包括建议工作的详细说明、进度计划和效益以及与其他工作的协调等，并附必要的设计文件。

监理人与发包人协商是否采纳承包人提出的建议。建议被采纳并构成变更的，监理人向承包人发出变更指示。

承包人提出的合理化建议使发包人获得了降低工程造价、缩短工期、提高工程运行效益等实际利益，应按专用合同条款中的约定给予奖励。

2）承包人要求变更

承包人收到监理人按合同约定发出的图纸和文件，经检查认为其中存在属于变更范围的情形，如提高工程质量标准、增加工作内容、工程的位置或尺寸发生变化等，可向监理人提出书面变更建议。变更建议应阐明要求变更的依据，并附必要的图纸和说明。

监理人收到承包人的书面建议后，应与发包人共同研究，确认存在变更的，应在收到承包人书面建议后的 14 天内做出变更指示。经研究后不同意变更的，由监理人书面答复承包人。

4. 变更估价

1）变更估价的程序

承包人应在收到变更指示或变更意向书后的 14 天内，向监理人提交变更报价书，详细开列变更工作的价格组成及其依据，并附必要的施工方法说明和有关图纸。变更工作如果影响工期，承包人应提出调整工期的具体细节。

监理人收到承包人变更报价书后的 14 天内，根据合同约定的估价原则，商定或确定变更价格。

2）变更估价的原则

① 已标价工程量清单中有适用于变更工作的子目，采用该子目的单价计算变更费用；

② 已标价工程量清单中无适用于变更工作的子目，但有类似子目，可在合理范围内参照类似子目的单价，由监理人商定或确定变更工作的单价；

③ 已标价工程量清单中无适用或类似子目的单价，可按照成本加利润的原则，由监理人商定或确定变更工作的单价。

5. 不利物质条件的影响

不利物质条件属于发包人应承担的风险，是指承包人在施工场地遇到的不可预见的自然物质条件、非自然的物质障碍和污染物，包括地下和水文条件，但不包括气候条件。

承包人遇到不利物质条件时，应采取适应不利物质条件的合理措施继续施工，并通知监理人。监理人应当及时发出指示，构成变更的，按变更对待。监理人没有发出指示，承包人因采取合理措施而增加的费用和工期延误，由发包人承担。

6. 不可抗力

1）不可抗力事件

不可抗力是指承包人和发包人在订立合同时不可预见，在工程施工过程中不可避免发生并不能克服的自然灾害和社会性突发事件，如地震、海啸、瘟疫、水灾、骚乱、暴动、战争和专用合同条款约定的其他情形。

2）不可抗力发生后的管理

① 通知并采取措施。合同一方当事人遇到不可抗力事件，使其履行合同义务受到阻碍时，应立即通知合同另一方当事人和监理人，书面说明不可抗力和受阻碍的详细情况，并提供必要的证明。不可抗力发生后，发包人和承包人均应采取措施尽量避免和减少损失的扩大，任何一方没有采取有效措施导致损失扩大的，应对扩大的损失承担责任。

如果不可抗力的影响持续时间较长，合同一方当事人应及时向合同另一方当事人和监理人提交中间报告，说明不可抗力和履行合同受阻的情况，并于不可抗力事件结束后28天内提交最终报告及有关资料。

② 不可抗力造成的损失。通用合同条款规定，不可抗力造成的损失由发包人和承包人分别承担。

永久工程，包括已运至施工场地的材料和工程设备的损害，以及因工程损害造成的第三者人员伤亡和财产损失由发包人承担；承包人设备的损坏由承包人承担；发包人和承包人各自承担其人员伤亡和其他财产损失及其相关费用；停工损失由承包人承担，但停工期间应监理人要求照管工程和清理、修复工程的金额由发包人承担；不能按期竣工的，应合理延长工期，承包人不需支付逾期竣工违约金。发包人要求赶工的，承包人应采取赶工措施，赶工费用由发包人承担。

③ 因不可抗力解除合同。合同一方当事人因不可抗力导致不可能继续履行合同义务时，应当及时通知对方解除合同。合同解除后，承包人应撤离施工场地。

合同解除后，已经订货的材料、设备由订货方负责退货或解除订货合同，不能退还的货款和因退货、解除订货合同发生的费用，由发包人承担，因未及时退货造成的损失由责任方承担。合同解除后的付款，监理人与当事人双方协商后确定。

6.2.3 分包合同的订立和履行

6.2.3.1 分包合同的概念

工程项目建设过程中，承包人会将承包范围内的部分工作采用分包形式交由其他企业完成，如设计分包、施工分包、材料设备供应的供货分包等。分包工程的施工，既是承包范围内必须完成的工作，又是分包合同约定的工作内容，涉及两个同时实施的合同，履行的管理更加复杂。

6.2.3.2 分包合同的订立

按照建设工程施工专业分包合同专用合同条款的规定，订立分包合同时需要明确的内容主要包括：

1. 分包工程的范围和时间要求

通过招标选择的分包人，工作内容、范围和工期要求已在招标投标过程中确定，若是直接选择的分包人以上内容则需明确写明。对于分包工程拖期违约应承担赔偿责任的计算方式和最高限额，也应在专用合同条款中约定。

2. 分包工程施工应满足施工总承包合同的要求

为了能让分包人合理预见分包工程施工中应承担的风险，以及保证分包工程的施工能够满足施工总承包合同的要求，承包人应让分包人充分了解施工总承包合同中除了合同价格以外的各项规定，使分包人履行并承担与分包工程有关的承包人的所有义务与责任。当分包人提出要求时，承包人应向分包人提供一份施工总承包合同（有关承包工程的价格内容除外）的副本或复印件。

无论是承包人通过招标选择的分包人，还是直接选定分包人签订的合同均属于当事人之间的市场行为，因此分包合同的承包价款不是简单地从施工总承包合同中切割。建设工程施工专业分包合同中明确规定，分包合同价款与施工总承包合同相应部分价款无任何连带关系，因此施工总承包合同中涉及分包工程的价款无须让分包人了解。

3. 承包人为分包工程施工提供的协助条件

① 提供施工图纸。分包工程的图纸来源于发包人委托的设计单位，可以一次性发放或分阶段发放，因此承包人应依据主合同的约定，在分包合同专用合同条款内列明向分包人提供图纸日期和套数，以及分包人参加发包人组织图纸会审的时间。

专业工程施工经常涉及使用新工艺、新设备、新材料、新技术，可能出现分包工程的图纸不能完全满足施工需要的情况。如果承包人按照施工总承包合同的要求，委托分包人在其设计资质等级和业务允许的范围内，在原工程图纸的基础上进行施工图深化设计时，设计的范围及发生的费用，应在专用合同条款中约定。

② 施工现场的移交。在专用合同条款内约定，承包人向分包人提供施工场地应具备的条件、施工场地的范围和提供时间。

③ 提供分包人使用的临时设施和施工机械。为了节省施工总成本，允许分包人使用承包人为本工程实施而建立的临时设施和某些施工机械设备，如混凝土拌合站、提升装置或重型机械等。分包人使用这些临时设施和工程机械，有些是免费使用，有些需要付费使用，因此在专用合同条款内需约定承包人为分包工程的实施提供的机械设备和设施，以及费用的承担。

6.2.3.3　分包合同的履行

1. 承包人协调管理的指令

承包人负责整个施工场地的管理工作，协调分包人与同一施工场地的其他分包人及自己施工可能产生的交叉干扰，确保分包人按照批准的施工组织设计进行施工。

① 承包人的指令。由于承包人与分包人同时在施工现场进行施工，因此承包人的协调管理工作主要通过发布一系列指示来实现。承包人随时可以向分包人发出分包工程范围内的有关工作指令。

② 发包人或监理人的指令。发包人或监理人就分包工程施工的有关指令和决定应发送给承包人。承包人接到监理人就分包工程发布的指示后，将其列入自己的管理工作范围，并及时以书面确认的形式转发给分包人令其遵照执行。

为了准确区分合同责任，分包合同通用合同条款内明确规定，分包人应执行经承包人确认和转发的发包人及监理人就分包范围内有关工作的所有指令，但不得直接接受发包人和监理人的指令。当分包人接到监理人的指示后不能立即执行，需得到承包人同意后才可实施。合同内作出此项规定的目的：一是分包工程现场施工的协调管理由承包人负责，如果同一时间分包人分别接到监理人和承包人发出的两个有冲突的施工指令，则会造成现场管理的混乱；二是监理人的指令可能需要承包人对总承包工程的施工与分包工程的施工进行协调后才能有序进行；三是分包人只与承包人存在合同关系，执行未经承包人确认的指令而导致施工成本增加和工期延误情况时，无权向承包人提出补偿要求。

2. 计量与支付

① 工程量计量。无论监理人参与或不参与分包工程的工程量计量，承包人均需在每一计量周期通知分包人共同对分包工程量进行计量。分包人收到通知后不参加计量，承包人的计量结果有效，作为分包工程价款支付的依据；承包人不按约定时间通知分包人，致使分包人未能参加计量，计量结果无效，分包人提交的工程量报告中开列的工程量应作为分包人获得工程进度款的依据。

② 分包合同工程进度款的支付。承包人依据计量确认的分包工程量，乘以施工总承包合同相应的单价计算的金额，纳入支付申请书内。获得发包人支付的工程进度款后，再按分包合同约定单价计算的款额支付给分包人。

3. 变更管理

分包工程的变更可能来源于监理人通知并经承包人确认的指令，也可能承包人根据施工现场实际情况自主发出的指令。变更的范围和确定变更价款的原则与施工总承包合同规定相同。

分包人应在工程变更确定后 11 天内向承包人提出变更分包工程价款的报告，经承包人确认后调整合同价款；若分包人在双方确定变更后 11 天内未向承包人提出变更分包工程价款的报告，视为该项变更不涉及合同价款的调整。

4. 分包工程的竣工管理

1）竣工验收

① 发包人组织验收。分包工程具备竣工验收条件后，分包人向承包人提供完整的竣工资料及竣工验收报告。双方约定由分包人提供竣工图的，应在专用合同条款内约定提交日期和份数。

承包人应在收到分包人提供的竣工验收报告之日起 3 日内通知发包人进行验收，分包人应配合承包人进行验收。发包人未能按照施工总承包合同及时组织验收时，承包人应按照施工总承包合同规定的发包人验收的期限及程序自行组织验收，并视为分包工程竣工验收通过。

② 承包人验收。根据施工总承包合同无须由发包人验收的部分，承包人应按照施工总承包合同约定的程序自行验收。

③ 分包工程竣工日期的确定。分包工程竣工日期为分包人提供竣工验收报告之日。需要修复的，为提供修复后竣工报告之日。

2）分包工程的移交

① 分包工程的竣工结算。分包工程竣工验收报告经承包人认可后 14 天内，分包人向承包人递交分包工程竣工结算报告及完整的结算资料。承包人收到分包人递交的分包工程竣工结算报告及结算资料后 28 天内进行核实，给予确认或者提出明确的修改意见。承包人确认竣工结算报告后 7 天内向分包人支付分包工程竣工结算价款。

② 分包工程的移交。分包人收到竣工结算价款之日起 7 天内，将竣工工程交付承包人。总体工程竣工验收后，再由承包人移交给发包人。

5. 索赔管理

分包合同履行过程中，当分包人认为自己的合法权益受到损害，不论事件起因于发包人或监理人的责任，还是承包人应承担的义务，他都只能向承包人提出索赔要求，并保持影响事件发生后的现场同期记录。

1）应由发包人承担责任的索赔事件

分包人遇到不利外部条件等根据施工总承包合同可以索赔的情况，分包人可按照施工总承包合同约定的索赔程序通过承包人提出索赔要求。承包人分析事件的起因和影响，并依据两个合同判明责任后，在收到分包人索赔报告后21天内给予分包人明确的答复，或要求进一步补充索赔理由和证据。如果认为分包人的索赔要求合理，及时按照主合同规定的索赔程序，以承包人的名义就该事件向监理人递交索赔报告。

承包人依据施工总承包合同向监理人递交任何索赔意向通知和索赔报告要求分包人协助时，分包人应提供书面形式的相应资料，以便承包人能遵守施工总承包合同有关索赔的约定。如果分包人未予以积极配合，使得承包人涉及分包工程的索赔未获成功，则承包人可在应支付给分包人的工程款中，扣除本应获得的索赔款项中适当比例的部分，即承包人受到的损失向分包人索赔。

2）应由承包人承担责任的事件

索赔原因往往由于承包人的违约行为或分包人执行承包人指令导致。分包人按规定程序提出索赔后，承包人与分包人依据分包合同的约定通过协商解决。

6.2.4　施工合同的解除

根据《民法典》第四百六十四条规定，合同是民事主体之间设立、变更、终止民事法律关系的协议。婚姻、收养、监护等有关身份关系的协议，适用有关该身份关系的法律规定；没有规定的，可以根据其性质参照适用本编规定。第四百六十五条规定，依法成立的合同，受法律保护。依法成立的合同，仅对当事人具有法律约束力，但是法律另有规定的除外。

根据《民法典》第八百零六条规定，承包人将建设工程转包、违法分包的，发包人可以解除合同。发包人提供的主要建筑材料、建筑构配件和设备不符合强制性标准或者不履行协助义务，致使承包人无法施工，经催告后在合理期限内仍未履行相应义务的，承包人可以解除合同。合同解除后，已经完成的建设工程质量合格的，发包人应当按照约定支付相应的工程价款；已经完成的建设工程质量不合格的，参照本法第七百九十三条的规定处理。

6.2.4.1　合同解除的概念

合同解除是指合同关系成立以后，合同当事人一方或双方依照法律规定或者当事人的约定，依法解除合同效力的行为。

6.2.4.2　解除合同的法定情形

发包人解除合同的法定情形包括：承包人转包或违法分包。

承包人解除合同的法定情形包括：发包人提供的主要建筑材料、建筑构配件和设备不符合强制性标准或者不履行协助义务。

6.2.4.3 合同解除的种类

1. 约定解除

约定解除包括协议解除和约定解除权两种情况，《民法典》第五百六十二条规定，当事人协商一致，可以解除合同。当事人可以约定一方解除合同的事由。解除合同的事由发生时，解除权人可以解除合同。

协议解除是指在合同成立后、未履行或未完全履行时，当事人双方通过协商解除合同，从而使合同效力消灭的行为。协议解除是在合同成立以后通过双方协商解除合同，因此又称为事后解除。

约定解除权是指当事人双方在合同中约定，在合同成立以后，没有履行或没有完全履行之前，由当事人一方在某种解除合同的条件成立时享有解除权，并可以通过行使合同解除权使合同关系消灭。

2. 法定解除

法定解除是指在合同成立以后没有履行或者没有全部履行完毕之前，当事人一方通过行使法定的解除权而使合同效力消灭的行为。其特点在于，法律规定了在何种情况下当事人享有法定解除权，在该情况发生时通过行使解除权导致合同解除。

《民法典》第五百六十三条规定，有下列情形之一的，当事人可以解除合同：（1）因不可抗力致使不能实现合同目的；（2）在履行期限届满前，当事人一方明确表示或者以自己的行为表明不履行主要债务；（3）当事人一方迟延履行主要债务，经催告后在合理期限内仍未履行；（4）当事人一方迟延履行债务或者有其他违约行为致使不能实现合同目的；（5）法律规定的其他情形。这是法律规定的解除情形，只要符合这些情形，解除权人可以直接行使解除权解除合同，无须征得对方当事人同意。

6.2.4.4 发包人协助义务范围

原《最高人民法院关于审理建设工程施工合同纠纷案件适用法律问题的解释（一）》第九条第（三）项规定，发包人不履行合同约定的协助义务的，承包人有权解除合同。而《民法典》删除了“合同约定”这一限制，将解除合同的法定情形扩展到合同未约定的合同附随义务，扩大了发包人的协助义务范围，更有利于保护承包人的法定解除权。

发包人协助义务范围的扩大既是诚信原则在建设工程合同领域的体现，也是这类合同基本特征的要求。结合司法实践，以下情形可引用协助义务条款：

（1）发包人未及时办理相关手续。

（2）发包人未能提供承包人进场施工的必要条件。

（3）发包人不能及时解决施工现场的周边关系。

（4）发包方不及时为乙方办理相关手续提供相关资料或者配合盖章、签字的。

（5）因发包人原因致使中间验收或者竣工验收无法完成的。

（6）其他因发包方的原因导致双方合同不能正常履行的。

6.2.4.5　承包人行使解除权条件

根据原《最高人民法院关于审理建设工程施工合同纠纷案件适用法律问题的解释（一）》第九条的规定，当发包人未按约定支付工程款时，承包人行使解除权需要满足两个条件：第一，经催告后的合理期限内发包人仍未履行相应义务；第二，发包人未按约定支付工程价款致使承包人无法施工。而《民法典》第八百零六条删除了发包人未按约定支付工程款时，承包人有权解除合同的情形。这一删减看似不利于承包人，但是根据《民法典》第五百六十三条第（三）项的规定，承包人可以“当事人一方迟延履行主要债务，经催告后在合理期限内仍未履行”为由直接解除合同，无须满足“致使承包人无法施工”这一条件，这意味着当发包人未按约定支付工程款时，承包人行使解除权只须满足一个条件，即经催告后的合理期限内发包人仍未履行相应义务，实质上是放宽了承包人行使解除权的条件。

6.2.4.6　合同解除后工程价款的支付

关于合同解除后工程价款的支付，《民法典》第八百零六条基本采纳了《建设工程司法解释（一）》第十条第一款的规定，分为建设工程质量合格与不合格两种情况进行处理：若质量合格，则发包人应当按照约定支付相应的工程价款；若质量不合格，则参照《民法典》第七百九十三条的规定处理。《民法典》第七百九十三条规定，建设工程施工合同无效，但是建设工程经验收合格的，可以参照合同关于工程价款的约定折价补偿承包人。建设工程施工合同无效，且建设工程经验收不合格的，按照以下情形处理：（1）修复后的建设工程经验收合格的，发包人可以请求承包人承担修复费用；（2）修复后的建设工程经验收不合格的，承包人无权请求参照合同关于工程价款的约定折价补偿。发包人对因建设工程不合格造成的损失有过错的，应当承担相应的责任。

6.2.4.7　合同解除的程序

合同在符合法定或约定要件的情况下也不产生当然解除的效力，只有通过行使解除权才能使合同被解除。

1. 解除权的行使方式

当事人行使解除权必须做出一定的意思表示。《民法典》第五百六十五条规定，当事人一方依法主张解除合同的，应当通知对方。合同自通知到达对方时解除；通知载明债务人在一定期限内不履行债务则合同自动解除，债务人在该期限内未履行债务的，合同自通知载明的期限届满时解除。对方对解除合同有异议的，任何一方当事人均可以请求人民法院或者仲裁机构确认解除行为的效力。当事人一方未通知对方，直接以提起诉讼或者申请仲裁的方式依法主张解除合同，人民法院或者仲裁机构确认该主张的，合同自起诉状副本或者仲裁申请书副本送达对方时解除。

2. 解除权的行使期限

解除权必须在规定的期限内行使。《民法典》第五百六十四条规定，法律规定或者当事人约定解除权行使期限，期限届满当事人不行使的，该权利消灭。法律没有规定或者当事人没有约定解除权行使期限，自解除权人知道或者应当知道解除事由之日起一年内不行使，或者经对方催告后在合理期限内不行使的，该权利消灭。

6.2.4.8 合同解除的法律后果

合同的变更或解除不影响当事人要求赔偿损失的权利，合同权利义务的终止不影响合同中结算和清理条款的效力。《民法典》第五百六十六条规定，合同解除后，尚未履行的，终止履行；已经履行的，根据履行情况和合同性质，当事人可以请求恢复原状或者采取其他补救措施，并有权请求赔偿损失。

6.2.4.9 合同解除的风险管理

（1）订立合同时，合同条款应准确清晰，尤其是关于合同解除和违约责任条款的约定。如果合同没有约定解除的情形，守约方只能依据《民法典》第五百六十三条规定的法定解除的条款主张解除合同，此时守约方需要提供充分的证据证明违约方存在根本违约行为导致合同目的无法实现。故在订立合同时应对于合同解除的情形做出明确约定。

（2）解除合同的意思表示应在约定或者法律规定的期限内行使。如果没有在上述期间行使解除权，则守约方的解除权发生消灭的法律后果。

（3）通过通知对方当事人的方式行使解除权，应当妥善保管通知的相应证据，综合采取邮寄通知书、发送电子邮件、短信或微信通知等方式。

（4）订立合同时应明确约定一方违反合同约定应当承担的违约责任，可以约定赔偿损失的数额、违约金的数额或者计算方式等。

6.2.5 施工合同违约责任

通用合同条款对发包人和承包人违约的情况及处理分别作了明确的规定。

6.2.5.1 承包人的违约

1. 违约情况

① 私自将合同的全部或部分权利转让给其他人，将合同的全部或部分义务转移给其他人；

② 未经监理人批准，私自将已按合同约定进入施工场地的施工设备、临时设施或材料撤离施工场地；

③ 使用不合格材料或工程设备，工程质量达不到标准要求，又拒绝清除不合格工程；

④ 未能按合同进度计划及时完成合同约定的工作，已造成或预期造成工期延误；

⑤ 缺陷责任期内未对工程接收证书所列缺陷清单的内容或缺陷责任期内发生的缺陷进行修复，又拒绝按监理人指示再进行修补；

⑥ 承包人无法继续履行或明确表示不限行或实质上已停止履行合同；

⑦ 承包人不按合同约定履行义务的其他情况。

2. 承包人违约的处理

发生承包人不履行或无力履行合同义务的情况时，发包人可通知承包人立即解除合同。

对于承包人违反合同规定的情况，监理人应向承包人发出整改通知，要求其在指定的期限内改正。承包人应承担其违约所引起的费用增加和（或）工期延误。监理人发出整改通知 28 天后，承包人仍不纠正违约行为，发包人可向承包人发出解除合同通知。

3. 因承包人违约解除合同

① 发包人进驻施工现场。合同解除后，发包人可派员进驻施工场地，另行组织人员或委托其他承包人施工。发包人因继续完成该工程的需要，有权扣留使用承包人在现场的材料、设备和临时设施。这种扣留不是没收，只是为了后续工程能够尽快顺利开始。发包人的扣留行为不免除承包人应承担的违约责任，也不影响发包人根据合同约定享有的索赔权利。

② 合同解除后的结算。监理人与当事人双方协商承包人实际完成工作的价值，以及承包人已提供的材料、施工设备、工程设备和临时工程等的价值。达不成一致，由监理人单独确定。合同解除后，发包人应暂停对承包人的一切付款，查清各项付款和已扣款金额，包括承包人应支付的违约金。

发包人应按合同约定向承包人索赔由于解除合同给发包人造成的损失。合同双方确认上述往来款项后，发包人出具最终结清付款证书，结清全部合同款项。发包人和承包人未能就解除合同后的结清达成一致，按合同约定解决争议的方法处理。

③ 承包人已签订其他合同的转让。因承包人违约解除合同，发包人有权要求承包人将其为实施合同而签订的材料和设备的订货合同或任何服务协议转让给发包人，并在解除合同后的 14 天内，依法办理转让手续。

6.2.5.2　发包人的违约

1. 违约情况

① 发包人未能按合同约定支付预付款或合同价款，或拖延、拒绝批准付款申请和支付凭证，导致付款延误；

② 发包人原因造成停工的持续时间超过 56 天；

③ 监理人无正当理由没有在约定期限内发出复工指示，导致承包人无法复工；

④ 发包人无法继续履行或明确表示不履行或实质上已停止履行合同；

⑤发包人不履行合同约定的其他义务。

2. 发包人违约的处理

① 承包人有权暂停施工。除了发包人不履行合同义务或无力履行合同义务的情况外，承包人向发包人发出通知，要求发包人采取有效措施纠正违约行为。发包人收到承包人通知后的 28 天内仍不履行合同义务，承包人有权暂停施工，并通知监理人，发包人应承担由此增加的费用和（或）工期延误，并支付承包人合理利润。

承包人暂停施工 28 天后，发包人仍不纠正违约行为，承包人可向发包人发出解除合同通知。但承包人的这一行为不免除发包人承担的违约责任，也不影响承包人根据合同约定享有的索赔权利。

② 违约解除合同属于发包人不履行或无力履行义务的情况，承包人可书面通知发包人解除合同。

3. 因发包人违约解除合同

① 解除合同后的结算。发包人应在解除合同后 28 天内向承包人支付下列金额：

合同解除日以前所完成工作的价款；承包人为该工程施工订购并已付款的材料、工程设备和其他物品的金额。发包人付款后，该材料、工程设备和其他物品归发包人所有；承包人为完成工程所发生的，而发包人未支付的金额；承包人撤离施工场地以及遣散承包人人员的赔偿金额；由于解除合同应赔偿的承包人损失；按合同约定在合同解除日前应支付给承包人的其他金额。

发包人应按本项约定支付上述金额并退还质量保证金和履约担保，但有权要求承包人支付应偿还给发包人的各项金额。

② 承包人撤离施工现场。因发包人违约而解除合同后，承包人尽快完成施工现场的清理工作，妥善做好已竣工工程和已购材料、设备的保护和移交工作，按发包人要求将承包人设备和人员撤出施工场地。

6.2.6 施工合同管理

6.2.6.1 施工合同管理要点

施工合同的管理，是指各级工商行政管理机关、建设行政主管机关和金融机构，以及工程发包单位、监理单位、承包单位依据法律和行政法规、规章制度，采取法律的、行政的手段，对施工合同关系进行组织、指导、协调及监督，保护施工合同当事人的合法权益，处理施工合同纠纷，防止和制裁违法行为，保证施工合同法规的贯彻实施等一系列活动。

施工合同管理，既包括各级工商行政管理机关、建设行政主管机关、金融机构对施工合同的管理，也包括发包单位、监理单位、承包单位对施工合同的管理。可将这些管理划分为以下两个层次：第一层次为国家机关及金融机构对施工合同的管理；第二层次则为建设工程施工合同当事人及监理单位对施工合同的管理。

各级工商行政管理机关、建设行政主管机关对合同的管理侧重于宏观的监督管理，而发包单位、监理单位、承包单位对施工合同的管理则是具体的管理，也是合同管理的出发点和落脚点。发包单位、监理单位、承包单位对施工合同的管理体现在施工合同从订立到履行的全过程中，本节主要介绍在合同履行过程中的一些重点和难点。

6.2.6.2 专业分包合同管理要点

建设工程施工专业分包合同条款由合同协议书、通用合同条款和专用合同条款三部分组成。通用合同条款的合同要素包括一般约定、承包人、分包人、分包工程质量、安全文明施工、环境保护与劳动用工管理、工期和进度、材料与设备、试验和检验、分包建设工程招标投标合同管理合同变更、合同价格、价格调整、计量、工程款支付、成品保护、试车、包工程移交、结算和最终结清、缺陷责任期与保修期、违约、不可抗力、完工验收、分保险、索赔、争议解决。专用合同条款是对通用合同条款原则性约定的细化、完善、补充、行级所识，合同当事人可以根据不同建设工程的特点及具体情况，通过双方的协商对相应的专用合同条款进行修改补充。

关于施工专业分包合同的管理应当注意的问题见二维码6-5。

二维码 6-5

6.3　建设工程总承包合同管理

6.3.1　工程总承包合同概述

6.3.1.1　工程总承包合同的概念

工程总承包是指从事工程总承包的企业（以下简称工程总承包企业）受业主委托，按照合同约定对工程项目的勘察、设计、采购、施工、试运行（竣工验收）等实行全过程或若干阶段的承包。《建筑法》第二十六条规定，承包建筑工程的单位应当持有依法取得的资质证书，并在其资质等级许可的业务范围内承揽工程。禁止建筑施工企业超越本企业资质等级许可的业务范围或者以任何形式用其他建筑施工企业的名义承揽工程。禁止建筑施工企业以任何形式允许其他单位或者个人使用本企业的资质证书、营业执照，以本企业的名义承揽工程。

工程总承包合同是指发包人与承包人之间为完成特定的工程总承包任务，明确相互权利义务关系而订立的合同。工程总承包合同的发包人一般是项目业主（建设单位）；承包人是持有国家认可的相应资质证书的工程总承包企业。按照原建设部《关于培育发展工程总承包和工程项目管理企业的指导意见》（建市〔2003〕30号）和《住房城乡建设部关于进一步推进工程总承包发展的若干意见》（建市〔2016〕93号）的规定，对从事工程总承包业务的企业不专门设立工程总承包资质。具有工程勘察、设计或施工总承包资质的企业可以在其资质等级许可的工程项目范围内开展工程总承包业务。工程勘察、设计、施工企业也可以组成联合体对工程项目进行联合总承包。工程总承包企业可依法将所承包工程中的部分工作发包给具有相应资质的分包企业，工程总承包单位按照总承包合同的约定对建设单位负责，分包单位按照分包合同的约定对总承包单位负责；总承包单位和分包单位就分包工程对建设单位承担连带责任。

工程总承包的具体方式、工作内容和责任等，由业主与工程总承包企业在合同中约定。工程总承包主要有以下方式：

1. 设计采购施工（EPC）/交钥匙总承包

设计采购施工总承包是指工程总承包企业按照合同约定，承担工程项目的设计、采购、施工、试运行服务等工作，并对承包工程的质量、安全、工期、造价全面负责。

交钥匙总承包是设计采购施工总承包业务和责任的延伸，最终向业主提交一个满足使用功能、具备使用条件的工程项目。

2. 设计－施工总承包（D–B）

设计－施工总承包是指工程总承包企业按照合同约定，承担工程项目设计和施工，并对承包工程的质量、安全、工期、造价全面负责。

根据工程项目的不同规模、类型和业主要求，工程总承包还可采用设计－采购总承包（E–P）、采购－施工总承包（P–C）等方式。

6.3.1.2 工程总承包管理制度

（1）工程总承包项目的发包阶段。建设单位可以根据项目特点，在可行性研究、方案设计或者初步设计完成后，按照确定的建设规模、建设标准、投资限额、工程质量和进度要求等进行工程总承包项目发包。

（2）建设单位的项目管理。建设单位应当加强工程总承包项目全过程管理，督促工程总承包企业履行合同义务。建设单位根据自身资源和能力，可以自行对工程总承包项目进行管理，也可以委托项目管理单位依照合同对工程总承包项目进行管理。项目管理单位可以是本项目的可行性研究、方案设计或者初步设计单位，也可以是其他工程设计单位、施工单位或者监理等单位，但项目管理单位不得与工程总承包企业具有利害关系。

（3）工程总承包企业的选择。建设单位可以依法采用招标或者直接发包的方式选择工程总承包企业。工程总承包评标可以采用综合评估法，评审的主要因素包括工程总承包报价、项目管理组织方案、设计方案、设备采购方案、施工计划、工程业绩等。工程总承包项目可以采用总价合同或者成本加酬金合同，合同价格应当在充分竞争的基础上合理确定，合同的制订可以参照住房和城乡建设部、国家市场监督管理总局联合印发的《建设项目工程总承包合同（示范文本）》GF—2020—0216。

（4）工程总承包企业的基本条件。工程总承包企业应当具有与工程规模相适应的工程设计资质或者施工资质，相应的财务、风险承担能力，同时具有相应的组织机构、项目管理体系、项目管理专业人员和工程业绩。

（5）工程总承包项目经理的基本要求。工程总承包项目经理应当取得工程建设类注册执业资格或者高级专业技术职称，担任过工程总承包项目经理、设计项目负责人或者施工项目经理，熟悉工程建设相关法律法规和标准，同时具有相应工程业绩。

（6）工程总承包项目的分包。工程总承包企业可以在其资质证书许可的工程项目范围内自行实施设计和施工，也可以根据合同约定或者经建设单位同意，直接将工程项目的设计或者施工业务择优分包给具有相应资质的企业。仅具有设计资质的企业承接工程总承包项目时，应当将工程总承包项目中的施工业务依法分包给具有相应施工资质的企业。仅具有施工资质的企业承接工程总承包项目时，应当将工程总承包项目中的设计业务依法分包给具有相应设计资质的企业。

（7）工程总承包项目严禁转包和违法分包。工程总承包企业应当加强对分包的管理，不得将工程总承包项目转包，也不得将工程总承包项目中设计和施工业务一并或者分别分包给其他单位。工程总承包企业自行实施设计的，不得将工程总承包项目工程主体部分的设计业务分包给其他单位。工程总承包企业自行实施施工的，不得将工程总承包项目工程主体结构的施工业务分包给其他单位。

（8）工程总承包企业的义务和责任。工程总承包企业应当加强对工程总承包项目的管理，根据合同约定和项目特点，制订项目管理计划和项目实施计划，建立工程管理与协调制度，加强设计、采购与施工的协调，完善和优化设计，改进施工方案，合理调配设计、采购和施工力量，实现对工程总承包项目的有效控制。工程总承包企业对工程总承包项目的质量和安全全面负责。工程总承包企业按照合同约定对建设单位负责，分包企业按照分包合同的约定对工程总承包企业负责。工程分包不能免除工程总承包企业的合同义务和法律责任，工程总承包企业和分包企业就分包工程对建设单位承担连带责任。

（9）工程总承包项目的风险管理。工程总承包企业和建设单位应当加强风险管理，公平合理分担风险。工程总承包企业按照合同约定向建设单位出具履约担保，建设单位向工程总承包企业出具支付担保。

（10）工程总承包项目的监管手续。按照法规规定进行施工图设计文件审查的工程总承包项目，可以根据实际情况按照单体工程进行施工图设计文件审查。住房城乡建设主管部门可以根据工程总承包合同及分包合同确定的设计、施工企业，依法办理建设工程质量、安全监督和施工许可等相关手续。相关许可和备案表格，以及需要工程总承包企业签署意见的相关工程管理技术文件，应当增加工程总承包企业、工程总承包项目经理等栏目。

（11）安全生产许可证和质量保修。工程总承包企业自行实施工程总承包项目施工的，应当依法取得安全生产许可证；将工程总承包项目中的施工业务依法分包给具有相应资质的施工企业完成的，施工企业应当依法取得安全生产许可证。工程总承包企业应当组织分包企业配合建设单位完成工程竣工验收，签署工程质量保修书。

6.3.1.3 工程总承包合同的特点

工程总承包的性质、内容和特点，决定了工程总承包合同除了具备建设工程合同的一般特征外，还具有以下特殊性：

1. 设计施工一体化

工程总承包合同的承包人不仅负责工程施工，还需负责合同约定范围内的设计与材料设备采购工作。因此，如果工程出现质量缺陷，承包人将承担全部责任，不会导致设计、施工等多方之间相互推卸责任的情况；同时设计与施工的深度交叉，有利于缩短建设周期，提高设计的可施工性，降低工程造价。

2. 投标报价复杂

工程总承包合同价格不仅包括工程设计与施工费用，根据双方合同约定情况，还可能包括设备购置费、总承包管理费、专利转让费、研究试验费、不可预见风险费用和财务费用等，投标报价内容复杂。签订工程总承包合同时，由于尚缺乏详细计算投标报价的依据，不能分项详细计算各个费用项目，通常只能依据项目环境调查情况，参照类似已完工程资料和其他历史成本数据完成项目成本估算。

3. 项目合同结构简洁

相对于设计施工分离的发包模式，发包人将设计与施工范围内的工作任务委托给一个总承包人负责，承包人一般具有很强的技术和管理综合能力，发包人的组织和协调任务量少，合同结构相对简单，工程管理与合同目标明确，易于提高工作效率。

4. 对承包人要求较高

由于发包人将工程完全委托给承包人，并常采用总价包干合同，将项目风险的绝大部分转移给承包人。承包人除了承担施工过程中的风险外，还需承担设计及采购等更多的风险。和施工总承包合同相比，承包人的风险要大得多，需要承包人具有较高的管理水平和丰富的工程经验。

5. 价值工程应用

在工程总承包合同中，承包人负责设计和施工，打通了设计与施工的界面障碍，在设计阶段便可以考虑设计的可施工性问题，对降低成本、提高利润有重要影响。承包人还可根据自身丰富的工程经验，对发包人要求和设计文件提出合理化建议，从而降低工程投资，改善项目质量或缩短项目工期。因此，在工程总承包合同中常包括“价值工程”或“承包人合理化建议”与“奖励”条款。

6. 知识产权保护

由于工程总承包模式常被运用于石油化工、建材、冶金、水利、电厂、节能建筑等项目，设计成果文件中可能包含多项专利或著作权，工程总承包合同中一般会有关于知识产权及其相关权益的约定。承包人的专利使用费一般包含在投标报价中。

6.3.1.4　工程总承包合同示范文本

为指导建设项目工程总承包合同当事人的签约行为，维护合同当事人的合法权益，依据《民法典》《建筑法》《招标投标法》以及相关法律法规，住房和城乡建设部、市场监管总局对《建设项目工程总承包合同示范文本（试行）》GF—2011—0216 进行了修订，制定了《建设项目工程总承包合同（示范文本）》GF—2020—0216，以下简称《2020 工程总承包合同示范文本》，自 2021 年 1 月 1 日起执行。

1.《2020 工程总承包合同示范文本》的组成

《2020 工程总承包合同示范文本》由合同协议书、通用合同条件和专用合同条件三部分组成。

（1）合同协议书

《2020 工程总承包合同示范文本》合同协议书共计 11 条，主要包括工程概况、合同工期、质量标准、签约合同价与合同价格形式、工程总承包项目经理、合同文件构成、承诺、订立时间、订立地点、合同生效和合同份数，集中约定了合同当事人基本的合同权利义务。

（2）通用合同条件

通用合同条件是合同当事人根据《民法典》《建筑法》等法律法规的规定，就工程总承包项目的实施及相关事项，对合同当事人的权利义务作出的原则性约定。通用合同条件共计 20 条，具体条款分别为：一般约定，发包人，发包人的管理，承包人，设计，材料、工程设备，施工，工期和进度，竣工试验，验收和工程接收，缺陷责任与保修，竣工后试验，变更与调整，合同价格与支付，违约，合同解除，不可抗力，保险，索赔，争议解决。前述条款安排既考虑了现行法律法规对工程总承包活动的有关要求，也考虑了工程总承包项目管理的实际需要。

（3）专用合同条件

专用合同条件是合同当事人根据不同建设项目的特点及具体情况，通过双方的谈判、协商对通用合同条件原则性约定细化、完善、补充、修改或另行约定的合同条件。在编写专用合同条件时，应注意以下事项：专用合同条件的编号应与相应的通用合同条件的编号一致；在专用合同条件中有横线的地方，合同当事人可针对相应的通用合同条件进行细化、完善、补充、修改或另行约定。

对于在专用合同条件中未列出的通用合同条件中的条款，合同当事人根据建设项目的具体情况认为需要进行细化、完善、补充、修改或另行约定的，可在专用合同条件中，以同一条款号增加相关条款的内容。

2.《2020 工程总承包合同示范文本》的适用范围

《2020 工程总承包合同示范文本》适用于房屋建筑和市政基础设施项目工程总承包承发包活动。

3.《2020 工程总承包合同示范文本》的性质

《2020 工程总承包合同示范文本》为推荐使用的非强制性使用文本。合同当事人可结合建设工程具体情况，参照《2020 工程总承包合同示范文本》订立合同，并按照法律法规和合同约定承担相应的法律责任及合同权利义务。

《2020 工程总承包合同示范文本》见二维码 6-6。

二维码 6-6

6.3.2　工程总承包合同的订立和履行

6.3.2.1　工程总承包合同的订立

通用合同条件和专用合同条件尽管在招标投标阶段已作为招标文件的组成部分，但在合同订立过程中有些问题还需要明确或细化，以保证合同的权利和义务界定清晰。

1. 合同文件

（1）合同文件的组成

在工程总承包合同的通用合同条件中规定，履行合同过程中，构成对发包人和承包人有约束力合同的组成文件包括：

① 合同协议书；

② 中标通知书；

③ 投标函及投标函附录；

④ 专用合同条件；

⑤ 通用合同条件；

⑥ 发包人要求；

⑦ 承包人建议书；

⑧ 价格清单；

⑨ 其他合同文件一经合同当事人双方确认构成合同文件的其他文件。

组成合同的各文件中出现含义或内容的矛盾时，如果专用合同条件没有另行约定，以上合同文件序号为优先解释的顺序。

（2）几个文件的含义

中标通知书、投标函及附录、其他合同文件的含义与标准施工合同的规定相同。

二维码 6-7

① 发包人要求。发包人要求是承包人进行工程设计和施工的基础文件，应尽可能清晰准确。设计施工总承包合同规定中发包人要求文件应说明的内容见二维码 6-7。

② 承包人建议书。承包人建议书是对“发包人要求”的响应文件，包括承包人的工程设计方案和设备方案的说明；分包方案；对发包人要求中的错误说明等内容。合同谈判阶段，随着发包人要求的调整，承包人建议书也应对一些技术细节进一步予以明确或补充修改，作为合同文件的组成部分。

③ 价格清单。设计施工总承包合同的价格清单，是指承包人按投标文件中规定的格式和要求填写，并标明价格的报价单。与施工招标由发包人依据设计图纸的概算量提出工程量清单，经承包人填写单价后计算价格的方式不同。由于由承包人提出设计的初步方案和实施计划，因此价格清单是指承包人完成所提投标方案计算的设计、施工、竣工、试运行、缺陷责任期各阶段的计划费用，清单价格费用的总和为签约合同价。

2. 订立合同时需要明确的内容

二维码 6-8

订立合同时需要明确的内容包括承包人文件、施工现场范围和施工临时占地、发包人提供的文件、发包人要求中的错误、材料和工程设备、发包人提供的施工设备和临时工程、区段工程、暂列金额、不可预见物质条件、竣工后试验等。具体见二维码 6-8。

3. 履约担保

承包人应保证其履约担保在发包人颁发工程接收证书前一直有效。如果合同约定需要进行竣工后试验，承包人应保证其履约担保在竣工后试验通过前一直有效。

如果工程延期竣工，承包人有义务保证履约担保继续有效。由于发包人原因导致延期的，继续提供履约担保所需的费用由发包人承担；由于承包人原因导致延期的，继续提供履约担保所需费用由承包人承担。

4. 保险责任

（1）承包人办理保险

1）投保的险种

① 设计和工程保险。承包人按照专用合同条件的约定向双方同意的保险人投保建设工程设计责任险、建筑工程一切险或安装工程一切险。具体的投保险种、保险范围、保险金额、保险费率、保险期限等有关内容应当在专用合同条件中明确约定。

② 第三者责任保险。承包人按照专用合同条件约定投保第三者责任险的担保期限，应保证颁发缺陷责任期终止证书前一直有效。

③ 工伤保险。承包人应为其履行合同所雇佣的全部人员投保工伤保险和人身意外伤害保险，并要求分包人也投保此项保险。

④ 其他保险。承包人应为其施工设备、进场的材料和工程设备等办理保险。

2）对各项保险的要求

① 保险凭证。承包人应在专用合同条件约定的期限内向发包人提交各项保险生效的证据和保险单副本，保险单必须与专用合同条件约定的条件保持一致。

② 保险合同条款的变动。承包人需要变动保险合同条款时，应事先征得发包人同意，并通知监理人。保险人做出的变动，承包人应在收到保险人通知后立即通知发包人和监理人。

③ 未按约定投保的补救：

如果承包人未按合同约定办理设计和工程保险、第三者责任保险，或未能使保险持续有效时，发包人可代为办理，所需费用由承包人承担。

因承包人未按合同约定办理设计和工程保险、第三者责任保险，导致发包人受到保险范围内事件影响的损害而又不能得到保险人的赔偿时，原应从该项保险得到的保险赔偿金由承包人承担。

（2）发包人办理保险

发包人应为其现场机构雇佣的全部人员投保工伤保险和人身意外伤害保险，并要求监理人也进行此项保险。

6. 3. 2. 2　工程总承包合同的履行

1. 承包人现场踏勘

承包人应对施工场地和周围环境进行查勘，核实发包人提供的资料，并收集与完成合同工作有关的当地资料，以便进行设计和组织施工。在全部合同工作中，视为承包人已充分估计了应承担的责任和风险。发包人对提供的施工场地及毗邻区域内的供水、排水、供电、供气、供热、通信、广播电视等地下管线位置的资料；气象和水文观测资料；相邻建筑物和构筑物、地下工程的有关资料，以及其他与建设工程有关的原始资料，承担原始资料错误造成的全部责任。承包人应对其阅读这些有关资料后所做出的解释和推断负责。

2. 承包人提交实施项目的计划

承包人应按合同约定的内容和期限，编制详细的进度计划，包括设计、承包人提交文件、采购、制造、检验、运达现场、施工、安装、试验各个阶段的预期时间以及设计和施工组织方案说明等报送监理人。监理人应在专用合同条件约定的期限内批复或提出修改意见，批准的计划作为“合同进度计划”。监理人未在约定的时限内批准或提出修改意见，该进度计划视为已得到批准。

3. 开始工作

符合专用合同条件约定的开始工作条件时，监理人获得发包人同意后应提前 7 天向承包人发出开始工作通知。合同工期自开始工作通知中载明的开始工作日期起计算。设计施工总承包合同未用开工通知是由于承包人收到开始工作通知后首先开始设计工作。因发包人原因造成监理人未能在合同签订之日起 90 天内发出开始工作通知，承包人有权提出价格调整要求，或者解除合同。发包人应当承担由此增加的费用和（或）工期延误，并向承包人支付合理利润。

4. 设计管理

（1）承包人的设计义务

1）设计满足标准的要求

承包人应按照法律法规以及国家、行业和地方标准完成设计工作，并符合发包人要求。

承包人完成设计工作所应遵守的法律法规以及国家、行业和地方标准，均应采用基准日适用的版本。基准日之后，标准的版本发生重大变化，或者有新的法律法规以及国家、行业和地方标准实施时，承包人应向发包人或监理人提出遵守新规定的建议。发包人或监理人应在收到建议后 7 天内发出是否遵守新规定的指示。发包人或监理人指示遵守新规定后，按照变更对待，采用商定或确定的方式调整合同价格。

2）设计应符合合同要求

承包人的设计应遵守发包人要求和承包人建议书的约定，保证设计质量。如果发包人要求中的质量标准高于现行国家、行业和地方标准，应以合同约定为准。

3）设计进度管理

承包人应按照发包人要求，在合同进度计划中专门列出设计进度计划，报发包人批准后执行。设计的实际进度滞后计划进度时，发包人或监理人有权要求承包人提交修正的进度计划、增加投入资源并加快设计进度。

设计过程中因发包人原因影响了设计进度，如改变发包人要求文件中的内容或提供的原始基础资料有错误，应按变更对待。

（2）设计审查

1）发包人审查

承包人的设计文件提交监理人后，发包人应组织设计审查，按照发包人要求文件中约定的范围和内容审查是否满足合同要求。为了不影响后续工作，自监理人收到承包人的设计文件之日起，对承包人的设计文件审查期限不超过 21 天。承包人的设计与合同约定有偏离时，应在提交设计文件的通知中予以说明。

如果承包人需要修改已提交的设计文件，应立即通知监理人。向监理人提交修改后的设计文件后，审查期重新起算。

发包人审查后认为设计文件不符合合同约定，监理人应以书面形式通知承包人，说明不符合要求的具体内容。承包人应根据监理人的书面说明，对承包人文件进行修改后重新报送发包人审查，审查期限重新起算。

合同约定的审查期限届满，发包人没有做出审查结论也没有提出异议，视为承包人的设计文件已获得发包人同意。对于设计文件不需要政府有关部门审查或批准的工程，承包人应当严格按照经发包人审查同意的设计文件进行后续的设计和实施工程。

2）有关部门的设计审查

设计文件需政府有关部门审查或批准的工程，发包人应在审查同意承包人的设计文件后 7 天内，向政府有关部门报送设计文件，承包人予以协助。

政府有关部门提出的审查意见，不需要修改“发包人要求”文件，只需完善设计，承包人按审查意见修改设计文件；如果审查提出的意见需要修改发包人要求文件，如某些要求与法律法规相抵触，发包人应重新提出“发包人要求”文件，承包人根据新提出的发包人要求修改设计文件。后一种情况增加的工作量和拖延的时间按变更对待。

提交审查的设计文件经政府有关部门审查批准后，承包人进行后续的设计和实施工程。

5. 进度管理

（1）修订进度计划

不论何种原因造成工程的实际进度与合同进度计划不符时，承包人可以在专用合同条件约定的期限内向监理人提交修订合同进度计划的申请报告，并附有关措施和相关资料，报监理人批准。监理人也可以直接向承包人发出修订合同进度计划的指示，承包人应按该指示修订合同进度计划，报监理人批准。监理人审查并获得发包人同意后，应在专用合同条件约定的期限内批复。

（2）顺延合同工期的情况

通用合同条件规定，在履行合同过程中非承包人原因导致合同进度计划工作延误，应给承包人延长工期和（或）增加费用，并支付合理利润。

1）发包人责任原因

① 变更；

② 未能按照合同要求的期限对承包人文件进行审查；

③ 因发包人原因导致的暂停施工；

④ 未按合同约定及时支付预付款、进度款；

⑤ 发包人提供的基准资料错误；

⑥ 发包人采购的材料、工程设备延误到货或变更交货地点；

⑦ 发包人未及时按照“发包人要求”履行相关义务；

⑧ 发包人造成工期延误的其他原因。

2）政府管理部门的原因

按照法律法规的规定，合同约定范围内的工作需国家有关部门审批时，发包人、承包人应按照合同约定的职责分工完成行政审批的报送。因国家有关部门审批迟延造成费用增加和（或）工期延误，由发包人承担。

设计施工总承包合同中有关进度管理的暂停施工、发包人要求提前竣工的条款，与标准施工合同的规定相同。施工阶段的质量管理也与标准施工合同的规定相同。

6. 工程款支付管理

（1）合同价格

设计施工总承包合同通用合同条件规定，除非专用合同条件约定合同工程采用固定总价承包的情况外，应以实际完成的工作量作为支付的依据。

1）合同价格的组成；

① 合同价格包括签约合同价以及按照合同约定进行的调整；

② 合同价格包括承包人依据法律规定或合同约定应支付的规费和税金；

③ 价格清单列出的任何数量仅为估算的工作量，不视为要求承包人实施工程的实际或准确工作量。在价格清单中列出的任何工作量和价格数据应仅用于变更和支付的参考资料，而不能用于其他目的。

2）施工阶段工程款的支付

合同约定工程的某部分按照实际完成的工程量进行支付时，应按照专用合同条件的约定进行计量和估价，并据此调整合同价格。

（2）预付款

设计施工总承包合同对预付款的规定与标准施工合同相同。

（3）工程进度付款

1）支付分解表

① 承包人编制进度付款支付分解表。

承包人应当在收到经监理人批复的合同进度计划后7天内，将支付分解报告以及支付分解报告的支持性资料报监理人审批。承包人应根据价格清单的价格构成、费用性质、计划发生时间和相应工作量等因素，对拟支付的款项进行分解并编制支付分解表。

分类和分解原则是：

A 勘察设计费。按照提供提交勘察设计阶段性成果文件的时间、对应的工作量进行分解。

B 材料和工程设备费。分别按订立采购合同、进场验收合格、安装就位、工程竣工等阶段和专用合同条件约定的比例进行分解。

C 技术服务培训费。按照价格清单中的单价，结合合同进度计划对应的工作量进行分解。

D 其他工程价款。按照价格清单中的价格，结合合同进度计划拟完成的工程量或者比例进行分解。

以上的分解计算并汇总后，形成月度支付的分解报告。

② 监理人审批。

监理人应当在收到承包人报送的支付分解报告后7天内给予批复或提出修改意见，经监理人批准的支付分解报告为有合同约束力的支付分解表。合同履行过程中，合同进度计划进行修订后，承包人也应对支付分解表做出相应的调整，并报监理人批复。

2）付款时间

除专用合同条件另有约定外，工程进度付款按月支付。

3）承包人提交进度付款申请单

设计施工总承包合同通用合同条件规定，承包人进度付款申请单应包括下列内容：

① 当期应支付进度款的金额总额，以及截至当期期末累计应支付金额总额和已支付的进度付款金额总额；

② 当期根据支付分解表应支付金额，以及截至当期期末累计应支付金额；

③ 当期根据专用合同条件约定，计量的已实施工程应支付金额，以及截至当期期末累计应支付金额；

④ 当期变更应增加和扣减的金额，以及截至当期期末累计变更金额；

⑤ 当期索赔应增加和扣减的金额，以及截至当期期末累计索赔金额；

⑥ 当期应支付的预付款和扣减的返还预付款金额，以及截至当期期末累计返还预付款金额；

⑦ 当期应扣减的质量保证金金额，以及截至当期期末累计扣减的质量保证金金额；

⑧ 当期应增加和扣减的其他金额，以及截至当期期末累计增加和扣减的金额。

4）监理人审查

监理人在收到承包人进度付款申请单以及相应的支持性证明文件后的 14 天内完成审核，提出发包人到期应支付给承包人的金额以及相应的支持性材料，经发包人审批同意后，由监理人向承包人出具经发包人签认的进度付款证书。

监理人有权核减承包人未能按照合同要求履行任何工作或义务的相应金额。

5）发包人支付

发包人最迟应在监理人收到进度付款申请单后的 28 天内，将进度应付款支付给承包人。发包人未能在约定时间内完成审批或不予答复，视为发包人同意进度付款申请。发包人不按期支付，按专用合同条件的约定支付逾期付款违约金。

6）工程进度付款的修正

在对以往历次已签发的进度付款证书进行汇总和复核中发现错、漏或重复情况时，监理人有权予以修正，承包人也有权提出修正申请。经监理人、承包人复核同意的修正，应在本次进度付款中支付或扣除。

（4）质量保证金

设计施工总承包合同通用合同条件对质量保证金的约定与标准施工合同的规定相同。

6. 3. 2. 3　工程总承包合同的变更

1. 合同履行过程中的变更

合同履行过程中的变更，可能涉及发包人要求变更、监理人发给承包人文件中的内容构成变更和发包人接受承包人提出的合理化建议三种情况。

（1）监理人指示的变更

① 发出变更意向书。合同履行过程中，经发包人同意，监理人可向承包人做出有关“发包人要求”改变的变更意向书，说明变更的具体内容和发包人对变更的时间要求，并附必要的相关资料，以及要求承包人提交实施方案。变更应在相应内容实施前提出，否则发包人应承担承包人损失。

② 承包人同意变更。承包人按照变更意向书的要求，提交包括拟实施变更工作的设计、计划、措施和竣工时间等内容的实施方案。发包人同意承包人的变更实施方案后，由监理人发出变更指示。

③ 承包人不同意变更。承包人收到监理人的变更意向书后认为难以实施此项变更时，应立即通知监理人，说明原因并附详细依据。监理人与承包人和发包人协商后，确定撤销、改变或不改变原变更意向书。

（2）监理人发出文件的内容构成变更

承包人收到监理人按合同约定发给的文件，认为其中存在对“发包人要求”构成变更情形时，可向监理人提出书面变更建议。建议应阐明要求变更的依据，以及实施该变更工作对合同价款和工期的影响，并附必要的图纸和说明。

监理人收到承包人书面建议与发包人共同研究后，确认存在变更时，应在收到承包人书面建议后的 14 天内做出变更指示；不同意作为变更的，应书面答复承包人。

（3）承包人提出的合理化建议

履行合同过程中，承包人可以书面形式向监理人提交改变“发包人要求”文件中有关内容的合理化建议书。合理化建议书的内容应包括建议工作的详细说明、进度计划和效益以及与其他工作的协调等，并附必要的设计文件。

监理人应与发包人协商是否采纳承包人的建议。建议被采纳并构成变更，由监理人向承包人发出变更指示。

如果接受承包人提出的合理化建议，降低了合同价格、缩短了工期或者提高了工程的经济效益，发包人可依据专用合同条件中的约定给予奖励。

2. 违约责任

（1）承包人的违约

设计施工总承包合同通用合同条件对于承包人违约，除了标准施工合同规定的 7 种情况外，还增加了承包人的设计、承包人文件、实施和竣工的工程不符合法律以及合同约定；由于承包人原因未能通过竣工试验或竣工后试验两种情况。违约处理与标准施工合同、建设工程招标投标合同管理规定相同。

（2）发包人违约

设计施工总承包合同通用合同条件中，对发包人违约的规定与标准施工合同相同。

6.3.3 工程总承包合同管理

6.3.3.1 工程总承包合同的设计管理

工程总承包合同承包人的设计范围可以是施工图设计，也可以是初步设计加施工图设计，还可以是包括方案设计、初步设计、施工图设计的所有设计，应当在工程总承包合同中予以明确。工程总承包项目的设计必须由具备相应设计资质和能力的企业承担。以设计单位为主体的承包人可以自己独立完成，以施工单位为主体的承包人，可以分包给具有相应资质和能力的设计单位完成。招标活动应执行《招标投标法》《建设工程勘察设计管理条例》《建筑工程设计招标投标管理办法》中的有关规定。承包人应按照法律法规定以及国家、行业和地方的标准完成设计工作，并符合发包人要求。设计应遵循国家有关的法律法规和强制性标准，并满足合同规定的技术性能、质量标准和工程的可施工性、可操作性及可维修性的要求。

承包人的设计管理由其设计经理负责，并适时组建项目设计组。在项目实施过程中，设计经理应接受承包人的项目经理和设计管理部门的双重领导。

1. 设计协调程序

设计协调程序是项目协调程序中的一个组成部分，是指在合同约定的基础上进一步明确发包人与承包人之间在设计工作方面的关系、联络方式、报告审批制度。设计协调程序一般包含下列内容：(1) 设计管理联络方式和双方对口负责人。(2) 发包人提供设计所需的项目基础资料和项目设计数据的内容，并明确提供的时间和方式。(3) 设计中采用非常规做法的内容。(4) 设计中发包人需要审查、认可或批准的内容。(5) 向发包人和施工现场发送设计图纸和文件的要求，列出图纸和文件发送的内容、时间、份数和发送方式，以及图纸和文件的包装形式、标志、收件人姓名和地址等。(6) 推荐备品备件的内容和数量。(7) 设备、材料请购单的审查范围和审批程序。(8) 采用的项目设计变更程序，包括变更的类型（用户变更或项目变更）、变更申请（变更的内容、原因、影响范围）以及审批规定等。

2. 设计计划编制

设计计划应在项目初始阶段由设计经理负责组织编制，经承包人有关职能部门评审后，由项目经理批准实施。设计计划编制依据一般应包括：合同文件、本项目的有关批准文件、项目计划、项目的具体特性、国家或行业的有关规定和要求、企业管理体系的有关要求等。设计计划一般包括：设计依据（包括项目批准文件、合同文件、设计基础资料、国家及行业规定的设计深度要求等）；设计范围；设计的原则和要求；组织机构及职责分工；标准规范；质量保证程序和要求；进度计划和主要控制点；技术经济要求；安全、职业健康和环境保护要求；与采购、施工和试运行的接口关系及要求等。设计计划应满足合同约定的质量目标与要求以及相关的质量规定和标准。

设计进度计划应符合项目总进度计划的要求，并应充分考虑与工程勘察、采购、施工、试运行的进度协调，还应考虑设计工作的内部逻辑关系及资源分配、外部约束条件等。承包人应按照发包人要求，在合同进度计划中专门列出设计进度计划，报发包人批准后执行。承包人需按照经批准后的计划开展设计工作。

3. 设计进度和质量控制

承包人应按照设计计划开展设计工作，并控制设计进度和质量。承包人的设计经理应组织检查设计计划的执行情况，分析进度偏差，制订有效措施。设计进度主要控制点一般应包括：设计各专业间的条件关系及其进度；初步设计完成和提交时间；关键设备和材料请购文件的提交时间；进度关键线路上的设计文件提交时间；施工图设计完成和提交时间；设计工作结束时间。

设计质量控制点主要包括：设计人员资格的管理；设计输入的控制；设计策划的控制（包括组织、技术、条件接口）；设计技术方案的评审；设计文件的校审与会签；设计输出的控制；设计变更的控制。

4. 设计与采购、施工的接口

(1) 设计与采购的接口关系：设计人员向采购人员提出设备材料请购单及询价技术文件，由采购人员加上商务文件后，汇集成完整的询价文件，由采购人员发出询价；设计人员负责对制造厂商的报价提出技术评价意见，供采购人员确定供货厂商；设计人员应派员参加厂商协调会，参与技术澄清和协商；由采购人员负责催交制造厂商返回的先期确认图纸及最终确认图纸，转交设计人员审查，设计人员应将审查意见及时返回采购人员；在设备制造过程中，设计人员应协助采购处理有关设计、技术问题；设备材料的检验工作由采购人员负责组织，必要时设计人员应参与关键设备材料的检验。

（2）设计与施工的接口关系：施工人员应参与设计可施工性分析，参加重大设计方案及关键设备吊装方案的研究；项目设计文件完成后，设计人员向施工人员提供项目设计图纸、文件及技术资料，并派人向施工人员及监理人员进行设计交底；根据施工需要提出派遣设计代表的计划，按计划组织设计人员到施工现场，解决施工中的设计问题；在施工过程中由于非设计原因产生的设计变更，应征得设计人员的同意，由设计人员签认变更通知，按变更程序，经批准后实施。

（3）设计变更管理程序。设计变更管理程序一般如下：① 根据项目要求或发包人指示，提出设计变更的处理方案。② 对发包人指令的设计变更在技术上的可行性、安全性及适用性问题进行评估。③ 设计变更提出后，对费用和进度的影响进行评价。④ 说明执行变更对履约产生的有利和（或）不利影响。⑤ 执行经确认的变更。

（4）设计阶段审查。承包人应按照专用合同条件约定的时间、份数等要求向发包人提交相关设计阶段的设计文件、资料和图纸等文件。设计文件应符合国家有关部门、行业工程建设标准对相关设计阶段的设计文件、图纸和资料的深度规定。承包人的设计文件应报发包人审查同意，审查的范围和内容在发包人要求中约定。

发包人负责组织设计阶段审查会议并承担会议费用及发包人的上级单位、政府有关部门参加审查会议的费用。承包人有义务自费参加发包人组织的设计审查会议，向审查者介绍、解答、解释其设计文件，并自费提供审查过程中需提供的补充资料。

6.3.3.2 工程总承包合同的分包管理

1. 分包范围

承包人可以按照法律法规和专用合同条件约定，将工程总承包范围的有关工作事项（含设计、采购、施工、劳务服务、竣工试验等）进行分包。承包人不得将其承包的全部工程转包给第三人，也不得将其承包的全部工程支解后以分包的名义分别转包给第三人。

2. 分包人资质要求

分包人应符合国家法律规定的企业资质等级，否则不能作为分包人，承包人有义务对分包人的资质进行审查，分包人的资格能力应与其分包工作的标准和规模相适应。禁止工程总承包单位将工程分包给不具备相应资质条件的单位，禁止分包单位将其承包的工程再分包。

3. 分包工程的招标投标

关于工程总承包人选择分包人是否需要招标问题，《招标投标法实施条例》第二十九条规定，招标人可以依法对工程以及与工程建设有关的货物、服务全部或者部分实行总承包招标。以暂估价形式包括在总承包范围内的工程、货物、服务属于依法必须进行招标的项目范围且达到国家规定规模标准的，应当依法进行招标。前款所称暂估价，是指总承包招标时不能确定价格而由招标人在招标文件中暂时估定的工程、货物、服务的金额。在国家发展和改革委员会等九部委联合发布《关于印发简明标准施工招标文件和标准设计施工总承包招标文件的通知》（发改法规〔2011〕3018 号）中规定，设计施工一体化的总承包项目，其招标文件应当根据《中华人民共和国标准设计施工总承包招标文件》编制。投标人须知前附表中招标人规定应当由分包人实施的非主体、非关键性工作，投标人应当按照“发包人要求”的规定提供分包人候选名单及其相应资料，在此种情况下，分包人在工程总承包招标投标时已基本确定，无须在工程总承包中标后再次招标投标。而投标人拟在中标后将中标项目的部分非主体、非关键性工作进行分包的，应符合投标人须知前附表规定的分包内容、分包金额和资质要求等限制性条件。

4. 向分包人付款

承包人应按分包合同约定，按时向分包人支付合同价款。除非专用合同条款另有约定外，未经承包人同意，发包人不得以任何形式向分包人支付任何款项。承包人对分包人的行为向发包人负责，承包人和分包人就分包工作向发包人承担连带责任。

5. 分包合同变更

分包合同变更有下列两种情况：

（1）承包人根据项目情况和需要，向分包商发出书面指令或通知，要求对分包范围和内容进行变更，经双方评审并确认后则构成分包合同变更，应按变更程序处理。

（2）承包人接受分包商书面的“合理化建议”，对其在费用、进度、质量、技术性能、操作运行、安全维护等方面的作用及产生的影响进行澄清、评审并确认后，则构成分包合同变更，应按变更程序处理。

6.4　工程施工索赔

6.4.1　施工索赔的概念及特征

6.4.1.1　施工索赔的概念

索赔是当事人在合同实施过程中，根据法律、合同规定及惯例，对不应由自己承担责任的情况造成的损失，向合同的另一方当事人提出给予赔偿或补偿要求的行为。在工程建设的各个阶段，都有可能发生索赔，但在施工阶段索赔发生较多。根据提起人不同可分为索赔和反索赔两类，其中由承包人提起的索赔称为施工索赔，而发包人提起的索赔常称为反索赔。施工索赔是指在工程项目的施工过程中，承包人根据合同和法律的规定，对非自身原因造成的工程延期、费用增加而要求发包人给予补偿损失的一种权力要求。许多国际工程项目，通过成功的索赔能使工程收入的改善达到工程造价的10%～20%，有些工程的索赔额甚至超过了工程合同额本身。索赔管理以其本身花费较小、经济效果明显而受到承包人的高度重视。

对施工合同的双方来说，都有通过索赔维护自己合法利益的权利，依据双方约定的合同责任，构成正确履行合同义务的制约关系。

一般除承包人自身的责任造成工期延长和成本增加，承包人都可以通过合法的途径与方式提出索赔要求，主要有以下几类情况：

1. 业主或业主代表违约

如未按合同规定及时交付设计图纸造成工程拖延，未及时支付工程款。

2. 业主行使合同规定的权力

最常见的有业主行使合同赋予的权力指令变更工程、暂停工程施工等。

3. 发生应由业主承担责任的特殊风险事件

常见的有事先未能预料的不利的自然条件、与勘察报告不同的地质情况、国家政策的调整、物价上涨和汇率变化等。

6.4.1.2 索赔的特征

从索赔的基本含义，可以看出索赔具有以下基本特征：

（1）索赔是双向的。不仅承包人可以向发包人索赔，发包人同样也可以向承包人索赔。由于实践中发包人向承包人索赔发生的频率相对较低，而且在索赔处理中，发包人始终处于主动和有利地位，对承包人的违约行为可以直接从应付工程款中扣抵、扣留质量保证金或通过履约保函向银行索赔来实现自己的索赔要求。因此，在工程实践中大量发生的、处理比较困难的是承包人向发包人的索赔，也是工程师进行合同管理的重点内容之一。承包人的索赔范围非常广泛，一般只要因非承包人自身责任造成其工期延长或成本增加，都有可能向发包人提出索赔。有时发包人违反合同，如未及时交付施工图纸、合格施工现场、决策错误等造成工程修改、停工、返工、窝工，以及未按合同规定支付工程款等，承包人可以向发包人提出赔偿要求；也可能由于发包人应承担风险的原因，如恶劣气候条件影响、国家法规修改等造成承包人损失或损害时，也会向发包人提出补偿要求。

（2）只有实际发生了经济损失或权利损害，一方才能向对方索赔。经济损失是指因对方因素造成合同外的额外支出，如人工费、材料费、机械费、管理费等额外开支。权利损害是指虽然没有经济上的损失，但造成一方权利上的损害，如由于恶劣气候条件对工程进度的不利影响，承包人有权要求工期延长等。因此，发生了实际的经济损失或权利损害，应是一方提出索赔的一个基本前提条件。有时上述两者同时存在，如发包人未及时交付合格的施工现场，既造成承包人的经济损失，又侵犯了承包人的工期权利。因此，承包人既要求经济赔偿，又要求工期延长。有时两者可单独存在，如恶劣气候条件影响、不可抗力事件等，承包人根据合同规定或惯例则只能要求工期延长，不应要求经济补偿。

（3）索赔是一种未经对方确认的单方行为。它与通常所说的工程签证不同。在施工过程中，签证是承发包双方就额外费用补偿或工期延长等达成一致的书面证明材料和补充协议，它可以直接作为工程款结算或最终增减工程造价的依据，而索赔则是单方面行为，对对方尚未形成约束力，这种索赔要求能否得到最终实现，必须要通过确认（如双方协商、谈判、调解或仲裁、诉讼）后才能实现。

许多人一听到“索赔”两个字，很容易联想到争议的仲裁、诉讼或双方激烈的对抗，因此往往认为应当尽可能避免索赔，担心因索赔而影响双方的合作或感情。实质上索赔是一种正当的权利或要求，是合情、合理、合法的行为，它是在正确履行合同的基础上争取合理的偿付，不是无中生有、无理争利。索赔同守约、合作并不矛盾、对立，索赔本身就是市场经济中合作的一部分，只要是符合有关规定的、合法的或者符合有关惯例的，就应该理直气壮地、主动地向对方索赔。大部分索赔都可以通过协商谈判和调解等方式获得解决，只有在双方坚持己见而无法达成一致时，才会提交仲裁或诉诸人民法院求得解决。即使诉诸法律程序，也应当被看成是遵法守约的正当行为。

6.4.1.3 索赔的起因

建筑工程项目投资大、参与方多、涉及面广、环境复杂、实施周期长，任何一方发生异常情况都有可能引起索赔，原因多种多样，概括起来包括以下几个方面。

1. 项目参与各方的原因

（1）发包人原因

① 招标文件有错误，中标人承包工程后，实际情况与招标文件不符，造成承包人经济损失或难以在合同工期内竣工。

② 发包人未能按合同约定及时提供合格的施工场地。

③ 发包人未能按合同约定提供满足施工需要水、电、交通等施工条件。

④ 发包人未能及时提供施工图以及准确、全面、完整的相关工程资料。

⑤ 发包人未及时办理施工所需的各种证件、批文和临时用地、占道等审批手续而影响正常施工。

⑥ 发包人未及时按合同组织图纸会审和设计交底。

⑦ 发包人未及时提供合格的甲供材料、设备和构配件。

⑧ 发包人未按规定的时限向承包商支付工程款。

⑨ 发包人在工程实施过程中不当的行为，如强令施工单位赶工、对承包人的施工组织进行不合理的干涉、不及时组织竣工验收等。

⑩ 发包人因其他责任引起的索赔。

（2）承包人原因

① 投标采取了低价中标策略，主观上存在索赔的需要。

② 未按合同规定的时间开工。

③ 工程所用的建筑材料、设备和构配件未及时进场，进场后建筑材料、设备和构配件未向监理工程师报验或与国家强制性标准、设计文件要求、合同约定不符。

④ 承包人组织管理不力，造成工期延误。

⑤ 由于技术等原因造成工程质量达不到合同规定要求。

⑥ 未经发包人认可将分包给第三方，影响了工期和质量。

⑦ 标段之间、专业之间的平等承包人之间协作有误，以致工程不能如期完工或出现质量缺陷。

⑧ 未按合同约定的质量或工期交付工程。

⑨承包人因其他责任引起的索赔。

（3）监理单位原因

① 监理单位未尽到监督责任，未采取旁站、巡视、平行检验等方式对工程进行监督和管理。

② 监理工程师未按规定的时间提供有关指令或批复等。

③ 监理工程师下达错误的指令等，造成承包人损失。

2. 合同原因

（1）合同缺陷

在施工过程中，往往由于合同文件中的错误、矛盾或遗漏，引起支付工程款等问题的纠纷。这时，应由工程师作出解释。但是，如果承包人按此解释施工时引起费用增加或工期延长，则属发包人的责任，承包商有权提出索赔。

（2）合同变更

包括质量标准的变更、工程范围的变更、工程量减少或增加、工期的提前或推迟等。这些变更应当在合同规定的范围内，如果超出这个范围就会引起索赔。如工程师发现设计、质量标准或施工顺序等方面的问题时，通常会进行工程变更，指示增加新工作，暂停施工或加速施工，改变材料或工程质量等，这些变更指令往往导致工程费用增加或工期延长，使承包人蒙受损失。因此，承包人会提出索赔要求以弥补自己不该承担的损失。

3. 施工条件变化的原因

由于土木工程施工工期长，受环境影响大，很多的自然条件和技术经济条件不是人为可以控制的。因此，即使是有经验的承包人也不可能将所有施工条件的变化情况都预见到，而由于施工条件的变化，往往会导致设计变更、暂停施工或工程成本的大幅度上升，从而使承包人蒙受损失。承包人只有通过索赔来弥补自己不应承担的损失。

4. 生产要素市场价格波动的原因

建筑产品由于生产周期长，在实施过程中，人、材、机价格的变化会对工程成本产生较大影响，这种变化如果超出合同约定的范围就会引起费用索赔。

5. 国家政策及法律法规、法令调整的原因

如外汇管制、汇率提高、提出更严格的强制性质量标准等，这些情况都可能引起成本的变化，会引起费用索赔。

6. 不可抗力事件的原因

不可预见、不可避免、不可克服的地震、海啸、台风等自然灾害以及社会动乱、暴乱引起承包人损失，承包人可就在自己应承担责任之外进行索赔。

以上这些问题会随着工程的逐步开展而不断暴露出来，必然使工程项目受到影响，导致工程项目成本和工期的变化，这就是索赔形成的根源。因此，索赔的发生，不仅是一个索赔意识或合同观念的问题，从本质上讲，索赔也是一种客观存在，是一门艺术。

6.4.1.4 施工索赔分类

1. 按索赔的合同依据分类

（1）合同中明示的索赔。合同中明示的索赔是指承包人提出的索赔要求在该工程项目的合同文件中有文字依据，承包人可以据此提出索赔要求，并取得经济补偿。这些在合同文件中有文字规定的合同条款，称为明示条款。

（2）合同中默示的索赔。合同中默示的索赔，即承包人的该项索赔要求，虽然在工程项目的合同条款中没有专门的文字叙述，但可以根据该合同的某些条款的含义，推论出承包人有索赔权。这种索赔要求，同样有法律效力，有权得到相应的经济补偿。这种有经济补偿含义的条款，在合同管理工作中被称为默示条款或称为隐含条款。

默示条款是一个广泛的合同概念，它包含合同明示条款中没有写入但符合双方签订合同时设想的愿望和当时环境条件的一切条款。这些默示条款，或者从明示条款所表述的设想愿望中引申出来，或者从合同双方在法律上的合同关系中引申出来，经合同双方协商一致，或被法律法规所指明，都成为合同文件的有效条款，要求合同双方遵照执行。

2. 按索赔目的分类

（1）工期索赔。由于非承包人责任的原因而导致施工进程延误，要求批准顺延合同工期的索赔，称为工期索赔。工期索赔形式上是对权利的要求，以避免在原定合同竣工日不能完工时，被发包人追究拖期违约责任。一旦获得批准合同工期顺延后，承包人不仅免除了承担拖期违约赔偿费的严重风险，还可能因提前工期得到奖励，最终仍反映在经济收益上。

（2）费用索赔的目的是要求经济补偿。当施工的客观条件改变导致承包人增加开支，要求对超出计划成本的附加开支给予补偿，以挽回不应由他承担的经济损失。

3. 按索赔事件的性质分类

（1）工程延误索赔。因发包人未按合同要求提供施工条件，如未及时交付设计图纸、施工现场、道路等，或因发包人指令工程暂停或不可抗力事件等原因造成工期拖延的，承包人对此提出索赔。这是工程中常见的一类索赔。

（2）工程变更索赔。由于发包人或监理工程师指令增加或减少工程量或增加附加工程、修改设计、变更工程顺序等，造成工期延长和费用增加，承包人对此提出的一类索赔。

（3）合同被迫终止的索赔。由于发包人或承包人违约以及不可抗力事件等原因造成合同非正常终止，无责任的受害方因其蒙受经济损失而向对方提出的一类索赔。

（4）工程加速索赔。由于发包人或监理工程师指令承包人加快施工速度、缩短工期，引起承包人的人、财、物的额外开支而提出的索赔。

（5）意外风险和不可预见因素索赔。在工程实施过程中，因人力不可抗拒的自然灾害、特殊风险以及一个有经验的承包人通常不能合理预见的不利施工条件或外界障碍，如地下水、地质断层、溶洞、地下障碍物等引起的索赔。

（6）其他索赔。如因货币贬值、汇率变化、物价、工资上涨、政策法令变化等原因引起的索赔。

6.4.1.5　索赔成立的条件

要取得索赔的成功，索赔要求必须满足以下基本条件：

（1）客观性必须确实存在并提供确凿的证据。

（2）合法性索赔要求应符合承包合同及相关法规。

（3）合理性索赔要求应合情合理，真实反映实际情况。

6.4.2　施工索赔的程序

承包人的索赔程序通常可分为以下几个步骤。

6.4.2.1 承包人提出索赔要求

（1）发出索赔意向通知。索赔事件发生后，承包人应在索赔事件发生后的28天内向监理工程师递交索赔意向通知，声明将对此事件提出索赔。该意向通知是承包人就具体的索赔事件向监理工程师和发包人表示的索赔愿望和要求。如果超过这个期限，监理工程师和发包人有权拒绝承包人的索赔要求。索赔事件发生后，承包人有义务做好现场施工的同期记录，监理工程师有权随时检查和调阅，以判断索赔事件造成的实际损害。

（2）递交索赔报告。索赔意向通知提交后的28天内，或监理工程师可能同意的其他合理时间，承包人应递送正式的索赔报告。索赔报告的内容应包括：事件发生的原因，对其权益影响的证据资料，索赔的依据，此项索赔要求补偿的款项和工期顺延天数的详细计算等有关材料。如果索赔事件的影响持续存在，28天内还不能算出索赔额和工期顺延天数时，承包人应按监理工程师合理要求的时间间隔（一般为28天），定期陆续报出每一个时间段内的索赔证据资料和索赔要求。在该项索赔事件的影响结束后的28天内，报出最终详细报告，提出索赔论证资料和累计索赔额。

承包人发出索赔意向通知后，可以在监理工程师指示的其他合理时间内再报送正式索赔报告，即监理工程师在索赔事件发生后有权不马上处理该项索赔。如果事件发生时，现场施工非常紧张，监理工程师不希望立即处理索赔而分散各方抓施工管理的精力，可通知承包人将索赔的处理留待施工不太紧张时再去解决。但承包人的索赔意向通知必须在事件发生后的28天内提出，包括因对变更估价双方不能取得一致意见，而先按监理工程师单方面决定的单价或价格执行时，承包人提出的保留索赔权利的意向通知。如果承包人未能按规定时间提出索赔意向和索赔报告，则其失去了就该项事件请求补偿的索赔权利。此时承包人所受到损害的补偿，将不超过监理工程师认为应主动给予的补偿额。

6.4.2.2 监理工程师审核索赔报告

1. 监理工程师审核承包人的索赔申请

接到承包人的索赔意向通知后，监理工程师应建立自己的索赔档案，密切关注事件的影响，检查承包人的同期记录时，随时就记录内容提出不同意见或希望应予以增加的记录项目。

在接到正式索赔报告以后，认真研究承包人报送的索赔资料。首先，在不确认责任归属的情况下，客观分析事件发生的原因，重温合同的有关条款，研究承包人的索赔证据，并检查承包人的同期记录；其次，通过对事件的分析，监理工程师再依据合同条款划清责任界限，必要时还可以要求承包人进一步提供补充资料。尤其是对承包人与发包人或监理工程师都负有一定责任的影响事件，更应划出各方应该承担合同责任补偿要求，剔除其中的不合理部分，拟定自己计算的合理索赔额和工期顺延天数。

2. 判定索赔成立的原则

监理工程师判定承包人索赔成立的条件为：

（1）与合同相对照，事件已造成承包人施工成本的额外支出，或总工期延误。

（2）造成费用增加或工期延误的原因，按合同约定不属于承包人应承担的责任，包括行为责任或风险责任。

（3）承包人按合同规定的程序提交了索赔意向通知和索赔报告。

上述三个条件没有先后主次之分，应当同时具备。只有监理工程师认定索赔成立后，才会处理应给予承包人的补偿额。

3. 对索赔报告的审查

索赔报告的审查包括以下几个方面：

（1）事态调查。通过对合同实施的跟踪、分析，了解事件经过、前因后果，掌握事件详细情况。

（2）损害事件原因分析。即分析索赔事件是由何种原因引起，责任应由谁来承担。在实际工作中，损害事件的责任有时是多方面原因造成，故必须进行责任分解，划分责任范围，按责任大小承担损失。

（3）分析索赔理由。主要依据合同文件判明索赔事件是否属于未履行合同规定义务或未正确履行合同义务导致，是否在合同规定的赔偿范围之内。只有符合合同规定的索赔要求才有合法性，才能成立。例如，某合同规定，在工程总价 10% 范围内的工程变更属于承包人承担的风险，则发包人指令增加工程量在这个范围内，承包人不能提出索赔。

（4）实际损失分析。即分析索赔事件的影响，主要表现为工期的延长和费用的增加。如果索赔事件不造成损失，则无索赔可言。损失调查的重点是分析、对比实际和计划的施工进度，工程成本和费用方面的资料，在此基础上核算索赔值。

（5）证据资料分析。主要分析证据资料的有效性、合理性、正确性，这也是索赔要求有效的前提条件。如果在索赔报告中提不出证明其索赔理由、索赔事件的影响、索赔值的计算等方面的详细资料，索赔要求是不能成立的。如果监理工程师认为承包人提出的证据不足以说明其要求的合理性时，可以要求承包人进一步提交索赔的证据资料。

6.4.2.3　确定合理的补偿

（1）监理工程师与承包人协商补偿。监理工程师核查后初步确定应予以补偿的额度往往与承包人的索赔报告中要求的额度不一致，甚至差额较大。主要原因是对承担事件损害责任的界限划分不一致，索赔证据不充分，索赔计算的依据和方法分歧较大等，因此双方应就索赔的处理进行协商。

对于持续影响时间超过 28 天的工期延误事件，当工期索赔条件成立时，对承包人每隔 28 天报送的阶段索赔临时报告审查后，每次均应作出批准临时延长工期的决定，并于事件影响结束后 28 天内承包人提出最终的索赔报告后，批准顺延工期总天数。应当注意的是，最终批准的总顺延天数，不应少于以前各阶段已同意顺延天数之和。规定承包人在事件影响期间必须每隔 28 天提出一次阶段索赔报告，可以使监理工程师能及时根据同期记录批准该阶段应予顺延工期的天数，避免事件影响时间太长而不能准确确定索赔值。

（2）监理工程师索赔处理决定。在经过认真分析研究，与承包人、发包人广泛讨论后，监理工程师应该向发包人和承包人提出索赔处理的初步意见，并参加发包人和承包人的索赔谈判，通过谈判作出索赔的最后决定。

总体来说，在索赔事件发生后，从承包人提出索赔申请到索赔事件处理完毕，大致要经过以下几个步骤。

1. 承包人提出索赔意向通知

承包人应在知道或应当知道索赔事件发生后的28天内，向监理工程师提交索赔意向通知书，并说明发生索赔事件的事由。

2. 递交索赔通知书

在发出索赔意向通知书后28天内，承包人应向监理工程师正式递交索赔通知书。应详细说明索赔的理由以及要求追加的付款金额和（或）延长的工期，并附必要的记录和证明材料。

索赔事件具有连续影响的，承包人应按合理的时间间隔继续递交索赔通知书，说明连续影响的实际情况和记录，列出累计的追加付款金额和（或）延长工期天数；在索赔事件影响结束后的28天内，承包人应向监理工程师递交最终索赔通知书，说明最终要求索赔追加的付款金额和（或）延长的工期，并附必要的记录和证明材料。

3. 监理工程师审核承包人的索赔通知书

监理工程师接到承包人提交的索赔通知书后，应及时审核索赔通知书的内容、查验承包人的记录和证明材料。

监理工程师应在收到索赔通知书或有关索赔的进一步证明材料后，在合同规定时间内，将索赔处理结果答复承包人。

4. 提出初步处理意见

监理工程师在处理索赔事件时，应分清合同双方各自应负的责任，根据承包人的索赔通知书，仔细分析双方的记录和证明材料，提出初步处理意见。

5. 商定或确定解决索赔事件的方案

在初步处理意见的基础上，与承包人和发包人商定或确定解决索赔事件的方案。

6. 业主赔付

承包人接受索赔处理结果的，发包人应在做出索赔处理结果答复后28天内完成赔付。如果合同双方或一方不接受监理工程师的处理结果，可按争议的解决办法解决。

6.4.3 索赔的依据和方法

6.4.3.1 索赔的依据

索赔成功的关键在于是否有充分的、正当的索赔依据，承包人必须用大量的证据证明自己拥有索赔的权利，索赔的进行主要依靠证据说话，没有证据或证据不足，索赔就难以成功。

6.4.3.2 索赔证据的要求

（1）真实性。索赔证据必须是在工程实施过程中实际存在和发生的，能完全反映客观实际情况，要经得起对方和监理工程师的质证。

（2）全面性。提出索赔的一方所提供的证据应能说清整个事件的全部环节。索赔报告中涉及的索赔理由、事件过程、影响、索赔值等都应有相应证据，否则监理工程师会不予签认，也不会得到对方的认可。

（3）关联性。索赔证据应当能够互相说明、相互印证，形成证据链，切不可支离破碎，自相矛盾。

（4）及时性。要在索赔事件发生过程中的第一时间内取得证据，在提交索赔报告的同时提交相关证据。

（5）具有法律证明效力。建筑工程的相关活动一般都是要式民事法律行为，相关证据必须是书面形式，一切口头承诺、口头协议一般不能作为证据使用。有关记录、协议、纪要、统计必须有参与各方的签字和监理工程师签认。

6.4.3.3　索赔证据的种类

二维码 6-9

索赔证据包括：招标文件、合同文本及附件，施工合同协议书及附属文件，投标文件和中标通知书，往来的书面文件等，具体见二维码 6-9。

6.4.3.4　索赔的方法

1. 单项索赔

单项索赔是指当事人针对某一干扰事件的发生而及时进行索赔，也就是一件索赔事件发生就处理一件。单项索赔原因单一、责任清楚，证据好整理，容易处理，并且涉及金额一般比较小，发包人较易接受。例如，监理工程师指令将某分项工程素混凝土改为钢筋混凝土，对此只需提出与钢筋有关的费用索赔即可（如果该项变更没有其他影响的话）。一般情况下承包人应采用单项索赔的方式。

2. 总索赔

总索赔是指在工程竣工前，承包人将施工过程中已经提出但尚未解决的索赔问题汇总，向发包人提出总索赔。总索赔中，索赔事件多，牵涉的因素多，佐证资料要求多，责任不好界定，补充额度计算较困难，而且补偿金额大，索赔谈判和处理比较难，成功率低，一般情况下不宜用此种方法。

6.4.3.5　承包人索赔的条款

1. 标准施工合同中涉及的相关索赔条款（表 6-3）

标准施工合同中涉及的相关索赔条款　　**表 6-3**

序号	条款号	主要内容	可补偿内容		
			工期	费用	利润
1	1.10.1	文物、化石	√	√	
2	3.4.5	监理人的指示延误或错误指示	√	√	√
3	4.11.2	不利的物质条件	√	√	
4	5.2.4	发包人提供的材料和工程设备提前交货		√	

续表

序号	条款号	主要内容	可补偿内容		
			工期	费用	利润
5	5.4.3	发包人提供的材料和工程设备不符合合同要求	√	√	√
6	8.3	基准资料的错误	√	√	√
7	11.3（1）	增加合同工作内容	√	√	√
8	（2）	改变合同中任何一项工作的质量要求或其他特性	√	√	√
9	（3）	发包人迟延提供材料、工程设备或变更交货地点的	√	√	√
10	（4）	因发包人的原因导致暂停施工	√	√	√
11	（5）	提供图纸延误	√	√	√
12	（6）	未按合同约定及时支付预付款、进度款	√	√	√
13	11.4	异常恶劣的气候条件	√		
14	12.2	发包人的原因暂停施工	√	√	√
15	12.4.2	发包人的原因无法按时复工	√	√	√
16	13.1.3	发包人原因导致工程质量缺陷	√	√	√
17	13.5.3	隐蔽工程重新检查质量合格	√	√	√
18	13.6.2	发包人提供的材料和设备不合格，承包人采取补救措施	√	√	√
19	14.1.3	对材料和设备的重新试验或检验证明合格	√	√	√

2. 设计施工总承包合同中涉及的索赔条款（表 6-4）

设计施工总承包合同中涉及的索赔条款　　表 6-4

序号	条款号	主要内容	可补偿内容		
			工期	费用	利润
1	1.6.2	未能按时提供文件	√	√	√
2	1.10.1	化石、文物	√	√	
3	1.13	发包人要求中的错误	√	√	√
4	1.14	发包人的要求违法	√	√	√
5	3.4.5	监理人的指示延误、错误	√		√
6	3.5.2	争议评审组对监理人确定的修改	√	√	
7	4.1.8	为他人提供的方便		√	
8	4.11.2	不可预见的物质条件	√	√	
9	5.2	发包人原因影响设计进度	√	√	√

续表

序号	条款号	主要内容	可补偿内容		
			工期	费用	利润
10	6.2.4	发包人要求提前交货		√	
11	6.2.6	发包人提供的材料、设备延误	√	√	√
12	6.5.3	发包人提供的材料、设备不符合要求	√	√	
13	9.3	基准资料错误	√	√	√
14	11.1	发包人原因未能按时发出开始工作通知	√	√	√
15	11.3	发包人的原因工期延误	√	√	√
16	11.4	异常恶劣的气候条件	√	√	
17	11.7	行政审批延误	√	√	
18	12.1.1	发包人原因指示的暂停工作	√	√	√
19	12.2.1	发包人原因承包人暂停工作	√	√	√
20	12.4.2	发包人原因承包人无法复工	√	√	√
21	13.1.3	发包人原因造成质量不合格	√	√	√
22	13.4.3	隐蔽工程重新检查证明质量合格	√	√	√
23	14.1.4	重新试验表明材料、设备、工程质量合格	√	√	√
24	16.2	法律变化引起的调整	商定或确定处理		
25	18.5.2	发包人提前接收区段对承包人施工的影响	√	√	√
26	19.2.3	缺陷责任期内非承包人原因缺陷的修复		√	√
27	21.3.1	不可抗力的工程照管、清理、修复	√	√	√
28	22.2.3	发包人违约解除合同		√	√

6.4.4　工程施工索赔计算

6.4.4.1　工期索赔成立的条件

（1）发生了非承包商自身原因的索赔事件。

（2）索赔事件造成了总工期的延误。

6.4.4.2　索赔值计算原则

1. 实际损失原则

索赔都是以补偿实际损失为原则，承包人不能通过索赔事件来获得额外的收益。在施工过程中，出现干扰事件时，承包人的实际损失包括两个方面：

（1）直接损失。该损失主要表现为承包人财产的减少，通常为工程的直接成本增加或者实际费用的超支。

（2）间接损失。即可能获得的利益的减少。如在发包人拖欠工程款的情况下，使承包人失去这笔款项的存款利息收入等。当然所有这些损失都必须有具体、可信的证明，这些证据通常有：各种费用支出的账单，工资表，现场用工、用料、用机的证明，财务报表，工程成本核算资料，甚至包括承包人同期企业经营和成本核算资料等。

2. 合同原则

承发包合同是双方对自己行为的承诺，在合同履行过程中，双方都必须遵循合同的约定。上述赔偿实际损失原则，并不能理解为赔偿承包人的全部实际费用超支和成本的增加，而是根据合同约定以及合同文件，由于干扰事件的干扰而导致承包人的成本增加和费用超支，而承包人投标时所应该包含的风险而导致的费用增加或成本增加是不能够获得补偿的。而在实际工程中，许多承包人往往会以自己的实际生产值、实际施工效率、工资水平和费用开支来计算索赔值，这种做法是对以实际损失为原则的误解。在索赔值的计算时，必须考虑以下几个因素的影响：

（1）应该考虑由于管理不善、组织失误等承包人自身责任而造成的损失，对于该部分损失，承包人应该自己承担。

（2）应该考虑合同中约定的有承包人自己承担的风险。任何一份合同，承发包双方对于工程的各种风险是分担的，属于承包人风险范围内的，承包人必须自己承担。

（3）合同是索赔的依据，也就是说索赔值计算必须根据合同文件确定，如果合同约定了索赔值的计算方法、计算公式等，必须执行。

3. 合理性原则

合理性原则包括两个方面，一是指索赔值的计算应符合工程惯例，能够为发包人、监理工程师、调解人、仲裁人认可；二是指符合规定的会计核算原则。索赔值的计算是在计划成本和成本核算的基础上，通过计划成本与实际成本对比进行的。实际成本的核算必须与计划成本的核算具有一致性，而且符合通用的会计核算原则。

6.4.4.3 工期索赔

1. 工期索赔的分析

工期索赔的分析流程包括工期延误原因分析、网络计划分析、业主责任分析和索赔结果分析等步骤。

（1）工期延误原因分析。分析引起工期延误是哪一方的原因，如果某一干扰事件是由于承包人自身原因造成的或是承包人应承担的风险，则不能索赔，反之则可索赔。

（2）网络计划分析。运用网络计划方法分析延误事件是否发生在关键线路上，以决定延误是否可索赔。在施工索赔中，一般考虑关键线路上的延误，或者一条非关键线路因延误已变成关键线路。

（3）业主责任分析。结合网络计划分析结果，进行业主责任分析。若发生在关键线路上的延误是由于业主原因造成的，则这种延误不仅可索赔工期，还可索赔因延误而发生的费用。若由于业主原因造成的延误发生在非关键线路上，且非关键线路未转变为关键线路，则只可能索赔费用。

（4）索赔结果分析。在承包人索赔已经成立的情况下，根据业主是否对工期有特殊要求，分析工期索赔的可能结果。如果由于某种特殊原因，工程竣工日期客观上不能改变，即对索赔工期的延误，业主也可以不给予工期延长。这时，业主的行为已实质上构成隐含指令加速施工。因此，业主应当支付承包人采取加速施工措施而额外增加的费用，即加速费用补偿。此处费用补偿是指因业主原因引起的延误时间因素造成承包人负担了额外的费用而得到的合理补偿。

2. 工期索赔计算方法

（1）网络计划分析法

承包人提出工期索赔，必须确定干扰事件对工期的影响值，即工期索赔值。工期索赔分析的一般思路：假设工程一直按原网络计划确定的施工顺序和时间施工，当一个或一些业主原因导致的或应由业主承担风险的干扰事件发生后，使网络计划中的某个或某些活动受到干扰而延长施工持续时间。将这些活动受干扰后的新的持续时间代入网络计划中，重新进行网络计划分析和计算，即会得到一个新工期。新工期与原工期之差即为干扰事件对总工期的影响，即为承包人的工期索赔值。

【案例1】

已知某工程网络计划如图6-4所示。总工期16天，关键工作为A、B、E、F。

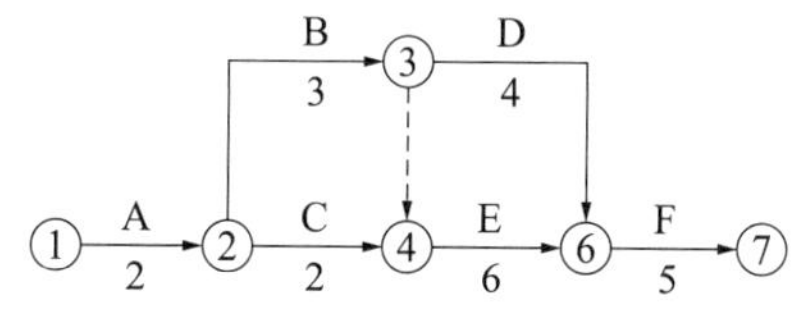

图6-4　某工程网络计划图

若由于业主原因造成工作B延误2天，由于B为关键工作，将对总工期造成延误2天，故向业主索赔2天。

若因业主原因造成工作C延误1天，承包人是否可以向业主提出1天的工期补偿？

若因业主原因造成工作C延误3天，承包人是否可以向业主提出3天的工期补偿？

案例分析见二维码6-10。

二维码6-10

（2）比例分析法

按工程量进行比例计算。当计算出某一分部分项工程的工期延长后，还要把局部工期转变为整体工期，这可以用局部工程的工作量占整个工程工作量的比例折算。

已知部分工程的拖延时间，工期索赔值计算公式为：

$$\text{工期索赔值}=\text{该受干扰部分工程的拖期时间}\times\frac{\text{该受扰部分工程的合同价}}{\text{原合同价}}$$

【案例2】

某工程合同总价为1000万元，总工期为24个月，现业主指令增加额外工程90万元，则承包人可以提出工期索赔吗？索赔的工期应为多少？

案例分析见二维码 6-11。

二维码 6-11

【案例 3】

某工程基础施工中，出现了不利的地质障碍，业主令承包人进行处理，土方工程量由原来的 $2760m^3$ 增加至 $3280m^3$，原定工期为 45 天。因此承包人可提出工期索赔值为：

$$工期索赔值=原合同总工期\times\frac{额外增加工程量}{原工程量}=45\times\frac{3280-2760}{2760}$$

$$=8.48\approx8.5（天）$$

若本案例中合同规定 10% 范围内的工程量增加为承包人应承担的风险，则工期索赔值为：

$$工期索赔值=45\times\frac{3280-2760(1+10\%)}{2760}\approx4（天）$$

6.4.4.4 费用索赔

按照我国现行法律法规规定，建筑安装工程合同价一般包括直接费、间接费、利润和税金。索赔费用的主要组成部分与建设工程施工合同价的组成部分相似。从原则上说，承包人有索赔权利的工程成本增加，都是可索赔的费用。但是，对于不同原因引起的索赔，承包人可索赔的具体费用是不一样的，应根据具体情况分析。

对于索赔事件的费用计算，一般先计算与索赔事件有关的直接费，如人工费、材料费、机械费、分包费等，然后计算应分摊在此事件上的管理费、利润等间接费。每一项费用的具体计算方法应与工程项目计价方法相似。从总体思路上讲，综合费用索赔主要有以下计算方法。

1. 总费用法

总费用法的基本思路是将固定总价合同转化为成本加酬金合同，或索赔值按成本加酬金的方法计算，它是以承包人的额外增加成本为基础，再加上管理费、利息甚至利润的计算方法。这种计算方法简单但不尽合理，因为实际完成工程的总费用中，可能包括由于承包人的原因（如管理不善、材料浪费、效率太低等）所增加的费用，而这些费用属于不该索赔的；另一方面，原合同价也可能因工程变更或单价合同中的工程量变化等原因而不能代表真正的工程成本。凡此种原因，采用总费用法往往会引起争议，故一般不常用。

但是在某些特定条件下，当需要具体计算索赔金额很困难甚至不可能时，则也有采用此法的。这种情况下，应具体核实已开支的实际费用，取消其不合理部分，以求接近实际情况。

2. 修正的总费用法

修正的总费用法是对总费用法的改进，原则上与总费用法相同，对某些方面作出相应的修正，以使结果更趋合理，修正的内容主要有：一是计算索赔金额的时期仅限于受事件影响的时段，而不是整个工期；二是只计算在该时期内受影响项目的费用，而不是全部工作项目的费用；三是不直接采用原合同报价，而是采用在该时期内如未受事件影响而完成该项目的合理费用。根据上述修正，可比较全面地计算出受索赔事件影响而实际增加的费用。

3. 分项法

分项法是在明确责任的前提下，对每个引起损失的干扰事件和各费用项目单独分析计算索赔值，并提供相应的工程记录、收据、发票等证据资料，最终求和。这样可以在较短时间内给以分析、核实，确定索赔费用，顺利解决索赔事宜。该方法虽比总费用法复杂、困难，但比较合理、清晰，能反映实际情况，还可为索赔文件的分析、评价及其最终索赔谈判和解决提供方便，是承包人广泛采用的方法。

二维码 6-12

分项法费用索赔的计算方法见二维码 6-12。

【案例 4】

某施工单位（乙方）与某建设单位（甲方）签订施工合同，合同工期为 38 天。合同中约定，工期每提前（或拖后）1 天奖罚 5000 元，乙方得到监理工程师同意的施工网络计划如图 6-5 所示。

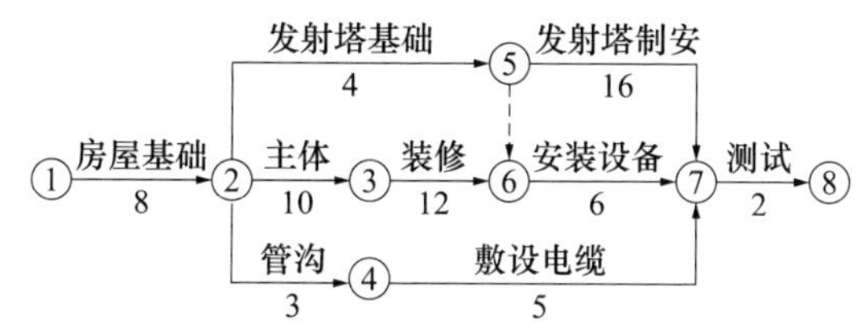

图 6-5　某工程网络计划图

实际施工中发生了以下事件：

事件 1：在房屋基槽开挖后，发现局部有软弱下卧层，按甲方代表指示，乙方配合地质复查，配合用工 10 工日。地质复查后，根据经甲方代表批准的地基处理方案增加工程费用 4 万元，因地基复查和处理使房屋基础施工延长 3 天，人工窝工 15 工日。

事件 2：在发射塔基础施工时，因发射塔坐落位置的设计尺寸不当，甲方代表要求修改设计，拆除已施工的基础、重新定位施工。由此造成工程费用增加 1.5 万元，发射塔基础施工延长 2 天。

事件 3：在房屋主体施工中，因施工机械故障，造成工人窝工 8 工日，房屋主体施工延长 2 天。

事件 4：在敷设电缆时，因乙方购买的电缆质量不合格，甲方代表指令乙方重新购买合格电缆，由此造成敷设电缆施工延长 4 天，材料损失费 1.2 万元。

事件 5：鉴于该工程工期较紧，乙方在房屋装修过程中采取了加快施工技术措施，使房屋装修施工缩短 3 天，该项技术措施费为 0.9 万元。

其余各项工作持续时间和费用与原计划相符。假设工程所在地人工费标准 30 元 / 工日，应由甲方给予补偿的窝工人工补偿标准为 18 元 / 工日，间接费、利润等均不予补偿。

问题：

（1）在上述事件中，乙方可以就哪些事件向甲方提出工期补偿和费用补偿？

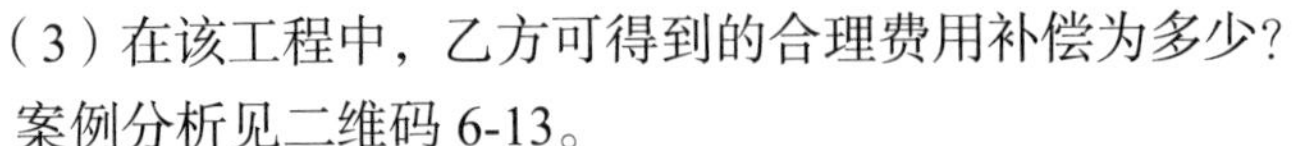

（2）该工程实际工期为多少？乙方能否得到工期提前奖励？

（3）在该工程中，乙方可得到的合理费用补偿为多少？

案例分析见二维码 6-13。

二维码 6-13

6.4.5　建筑工程索赔策略和技巧

6.4.5.1　索赔策略

策略是指为实现目标而采取的行动方案的集合。要取得索赔的成功，就必须根据实际情况选择合适的策略，达到事半功倍的效果。工程索赔不仅是一门科学，也是一门艺术，索赔过程中不但需要运用技术、经济、法律、心理等多学科的知识，还要注意方式、方法的艺术性。正确的索赔战略是取得索赔成功的前提。

1. 确定合理的索赔目标

索赔目标是指索赔人就特定的索赔事件向对方提出索赔时所要实现的基本要求。这个目标必须是基于索赔事件造成的客观损失，实际工作中不能为了实现己方利益的最大化而“漫天要价”，过高的、不切实际的索赔目标不但难以成功，还会对双方的友好协作关系造成伤害，不利于工程的顺利进展。索赔人要实事求是地分析索赔事件，正确评估索赔事件对己方造成的损失，对期望达到的目标进行分解，按难易程度进行排队，并大致分析它们实现的可能性，从而确定最低、最高目标。

2. 组建一支高效稳定的索赔团队

索赔是一项复杂细致而艰巨的工作，组建一支知识全面、经验丰富、成员稳定的索赔团队是取得索赔成功的重要条件。项目经理是索赔团队的组织者和领导者，由合同管理专业人员、建造师、造价工程师、项目管理师、会计师、施工工程师、法律专家和文秘公关人员等组成。索赔人员要有良好的素质，需懂得索赔的战略和策略，工作要勤奋、务实、不好大喜功，头脑要清晰，思路要敏捷，懂逻辑，善推理，懂得搞好各方面的公共关系。

索赔团队的人员组成要保持基本稳定，不仅各负其责，而且每个成员要积极配合，齐心协力，对内部讨论的战略和对策要保密。

3. 认真分析被索赔方

分析对方的兴趣和利益所在，要让索赔在友好和谐的气氛中进行，处理好单项索赔和总索赔的关系，对于理由充分而重要的单项索赔应力争尽早解决，对于发包人坚持后解决的索赔，要按发包人意见认真积累有关资料，为总索赔解决准备充分的资料。需根据对方的利益所在，对双方感兴趣的地方，承包人就在不过多损害自己利益的情况下做出适当让步，打破问题的僵局。在责任分析和法律方面要适当，在对方愿意接受索赔的情况下，就不要得理不饶人，否则达不到索赔的目的。

4. 正确分析承包人的经营战略

承包人的经营战略直接制约着索赔的策略和计划，在分析发包人情况和工程所在地的情况以后，承包人应考虑有无可能与发包人继续进行新的合作，是否在当地继续扩大业务，承包人与发包人之间的关系对当地开展业务有何影响等。这些问题决定着承包人的整个索赔要求和解决的方法。

5. 全面分析工程各参与方

利用监理单位、设计单位、发包人的上级主管部门对发包人的影响，往往比同发包人直接谈判有效，承包人要同这些单位搞好关系，展开“公关”，取得他们的同情与支持，并与发包人沟通，这就要求承包人对这些单位的关键人物进行分析，同他们搞好关系，利用他们同发包人的微妙关系从中调解、调停，能使索赔达到十分理想的效果。

6. 科学分析谈判过程

索赔一般是在谈判桌上最终解决，索赔谈判是双方面对面的较量，是索赔能否取得成功的关键。一切索赔的计划和策略都是在谈判桌上体现和接受检验，因此，在谈判之前要做好充分准备，对谈判的可能过程要作好分析，如怎样保持谈判的友好和谐气氛，估计对方在谈判过程中会提什么问题、采取什么行动，我方应采取什么措施争取有利的时机等。因为索赔谈判是承包人要求发包人承认自己的索赔，承包人处于很不利的地位，如果谈判一开始就气氛紧张、情绪对立，有可能导致发包人拒绝谈判，使谈判旷日持久，这是最不利于索赔问题解决的，谈判应从发包人关心的议题入手，从发包人感兴趣的问题开谈，使谈判气氛保持友好和谐是很重要的。

谈判过程中要重事实、重证据，既要据理力争、坚持原则，又要适当让步、机动灵活，所谓索赔的“艺术”，常常在谈判桌上得到充分体现，所以，选择和组织好精明强干、有丰富索赔知识及经验的谈判班子就显得极为重要。

6. 4. 5. 2　索赔技巧

索赔技巧是为索赔策略目标服务的，因此，在确定索赔策略目标之后，索赔技巧就显得格外重要，它是索赔策略的具体体现。索赔技巧应因人、因客观环境条件而异。具体见二维码 6-14。

二维码 6-14

6. 4. 6　建筑工程索赔的预防

在建筑工程实施过程中，其自身特点决定了发生一定数量的索赔是不可避免的。但是索赔事件的发生或多或少总会对工程目标的实现产生负面影响，严重的甚至能导致项目难以建设完成，造成重大的经济损失和恶劣的社会影响。因此无论发包人还是承包人，在工程实施的整个过程中都要加强管理，采取有效措施，尽可能地降低索赔发生概率，预防索赔事件的发生。

6. 4. 6. 1　勘察设计阶段的预防措施

（1）在索赔事件中，由于设计变更而引起的索赔比例较大，一般表现为工程范围扩大、工程量增加、工程结构形式变化，由此造成费用增加、工期延长。引起设计变更的原因主要有 3 个方面：

① 由于勘察单位勘测深度不够或精度不足，在施工过程中实际情况与勘测资料不符或不能完全满足施工需要，导致被动修改设计；

② 由设计单位修改设计缺陷引起的变更；

③ 发包人对设计方案要求犹豫不决或考虑不够全面，在施工阶段常常提出方案调整要求。

（2）本阶段预防索赔的主要措施有以下几种：

① 选择合适的勘察设计单位，保证勘察设计成果质量。通过公开招标等手段，选择资质等级符合要求、技术力量强、工作业绩丰富、信誉良好的勘察设计单位。要尽量避免因勘察设计单位能力不足而产生工作质量不高、勘察设计工作成果达不到实际要求的情况。

② 广泛调研科学决策，避免施工过程中的设计变更。发包人应对拟建工程的结构、形式和功能进行全面考虑，要符合建筑工程规划的要求和实际功能及安全的实现。对设计方案要反复推敲、广泛调研和深思熟虑，设计方案一经确定不要轻易变更。发包人工程主要负责人在方案研究过程中要有民主决策思想，切忌人云亦云，事前拍胸口、事后拍脑袋。

③ 保证设计工作时间，确保设计工作成果的质量。据了解，目前发包人在项目决策后，常常要求设计单位在很短时间内提供满足施工进度需要的施工图，此时发包人往往最关心的是出图的速度，相比之下对设计质量的关注反而不足。这样设计单位疲于应付，很难从时间上保证精心设计，难免出现设计缺陷，导致索赔事件产生的可能。

④ 组织专家进行论证，严把设计质量关。在设计过程中，发包人要成立专家组，对设计过程进行动态管理，对设计成果要进行严格审查，尤其对各专业施工图要进行对比审查，重点审查各专业施工图之间有无矛盾、有无设计漏项、是否达到设计深度要求。严格的施工图审查将在很大程度上减少施工阶段的设计变更和索赔的风险。

6.4.6.2 招标阶段的预防措施

在招标阶段，发包人要选择合适的承包人并经充分协商后签订合同，该阶段工作质量的好坏，将直接影响对索赔事件产生的多少和程度。本阶段预防索赔的主要措施有以下几种。

1. 认真编制招标文件，精心拟定合同内容，不留索赔漏洞

对大中型工程项目要进行科学合理的分标，如果分标不当，标段之间易出现干扰，协调难度大，难以保证工期和质量，容易导致索赔。科学制订评标方法，保证发包人能够选择到经验丰富、信誉良好、综合实力强的企业。高度重视合同条款的拟定，保证合同内容齐全、条款完整、没有漏项；合同语言明确，责任界定清晰，避免歧义；风险分担合理，双方权利和义务对等。按照“抓大选优、因地制宜、因时制宜”的原则，适当选定甲供材料，保证供货时间和质量。

2. 明确资格预审条件，严把资格预审关，遴选合格的投标人

实行公开招标的项目，要重视资格预审工作，编制完备的资格预审文件。要从财务状况、技术力量、工程业绩、企业信誉等方面对潜在的投标人进行资格审查，提高投标人总体质量和水平。

3. 根据工程项目的特点科学决策，采用合理的发包模式

平行发包模式，发包人要签订多个合同，各方之间的责任界定和组织协调要由发包人负责，相互之间的索赔多，处理索赔的工作量大。在设计施工总承包模式下，发包人只需与一家单位签订合同，组织管理和协调工作比较少，索赔也相对较少。工程项目总承包中发包人的合同关系只有一个。项目管理中的许多协调工作已成为总承包公司的内部事务，索赔事件少，与发包人相关的更少。

4. 重视现场踏勘，召开答疑会议，避免理解偏差

通过组织现场踏勘和召开答疑会，可以帮助投标人进一步熟悉工程现场条件和理解招标文件，对索赔管理工作具有十分重要的意义，如工程实施过程中遇到招标文件中未作描述，而通过踏勘现场可以发现和了解的情况，承包人据此索赔时，发包人可以此为依据，拒绝索赔。

5. 规范评标工作，严格按既定的评标办法评标，确定最优的中标人

招标人要按照法律法规的要求和招标文件公布的评标办法组织评标，过程要公开，程序要规范。评标委员会的组成人员要有丰富的评标经验，最好要有一定的工程实际业绩，切不可在评标过程中临时改变评标办法，从而留下索赔的隐患。

6.4.6.3　施工阶段的预防措施

在施工阶段，随着工程的不断进展，大量的人流物流交织在一起，从中产生的索赔问题是具体的、琐碎的、大量的，同时由于进度不容拖延，有很多索赔问题的解决就显得刻不容缓。本阶段预防索赔的主要措施有以下几种。

1. 未雨绸缪，排查诱发索赔产生的因素

引起索赔的因素既是预防索赔的控制点，同时又是已发生索赔的切入点、着力点和双方争论的焦点，必须本着以法律为基础、以合同为准则、以事实为依据的原则进行客观分析。具体可从施工准备、进度控制、质量控制、投资控制、非发包人原因 5 个方面，对产生索赔的因素进行逐个细化分类并分析研究。

2. 规范管理，保存完整的工程记录

处理索赔事件时依据的主要依据是工程实施过程中的各种记录，当事人如果不能保存好这些记录，将无法反驳索赔方所提供证据中的虚假部分，因此保存完整的工程记录是非常重要的。这些记录主要包括 4 类：

第一类是工程历史记录，主要有：（1）会议记录；（2）监理记录；（3）监理月报；（4）业主代表巡视记录；（5）天气记录；（6）设计修改通知和工程变更联系单等。

第二类是工程计量和工程款支付记录。

第三类是工程质量记录，主要有：（1）试件、试样、样品抽样记录；（2）试验、检验结果与分析记录；（3）各种质量验收记录。

第四类是竣工记录。

3. 坚持原则，维护合同的严肃性

在工程实施过程中，要坚持以合同为原则，以合同的约定作为一切工程活动的出发点，任何一方都要对作出的承诺认真履行，对不遵守合同的行为予以严肃指出，要以合同为基础，实事求是，预防和减少索赔，防止虚假索赔。

4. 加强监督，充分发挥监理单位的作用

监理单位受业主的委托，对建设工程项目的质量、进度、投资进行控制和管理。在监理过程中，要按监理规范开展各项工作，严肃各项签证制度，及时、准确地下达指令、批复等，防止索赔事件发生。作为独立的第三方，监理单位有义务协调和解决业主和承包人之间的矛盾和冲突，增进双方之间的沟通、了解。监理工程师在处理索赔事件的过程中，要坚持公开、公平、公正和独立的原则，创造性地解决索赔事件，实现双方共赢。

导入案例解析

问题1：造价工程师的拒绝正确。其原因为：

该部分的工程量超出了施工图的要求，也就超出了工程合同约定的工程范围。对该部分的工程量，监理工程师可以认为是乙方的保证施工质量的技术措施，一般在甲方没有批准追加相应费用的情况下，技术措施费用应由乙方自己承担。

问题2：变更价款的确定原则：

（1）合同中已有适用于变更工程的价格，按合同已有的价格计算、变更合同价款。

（2）合同中只有类似于变更工程的价格，可以参照类似价格变更合同价款。

（3）合同中没有适用或类似于变更工程的价格，由承包人提出适当的变更价格，造价工程师批准执行，这一批准的变更价格，应和承包人达成一致，否则按合同争议的处理方法解决。

问题3：造价工程师应对两项索赔事件做出处理：

（1）对处理孤石引起的索赔，这是预先无法估计的地质条件变化，属于甲方应承担的风险，应给予乙方工期顺延和费用补偿。

（2）对于天气条件变化引起的索赔应分两种情况处理：

① 对于前期的季节性大雨，这是一个有经验的承包人预先能够合理估计的因素，应在合同工期内考虑，由此造成的时间和费用损失不能给予补偿。

② 对于后期特大暴雨引起的山洪暴发不能视为一个有经验的承包人预先能够合理估计的因素，应按不可抗力处理由此引起的索赔问题。被冲坏的现场临时道路、管网和施工用房等设施以及已施工的部分基础，被冲走的部分材料，清理现场和恢复施工条件等经济损失由甲方承担；损坏的施工设备、受伤的施工人员以及由此造成的人员窝工和设备闲置等经济损失应由乙方承担；工期顺延。